M

Modern Architecture

MODERN ARCHITECTURE: A CRITICAL HISTORY 5th edition
© 1980, 1985, 1992, 2007 and 2020 Thames & Hudson Ltd, London
Text by Kenneth Frampton
Copyediting by Sarah Yates
Art direction and series design: Kummer & Herrman
Layout: Kummer & Herrman
This edition first published in Republic of Korea in 2023 by Mati Publishing Co., Seoul
Korean edition © 2023 Mati Publishing Co., Seoul
All rights reserved.

This Korean edition was published by MATI PUBLISHING CO. in 2023 by arrangement with
Thames & Hudson Ltd, London through KCC(Korea Copyright Center Inc.), Seoul.

이 책은 ㈜한국저작권센터(KCC)를 통한 저작권자와의 독점계약으로
도서출판 마티에서 출간되었습니다. 저작권법에 의해 한국 내에서
보호를 받는 저작물이므로 무단전재와 복제를 금합니다.

현대 건축: 비판적 역사 I

개정증보판

케네스 프램튼
지음

송미숙·조순익
옮김

마티

[1] 장 샬그랭이 설계해 1836년 완공된 개선문이 세워진 파리를 묘사한 판화.
앞쪽에 르두의 바리에르 드 에투알(1785~89)이 철거되고 있다.

차 례

1부 문화적 발전과 기술 경향 1750~1939

2부 비판적 역사 1836~1967

2권

3부 비판적 변형 1925~1990

4부 세계 건축과 근대 운동

일러두기

외래어 표기는 국립국어원의 원칙을 따르는 것을 기본으로 했으나,
이미 굳어진 표기의 경우 관례를 따랐다.

서 문

상품의 언어에 이의를 제기하는 최소한의 소리마저 실질적으로 듣기 힘들게 되었을 때 이러한 긴급한 문제에 직면하는 것은 대단히 불행한 일이다. 정확히 권력이 더 이상 생각할 필요가 없다고 믿는 순간, 그리고 더 이상 생각할 수 없는 순간이다. 이 정신 나간 결정에 대한 책임을 지지 않도록 스펙터클이 보호하기 때문이다.[1]

근대 건축 운동의 진화에 대한 설명을 확장하려는 시도는 모순적이고 어려운 경험이다. 오늘날 전 세계적으로 건축 분야의 전문적 지식과 기술 수준은 그 어느 때보다 높지만, 동시에 세계는 총체적인 정치적 마비라는 혼란스러운 상태로 빠져 들고 있기 때문이다. 인간 종은 더 이상 자신의 이익을 위해 행동할 능력조차 없다고 결론을 내려야 할 지경이다. 미시적 차원에서는 기술-과학적 노동 분업 덕분에 우리는 자연의 신비를 더욱 깊이 파헤칠 수 있지만, 동시에 우리는 세계화된 자본주의의 승리로 영원한 희생자가 되었다. 거시적 차원에서 우리의 통제를 이미 벗어난 상대하기 어려운 자연과의 거대한 투쟁에 발목이 잡혔다.

이 책의 4판이 출간된 2007년에 명명백백했던 심각한 기후 변화라는 난관은 오늘날 더욱 심해졌으며, 우리는 세계 전역에서 민주주의의 위기와 여기에 수반하는 포퓰리즘적 정치적 반동이라는 히스테리를 직면하고 있다. 밀레니엄 시기에 본질적으로 이미 이러한 상황이었다는 것을 감안해, 나는 4판의 두 개의 장을 삭제하고, 제목은 그대로 둔 채 "세계 건축과 근대 운동"의 내용을 새로운 4부로 확장해야만 했다. 따라서 4판의 마지막 장인 "세계화 시대의 건축"은 5판의 코다(coda, 종결부)로 그대로 유지되었다. 5판을 작업하며 추가한 부분을 제외하고는 본질적으로 같은 내용을 담고 있다.

내가 1970년에 처음 이 역사를 쓰기 시작했을 때만 해도 근대 운동이란 이념이 런던 건축계에 여전히 회자되고 있었다. 당시 잘 알려지지 않았지만, '근대 운동'(Modern Movement; Moderne Bewegung)은 오토 바그너의 1896년 저술 『현대 건축』(*Moderne Architektur*)에 처음 등장한다. 이 용어는 그의 책 여러 판에 걸쳐 등장하다가, 1914년의 마지막 판본에서 제목이 『우리 시대의 건축』(*Die Baukunst unserer Zeit*)으로 조심스럽게 바뀐다. 근대 건축 운동의 진화를 다룬 여러 설명을 통틀어 그 서술 방식은, 특정한 시기를 언급하기 선호하는 저자들과, 나처럼 이탈리아 건축가이자 역사가인 레오나르도 베네볼로와 같은 방식으로 '근대 운동'을 언급하기 선호하는 사람들―아마도 건축적 형성을 경험했기 때문일 텐데―로 나뉜다. 베네볼로의 1960년 작 『현대 건축의 역사』(*Storia dell'architettura moderna*)는 10년 뒤 영어로 번역되었는데, 2권에서 '근대 건축'을 분명하게 언급한다. 그러나 구스타프 아돌프 플라츠의 선구적인 『우리 시대의 건축』(*Die Baukunst der neuesten Zeit*, 1927), 지크프리트 기디온의 『시간, 공간, 건축』(*Space, Time and Architecture*, 1941), 아널드 위티크의 『20세기 유럽 건축』(*European Architecture in the 20th Century*, 1950), 그리고 레이너 배넘의 『제1기계 시대의 이론과 디자인』(*Theory and Design in the First Machine Age*, 1960)까지, 이들은 현대성과 건축의 연관성을 신중하게 피하고 근대 운동을 아방가르드적인 의미로 언급하지 않는다는 것을 알 수 있다. 그러나 이번 5판에서 나는 종종 '근대 운동'이라는 개념으로 돌아가야만 했다. '세계 건축'이라는 열어둔(open-ended) 제목 아래, 세계 여러 곳에서 현대 건축이 확연하게 시작되고 있음을 언급하면서 말이다.

'세계 건축'이라는 용어는 2000년 중국 국영출판사 중국건축공업출판사가 처음 사용했다. 열 개의 지역 위원회가 전 세계에 걸쳐 선정한 20세기 중요 건축물 1,000개를 수록한 이 책은 각 지역당 한 권씩을 할애해 총 열 권으로 출간되었는데, 제목은 '세계 건축 1900~2000: 비판적 모자이크'였다. 비슷한 시도가 밀레니엄 시기에도 있었다. 스페인의 BBVA 재단에서 2007년에 발간한 『아틀라스: 2000년경의 세계 건축』(전 4권)로 루이 페르난데스-갈리아노 혼자 엮은 것이다.

야심 찬 새로운 4부에서, '세계 건축'이라는 큰 주제 아래, 나는 두 책의 편제를 종합하려고 했다. 나는 과감하게 세계를 네 대륙—유럽, 아메리카, 아프리카와 중동, 아시아와 태평양—으로 나눈 페르난데스-갈리아노의 접근법을 채택했다. 동시에 세계 여러 곳에서 일어난 근대 운동의 시작뿐 아니라 다루어야 한다고 여긴 비교적 최근의 발전까지, 잠정적일지언정 20세기 전체를 다루려고 했다. 조금 낡아 보이지만, 독일 철학자이자 사회학자 위르겐 하버마스가 정의한 대로 근대 운동은 해방적인 근대적 기획과 분리할 수 없다는 것을 추가해야만 하겠다. 궁극적으로 사회주의적 복지국가는 주어진 순간의 시간과 특정 장소에서의 정치적 이데올로기와 무관하지 않다는 것이다.

유럽 중심주의와 대서양 양안에 치우친 이전 판본의 경향을 재조정하기 위해 책의 범위를 넓히려고 노력했다. 그러나 4부의 제목이 제시하는 만큼 충분히 포괄하지는 못했다. 물리적 한계가 있었다. 책이 너무 두껍고 크고 무거워지면 간편한 참고서나 교과서라는 근본적인 역할을 수행하지 못하기 때문이다. 다른 한계는, 저자의 최선의 의도에도 불구하고, 1920년대와 1930년대 근대 운동 가운데 거의 잊힌 선구적인 글들에 초점을 맞추든, 지난 반세기 동안 전 세계에서 일어난 다양한 사회-정치적이고 문화적 발전에 초점을 맞추든, 한 사람이 오늘날 존재하는 당대 건축의 복잡성과 폭을 모두 다루기는 불가능하다는 점이다.

『현대 건축: 비판적 역사』 1부와 2부에서 다룬 내용은 거의 바뀌지 않았지만, 양차 세계대전 사이 프랑스와 체코의 발전을 다룬 장들이 추가되었다. 동시에 1932년 러시아의 현대 건축이 동유럽 건축 전반과 마찬가지로 책에서 빠졌다. 이 막대한 누락에 대해서는 다음과 같은 유일한 변명이 있을 수 있을 뿐이다. 아코스 모라반스키가 주장했듯, 1989년 소련이 무너지고 베를린 장벽이 붕괴한 다음, 뒤따른 자유 시장 자본주의의 파괴적 힘은 소위 모스크바 양식을 대체로 받아들이게 만들었다. 이는 보리스 옐친 대통령 시기(1991~99)에 지어진 쇼핑몰과 은행을 위한 적합한 환경을 제공하기 위해 러시아 아르누보를 향한 향수를 국제적 포스트모더니즘과 결합했다. 재능 있는 동유럽 건축가들의 개입에도 불구하고, 지금까지 새로운 지역 문화의 징후를 식별하기는 어려웠다.

5판에서 비유럽 세계 또는 탈식민지 세계의 많은 부분을 다루려고 집중적으로 노력했지만, 4부에서 유럽은 하나의 대륙 섹션으로 여전히 등장한다. 페르난데스-갈리아노의 분류를 따라 이전 판에서 뚜렷한 이유 없이 간과했던 저명한 건축가, 특히 스칸디나비아 건축가의 주요 작업을 선별할 필요가 있었기 때문이다. 그럼에도 동남아시아, 특히, 태국, 대만, 베트남, 말레이시아, 싱가포르 건축가들의 다루지 못한 것을 정당화할 수는 없을 것이다.

이 모든 것은 우리가 건축문화로 무엇을 의미하는지, 그것을 처음에 어떻게 인식하기 시작했는지에 관한 질문을 던진다. 우리는 건축의 근대 운동에 파도 같은 특성이 있었고 지금도 있다는 것을 인정해야 한다. 그것은 다소 예고 없이 생겨나 성숙기에 이르렀다가 결국 쇠퇴하는데, 같은 장소에서 그러나 전혀 다른 시간과 전혀 다른 형태로 사이클을 다시 시작한다. 이 역사를 통해 나는 건축의 이 순환적 성격을 드러내기 위해 노력했다. 근대 건축 운동의 유럽 중심적 시작뿐 아니라 전 세계 당대 건축에서 이 운동이 나타난다는 것을 보여주고 싶었다. 이 목표를 위해 나는 때때로 특정한 정치적, 사회적 변화가 주어진 문화적 동력의 생애주기뿐 아니라 새롭게 생겨난 환경 형식의 프로그램과 성격에도 영향을 미치는 방식을 언급했다.

이 모든 것이 근대 운동의 시대에 걸친 확산을 기록하려는 나의 접근법을 형성했다. 광대한 각 대륙과 이 대륙을 구성하는 국가들을 다루면서, 나는 근대 운동을 간략하게 소개한 다음 유사한 충동이 최근에 발현된 사례로 갑자기 넘어가는 방식을 전체에 걸쳐 동일하게 적용했다. 시간 차이가 있는 두 내용을 계속해서 다루다 보니 이전 판보다 훨씬 더 도판에 의존해야 했다. 말로 표현하기 어려운 촉각적이고 미시적인 성격을 가지고 있는 최근 건축의 대단히 복잡한 성격—포스트모던 방식은 아니라 하더라도—을 전달하기가 어려웠기 때문이다.

이렇게 방대한 내용을 다루려 할 때 어려운 점 하나는 특정 작품을 넣고 빼는 기준을 정하는 난감함이다. 일정 수준의 객관성을 유지하려고 언제나 노력했지만, 선택하고 결정하는 것에는 어쩔 수 없이 주관성이 개입하기 마련이다. 어쩌면 이것이 '비판적 역사'의 궁극적인 의미인지도 모르겠다. 역사적 설명이 비평과 이론과 섞인다는 뜻에서 말이다. 시간과 공간, 논쟁적 편견 때문에 누락하기로 결정한 것을 희생하면서 가치 있다고 여긴 특정한 작업과 주제를 넣을 수밖에 없다. 물론 E. H. 카가 『역사는 무엇인가』에서 명쾌하게 밝혔듯이 절대적 역사는 없다. 각 시대는 그 시대의 역사를 써야 하고 각 시대는 이러한 의미에서 문화적으로 중요한 방식으로 전진할 수 있는 범위를 만들어 낸다.

위르겐 하버마스의 유명한 문구 "미완의 근대 프로젝트"에 동조하고 건축가가 쓴 이 역사의 초판이 베네치아에서 최초의 건축 비엔날레가 열린 1980년에 출간된 것은 아이러니한 일이다. 파올로 포르토게시가 기획한 이 전시는 "금지의 종말과 과거의 현존"이라는 슬로건 아래 포스트-모던 건축의 혼성모방을 찬양하고 역사화했다.

이후로 이 책의 후속판—그중 5판이 가장 크게 증보되었다—은 해방적인 건축이라는 측면에서 근대 프로젝트를 지속시키는 데 전념을 다했다. 그러나 반생태적, 신자유주의적 소비주의의 비호 아래 부의 불균형은 점점 악화되면서, 합리적인 토지 정착에 대한 전망—도시화는 말할 것노 없고—은, 완전히 불가능하지는 않더라도, 지극히 제한되고 있다. 큰 스케일에서 건축의 비판적 실천을 위해 남아 있는 것은, 기껏해야 대부분 시민적인 것의 자취를 보호하고 환경 전체의 보편적 무장소성에 대항하기 위해 인공적으로 만들어진 경관으로서 수평적인 메가폼(megaform)이다.

1부
문화적 발전과 기술 경향
1750~1939

[2] 수플로, 생트주느비에브(지금의 팡테옹), 파리, 1755~90.
벽기둥은 1806년 롱들레에 의해 강화되었다.

1장

문화적 변형:
신고전주의 건축 1750~1900

바로크 체계는 일종의 이중 교차점이었다. 그것은 합리적인 정원,
식물 모티프로 장식한 건물 파사드와 빈번히 대비되었다. 인간의
지배와 자연의 지배는 분명히 구별되지만, 장식과 위신을 지키기
위해 통합하면서 각자의 특징을 교환해왔다. 반면 인간의 개입이
시각적으로 드러나면 안 되는 '영국식' 공원은 자연의 '합목적성'을
보여주도록 의도되었다. 공원 안에 있긴 하지만 실제 공원과는
분리되어 있는 모리스나 애덤이 지은 집은 인간의 의지를 표명했고,
자유롭게 자라나는 식물계의 비이성적 영역에서 인간 이성의 존재는
확실히 구분되었다. 인간과 자연의 바로크적 상호 침투는 이제 분리로
대체되었고, 향수 어린 사색을 위해 인간과 자연 사이의 거리는
필수적이 되었다. … 사색을 위한 분리는 실용적인 인간이 자연에 대한
변해가는 자신의 태도를 속죄하고 싶어 하면서 발생했다. 기술 개발은
자연과의 전쟁을 야기했지만, 집과 공원은 불가능한 평화를 꿈꾸며
일종의 화해, 국부적인 휴전을 시도했다. 그리고 이 목적을 위해 인간은
오염되지 않은 자연환경의 이미지를 계속 보존해갔다.
— 장 스타로뱅스키, 『자유의 발명』(1964).[1]

신고전주의 건축은 인간과 자연의 관계를 급진적으로 변형시킨 두 개
의 상이하지만 연관된 발전에서 파생된 듯하다. 하나는, 급속하게 향
상된 자연을 통제하는 인간의 능력이다. 이는 17세기 중반까지 르네
상스의 기술적 한계를 넘어서는 진보를 보여주었다. 둘째로, 사회 곳

곳에서 발생한 주요 변화는 인간 의식에 근본적 전환을 일으켰다. 이 전환은 쇠퇴해가는 귀족 계급과 부상하는 부르주아 계층의 삶의 양식에 동등하게 어울리는 새로운 문화 구조를 탄생시켰다. 기술 변화는 기반시설 구축과 생산 역량 증대를 이끌었고, 인간 의식의 변화는 새로운 지식 분야와 스스로의 정체성을 의문시할 정도로 반성적인(reflexive) 역사주의를 낳았다. 과힉에 근간한 기술 변화는 17세기와 18세기의 방대한 도로 및 운하 건설 작업, 1747년에 설립된 에콜 데 퐁제 쇼세와 같은 새로운 기술학교의 설립으로 나타났다. 한편, 인간 의식의 변화는 계몽운동이 이끄는 인문학을 출현시켰는데, 여기에는 샤를 루이 몽테스키외의 『법의 정신』(1748), 알렉산더 바움가르텐의 『미학』(1750), 볼테르의 『루이 14세의 시대』(1751)와 요한 요하임 빙켈만의 『고대미술사』(1764) 등 사회학, 미학, 역사 고고학의 선구적 저서들이 포함된다.

앙시앙 레짐(Ancien Régime)의 로코코풍 장식은 지나치게 정교한 건축 언어와 계몽주의 사고의 세속화를 노정했다. 당시 부각된 불안정한 시대정신을 의식한 18세기 건축가들은 고대에 대한 정확한 재평가를 통해 진실로 순수한 양식을 탐구하지 않을 수 없었다. 그들의 진의는 고대인을 단순 모방하는 것이 아니라 고대의 작업이 기초했던 원칙을 따르는 것이었다. 이러한 충동에서 파생된 고고학 연구는 네 개의 지중해 문화—이집트, 에트루리아, 그리스, 로마—중 어떤 것에서 진실로 참된 양식을 찾아낼 것인가라는 논쟁으로 이어졌다.

고대 세계를 재평가하려는 시도는 첫째, 전통적인 그랜드 투어(Grand Tour)의 범위를 로마 너머로 확장시켰다. 로마 건축이 주변 문화에 기초했다는 비트루비우스의 말에 따른 것이었다. 18세기 초반 헤르쿨라네움과 폼페이에서 고대 로마 도시들이 발굴되고 발견되면서 상당히 먼 곳까지 탐사를 떠날 수 있는 분위기가 마련되었고, 곧이어 시칠리아와 그리스에 있는 고대 그리스 현장 시찰까지 가능해졌다. 이로써 고전주의의 교과서이자 르네상스 당시에도 받아들여졌던 비트루비우스의 경구를 폐허가 된 현장에 비추어 사고할 수 있게 되었다. 세밀한 측정이 반영된 드로잉들이 1750년대와 1760년대에 출판되었다. 르 루아의 『그리스의 가장 아름다운 대건축물들의 폐허』(1758), 제임스 스튜어트와 니컬러스 레벳의 『아테네 유물』(1762), 로버트 애덤과 샤를 루이 클레리소의 『스팔라토의 디오클레시안 궁정의 기록』(1764)은 이들 연구가 얼마나 치열하게 수행되었는지를 보여준다. 그리스 건축을 '순수한 양식'의 기원으로 주창한 르 루아의 연구는 광신적 애국주의자였던 이탈리아 건축가이자 판화가 조반니 바티스타 피라네시의 분노를 불러일으켰다.

피라네시가 쓴 『로마의 웅대함과 건축에 관하여』(1761)는 르 루아를 향한 노골적인 공격이었다. 피라네시는 에트루리아인이 그리스인보다 시대적으로 앞설 뿐 아니라 로마인은 그들의 선조인 에트루리아인과 함께 건축을 고차원의 정교함으로 끌어올렸다고 주장했다. 자신의 주장을 뒷받침하기 위해 그가 인용할 수 있었던 증거는 로마의 유린을 피해 살아남은 몇 안 되는 에트루리아 구조물―무덤 건축과 토목 공사―이 전부였다. 이것들은 피라네시가 자신의 나머지 작업에서 쓴 주목할 만한 방법에 영향을 주었다. 그는 동판화집마다 에드먼드 버크가 이미 1757년 '숭고'(sublime)라고 분류했던 감각의 어두운 면, 즉 광대함, 극도의 예스러움과 쇠락에 대한 사색에서 나오는 고요한 공포를 표현했다. 이 성질들은 피라네시가 묘사한 이미지들의 무한한 장대함을 통해 충분한 위력을 발휘했다. 그러나 만프레도 타푸리가 지적했듯 과거의 향수를 떠올리게 하는 고전 이미지는 "논증되어야 할 신화로서… 단순한 파편으로서, 왜곡된 상징으로서, 퇴락한 '오더'의 신기루 같은 유기체로서" 다루어졌다.

피라네시는 『건축론』(1765)과 1778년 사후에 출판된 파에스툼 (Paestum) 판화들에 이르기까지 이전의 건축적 사실성을 포기하고 그의 상상력에 한껏 자유를 주었다. 이는 실내장식에 대한 지나치게 절충주의적이었던 1769년 작업에서 최고조에 이르렀고, 그는 역사적 형태를 환각적으로 교묘히 조작하는 일에 탐닉했다. 그는 본질적인 미와 불필요한 꾸밈을 확실하게 구분하는 빙켈만의 친그리스적 원칙에는 전혀 관심이 없었다. 그의 정신착란증적 발명들은 동시대 작가들에게 저항할 수 없는 매력이었으며, 애덤 형제의 그리스-로마식 실내장식은 그의 비상한 상상력에 크게 영향을 입었다.

　　로코코가 완전히 수용된 적 없었던 영국에서 바로크의 과도함을 벌충하려는 충동은 벌링턴 백작이 주창한 팔라디아니즘(Palladian-ism)에서 그 첫 번째 표현을 찾았다. 비록 비슷한 정화의 정신이 하워드 성에서의 니콜라스 혹스모어의 말년의 작업에서 감지되지만 말이다. 하지만 1750년대 말에 이르러 영국인도 로마 자체에 대한 연구에 매진했다. 1750~65년 당시 로마에는 친로마·친에트루리아 성향의 피라네시부터 친그리스적인 빙켈만과 르 루아까지 주요 신고전주의자들이 거주하고 있었지만 이들의 영향력은 그리 대단하지 않았다. 영국 대표단 중에는 이미 1758년에 그리스의 도리스 양식을 사용한 바 있는 제임스 스튜어트와 그보다 젊은 조지 댄스가 있었다. 댄스는 영국으로 귀국한 직후인 1765년, 로버트 모리스의 신팔라디오적 비례 법칙 이론에 얼마간 빚을 진 듯하면서도 겉으로는 피라네시를 연상케 하는 엄격한 구조의 뉴게이트 감옥을 설계했다. 영국 신고전주의의 최종적인 발전은 댄스의 제자 존 손의 작업에서 처음 나타났다. 그는 피라네시, 애덤, 댄스, 심지어 영국 바로크에서 받은 다양한 영향을 탁월하게 종합했다. 한편, 토머스 호프는 그리스 복고 명분을 대중화했다. 그가 쓴 『가구와 실내장식』(1807)은 페르시에와 퐁텐에 의해 창조되는 과정에 있었던 나폴레옹식 '제정 양식'(style empire)의 영국식 번안이었다.

　　프랑스에서는 신고전주의가 이론적 발전에 기대어 등장했는데, 영국의 실제적 경험과는 거리가 멀었다. 17세기 말, 문화 상대성에 대한 초기의 인식 덕분에 클로드 페로는 고전주의 이론을 통해 수용되고 세련화된 비트루비우스적 비례법의 타당성을 의문시할 수 있었다. 대신 그는 절대적 미와 자의적 미에 대한 독자 이론을 만들었다. 그리고 전자에 표준화와 완벽성이라는 규범적 역할을, 후자에 특수한 상황이나 성격이 요구하는 표현적 기능을 부여했다.

비트루비우스의 정통성에 대한 이러한 도전은 코르드모아의 『신건축개론』(1706)에서 체계화되었고, 그는 여기서 비트루비우스가 제시한 건축의 3대 원칙인 유용함(utilitas), 견고함(firmitas), 아름다움(venustas)을 질서(ordonnance), 배열(distribution), 어울림(bienséance)의 삼위일체로 대체했다. 질서와 배열은 고전 기둥 양식들의 올바른 비율과 알맞은 배치와 관련된 한편, 이울림은 적합성 개념을 도입한 것이었다. 코르드모아는 '어울림' 개념으로 고전적 또는 영예로운 요소가 실용적·상업적 구조에 부적절하게 적용되는 것에 경고를 던졌다. 따라서 코르드모아의 『신건축개론』은 앙시앙 레짐 최후의 수사적 공공 양식이었던 바로크에 대한 비판적 태도를 보여주었다. 뿐만 아니라 적절한 형식적 표현과 상이한 건물 유형(types)이 지닌 각양각색의 사회적 성격에 부합하도록 차별화한 특징과 적절한 형식적 표현을 줄곧 고수한 자크-프랑수아 블롱델의 집념을 예견했다. 시대는 이미 훨씬 복잡한 사회적 표현에 부딪히고 있었다.

고전적 요소를 변별력 있게 적용해야 한다고 고집한 것 외에도 코르드모아는 불규칙한 기둥 구조, 깨진 페디먼트, 뒤틀린 기둥과 같은 바로크적 장치에 대한 반작용으로 고전 요소의 기하학적 순수성에 관심을 두었다. 꾸밈 장식도 적합성을 따라야 한다고 생각했던 그는 건축물 대다수는 어떤 장식도 필요하지 않다고 주장했다. 아돌프 로스가 「장식과 범죄」를 쓰기 약 200년 전의 일이다. 코르드모아는 무주식 석축(astylar masonry)과 직각 구조를 선호했다. 그에게 고딕 성당과 그리스 신전의 독립 기둥은 순수한 건축의 본질이었다.

『건축에 관한 에세이』(1753)에서 로지에는 코르드모아를 새로이 해석하며, 통나무 경사지붕을 받치는 네 개의 나무 기둥으로 구성된 최초의 '원시 오두막'을 보편적인 '자연적' 건축이라고 주장했다. 코르드모아를 따라 그는 이 기본 형태를 아치도 벽기둥도 없으며 받침대도 없고 어떤 다른 종류의 형식적 분절 구조도 없는 그리고 기둥들 사이의 틈은 가능한 한 완전히 유리로 된 일종의 고전화된 고딕 구조를 위한 기초로 삼아야 한다고 주장했다.

이 '반투명한' 구조는 자크-제르맹 수플로가 1755년 설계를 시작한 파리의 생트주느비에브 성당에서 실현되었다. 수플로는 1750년 파에스툼에 있는 도리스 신전들을 방문했던 최초의 건축가 중 한 사람이었으며, 가볍고 밝고 방대한 고딕 건축의 비율을 고전적(로마적이 아닌)으로 재창조하는 것을 목표로 삼았다. 그리하여 그는 성당에 그리스 십자형 평면을 적용하고 신랑과 복도회랑을 연속적인 실내 열주랑(peristyle)으로 받쳐진 평평한 돔과 반원형 아치들의 체계로 구성했다.

코르드모아의 이론과 수플로의 걸작을 프랑스의 아카데미 전통에 통합시키는 일은 블롱델에게 맡겨졌다. 그는 1743년 아르프 가에 건축학교를 세우고, 에티엔-루이 불레, 자크 공두엥, 피에르 파트, 마리-조제프 페이르, 장바티스트 롱들레 그리고 아마도 가장 몽상적인 클로드-니콜라 르두를 포함한 이른바 '공상적인(visionary) 건축가 세대'의 스승이 되었다. 블롱델은 1750~70년 출간된 『건축 강의』에서 구성(composition), 유형(type), 성격(character)과 관련되는 주요 규칙들을 자세히 설명했다. 『건축 강의』 제2권에는 그가 생각한 이상적인 교회 설계안이 실렸다. 생트주느비에브 성당을 떠올리게 하는 이 안은, 표상적인 정면을 두드러지게 과시하는 한편 내부 요소 각각을 유기적으로 분절해 연속되는 공간 체계에 녹아들게 했다. 이러한 공간 체계의 무한한 조망(infinite vista)은 숭고의 감정을 불러일으켰다. 이 제안은 그의 제자들의 작업에서 나타날 단순성과 장대함을 암시하고 있었다. 가장 주목할 만한 인물은 에티엔-루이 불레인데, 1772년부터 그는 너무나 방대해서 실현하지 못한 건축물을 계획하는 데 인생을 바쳤다.

불레는 블롱델의 가르침에 따라 창조물의 사회적 성격을 표현하고 구성의 웅장함을 통해 공포와 정적의 숭고한 감정을 환기했다. 르카뮈 드 메지에르의『건축의 진수 또는 건축 예술과 감각과의 유사성』(1780)의 영향을 받은 그는 가공할 장르(genre terrible)를 발전시켜나갔고, 광대한 조망과 웅장한 형태의 꾸밈없는 기하학적 순수성은 흥분과 동시에 불안을 북돋우도록 결합되었다. 불레는 신의 현존을 환기하는 빛의 힘에 사로잡혔다. 이러한 의도는 부분적으로 생트 주느비에브를 본뜬 그의 메트로폴(Métropole)의 내부를 비추는 안개 같은 엷고 투명한 햇빛에서 명백하게 드러난다. 돌로 만든 거대한 ┼ 모양의 '아이작 뉴턴을 위한 기념비'[3]에서도 유사한 빛이 표현된다. 밤에는 태양을 대신하는 불이 켜져 있고, 낮에는 불을 꺼 벽에 난 구멍으로 들어온 햇빛이 만들어낸 창공의 환영을 드러낸다.

불레는 정치적으로 확고한 공화주의자였지만, 신의 숭배에 바쳐진 전지전능한 국가의 기념비를 상상하는 데 사로잡혀 있었다. 르두와 달리 그는 모렐리나 장-자크 루소의 지방분권적 유토피아에 감동하지 않았다. 그럼에도 혁명 후 유럽에서 그의 영향력은 상당했는데, 주로 그의 제자 장-니콜라-루이 뒤랑을 통해서였다. 뒤랑은 불레의 과장된 개념을 표준적이고 경제적인 건축 유형학으로 축소했으며, 이는 『에콜 폴리테크니크 강의 개요』(1802~09)에 자세히 설명되어 있다 [4].

15년의 혼란기를 겪은 후 나폴레옹 시대는 가능한 한 저렴한 것을 전제로 적절한 장대함과 권위를 지닌 효용성 있는 구조물을 필요로 했다. 에콜 폴리테크니크 건축학부 최초의 교수였던 뒤랑은 건축에서의 나폴레옹 법전처럼 일반 건축 방법론을 확립하려 했다. 그 결과 고정된 평면 유형과 선택 가능한 입면도의 모듈식 조합을 통해 경제적이며 적당한 구조물을 만들어낼 수 있었다. 거대한 정다면체 볼륨(Platonic volumes)에 관한 불레의 집념은 합리적인 비용으로 적

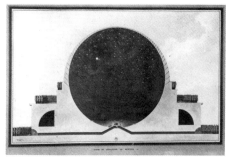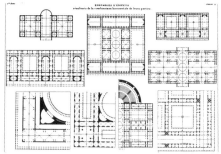

[3] 불레, 아이작 뉴턴을 위한 기념비, 1785년경, 단면('밤').
[4] 뒤랑, 평면도 형식의 가능한 결합과 변형들, 『강의 개요』(1802~09).

당한 특징을 취하는 데 전용되었다. 가령 기둥 206개와 길이 612미터짜리 벽을 가진 생트주느비에브를 뒤랑이 비판하자, 불레는 기둥 112개와 벽 248미터를 필요로 하는 원형 신전을 위한 대응안을 만들었다. 이는 그에 따르면 상당히 경제적이면서도 훨씬 인상적인 아우라를 풍길 수 있는 것이었다.

혁명으로 건축 경력이 끝나가고 있었던 르두는 1773~79년 아르크-에-스낭에 루이 16세를 위해 지었던 제염소 계획을 발전시키는 일을 투옥된 상태에서 다시 시작했다. 그는 이 집합체의 반원 형태를 그의 이상 도시 쇼(Chaux)의 상징적 핵심으로 확장시켰다[5]. 이 프로젝트는 1804년 『예술, 풍속, 법제와 건축』으로 발표되었다. 반원형의 제염소(이상 도시 쇼에서는 타원형으로 발전시켰다)는 생산 단위가 노동자 숙소와 의식적으로 통합되어 있다는 점에서 산업 건축의 첫 시도라고 볼 수 있다. 이 중농주의적 집합체의 각 요소는 그것의 성격에 따라 표현되었다. 중심 축에 있는 소금 창고는 농산물 보관고처럼 지붕이 높고 거칠게 표면 처리한 밋밋한 마름돌로 마감한 한편, 중앙에 있는 관리자 주택은 지붕이 낮고 페디먼트가 있으며 벽면은 거칠게 다듬어진 돌로 마감하고 고전적 포르티코로 장식되어 있다. 곳곳에 있는 소금창고와 노동자 숙소의 벽에는 석화한 물을 빼내는 그

[5] 르두, 이상 도시 쇼, 1804.

로테스크한 모양의 배수구가 있었는데, 이는 회사의 근간인 염용액을 상징했을 뿐 아니라 생산조직과 노동력이 공정상 평등한 지위를 지닌 다는 사실을 암시했다.

르두는 이상도시에 필요한 모든 시설을 담기 위해 한정된 유형학을 상상 속에서 발전시켜나갔고 건축적 '관상학'이라는 개념으로 확장 시켰다. 이는 관습적인 상징이나 이질동형 아이디어로 의미를 확립하는 것이었으며, 파시페르(Pacifère)라 불린 법원에는 정의와 통합을 의미하는 로마 집정관의 표지 파시스(fasces)를 적용하고 성교육시설 오이케마(Oikema)는 남근 모양으로 계획하는 것으로 나타났다. 오이케마는 방탕, 즉 성적 충만을 통해 덕목을 끌어내는 흥미로운 사회적 목적에 이바지했다.

용인된 고전 요소를 이성적으로 치환한 뒤랑의 방식과 1785~89년 파리에 설계한 톨게이트들에서 나타나듯 고전 요소를 단편적 조

각으로 해체한 후 임의로 그리고 정화하듯 재구성한 르두의 방식은
서로 완전히 다르다. 이 장벽(톨게이트)들은 쇼의 이상화된 체제와 마
찬가지로 당대의 문화적 분위기와 동떨어져 있었다. 1789년 이후 장
벽들은 점차 파괴되었다. 결국 이들이 관리하던 관념적인데다 인기
도 없었던 세관 경계인 '징세청부인 성벽'(En ceinte des Fermiers
Généraux)과 똑같은 운명을 맞이했다. 이 성벽을 두고 사람들은 다
음과 같이 말하곤 했다. "파리를 둘러막았던 벽은 파리를 투덜거리게
했다"(Le mur murant Paris rend Paris murmurant).

혁명 후 신고전주의의 발전은 새로운 체제의 편의를 도모하고
새로운 공화국의 출현을 상징하고자 했던 부르주아의 요구와 떼려
야 뗄 수 없었다. 이 새로운 권력이 애초에 입헌군주제의 양보로 들
어섰다는 사실이 부르주아 제정 양식의 형성에서 신고전주의가 누
린 역할을 약화시키지는 않았다. 파리에서 나폴레옹이 창조한 '제정
양식'이나 베를린에서 프리드리히 2세가 주창한 친프랑스적 '문화국
가'(Kulturnation)는 개별적으로 표명되었으나 같은 문화적 경향
이었다. 전자는 로마의 것이든 그리스의 것이든 이집트의 것이든 간
에 고대 모티프를 절충해 사용했다. 이 제정 양식은 나폴레옹 주둔군
(Napoleonic Campaigns)의 연극적인 휘장을 두른 막사 내부에서,
그리고 페르시에와 퐁테느의 리볼리 가, 카루젤 개선문, 대육군에 바
쳐진 공두엥의 방돔 광장과 같은 수도의 견고한 로마식 장식물에서
두드러지게 드러난다. 독일에서 이 경향은 1793년 카를 고트하르트
랑한스의 브란덴부르크 문—베를린의 서쪽 입구—과 1797년 프리
드리히 길리의 프리드리히 대제 기념비 디자인에서 뚜렷하게 나타난
다. 르두의 기본 형태는 길리에게 도리스 양식의 엄정성을 따르도록
영감을 주었고 그렇게 함으로써 길리는 독일 문학의 질풍노도운동의
고졸한 힘을 반영했다. 동시대 건축가였던 프리드리히 바인브레너와
마찬가지로 길리는 이상적인 프로이센 국가의 신화를 찬양하기 위해
엄격함과 검소함을 높은 도덕적 가치로 여겼던 원(原)문명(Ur-civili-

zation)을 투영했다. 그의 놀라운 기념 건조물은 라이프치히 광장 위에 인위적인 아크로폴리스의 형태로 지어졌을 것이다. 그리고 포츠담에서 사두이륜 전차가 올려진 땅딸막한 개선문 아치를 지나야 이 성역으로 들어갈 수 있었을 것이다.

길리의 동료이자 계승자인 프로이센 건축가 카를 프리드리히 싱켈은 고딕 건축에 대한 열정으로 가득했다. 그는 베를린이나 파리로부터가 아닌 이탈리아 성당을 직접 경험하며 열정을 키웠다. 하지만 1815년 나폴레옹이 패퇴한 후 이 낭만적 취향은 프로이센 민족주의의 승리를 표현하려는 필요가 커지자 크게 위축되었다. 정치적 이상주의와 군사적 용맹의 결합은 고대로의 복귀를 원하는 듯했다. 여하간 싱켈이 베를린에 남긴 걸작들—1816년 신위병소, 1821년의 베를린 왕립 극장과 1830년 알테스 무제움[6]—에 적용된 고전 양식은 그를 길리뿐 아니라 뒤랑과도 연결시킨다. 신위병소의 육중한 모서리, 왕립 극장의 창살 창문을 단 익랑이 싱켈의 성숙한 양식의 특징이라면, 뒤랑의 영향은 알테스 무제움에서 가장 확실하게 드러난다. 알테

[6] 싱켈, 알테스 무제움, 베를린, 1828~30.

스 무제움은 뒤랑의『강의 개요』에서 제시된 전형적인 박물관 평면을 취해 반으로 쪼갠 것으로, 중앙 원형 홀, 열주랑, 안뜰은 유지하고 측면의 익랑은 제외하는 등 수정을 거쳤다. 알테스 무제움의 넓은 입구 계단, 열주랑, 지붕 위 독수리와 디오스쿠리(Dioscuri)는 프로이센 왕국의 문화적 포부를 상징한다. 싱켈은 탁월한 정교함과 권력을 공간적으로 표현하기 위해 뒤랑의 유형학적이고 표상적인 방법에서 이탈했다. 넓은 열주랑은 대칭적인 입구 층계와 중2층을 포함하는 좁은 포르티코로 대체된다(이 배열은 미스 반 데어 로에에 의해 기억될 것이다).

블롱델의 신고전주의는 앙리 라브루스트에게로 이어졌다. 19세기 중반, 그는 혁명 이후 왕립 건축 아카데미를 계승한 학교 에콜 데 보자르에서 페이르의 문하생이었던 보도예와 함께 공부했다. 라브루스트는 1824년 로마대상을 수상한 후 5년간 프랑스 아카데미에서 지내며 이탈리아 파에스툼에 있는 그리스 신전을 연구하는 데 많은 시간을 바쳤다. 야콥-이그나즈 히토르프의 작업에 감동한 그는 파에스툼의 건축물들이 본래 밝게 채색되었었다고 주장한 최초의 건축가였다. 이뿐 아니라 구조의 우월성 그리고 모든 장식은 구축으로부터 끌어내야 한다는 그의 고집스러운 주장은 1830년 자신의 아틀리에를 개소한 이후 당국과의 갈등을 초래했다.

1840년, 라브루스트는 1789년 프랑스 정부가 압수한 장서를 수용하기 위해 건설된 생트주느비에브 도서관의 건축가로 지명되었다. 이때 라브루스트의 설계는 누가 봐도 불레의 1785년 마자랭 궁 도서관 프로젝트에 의거한 것이었다. 책장이 늘어선 벽은 직선 공간을 에워싸면서 철골의 둥근 천장 지붕을 떠받친다. 둥근 천장을 둘로 쪼갠 지붕은 도서관 공간 가운데 일렬로 늘어선 강철 기둥들이 받치고 있다.

이러한 구조 합리주의는 라브루스트가 1860~68년에 지은 파리 국립 도서관 주 열람실과 서가에서 한층 더 세련되어졌다[7]. 마자랭 궁 안뜰에 세운 이 집합체는 주철 기둥 열여섯 개와 여러 층의 연철 및 주철 서가로 받쳐지고, 철과 유리로 만든 지붕을 덮은 열람실로 구성되었다. 라브루스트는 역사주의의 마지막 흔적까지 털어내며 빛이 지붕에서 가장 낮은 바닥까지 강철 층계참을 통과하며 비쳐들게 하는 채광창을 단 '새장'처럼 디자인했다. 이 해법은 1854년 로버트 스머크의 신

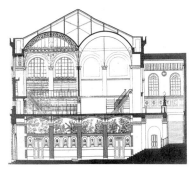

[7] 라브루스트, 파리 국립 도서관의 서가, 파리, 1860~68.

고전주의 대영박물관 안뜰에 세워진 시드니 스머크의 주철 독서실과 서가에서 유래했다. 이는 새로운 미학을 암시했고, 그 잠재력은 20세기 구축주의 작품에서 정확한 형태로 실현되기에 이른다.

19세기 중반, 신고전주의 전통은 긴밀하게 연관된 두 가지 경향으로 나뉘어 발전되었다. 라브루스트의 구조적 고전주의와 싱켈의 낭만적 고전주의가 그것이다. 양대 '학파'는 새로운 시설의 확산에 직면했고 그에 따라 새로운 건물 유형을 창조하는 임무에 대응해야 했다. 그러나 그들은 각자의 대표적 특징을 만들어내는 방식에서는 크게 달랐다. 코르드모아, 로지에, 수플로를 노선으로 하는 구조적 고전주의는 구조를 강조했던 반면, 르두, 불레, 길리의 노선을 따르는 낭만적 고전주의자는 형태 자체의 관상학적 성격을 강조했다. 질베르와 프랑수아 뒤케네 같은 건축가들 작업에서 알 수 있듯 한 학파는 감옥, 병원, 기차역 같은 건물에 주력했던 것으로 보이며, 다른 학파는 영국의 찰스 로버트 코커럴이 지은 대학교 박물관과 도서관 또는 독일의 레오 폰 클렌체가 세운 장대한 건물들, 무엇보다 1842년 레겐스부르크에 지은 고도로 낭만적인 발할라처럼 표상적인 구조에 집중했다.

이론 측면에서 구조 합리주의는 롱들레의 『건축예술론』(1802)으로 시작해 공학자 오귀스트 슈아지가 세기말에 쓴 책들 중 특히

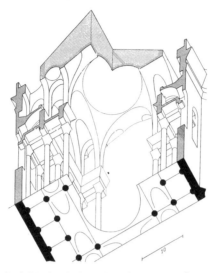

[8] 슈아지, 팡테옹 일부의 엑소노메트릭(도판 2 참조), 『건축사』(1899).

『건축사』(1899)에서 절정에 달했다. 슈아지에게 건축의 본질은 구축이며 모든 양식적 변형은 기술 발전의 논리적 결과에 불과했다. "당신이 아르누보를 과시하는 것은 역사의 모든 가르침을 무시하는 것이다. 과거의 위대한 양식들은 그렇게 생겨나지 않았다. 위대한 예술의 시대를 사는 건축가는 구축의 암시에서 가장 진실한 영감을 발견했다." 슈아지는 『건축사』에서 엑소노메트릭으로 구조의 결정적 역할을 설명했다[8]. 이것은 평면도, 단면도와 입면도를 포함하는 단일한 도식 이미지로 하나의 형식 유형의 본질을 드러내는 도해법이었다. 레이너 배넘이 지적했듯, 이 객관적인 설명은 건축을 순수한 추상으로 환원했고, 거기에 많은 정보량까지 더해져 이 이미지들은 세기 전환 이후 근대 운동 개척자들의 사랑을 독차지했다.

　　슈아지의 역사가 그리스와 고딕 건축과 관련해 강조한 것은, 100여 년 전 코르드모아가 처음 공식화했던 그리스-고딕 이상을 19세기 말에 맞게 합리화하는 것이었다. 도리스 양식을 석조로 전치된 목조 구조로 특징지은 슈아지에게서 우리는 고딕 구조를 고전적 맥락에 투영하려고 한 코르드모아 이론과의 유사점을 찾을 수 있다. 그러한 전치법은 슈아지의 제자인 오귀스트 페레에 의해 실천되기에 이른다. 페레는 전통 목조 틀 방식을 따르는 강화 콘크리트 구조를 고집했다.

골수 구조 합리주의자였던 슈아지도 아크로폴리스에 관해 말할 때는 낭만적 감성을 드러냈다. "그리스인은 건물을 올릴 부지와 주변의 다른 건물 없이는 절대 건물을 그려보지 않는다.… 각각의 건축 모티프는 그 자체로 대칭적이지만, 각 그룹은 하나의 풍경으로 취급되고 서로 균형을 이룬다."

부분적인 대칭적 균형에 대한 '픽처레스크'(Picturesque) 개념은 아마도 보자르의 교육에도, 뒤랑의 공학도적인 접근에도 낯설었을 것이다. 확실히 그것은 쥘리앵 가데에게 한정된 인상을 주었을 법하다. 가데는 그의 강론집 『건축 요소와 이론』(1902)에서 최신 기술이 적용되고 가능한 한 전통적 축 구성을 따라 배치된 요소에서 구조에 접근하는 규범을 정립하려 했다. 가데가 보자르에서 한 강의와 제자들인 오귀스트 페레와 토니 가르니에게 끼친 영향을 통해 고전주의적 '요소주의'(Elementarist) 구성 원칙이 20세기의 선구적 건축가들에게 전수되었다.

2장

영토적 변형: 도시 개발 1800~1909

커뮤니케이션 수단이 점차 추상적으로 발전하면서 고정된
커뮤니케이션의 지속성은 19세기에 걸쳐 스스로를 계속해서 완전하게
하려는 새로운 체계로 대체되었다. 사람들은 더 많이 이동하게 되었고
가속하는 역사의 리듬에 더 정확하게 맞출 수 있는 정보를 제공받았다.
철도와 일간지, 전보는 이전에 정보를 전달하는 역할을 맡았던 공간을
점차 대체해갈 것이다.

— 프랑수아즈 쇼에, 『근대 도시: 19세기 계획』(1969).[1]

과거 500년 이상 유럽에 존재해왔던 유한한 도시(finite city)는 전
례 없던 수많은 기술적·사회경제적 힘들의 상호작용에 의해 한 세기
만에 완전히 변형되었다. 새로운 힘의 상당수는 18세기 후반 영국에
서 출현했는데, 기술적 차원에서 두드러진 발명을 꼽으면 다음과 같
다. 에이브러햄 다비의 주철 생산법에 따라 1767년부터 철로 대량생
산이 가능해졌고, 제스로 툴의 열을 맞춘 이랑을 따라 경작하는 법
은 1731년 이후 널리 적용되었다. 다비의 발명은 1784년 헨리 코트
가 연철을 만드는 교련법을 개발하도록 이끌었고, 툴의 조파기는 찰
스 톤젠드가 완성한 4윤작법 체계의 기본이 되었다. 톤젠드의 4윤작
법은 세기말에 이르러 일반화된 '집약 농법'(high farming)의 원칙이
되었다.

이러한 생산 혁신은 다중적인 반향을 일으켰다. 야금술로 영국
의 강철 생산량은 1750~1850년에 40배 증가했고, 1850년에는 한 해

200만 톤을 생산했다. 4윤작법은 1771년 인클로저법 실행 이후 비효율적이었던 농사법을 대체했다. 전자는 나폴레옹 전쟁으로 급성장했고, 후자는 급증하는 산업 인구를 먹여야 할 필요가 동기가 되었다.

동시에 18세기 전반 농민 경제를 유지하는 데 도움을 주었던 가내 방직 수공업은 급속하게 바뀌었다. 1764년 제임스 하그리브스가 발명한 방적기 덕분에 개인의 방적사 생산력이 향상되었고, 에드먼드 카트라이트의 증기력을 이용한 베틀은 1784년 처음 공장 생산에 이용되었다. 동력 방직기는 직물 생산을 대규모 산업으로 우뚝 서게 했고, 곧이어 내화 구조의 다층 공장의 탄생을 이끌었다. 전통적 직물업은 지방 근거지를 포기하고 처음에는 수로 옆으로, 증기력이 출현하면서 탄광 가까이로 옮겨 작업과 공장에 집중하도록 강요받았다. 1820년까지 2만 4,000대의 동력방직기가 생산되었고, 영국의 방적 공장 도시는 이미 기정사실이 되었다.

이 같은 이주 과정—시몬 베유가 말한 '뿌리 내림'—은 운송에 증기 견인이 이용되면서 한층 가속화했다. 리처드 트레비식은 1804년 최초로 철로용 기관차를 선보였다. 1825년 스톡턴과 달링턴을 잇는 공공 선로가 최초로 서비스를 개시하면서 완전히 새로운 기반시설은 급속한 발전을 이루기 시작했다. 영국에는 1860년까지 약 1만 6,093킬로미터의 선로가 깔렸다. 1865년 이후 등장한 장거리 기선은 아메리카, 아프리카, 오스트레일리아까지 유럽인의 이주를 크게 증가시켰다. 이러한 이주는 식민지 영토의 경제를 키우고 신세계의 성장하는 격자형 도시를 채울 인구를 제공했다. 반면 유럽의 전통적 성곽도시는 군사적·정치적·경제적으로 쇠퇴했다. 1848년 자유주의-민족주의 혁명 이후 성벽은 대대적으로 파괴되었고, 이전의 유한한 도시는 이미 발전하고 있던 교외로 확장되었다.

기술의 전반적인 발전으로 영양학과 의료 기술 수준이 높아지면서 사망률이 급격하게 떨어졌고, 처음에는 영국에서 그다음에는 세계 곳곳에서 성장세는 다르지만 전례 없는 도시 집중화가 일어났다.

맨체스터의 인구는 1801년 7만 5,000명에서 1901년 60만 명으로, 즉 한 세기 동안 여덟 배가 증가했다. 이는 런던 인구가 1801년 약 100만 명에서 세기 말에 650만 명으로 여섯 배 늘어난 것에도 비교된다. 파리의 증가세는 런던과 비슷해 1801년 50만 명에서 1901년 300만 명으로 늘어났다. 하지만 이 같은 증가폭은 같은 시기 뉴욕에서 일어난 인구 증가에 비하면 그다지 큰 편도 아니다. 1811년 시 위원회 계획에 따라 격자형 도시로 설계된 뉴욕의 인구는 1801년 3만 3,000명, 1850년 50만 명, 1901년 350만 명으로 증가했다. 시카고의 인구는 한층 더 천문학적 비율로 늘어났다. 1833년 톰슨의 격자형 도시 시대에는 불과 300명이었지만 1850년에는 약 3만 명(미국에서 태어난 이는 절반이 되지 않는다)으로 늘어났고, 세기의 전환점에 가서는 인구 200만 도시가 된다.

폭발적인 인구 성장은 낡은 지역의 슬럼화를 수반했다. 슬럼에는 날림으로 지은 집이나 공동주택이 들어섰다. 공동주택은 지자체의 교통수단이 전반적으로 부족했기 때문에 생산지에서 걸어갈 수 있는 거리에 최저 수준의 저렴한 거주지를 최대한 많이 제공하려는 목적에서 지어졌다. 이처럼 인구 밀도가 높은 개발은 당연히 채광, 통풍, 녹지 기준을 충족하지 못했고, 옥외 공중화장실, 세탁장, 쓰레기 집하장 등의 위생시설은 열악했다. 배수시설은 엉망이었고 유지보수도 충분치 않아 배설물과 쓰레기가 쌓이고 홍수에 취약했다. 자연스럽게 질병 발생률이 높아졌다. 폐결핵이 돌았고, 1830~1840년대에는 영국과 유럽 대륙에서 콜레라가 기승을 부렸다.

이 전염병들은 보건 개혁을 촉진하고 과밀한 광역 도시의 건설 및 유지를 통제하는 최초의 법을 제정하는 데 영향을 주었다. 1833년 런던 당국은 에드윈 채드윅이 이끈 구빈법위원회에 화이트채플 지역의 콜레라 발병 원인을 조사하도록 지시했다. 이는 채드윅 보고서『대영제국 노동인구의 위생 상태 조사』(1842), 1844년 '대도시와 인구 밀집 지역의 상태에 관한 왕립 위원회' 설립, 궁극적으로는 1848년 공중위생법 제정을 이끌었다. 이 법은 지역 당국이 하수도 설비, 쓰레기 수거, 급수시설 공급, 도로 건설, 도살장 점검, 사망자 매장에 대해 법적으로 책임을 지도록 했다. 1853~70년 파리 재건 기간에 조르주 외젠 오스망은 이와 유사한 조항을 만들었다.

이 법은 영국 사회가 노동 계급의 주거지를 상향 조정해야 한다는 필요를 희미하게나마 인식하도록 했다. 그러나 이를 위한 모델과 방법에 대해서는 애당초 합의된 바가 없었다. 어쨌든 채드윅에게 영감을 받은 '노동 계급 상황 개선을 위한 협회'는 1844년 런던 최초의 노동자 공동주택 건립을 지원했다. 설계는 건축가 헨리 로버츠가 맡았다. 그리고 1848~50년 스트리섬 가 이피트외 네 가구를 수용하는 노동자 전용 2층집 건설로 이어갔다. 후자는 1851년 영국 만국박람회를 위해 로버츠가 설계했다. 공용 층계 주위에 아파트를 쌍으로 쌓아 올리는 이 모델은 나머지 세기 동안 노동 계급 주택 계획에 영향을 미쳤다.

미국인이 지원하는 자선단체 피버디 트러스트와 영국의 여러 자선협회, 지역 당국은 1864년 이후 노동 계급의 주택의 질을 향상시키려고 시도했다. 하지만 1868년과 1875년 지역 당국이 공공 주택을 제공하도록 요구한 슬럼 지역 정리 관련 법과 1890년 주택법이 제정되기 전까지는 의미 있는 성과가 없었다. 1890년에 설립된 런던 시의회가 이 법에 의거해 1893년에 노동자 아파트를 짓기 시작했을 때, 시의회 산하 건축과는 6층 아파트 블록을 짓는 데 미술공예운동의 양식을 적용함으로써 노동자 주택의 이미지를 획일화하지 않으려는 주목할 만한 노력을 기울였다. 이 발전의 전형이 1897년에 시작한 밀뱅크 단지이다.

19세기 내내 산업은 자기를 돌보는 데 여러 가지 노력을 기울였다. 시범(model) 공장, 철도, 공장 도시에서 미래 계몽국가의 전형으로 계획된 유토피아적 공동체에 이르기까지 많은 형태가 시도되었다. 통합된 산업 정착지에 대해 관심을 표명한 초기 인물들 중에 우리는 로버트 오언과 타이터스 솔트 경을 기억해야 한다. 오언은 조합 운동의 선구적 기관으로 꼽히는 스코틀랜드의 '뉴래너크'를 설계했다. 솔트 경은 1850년에 만들어진 요크셔의 브래드포드 근교에 교회, 진료소, 중등학교, 공중목욕탕, 양로원과 공원 등 전통적인 도시의 공공시설을 완벽하게 갖춘 '샐테어'(Saltaire)라는 온정주의적 공장 도시를 세웠다.

그러나 이러한 실현은 범위나 해방의 가능성에 있어서 1829년 출판된 에세이 「새로운 산업의 세계」에서 샤를 푸리에가 공식화한 '새로운 산업 세계'의 급진적인 비전에 필적할 수 없었다. 푸리에가 제시한 비억압적인 사회는 이상 공동체 또는 '동지의 집단'(phalanxes)을 구성하는 것이 관건이었다. 사회주의적 생활 공동체, 일명 팔랑스테르(phalanstère)에서 사람들은 그만의 심리학적 원리인 '정념 인력'(attraction passionelle)에 따라 서로 관계를 맺는다.

사회주의적 생활 공동체는 사방이 툭 트인 시골에 계획되었고 경제는 간단한 제조업이 받쳐주는 농업이 주도했다. 푸리에는 가장 초기 저작에서 이 공동체의 정착지가 지녀야 할 물리적 속성의 윤곽을 그리고 있다. 베르사유의 배치에 기초해 중앙 건물은 공공 기능이 있는 식당, 도서관, 윈터 가든 등을 두었고, 가장자리 건물들은 작업장과 여행자 쉼터로 쓰였다. 『가내 농업 협동론』(1822)에서 푸리에는 거리가 날씨에 노출되지 않는 이점을 가질 수 있는 소형 도시로서의 사회주의적 생활 공동체에 대해 썼다. 그는 이 공동체 도시가 일반적으로 채택된다면, 그 장대함이 당시 도시 외곽 빈터에 생겨나던 프티 부르주아의 소형 개별 독립주택들의 너저분함을 대체할 수 있으리라고 보았다.

푸리에의 제자 빅토르 콩시데랑은 1838년의 글에서 베르사유의 메타포를 증기선의 메타포와 혼합해 "샹파뉴 한가운데나 보스의 단일한 부지 안에 농민 1,800여 명이 사는 것보다 각 해안에서 600리그 떨어진 바다 한가운데에 1,800명이 사는 것이 더 쉬울까?"에 대해 자

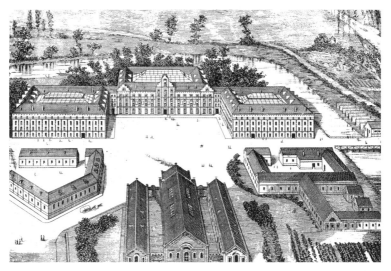

[9] 고댕, 파밀리스테르, 기즈, 1859~70.

문했다. 코뮌과 배의 독특한 융합은 100여 년 후 르 코르뷔지에에 의
해 다시 시도된다. 1952년 마르세유에 건설된 르 코르뷔지에의 자족
적 코뮌 또는 위니테 다비타시옹(Unité d'Habitation)은 푸리에적
함의가 실현된 건축물이다.

　푸리에의 중요성은 산업화한 생산과 사회조직에 대한 급진적 비
판에 있다. 유럽과 미국에 팔랑스테르를 만들려 했던 수많은 노력에
도 불구하고 새로운 산업 세계에 대한 그의 이상은 그저 꿈으로 남
을 수밖에 없었다. 푸리에의 꿈에 가장 근접한 실현은 기업가 장 고댕
이 1859~70년 기즈에 있는 그의 공장 옆에 세운 파밀리스테르(Fa-
milistère)였다[9]. 이 집합체는 주거용 건물 세 동과 탁아소, 유치원,
극장, 학교, 공중목욕탕, 세탁소로 구성되었다. 각 주거용 건물은 위에
서 빛이 들어오는 안뜰을 에워싸고 있는데, 안뜰은 팔랑스테르의 복
도식 거리를 대신한다. 『사회적 해법』(1870)이란 책에서 고댕은 푸
리에주의보다 더 급진적인 요소를 흡수해 '정념 인력'이라는 별난 이
론에 의지하지 않고도 어떻게 조직이 협동적인 가족 생활에 적용될

수 있는가를 제시했다.

　노동자 대중을 위한 공간을 제공하는 것과는 별개로, 18세기 런던의 도로와 광장의 그물망은 증가하는 도시 중산층의 거주 조건을 충족하기 위해 19세기 내내 확장되었다. 그러나 녹지 광장은 도로와 이어지는 테라스 주택들 때문에 띄엄띄엄 자리할 수밖에 없었다. 공원의 규모와 조화(texture)에 만족하지 못한 영국 공원 운동—정원사 험프리 렙턴이 설립한—은 도시에 '녹화 전원 단지'(landscaped country estate)를 계획하려 했다. 렙턴은 건축가 존 내시와 공동으로 기획한 런던의 리젠트 공원 설계에서 이를 성공적으로 논증해보였다. 1815년 나폴레옹에 승리한 후 공원을 둘러막자는 제안은 왕실의 후원 아래 연속적인 '과시용' 파사드에 의해 보강되었다. 이 파사드는 테라스를 갖춘 숙박시설을 통해 기존의 도시 조직 내부로 침투했는데, 북쪽 리젠트 공원의 귀족적인 조망에서 남쪽 세인트 제임스 공원과 칼튼 하우스 테라스의 호화롭고 세련된 도시풍에 이르기까지 이어지며 확대되었다.

　불규칙한 풍경에 놓인 신고전주의 시골 주택(이 이미지는 캐퍼빌리티 브라운과 유브데일 프라이스의 '픽처레스크' 삭업에서 파생된 것이다)의 지주 계급적 개념은 도시 공원 주변에 테라스 하우스를 공급하기 위해 내시가 번안한 것이었다. 이 모델의 일반화를 위한 조정은 조지프 팩스턴 경이 1844년 리버풀 외곽에 조성한 버켄헤드 공원에서 최초로 체계적으로 이루어졌다. 1857년 준공된 프레데릭 로 옴스테드의 뉴욕 센트럴 파크는 마차의 통행을 보행자로부터 분리한 것까지 팩스턴의 예증에서 직접 영향을 받았다. 이 개념은 장-샤를 아돌프 알팡이 창조한 파리의 공원들에서 최종적으로 정교하게 다듬어졌는데, 동선 체계는 공원 이용 방식을 완전히 지배했다. 알팡과 더불어 공원은 새로이 도시화된 대중을 교양 있고 세련되게 하는 데에 영향력을 행사하는 요소가 되었다. 1662년 몰렛 형제가 만들었던 사각형 분지에서 벗어나 1828년 세인트 제임스 공원에 내시가 만든 울퉁불

퉁한 모양의 호수는, 17세기로 거슬러 올라가는 프랑스의 데카르트적 개념의 풍경화에 대한 영국적 픽처레스크 양식의 승리를 상징하는 것으로 볼 수 있다. 나무를 건축적 오더로 간주하고 대로를 나무들의 열주랑으로 표현한 프랑스인은 렙턴의 불규칙한 풍경이 선사하는 낭만적 매력을 거부하기 어려웠다. 혁명 후 그들은 자신들의 귀족적 공원을 픽처레스크적 장면으로 개작했다.

픽처레스크의 유도는 강력했지만 합리주의를 향한 프랑스의 충동은 건재했다. 처음에는 화가 자크-루이 다비드의 지휘 아래 조직된 혁명적 예술인 모임에 의해 1793년 작성된 '파리를 위한 미술가 계획'의 (완전히 새로운 길을 내기 위해 일직선으로 대대적으로 파괴했던) '개착'(percements), 그다음에는 샤를 페르시에와 피에르 퐁텐의 설계에 따라 1806년 이후 지어진 나폴레옹의 아케이드로 된 리볼리 가가 그 예다. 리볼리 가는 내시의 리젠트 가뿐 아니라 제2제정기 파리의 배경화법적 파사드의 건축적 모델이 되었고, '미술가 계획'은 나폴레옹 3세 시기 파리 재건을 위한 주요 도구가 된 가로수 길(allée)이라는 중요한 전략을 실증했다.

나폴레옹 3세와 조르주 오스망 남작은 파리뿐 아니라[10] 19세기 후반에 걸쳐 오스망식 조직화를 겪었던 프랑스와 중앙 유럽의 여러 주요 도시에도 지울 수 없는 흔적을 남겼다. 그들의 영향은 시카고를 격자형 도시로 계획한 대니얼 버넘의 1909년 평면도에도 나타난다. 버넘은 "오스망이 파리에서 완수했던 임무는 급속한 인구 증가가 야기한 견디기 어려운 상황을 극복하기 위해 시카고에서 해야만 했던 작업과 일치한다"라고 썼다.

신임 지사 오스망은 1853년 파리 센 강의 오염된 상수도, 적절한 하수 처리 시스템 미비, 불충분한 묘지와 공원, 넓게 분포한 지저분한 주택가, 마지막으로 결코 작은 문제가 아니었던 교통 혼잡을 파리의 문제로 꼽았다. 이 중 처음 두 문제는 주민의 일상 복지 측면에서 가장 심각한 수준이었다. 주요 하수관이 모이는 센 강에서 상당량

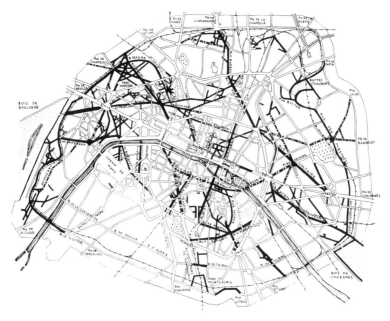

[10] 파리 조직화: 검은색은 오스망이 계획한 도로.

의 물을 공급한 결과, 파리는 19세기 초반 두 차례에 걸쳐 심각한 콜레라 유행을 겪어야 했다. 동시에 기존의 가로 체계는 확장하는 자본주의 경제의 행정 중심으로는 더 이상 적절하지 않았다. 나폴레옹 3세가 독재를 펼친 짧은 기간에 이 복잡한 문제에 대해 오스망이 내놓은 급진적 해결책은 '개착'이었다. 쇼에가 썼듯 "파리라는 복합체의 '거대한 소비 시장, 수많은 작업장'을 실효성 있는 총체(operative whole)로 변형하고 통일감을 부여하는 것"이 오스망의 목적이었다. 오스망이 파리에서 보여준 중심과 축을 이용한 구조는 1793년 '미술가 계획'과 1765년 피에르 파트의 계획에서 예견되었다. 하지만 쇼에가 지적하듯, 축들의 실제 위치를 따져보면, 다비드가 계획한 전통적인 구(quartiers) 중심으로 조직된 도시에서 자본주의의 열기로 뭉친 메트로폴리스로의 전환이 뚜렷하게 드러난다. 대부분 에콜 폴리테크니크 출신의 생시몽적 경제학자와 기술자 출신 관료 들은 빠르고 효율적인 소통 체계의 중요성을 강조하면서 나폴레옹 3세에게 파리 재건에 경제적 수단과 체계적 목표가 적용되도록 조언했다. 오스망은 센 강의 전통적 경계를 가로지르면서 (서로 반대되는) 중심점(cardinal points)과 구역을 연결하는 도로들을 건설함으로써 파리의 기존 조직을 분할하고 파리를 광역 메트로폴리스(regional metropolis)로 탈바꿈시켰다. 그는 좀 더 확실한 남-북, 동-서 축들을 만들고 세스토폴 대로를 건설하고 리볼리 가를 동쪽으로 확장하는 데 최우선순위를 두었다. 북쪽과 남쪽으로 가는 주요 철도의 종점들로 사용된 이 기본 십자구조는 '원형 고리' 모양의 대로로 에워싸여 있다. 이 대로는 다시 주요 교통 분배 장치였던 오스망의 에투알 집합체—장 프랑수아 샬그랭이 만든 개선문 주위에 건설된—에 연결되었다.

　오스망의 재임 기간에 파리 시는 새 대로를 137킬로미터가량 건설했는데, 대체된 536킬로미터의 구도로보다 훨씬 넓었을 뿐 아니라 가로수는 더 빽빽하게 늘어섰고 더 밝아졌다. 이 모든 것과 함께 주거 평면 유형은 표준화되었고 파사드는 규칙화되었다. 도로시설물 체계, 즉 오스망의 엔지니어였던 외젠 벨그랑과 알팡이 디자인한 공중 변소, 벤치, 대합실, 키오스크, 시계, 가로등, 간판 등도 표준화가 이루어졌다. 이 전체 시스템은 불로뉴 숲과 뱅센 숲 같은 널따란 공공 야외 공간에 의해 가능한 한 어디서나 '통풍이 되도록' 했다. 덧붙여 새 묘지들과 뷔트 쇼몽 공원, 몽소 공원 같은 작은 공원들이 새로 많이 지어졌고, 도시의 확장된 경계 내에서 개선되었다. 무엇보다도 적절한 하수 처리 시스템과 뒤 계곡에서 도시로 연결되는 담수 공급관이 신설되었다. 오스망은 이와 같은 종합 계획을 성공시키는 탁월한 행정가였지만 정치에는 관심이 없어 자신이 봉사하는 정권의 정치적 논리를 수용하지 않았다. 부르주아들은 '수익성 있는 개량'에는 지지를 보내면서도 그의 개입에 대해서는 재산권을 지키고자 반대했다. 부르주아의 이중적 태도에 오스망도 종국에는 꺾이고 만다.

　제2제정이 몰락하기 전부터 '조직화'(regularization) 원칙은 파리 밖에서 이미 실천되고 있었다. 특히 빈에서 해체된 성곽을 전시용 대로로 대체하는 계획은 극한으로 치달아 1858~1914년 구시가지 주위에 화려하고 과시적인 링슈트라세의 건설로 이어졌다. '열린' 도시의 팽창을 보여주는 단독으로 서 있는 기념 건축물들은 엄청난 폭의 주요 간선도로 주위에 건설되었다. 건축가 카밀로 지테는 이를 비판했다. 지테는 그의 영향력 있는 서서 『예술적 원칙에 따른 도시계획』(1889)에서 링슈트라세 기념비 대부분을 건물과 아케이드로 에워싸자고 주장했다. 지테는 19세기 후반 많은 교통량으로 시달리는 이른바 '열린' 도시를 중세 또는 르네상스 도심의 적요함과 비교하면서 자신의 개선안을 강조했다.

> 중세와 르네상스 시대에 공공 광장들은 실용적인 목적으로 자주
> 사용되었다. … 광장은 광장 둘레의 건물들과 하나의 총체를 이루었다.
> 오늘날에는 기껏해야 주차 공간으로 활용되며 광장을 지배하고
> 있는 건물들과는 아무 연관이 없다. … 간단히 말해, 고대에는 가장
> 강렬하면서도 거의 공적인 구조물이었던 바로 그곳에서 오늘날에는
> 활동이 결여되어 있다.[2]

한편 바르셀로나에서는 지역적으로 도시를 질서 있게 조직하려는 노력이 스페인의 공학자이자 도시화(urbanización)란 용어의 창시자인 일데폰스 세르다에 의해 전개되고 있었다. 1859년 세르다는 바르셀로나를 바다가 경계가 되고 사선 대로 두 개가 교차하는 깊이가 스물두 개 블록에 달하는 격자형 도시로 확장하기로 계획했다[11]. 산업과 해외 무역을 동력으로 성장하고 있었던 바르셀로나는 세기말에 이르러 미국적 스케일의 격자형 플랜으로 채워졌다. 『도시화의 일반론』(1867)에서 세르다는 동선 체계, 특히 증기차에 우선권을 주었다. 그에게 교통체계는 여러 의미에서 과학적인 도시 구조를 위한 출발점이었다. 레옹 주슬리는 세르다의 이동에 대한 강조를

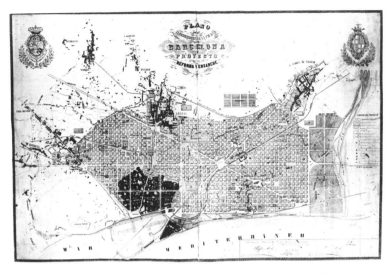

[11] 세르다, 바르셀로나 확장 계획안, 1858. 검은 부분이 구도심.

1902년 바르셀로나 계획에 풀어냈다. 거주 지역과 교통을 분리한 구획을 따로 엮어 조직한 선형도시(Linear City) 형태를 선보인 것이다. 그의 설계는 어떤 점에서는 1920년대 러시아의 선형도시 제안들을 예견했다.

1891년 즈음, 적극적인 도심부 개발은 고층 건물 건설과 관련한 기본적인 두 가지 발전, 즉 1853년 승객용 승강기의 발명과 1890년 철골 구조의 완성으로 가능해졌다. 지하철(1863), 전차(1884), 통근열차(1890)의 도입과 더불어 정원이 있는 교외(주택 지구)는 미래의 도시 확장을 위한 '자연적' 단위로 부상했다. 고층의 다운타운과 저층의 전원주택지라는 두 가지 미국적 도시 개발 형태의 상보적 관계는 1871년 시카고 대화재를 뒤이었던 건설 붐에서 뚜렷하게 드러났다.

교외화 과정(suburbanization)은 옴스테드의 픽처레스크 디자인에 따른 1869년 리버사이드 교외 배치 계획과 함께 시카고 근교에서 이미 시작되었다. 19세기 중반 정원식 묘지와 초기 동부 교외에 기초한 이 계획은 철도와 마찻길로 다운타운 시카고로 연결된다.

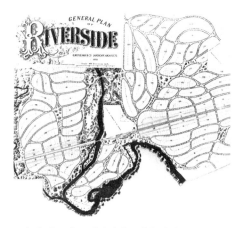

[12] 옴스테드, 리버사이드 계획, 시카고, 1869.

1882년 증기력으로 작동하는 케이블카가 시카고에 도입되면서 길은 더 확장되는 방향으로 열리게 되었다. 즉각적인 수혜지는 시카고 사우스 사이드였다. 교외의 발전은 전동 전차가 도입되면서 운송의 범위, 속도, 빈도가 모두 확대된 1890년에 이르러 진정으로 번성하게 된다. 이는 세기가 바뀔 무렵, 프랭크 로이드 라이트의 초기 주택들을 위한 실험장이었던 시카고의 오크 파크 교외를 개발하는 계기가 되었다. 1893~97년 다운타운 주위를 도는 대규모 고가 철로가 도시 위에 건설되었다. 이 모든 운송 형태는 시카고의 발전에 기본이었다. 도시의 번성에 가장 중요했던 것은 철도였다. 철도는 대초원에 첫 현대적 농업 장비인 1831년 발명된 매코믹 기계식 수확기를 가져왔고, 대초원의 곡물과 소를 1865년 시카고 사우스 사이드에 짓기 시작한 사일로와 가축장(stock yard)으로 실어 날랐다. 1880년 이후 이 풍요는 구스타부스 스위프트의 냉장 기차를 통해 퍼져나갔고, 이에 상응해 상거래가 발전하며 시카고로 몰려드는 여객 수송량을 크게 증가시켰다. 세기의 마지막 10년 동안 도시 건설과 도시 접근 방법에서 급진적인 변화가 있었고, 이 변화는 전통적인 도시를 격자형 구조로, 늘 확장하는 대도시권(metropolitan region)으로 변형시켰다. 대도시

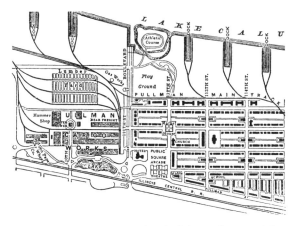

[13] 비머, 풀먼의 공장(위쪽)과 도시, 시카고, 그림은 1885년작.

권은 반복되는 출퇴근으로 분산된 농가와 중심부가 연결되며 형성되었다.

대화재 이후 시카고의 재건을 도왔던 청교도적인 기업가 조지 풀먼은 점차 커지는 장거리 여행 시장의 진가를 알아본 최초의 인물 중 하나였다. 그는 1865년 최초로 풀먼 침대차를 선보였다. 1869년 대륙횡단철도가 완공된 후 풀먼 객차회사는 크게 성공했다. 그리고 1880년대 초반, 시카고 남부에 이상적인 산업 도시 풀먼 시를 설립했다[13]. 풀먼 시는 노동자 주택을 극장, 도서관, 학교, 공원 놀이터를 포함한 최대한의 공동체시설과 결합한 정착지였다. 그보다 20여 년 먼저 기즈에서 고댕이 제공했던 시설을 뛰어넘는 잘 정돈된 집합체였다. 또한 포괄적인 성격과 투명성에 있어서도 1879년 버밍엄 본빌의 제과업자 조지 캐드베리나 1888년 리버풀 근교 포트 선라이트의 비누 생산업자 레버가 창설한 픽처레스크한 시범 도시들을 훨씬 능가했다. 풀먼의 가부장적이고 권위주의적인 정확함은 샐테어 또는 1860년대 말 에센의 크루프 사가 회사 정책에 따라 에센에 처음 설립한 노동자 정착지와 매우 유사하다.

전동차나 기차에 의한 훨씬 더 작은 규모의 철도 운송은 유럽 전

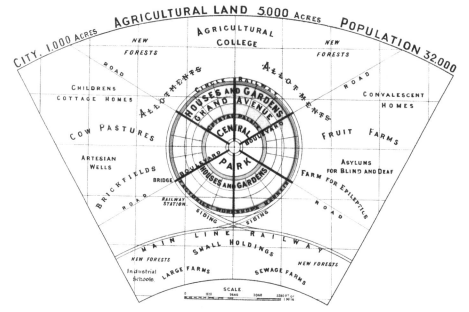

[14] 하워느, 루리스빌, 노식화뇐 선원도시, 『내일』(1898).

원도시의 두 가지 대안 모델을 결정하는 주요 요인이었다. 하나는 1880년대 초 아르투로 소리아 이 마타에 의해 최초로 묘사된 축 구조의 스페인식 선형 전원도시이며, 다른 하나는 에버니저 하워드가 『내일: 진정한 개혁으로 향하는 평화로운 길』(1898)에서 제시했던 철도로 둘레를 우회하도록 되어 있는 영국식 동심원 전원도시였다. 소리아 이 마타의 역동적이고 상호의존적인 선형도시는, 1882년에 했던 그의 말을 빌리면, "폭 약 500미터, 필요한 만큼의 길이로 하나의 도로[가 구성되며—옮긴이]… (도시의) 끝은 카디스 또는 상트페테르부르크 또는 베이징 또는 브뤼셀이 될 수 있다". 하워드가 설계한 고정적이지만 짐작건대 자립적인 '루리스빌'[14]은 철도로 일주할 수 있으며, 최적의 인구수는 3만 2,000~5만 8,000명으로 정해졌다. 스페인식 모델이 본질적으로 지역적(regional)이고 비결정적이고 대륙적인 반면, 영국식은 자족적이고 한정돼 있으며 지방적(provincial)이다.

소리아 이 마타는 그의 '교통 중추'를 운송 외에도 19세기 산업 생산의 필요와 맞물리는 물, 가스, 전기, 하수 등의 동시대 도시의 기초 서비스 배급과 결합시켰다.

방사형으로 계획된 도시에 대한 반명제인 것은 차치하고, 선형도시는 전통적인 지역 중심들을 연결하는 기존 도로의 삼각 그물망을 따라 건설하는 하나의 방법이었다. 하워드적 도시는 탁 트인 전원에 있는 위성도시였다. 그것의 도식적 투사(diagrammatic projection)는 선형도시와 똑같이 지역적이었지만 도시 자체의 형태는 덜 역동적이었다. 1871년 만들어져 실패한 러스킨의 성 조지 길드 모델에 기초한 하워드는 그의 도시를 필요한 것 이상을 생산하지 않으면서 경제적으로 자급자족하며 상부상조하는 공동체로 생각했다. 마지막으로 두 도시 모델은 철도 운송을 채택한 이유가 근본적으로 달랐다. 하워드의 루리스빌은 출퇴근하는 길을 없애기 위한 계획이었기에 철도는 사람보다는 물건을 나르는 역할로 제한되었다. 반면에 선형도시의 철도는 (모든) 소통을 용이하게 하기 위해 특별히 디자인되었다.

선형도시 모델보다는 수정된 형태의 영국식 전원도시가 광범위하게 채택되었다. 소리아 이 마타의 '마드리드 도시화 조합'이 지지했던 선형 모델은 원래 마드리드를 에두르는 55킬로미터 길이의 '목걸이' 계획을 세웠지만 실제로는 약 22킬로미터밖에 건설하지 못했다. 이 유일한 실패가 선형도시를 실현 가능한 미래보다는 이론으로만 남도록 운명지었다. 이 모델은 1920년대 후반 러시아의 선형도시부터 르 코르뷔지에의 「세 가지 인간 거류지」(1945)로 처음 소개된 '건축혁신을 위한 건설자 모임'(ASCORAL)의 계획에까지 영향을 미쳤지만 거기까지였다.

1903년 시작된 하트퍼드셔 최초의 전원도시 레치워스의 설계에는 하워드의 최초 계획에 대한 급진적 재해석이 반영되었는데, 이는 영국 전원도시운동의 신지테적 단계의 서막으로 볼 수 있다. 공학도이자 도시계획자였던 레이먼드 언윈이 지테에게서 감동을 받았다는 사실은 언원의 매우 영향력 있는 저서 『도시계획 실무』(1909)에서 명백하게 나타난다. 뉘른베르크와 로텐부르크와 같은 중세 독일 도시에서 볼 수 있는 '상상의 불규칙한 도시들'(imaginary irregular towns)에 대한 언원과 동료 베리 파커의 열정은 1907년 햄스테드 전원주택지 설계도의 픽처레스크한 배치에 뚜렷이 나타나 있다. 언원은 '법규에 맞춘' 건축을 경멸했지만, 다른 설계자들과 마찬가지로 위생과 순환에 대한 현대적 표준이 부가한 제약들을 따라야 했다. 그러므로 이 선도적인 전원도시들의 유명한 '경험적' 성공에도 불구하고 이후 영국의 도시계획 학파가 야기한 쇠약해진 환경은, 적어도 부분적으로는, 이 화해할 수 없는 이분법의 해결, 즉 중세 노스탤지어와 관료주의적 통제를 화합시키는 데 대한 언원의 실패에서 파생되었다. 20세기의 '기차 사고' 블록 배치(train-accident block layouts)는 이 실패의 지속적인 형식적 유산들 중 하나다.

3장

기술적 변형:
구조공학 1775~1939

철과 함께 건축사에 처음으로 인공 건축 재료가 등장했다. 세기가
지나는 동안 철의 발전 속도는 점점 빨라졌다. 1920년대 말부터
실험해온 기관차를 철로 위에서 이용할 수 있다는 점이 증명되었을
때의 자극이 결정적이었다. 철로는 건설의 첫 번째 단위였으며
거더(girder)의 선조였다. 철은 주거용 건물에서는 기피되었으나
아케이드, 전시 홀, 기차역과 운송 관련 건물들에 사용되었다. 동시에
유리가 쓰이는 건축 영역이 확대되었다. 그러나 건축 재료로서 유리
사용이 증가하게 된 사회적 상황은 100년 후에야 등장했다. 파울
셰르바르트의 『유리 건축』(1914)에서 유리는 아직도 유토피아의
맥락에서 다루어진다.

— 발터 벤야민, 『파리, 19세기의 수도』(1930).[1]

회전식 증기력과 철골은 제임스 와트, 에이브러햄 다비, 존 윌킨슨 세 사람의 상호의존적 노력을 통해서 같은 시기에 탄생했다. 셋 중에서 윌킨슨은 당대 '철의 대가'였고 그의 1775년 실린더 보링 머신의 발명은 1789년 와트의 증기 엔진 완성에 필수적이었다. 철에 관한 윌킨슨의 경험은 철을 처음 구조에 사용할 때에도 없어서는 안 되었다. 윌킨슨은 1779년 다비와 건축가 프리처드를 도와 콜브룩데일 근교의 세번 강 위에 세워질 폭 30.5미터짜리 최초의 주철 다리를 설계하고 세웠다. 콜브룩데일의 성취는 상당한 관심을 불러왔고, 1786년 영국계 미국인 혁명가 톰 페인은 미국 독립 혁명에 바치는 기념비를 스퀼킬

강을 가로지르는 주철 다리 형태로 디자인했다. 영국에서 주문한 다리의 자재는 1791년 전시된 신상품이었다. 이듬해 그는 반역죄로 고발되어 프랑스로 강제 추방당한다. 1796년 토머스 윌슨의 설계로 선덜랜드 웨어 강을 가로지르는 71미터짜리 주철 다리가 세워졌는데, 그는 페인의 '쐐기꼴'(voussoir) 법을 채택했다. 거의 같은 시기에 토머스 텔퍼드는 세번 강에 39.5미터의 빌드워스 다리를 세워 다리 건설가로 데뷔했다. 그의 설계는 콜브룩데일에서 소요된 384톤보다 적은 176톤만을 사용했다.

이후 30년 동안 텔퍼드는 도로와 다리 건설가로서 그리고 쇠퇴해가는 수로 시대의 마지막 남은 위대한 운하 엔지니어로서 비할 바 없는 위상을 누렸다. 그의 선구적인 경력은 1829년 건축가 필립 하드윅과 함께 설계한 런던 세인트 캐서린 부두에 있는 철골의 벽돌 창고들에서 끝난다. 이 창고들은 18세기 마지막 10년간 미들랜드에서 발전했던 내화 설비를 갖춘 나층 공장 체계에 기초했다. 세인트 개서린 구조의 주요한 선례는 1792년 더비에 세워진 윌리엄 스트럿의 6층짜리 옥양목(calico) 제조 공장과 1796년 찰스 베이지가 슈루즈베리에 세운 방적 공장이다. 구조에는 모두 주철 기둥이 사용되었고, 제조업 건물의 특성상 완벽한 내화 시스템이 필수적이었기에 더비에서 썼던 목재 보들은 단면이 T자인 철재 보로 대체되었다. 보는 얇은 벽돌 볼트를 받쳤고, 이 전체 조합은 측면 방향에서 구조를 강화하는 바깥 셸과 연철 타이 로드(tie rod)로 보강되었다. 이러한 볼트 공법은 18세기 프랑스에서 발전된 루시용 볼트 또는 카탈루냐식 볼트로부터 직접 차용한 것으로 보인다. 이는 1741년 콩스탕 디브리가 베르농에 지은 비지 성에 방화 구조를 도입하기 위해 처음 사용된 방법이다.

13세기 대성당에 사용한 것 외에 프랑스의 연철 보강 석조는 파리에 건설된 클로드 페로의 루브르 동쪽 파사드(1667)와 수플로의 생트주느비에브 포르티코(1772)에 기원을 두고 있다. 두 작업은 강화 콘크리트의 발전을 예견했다. 1776년 수플로는 루브르의 일부에 연철로 된 트러스 지붕을 설치할 것을 제안했는데, 이는 빅토르 루이의 선구적인 작업, 즉 1786년 프랑세 극장과 1790년 팔레루아얄 극장의 연철 지붕을 위한 길을 터주었다. 후자는 철 지붕을 복공식 내화 바닥 구조와 결합한 것인데, 이 역시 루시용 볼트에서 연원한 것이다. 화재는 점증하는 도시의 위험 요소였다. 파리 곡물시장의 지붕은 화재로 소실된 이후 1808년 건축가 프랑수아 조제프 벨랑제와 엔지니어 브뤼네가 설계한 철골 큐폴라로 대체되었다. 덧붙이면, 이때 작업은 건축가와 건설기사 간의 투명한 노동 분업이 이루어진 최초의 예 가운데 하나다. 철을 다리 건설에 사용하려는 프랑스 최초의 예는 루이-알렉상드르 드 세사르의 설계로 1803년 센 강에 세워진 우아한 퐁데자르였다.

1795년 에콜 폴리테크니크 창설과 함께 프랑스는 나폴레옹 제국의 성취에 걸맞은 기술관료제 확립을 위해 애썼다. 응용 기술의 강조는 증대해가는 건축과 공학의 전문화를 강화했으며, 건축과 공학의 구분은 이미 페로네의 에콜 데 퐁제 쇼세를 통해 제도화되었다. 한편, 수플로가 사망한 후 생트주느비에브 공사를 이끈 장바티스트 롱들레와 같은 건축가는 수플로, 루이, 브뤼네, 드 세사르와 그 밖에 다른 이들의 선구적인 작업을 기록에 남기기 시작했다. 롱들레는 『건축예술론』에서 '수단'을 기록했고, 에콜 폴리테크니크 건축 교수 뒤랑은 『강의 개요』에서 '목적'을 열거했다. 뒤랑의 책은 고전적 형식을 모듈 요소로 파악하고 시장 홀, 도서관, 나폴레옹 제국의 막사 등과 같은 전례 없는 건축 프로그램에 자유자재로 적용 가능한 체계를 유포시켰다. 처음에는 롱들레, 그다음에는 뒤랑이 기법과 설계 방법을 체계적으로 정리했다. 합리적으로 설명된 고전주의는 새로운 사회적 요구뿐 아니라 새로운 기법에 적응할 수 있었다. 이 종합적인 계획은 1816년 건축 경력을 막 시작한 카를 프리드리히 싱켈에게 영향을 미쳤다. 그는 베를린을 위한 신고전주의적 장식에 정교한 철재 요소를 결합하기 시작했다.

이와 비슷한 시기에 철 현수교 건설 기법은 1801년 미국의 제임스 핀레이가 보강 데크 현수교를 발명한 것을 기점으로 독립적으로 진화했다. 핀리의 성취는 1811년 출판된 토머스 포프의 『교각 건축론』에 의해 파급되었다. 핀레이의 경력은 짧았지만 결정적이었다. 그 절정은 1810년 뉴포트의 메리맥 강을 가로지르는 74.5미터 폭의 체인 현수교였나.

포프가 기록한 핀레이의 작업은 체인 현수 기법이 영국에 적용되는 데 즉각적인 영향을 미쳤고, 새뮤얼 브라운과 텔퍼드가 이 기법의 발전에 기여했다. 브라운의 연철 플랫바 연결은 1817년 특허권을 얻었고, 1820년 트위드 강 위에 건설된 폭 115미터에 달하는 유니언 다리에 적용되어 대단한 성공을 거두었다. 텔퍼드와 브라운은 잠깐 렁컨 체인 다리를 공동 작업한 적이 있다. 이 경험으로 텔퍼드는 폭 177미터짜리 메나이 해협 현수교 설계를 할 수 있었다. 메나이 현수교는 8년간의 고뇐 공사 후 1825년 개동되었다. 영국의 연철 힌수교 건설은 건축가 이점바드 킹덤 브루넬의 폭 214미터짜리 클리프턴 다리에서 절정에 달했다. 이는 1829년에 설계되었지만 브루넬이 죽은 후 5년이 지난 1864년에야 완공되었다.

인장력을 견뎌낼 수 있는 연철 고리 생산은 언제나 비용이 많이 들고 위험했다. 이 때문에 체인 대신 인발 와이어(drawn wire) 케이블을 사용하는 아이디어가 나왔다. 처음에는 1816년 최초로 펜실베이니아 스퀼킬 폭포 위에 인도교를 건설하려 했던 조사이어 화이트와 어스킨 해저드가, 그다음에는 1825년 탱-투르농의 론 강 위에 와이어 현수교를 건축했던 세갱 형제가 소개했다. 세갱 형제의 작업은 루이 비카가 에콜 데 퐁제 쇼세에서 수행한 철저히 분석적인 연구 주제로 구체화되었다. 1831년 이 연구의 출판은 프랑스에서의 현수교 황금시대의 개막을 알렸고, 이후 10년 동안 이런 구조로만 100여 개가 건설되었다. 비카는 앞으로 나올 모든 서스펜션 구조재는 철 막대보다 와이어로 제작할 것을 권고했고, 이를 위해 현장에서 강선을 스피닝(spinning)해 케이블을 제조하는 법을 고안해냈다.

비슷한 방법이 미국의 엔지니어 존 오거스터스 뢰블링에 의해 사용되었다. 뢰블링은 와이어 케이블 생산에 관한 특허권을 1842년 취득했다. 그는 이 재료를 2년 후 피츠버그 앨러게니 강에 건설한 수로 현수교에 썼다. 뢰블링의 케이블은 비카의 것과 마찬가지로 나선 형태였다. 그는 이 기본적인 서스펜션 재료로 화려한 이력을 장식하게 된다. 1855년 나이아가라 폭포를 연결하는 243.5미터 폭의 철도교부터, 사망 후 1883년 아들 워싱턴 뢰블링에 의해 완성된 487미터 폭의 뉴욕 브루클린 다리[15]에 이르기까지 말이다.

1860년 철도 기반시설이 거의 완성되자 영국의 구조공학은 휴지기에 들어섰고 이 상태는 19세기 말까지 지속되었다. 19세기 중반 이후에 지어진 비상하게 탁월하고 독창적인 작업은 소수에 불과하다. 1852년 로버트 스티븐슨과 윌리엄 페어베언이 세운 메나이 해협의 브리타니아 튜뷸러 다리[16]와 1859년 브루넬의 솔태시 고가교 정도이다. 둘 다 연철판, 다시 말해 리벳으로 고정시키는 압연 박판을 사용했는데 이 기술은 이튼 호즈킨슨의 연구와 페어베언의 실험적인 작

[15] J. A.와 W. A. 뢰블링, 브루클린 다리, 뉴욕, 1877년경 건조 모습.
최초로 케이블-스피닝을 이용했다.

[16] 스티븐슨과 페어베언, 메나이 해협을 지나는 브리타니아 튜뷸러 다리, 1852.

업에 의해 크게 향상되었다. 스티븐슨은 호즈킨슨과 페어베언의 발견을 1846년 플레이트 거더 개발에 이미 활용한 바 있으며, 그 체계는 브리타니아 다리에서 충분히 논증되었다. 브리타니아 나리는 절로 하나를 독립적인 철판 상자로 만든 터널 두 개로 구성되었고, 70미터짜리 스팬 두 개와 140미터짜리 주 스팬으로 해협을 이었다. 스티븐슨의 석조 탑은 보조적인 서스펜션 구조재를 고정시키기 위해 세워졌으나 '관'만으로도 스팬을 충당하고도 남았다. 솔태시 고가교의 스팬도 이와 비슷했다. 각각 138.5미터에 이르는 궁현 트러스 두 개 위에 단일 트랙이 얹어져 타마 강을 가로질렀다. 압연 후 리벳으로 접합한 판으로 만든 속이 빈 타원형 현은 단면이 4.9×3.7미터에 달했다. 여기에 철 체인 케이블이 연결되어 수직 하중을 책임진다. 창의성 면에서 브루넬의 마지막 작업은 귀스타브 에펠이 이후 30년 동안 마시프 상트랄에 건설한 거대 고가교들에 필적했다. 특히 속이 빈 금속판의 사용은 1890년에 완공된 포스 다리의 213미터 길이 캔틸레버에 존 파울러와 벤저민 베이커가 사용한 거대한 강관 프레임을 예견했다.

1825년 스톡턴에서 달링턴까지 조지 스티븐슨의 기관차가 시범 운행하며 시작된 철도의 발전은 19세기 중엽에 엄청난 속도로 진

행되었다. 영국에서는 20년이 채 안 되어 3,200킬로미터가 넘는 철도
가 생겼고, 북아메리카에는 1842년까지 4,600킬로미터가 놓였다. 그
러는 동안 철도 재료였던 주철과 연철이 점차 일반 건물의 언어에 통
합되었다. 이들은 산업 생산에 필요한 다층 창고형 공간에 쓸 수 있는
유일한 내화성 재료였다.

1801년 맨체스터의 솔퍼드 제조 공장에 사용되었던 볼턴과 와
츠의 33센티미터 주철 빔 이후 지속된 개발 노력은 주철과 연철 빔과
선로의 스팬 폭을 넓히는 데 모아졌다. 철도의 전형적인 단면은 19세
기 첫 20년 동안 발전되었고, 이 단면에서 표준적인 구조용 I-빔이 마
침내 출현했다. 제섭의 1789년 주철 선로는 버켄쇼의 1820년 연철
T-선로로 대체되었다. 이는 다시 상단보다 바닥이 넓은 I-형태의 단
면을 지닌―웨일스에서 1831년에 만들었던―최초의 미국식 선로로
이어졌다. 이 형태는 점차 영구적으로 채택되었으나 훨씬 더 넓은 스
팬을 가능케 하는 두꺼운 버전이 성공적으로 압연 생산된 1854년 이
후에 이르러서야 폭넓게 구조로 활용되었다. 그 사이 엔지니어들은
당시 선박 제조에 사용되던 표준 연철 앵글과 판으로 두꺼운 구조재
를 만들면서 스팬을 늘리려고 여러 가지 방법을 시도했다. 논박의 여
지는 있으나 페어베언은 1839년이란 이른 시기에 그러한 합성 I-빔을
만들어 시험했다고 전해진다.

철 성분을 강화하거나 조립하여 장 스팬 요소를 생산하기 위한
기발한 시도들은 세기 중엽에 17.8센티미터 두께의 연철 빔을 성공적
으로 압연해내면서 다소 시들해져갔다. 페어베언의 저서『주철과 연
철을 건축 목적에 응용하는 것에 관하여』(1854)는 철판으로 만들어
진 얇은 두께의 천장을 40.6센티미터 두께의 압연 빔들로 받치고 전
체를 콘크리트로 마무리한 개량된 공장 건설 체계를 제시했다. 안정
된 구조를 위해 여전히 사용되던 연철 타이 로드가 콘크리트 바닥 안
에 삽입되었기 때문에, 이 제안은 뜻밖에도 페어베언을 강화 콘크리
트의 원칙에 가깝게 다가가게 했다.

유사한 맥락에서, 4층짜리 주철과 연철 프레임 구조로 된 놀라운 건물이 쉬어네스에 있는 해군 공창에 세워졌다. 물결 같이 주름진 철로 치장한 이 선박 창고는 그린 대령이 설계해 1860년에 세워졌다. 건물 전체가 철골 프레임인 선구적인 므니에 초콜릿 공장을 쥘르 솔니에가 누아지엘-쉬르-마른에 세웠던 것보다 12년 전이다. 구석구석까지 칠 I-단면을 체계적으로 사용하면서 (기둥에는 주철을, 빔에는 연철을) 쉬어네스 선박 창고는 현대 강철 프레임 건설의 표준 단면과 조립 방법을 둘 다 예시했다.

세기 중반에 이르러 모듈화된 유리와 함께 사용된 주철 기둥과 연철 선로는 신속한 조립식 제조와 도시 유통센터들, 커다란 시장 홀, 거래소와 아케이드 건설을 위한 표준 기술이 되었다. 이 중 후자는 파리에서 발전했다. 1829년 팔레 루아얄에 세워진 퐁텐의 오를레앙 상점가는 유리로 된 배럴 볼트를 지닌 최초의 아케이드였다. 이 주철 체계의 조립식 특성은 확실한 조립 속도뿐 아니라 조립 자재를 멀리까지 운송할 수 있는 가능성을 보장했다. 세기 중반부터 계속하여 산업화된 국가는 조립식 주철 구조를 세계 전역에 수출하기 시작했다.

1840년대에 미국 동부 연안 지대의 도시 개발과 교역의 가파른 확장에 힘입어 제임스 보가더스와 대니얼 배저 같은 이들은 다층 건물 외관에 쓰이는 철 제품을 파는 주물 상점을 뉴욕에 열었다. 그러나 1850년대 말까지 그들의 '패키지화'한 구조는 내부 공간의 양 끝을 연결하기 위해 커다란 목재 빔을 사용했고 철은 내부 기둥과 파사드에 제한되었다. 배저의 폭넓은 경력에서 가장 훌륭한 작업 중 하나는 건축가 존 게이너의 설계로 1859년에 지은 뉴욕 호거트 빌딩이다. 이 건물은 승객용 엘리베이터를 설치한 최초의 건물이었다. 엘리샤 그레이브스 오티스가 자신이 발명한 장치의 역사적인 실연을 한 1854년에서 고작 5년이 지난 때였다.

완전히 유리로 된 구조의 환경적 특징은 루던의 『온실 비평』 (1817)에서 철저히 논의되었지만 일반적인 적용 기회는 거의 없었다.

적어도 영국에서는 1845년 유리에 부과했던 소비세가 폐지될 때까지는 그러했다. 1845~48년 리처드 터너와 데시머스 버튼이 지은 큐 가든의 야자수실은 마침 사용 가능하게 된 판유리를 이용한 최초의 구조물 중 하나였다. 이후 19세기 후반 동안 건설된 철도 종착역은 대부분을 유리로 마감한 최초의 대형 상설 구조물이었다. 이 발전은 터너와 조지프 로크의 1849~50년 리버풀 라임 스트리트 기차역에서 시작된다.

철도 종착역은 이제까지 용인된 건축 법칙에 대한 특별한 도전이었다. 본사 건물과 기차 격납고 사이의 접점을 적절하게 연결하고 표현하는 데 사용할 어떤 유형도 존재하지 않았다. 1852년 뒤케네가 파리 동역에서 처음으로 건축적 해답을 발견할 때까지 이 문제는 중요한 관심사였다. 종착역들은 수도로 진입하는 사실상 새로운 관문이었기 때문이었다. 파리의 첫 번째 북역 설계자인 엔지니어 리옹스 레이노는 『건축론』(1850)에서 '상징'의 쟁점을 인식하고 있었다.

> 예술은 산업처럼 급속한 진보도 가파른 발전도 없다. 때문에 오늘날
> 철도 운송 서비스를 위한 건물 대부분이 형태나 구성 면에서
> 개선되어야 할 여지가 다분하다. 몇몇 기차역은 적절하게 구성된 듯
> 보이지만 공공건물의 성격보다는 산업적 또는 일시적 구조물의 성격을
> 띤다.[2]

가장 심각한 곤경을 보여주는 사례는 런던 세인트 판크라스 역이다. 발로와 오디시의 설계로 1863~65년 세워진 74미터 폭의 방대한 차고는 조지 길버트 스콧이 설계해 1874년 완공된 신고딕식 호텔이 딸린 건물과 완전히 분리돼 있다. 세인트 판크라스의 문제점은 브루넬의 패딩턴 역 설계에도 그대로 적용되었다. 건축가 매슈 딕비 와이어트의 세심한 노력에도 불구하고 다분히 초보적인 기차역은 차고의 천장 프로필과 제대로 연결되지 못했다.

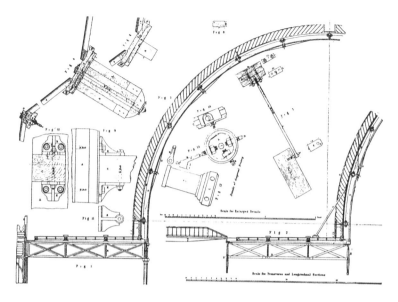

[17] 수정궁 중앙부 익랑 상세도, 런던, 1851

독립된 전시장 구조물은 기차역이 지닌 문제를 노정하지 않았다. 엔지니어가 절대적 권한을 쥐고 있었기 때문에 문화적 맥락의 문제가 거의 발생하지 않았다. 1851년 런던 만국박람회의 수정궁이 좋은 예다. 정원 건축사 존 클라우디우스 루던의 온실 원칙을 엄격하게 적용하면서 자신이 발전시킨 온실 제작법에 따라 수정궁을 자유롭게 설계했다. 채츠워스의 데본셔 백작의 의뢰로 지은 온실들에서 자신의 방식을 발전시켜온 팩스턴은 수정궁 설계를 의뢰받자 8일 만에 직각으로 교차하는 거대한 3층 온실을 만들어냈다. 수정궁의 구성 요소는 바로 전해에 채스워스에 지은 대형 백합 온실의 것과 거의 똑같았다. 세 개의 출입구 현관을 예외로 하면, 대칭으로 배치된 수정궁의 둘레에는 유리가 빠짐없이 둘러졌다. 그러나 설계 과정에서 일군의 잘 자란 나무를 어떤 방식으로든 보존하기 위해 개선안이 준비돼야 했다. 1851년 대박람회를 둘러싼 대중의 반대가 나무의 보존 문제로 옮아가자 팩스턴은 재빨리 이 상황을 파악하고 높은 곡선 지붕이 있는 중앙부 익랑(transept)으로 이 성가신 문제를 해결했다[17]. 그 결과 최종안의 이중 대칭 형태가 나오게 되었다.

수정궁은 건설 과정이 분명하게 말해주는 것처럼 특정한 형태가 아닌 종합적인 시스템, 즉 첫 구상안, 조립과 운송, 건설과 해체에 이르는 하나의 과정으로 봐야 한다. 철도 건물처럼 수정궁 역시 적응성 높은 부품들을 조립한 것이었다. 전체 형태는 기본 2.44미터 클래딩 모듈로 짜였고, 7.31~21.95미터에 이르는 다양한 위계의 스팬이 있었다. 수정궁을 짓는 데 걸린 시간은 채 4개월이 안 되는데, 대량생산과 체계적 조립이라는 간단한 문제였기 때문이다. 콘라트 바흐스만이 1961년 저서 『건축의 전환점』에서 말했듯이, "수정궁 생산이 요구 조건에는 처리를 쉽게 하려는 연구가 포함돼 있었다. 어떤 단일 부품도 1톤 이상이어서는 안 되며, 가장 큰 유리 패널을 사용하는 편이 비용을 최대한 절감하는 방법이라는 내용이었다".

개방된 격자 형태인 수정궁은 평행하면서도 비스듬한 원근감을 낳았는데, 이것이 소실점을 향하는 선들이 투명한 안개처럼 쏟아지는 빛 속으로 사라지는 장관을 연출했다. 한편, 약 9만 3,000제곱미터의 면적을 유리로 덮은 외피는 전례 없는 규모 때문에 기상학적 문제를 드러냈다. 바람직한 환경 조건은 루던의 온실과 마찬가지로 공기를 무리 없이 돌게 하고 태양열을 알맞게 조절하는 것이었다. 건물을 지면에서 약간 올리고 바닥에 임시로 판석을 깔고 만족할 만한 통풍이 가능한 루버를 달았지만, 문제는 태양열 누적이었다. 구조 디테일 담당이자 철도 엔지니어였던 찰스 폭스는 적절한 해결책을 찾지 못했다. 결국 임시변통으로 지붕을 가리는 캔버스 차양을 설치했지만 시스템에 통합된 부분으로 보기는 어렵다. 세계 각지에서 온 출품자들은 꽃 등을 장식한 천으로 캐노피를 만들어 온실 효과로부터 자신들을 보호했다. 이 캐노피들이 햇빛을 막으려는 만큼이나 받아들이기 힘든 구조의 '즉물성'에 대항하듯 설치되었음은 물론이다.

성황리에 1851년 박람회를 마치고 1862년 한 번 더 박람회를 치른 영국은 이후 박람회 주최를 포기했다. 이 기회를 이용해 프랑스는 1855~1900년 다섯 차례나 주요 박람회를 개최했다. 이들 박람회가 산업 생산과 무역에 관한 영국의 주도권에 도전하기 위한 국가 정책의 발판으로 고려되었다는 사실은 매번 '기계 전시장'의 구조와 내용에 역점을 두었다는 점에서 드러난다. 젊은 귀스타브 에펠은 엔지니어 크란츠와 함께 1867년 파리 만국박람회를 위해 일했다. 이 박람회장은 1851년 이후 지어진 가장 중요한 전시장이 되었다. 이 공동 작업에서 에펠은 표현적 감수성뿐 아니라 엔지니어로서의 역량을 드러냈다. 35미터 폭의 기계 전시장 디테일 처리에서 그는 하중을 받는 재료의 탄성 거동을 결정하는 유일한 이론 공식이었던 토머스 영의 탄성 계수(1807)의 타당성을 증명할 수 있었다. 바깥 테두리에 기계 전시장을 배치한 타원형의 박람회장은 그 자체로 르 플레의 기발한 개념을 증명하는 것이었다. 그는 기계, 의복, 가구와 인문, 순수 미술, 노동 역사를 전시하는 동심원의 갤러리 배치를 제안했다.

1867년 이후 생산된 제품들은 크기도 컸거니와 종류도 다양했다. 또한 국가 간 경쟁에서 요구되는 독립성 때문에 전시장을 여러 개로 나눌 필요가 생겼다. 다시 프랑스에서 만국박람회가 열린 1889년에 이르면 이제 전시를 건물 하나에 다 채워 넣을 수 없었다. 세기를 장식한 이 중요한 박람회에서는 프랑스의 기술공학이 그때까지 성취한 가장 탁월한 구조물 두 개가 눈길을 끌었다. 건축가 뒤테르와 함께 설계한 빅토르 콩타맹의 107미터 폭의 기계 전시장[18]과 엔지니어 누기에와 쾨슐랭, 건축가 소베스트르가 공동 설계한 에펠의 높이 300미터 탑이 그것이었다. 콩타맹의 구조는 1880년대 에펠이 힌지를 써 만든 고가교에서 완벽하게 완성시킨 고정법에 기초했으며, 거대 스팬을 만드는 데 3힌지 아치 형태를 활용한 첫 사례였다. 콩타맹의 격납고는 기계들을 전시했을 뿐 아니라 그 자체가 하나의 '전시하는 기계'여서 높은 트랙 위에서 작동하는 이동식 플랫폼은 양쪽 끝에 위치한 전시 공간을 오갔다. 이는 관람객이 전체 전시를 빠르고 종합

[18] 뒤테르와 콩타맹, 파리 박람회 기계 전시장, 1889. 이동식 관람 플랫폼이 설치되었다.

적으로 볼 수 있게 해주었다.

　19세기 후반 마시프 상트랄에서는 철도망 설비를 갖추는 데 소요되는 엄청난 비용을 감내하도록 만들 만큼 충분한 광물자원이 발견되었다. 1869~84년 에펠이 이곳에 설계한 철도 고가교들은 에펠탑 설계에서 찬미받은 방법과 미학의 예증이었다. 그는 이들 고가교에서 배 모양 받침대와 수직 단면이 포물선을 그리는 강관 파일론(pylon)을 발전시켰는데, 이는 물과 바람의 작용을 해결하려는 시도였다.

　폭이 넓은 강을 가로지르기 위해 에펠과 동료들은 기발한 체계의 고가교 받침대를 만들었다. 이 해결법에 박차를 가하게 된 계기는 1875년 포르투갈 두로 강 위에 철도 고가교를 건설해달라는 의뢰였다. 1870년 이후 저렴해진 강철은 장 스팬을 손쉽게 해결해주는 재료가 되었다. 다섯 개의 스팬으로 산골짜기를 가로지르는 이 작업에서는, 양쪽 파일론 위에 두 개의 짧은 스팬을, 더 긴 160미터짜리 중앙 스팬은 핀 접합을 두 군데 한 아치 위에 얹히는 것이었다. 몇 년 후

가라비에서 반복된 건설 과정은 파일론과 측면의 스팬을 먼저 세우고 양쪽에서 중앙으로 구조물을 세워 오면서 만나게 하는 것이었다. 선로 높이에서 트러스가 캔틸레버로 뻗어져 나오고, 아래에서는 힌지 아치를 동시에 양쪽에서 반씩 건설해 완성하는 식이었다. 선로와 떨어져 수면 위에 떠 있던 아치는 제 위치에 고정된 뒤 파일론 상부에서 늘어뜨린 케이블에 의해 최종 소립되면서 정확한 기울기를 가지게 된다. 1878년 완성된 두로 고가교의 뛰어난 성공으로 에펠은 마시프 상트랄에 있는 트뤼에르 강 위 가라비 고가교 건설을 수주할 수 있었다.

두로 고가교가 가라비를 건설하는 데 필요한 경험을 제공했던 것처럼 가라비 고가교는 에펠탑의 개념과 설계의 기초가 되었다. 수정궁과 마찬가지로 그러나 더 느린 속도로 탑은 상당한 압력과 긴장 속에 설계되고 건설되었다. 1885년 봄에 설계 도면이 처음 공개되었고 1887년 여름에 기초 작업에 착수했으며 1888년 겨울까지 200미터 이상이 올라갔다. 에펠탑은 콩타맹의 기계 전시장과 같이 방문객들에게 빠른 이동이 가능한 접근 시스템을 제공해야 했다. 탑 꼭대기까지 오르는 방법은 쌍곡선을 이루는 다리 안쪽의 경사진 트랙을 따라 달리다 첫 번째 플랫폼에서 수직 상승하는 승강기를 이용하는 것이었다. 승강기 가이드 레일은 공사 중엔 기중기를 올리는 데 활용되었는데, 이는 힌지를 이용한 고가교에서 사용되는 탑재 기술을 연상시키는 효율적인 작업 방식이었다. 철도의 부산물이 수정궁으로 탄생한 것처럼, 에펠탑은 사실상 300미터 높이의 고가교 파일론이었다. 이러한 건축 유형은 바람, 중력, 물과 재료의 저항력 사이의 상호작용에서 진화했다. 공중을 가로지르지 않고서는 경험할 수 없었던 여태껏 상상하기 힘든 구조였다. 비행술에 대한 에펠탑의 미래주의적 친화성을 고려할 때—1901년 비행가 산토스 뒤몽이 기구를 타고 에펠탑 주위를 날았을 때 쏟아진 축하를 생각해보자 — 30년 후 블라디미르 타틀린이 1919~20년에 제3인터내셔널에 바치는 기념비에서 에펠탑을 새로운 사회적·기술적 질서의 주요 상징으로 전용하고 재해석한 사실은 놀라운 일이 아니다.

철 기술이 지구의 풍부한 광물자원을 착취함으로써 발전했다면, 콘크리트 기술 또는 적어도 수경 시멘트의 발전은 해상 교통에 의해 부상했던 것으로 보인다. 1774년 존 스미턴은 생석회, 찰흙, 모래, 분쇄된 광재(slag)의 '콘크리트' 화합물을 사용하여 에디스톤 등대의 기초를 세웠고, 비슷한 콘크리트 혼합물이 18세기의 마지막 25년 동안 영국에서 교각, 운하, 항구를 건설하는 데에 사용되었다. 1824년 조지프 애스프딘은 인조석으로 사용할 수 있는 포틀랜드 시멘트를 발명했고, 1792년 언제나 창의적이었던 루던이 만들었던 것처럼 금속-강화 콘크리트를 개발하려는 수많은 제안이 나왔지만, 영국은 콘크리트 개발의 선구적 역할을 프랑스로 넘겨주게 되었다.

프랑스에서는 1789년 혁명 이후 이어진 경제적 제약과 1800년경 비카에 의한 수경 시멘트의 합성, 전통 흙다짐 공법(rammed earth)이 결합하여 강화 콘크리트의 발명을 위한 최적의 상황이 조성되었다. 새로운 재료를 처음 사용한 것도 리옹 지역의 전통적인 흙다짐 공법에 익숙해 있었던 프랑수아 쿠아녜였다. 1861년 그는 금속망으로 콘크리트를 강화하는 기법을 발전시켰고 이를 기초로 철근 콘크리트 건설을 전문으로 하는 최초의 유한회사를 설립했다. 쿠아녜는 철근 콘크리트로 하수구와 기타 공공 구조물, 1867년에는 놀라운 6층짜리 아파트 등을 지으며 오스망 아래에서 일했다. 하지만 쿠아녜는 특허권을 지키지 못했고 제2제정 말에 그의 회사는 결국 해체되고 말았다.

또 다른 프랑스의 콘크리트 개척자는 정원사 조제프 모니에였다. 그는 1850년 콘크리트 화분을 성공적으로 생산하고 1867년 이후 금속으로 강화한 콘크리트 응용법에 관한 일련의 특허권을 제출했다. 하지만 자문을 잘못 받아 특허권 일부를 1880년 엔지니어 슈스터와 바이스에게 팔아버렸다. 프라이탁 회사는 1884년 남은 권리를 모니에에게서 사들였고, 곧이어 바이스와 프라이탁이 합작한 대형 독일

토목공학 회사가 창립되었다. 모니에 체계에 관한 그들의 독점권은 1887년 출판된 모니에 방식(Monierbau)에 관한 바이스의 권위 있는 저술에 의해 공고해졌다. 독일 이론가 노이만과 쾨넨이 연구한 강화 콘크리트에서의 편압(differential steress)에 관한 중요한 이론이 출판되어 이런 유형의 건설에서 독일의 선두를 공고히 했다.

강화 콘크리트의 발전은 독일과 미국, 영국과 프랑스에서 동시에 수행된 선구적인 작업들과 함께 1870~1900년에 집중적으로 일어났다. 1873년 강화 콘크리트로 허드슨 강 주택을 지을 때 미국인 윌리엄 워드는 빔의 중간 축 아랫부분에 막대를 삽입해 철의 인장력을 충분히 이용한 최초의 건설가가 되었다. 이 구조의 활용 가능성은 타데우스 하얏트와 토머스 리케츠가 영국에서 수행한 콘크리트 빔 실험으로 거의 즉각 확인되었다. 두 사람의 협동 연구 결과는 1877년 발표되었다.

세계 각지에서 빌전이 있었지만 현대 강화 콘크리트 기술의 체계적인 활용을 위해서는 한 창의적인 천재를 기다려야만 했다. 바로 프랑수아 엔비크다. 독학한 프랑스 건축가였던 엔비크는 1879년에 처음으로 콘크리트를 사용했다. 그 후 엔비크는 광범한 개인 연구를 수행했고 1892년 드디어 자신만의 독특한 종합 체계에 관한 특허권을 취득했다. 엔비크 이전 철근 콘크리트의 큰 문제는 단일체 접합(monolithic joint)에 관한 것이었다. 1845년 페어베언이 특허를 낸 콘크리트와 철의 합성은 단일체와는 거리가 멀었고, 하얏트와 리케츠의 작업에서도 같은 한계가 있었다. 엔비크는 이 난점을 구부려 걸 수 있는 원통형 막대 부품을 사용해 극복했다. 그의 체계에서 필요한 것은 강화 막대들을 크랭크로 연결하는 것과 국부적인 압력에 견디기 위해 등자 모양 강철 띠로 접합부를 묶는 것이었다. 이로써 단일체 접합의 완성과 함께 단일체 틀이 실현 가능해졌다[19]. 엔비크는 1896년 투르쿠엥과 릴 지역에 지은 세 개의 방적 공장에 이 시스템을 대규모로 처음 적용했다. 결과는 성공이었고 엔비크의 회사는 곧

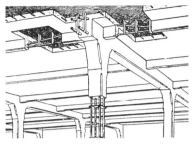

번성했다. 그의 파트너 무셀은 이를 1897년 영국으로 가져가 거기서 1901년 첫 번째 콘크리트 가교를 건설했고, 1908년의 프랑스-영국 박람회에서 독립해 서 있는 나선형 강화 콘크리트 계단을 전시해 장관을 연출했다.

[19] 엔비크, 1892년에 특허 낸 단일체 철근 콘크리트.

엔비크 회사는 1898년경부터 괄목할 만한 성공을 거두었다. 사내 잡지 『강화 콘크리트』를 정기적으로 간행했고, 1900년 파리 대박람회장의 절충식 구조에 단일체 시스템을 폭넓게 활용하기도 했다. 프랑수아 쿠아녜의 아들이 철근 콘크리트로 만든 '물의 성'이 가짜 파사드였음에도 불구하고 1900년 파리 박람회는 콘크리트 건축에 상당한 상승과 후원을 가져다주었고, 엔비크 회사는 창립 10주년을 맞은 1902년에 이르러 국제적인 대기업으로 성장했다. 당시 유럽 전역을 통틀어 수를 헤아릴 수 없이 많은 작업에 콘크리트가 쓰였고 엔비크가 주요 시공자 자리를 꿰찼다. 1904년 그는 부르라렌에 지붕 덮인 정원과 미나렛(minaret)을 갖춘 자택을 완성했다. 단단한 벽은 영구 프리캐크스 콘크리트 거푸집널 사이 공간에 철근 콘크리트를 넣어 만들었고, 거의 전부 유리로 된 파사드는 건물의 주요 면들에서 극적으로 뻗어 나와 있다. 세기말에 이르러서도 특허권은 수년간 유효했으나 엔비크 시스템을 독점 사용하기는 어려워졌다. 1902년 그의 최고의 조수였던 폴 크리스토프는 『강화 콘크리트와 그 응용』을 출간해 관련 기술을 대중화했다. 4년 후, 토목공학과에서 이미 콘크리트 연구를 수행했던 아르망-가브리엘 콩시데레는 강화 콘크리트 관련 법규를 제정하는 국가 위원회의 수장이 되었다.

1890년 엔지니어 코탕생은 콘크리트와 벽돌을 결합한 강화 시멘트 체계로 특허를 받았다. 벽돌을 철사로 강화한 콘크리트로 접착시킨 것이다. 이 혼성 체계에서 철근 콘크리트의 주요 기능은 인장력이 큰 부분에서 구조적 연속성을 유지하는 것이었다. 압축력이 강한 영역은 자연히 벽돌의 몫이었다. 합리주의 건축가 아나톨 드 보도는 이것에 강하게 이끌렸다. 그는 프랑스의 위대한 '구조' 이론가 비올레르뒤크의 제자로, 노출 구조가 건축 표현을 위한 유일하고 정당한 기초라고 굳게 믿었다. 이를 근거로 단일체 철근 콘크리트는 공학의 영역에 위임하는 한편 강화 시멘트를 더 분명하고 명쾌하게 표현하는 문제는 건축가의 과제로 남겨두었다. 강화 시멘트 기술의 표현적 속성은 파리에 있는 그의 생-장-드-몽마르트르 교회(1894년에 시작되었다)에서 가장 완벽하게 입증되었다.

몽마르트르 교회의 복잡하게 얽힌 볼트는 드 보도가 1910~14년에 디자인했던 '대강당'을 위한 일련의 프로젝트와 밀접한 연관이 있다. 비올레르뒤크를 좇아 그는 건축 문화에 필수적인 실험장으로서의 대형 공간에 관심을 두고 있었다. 이러한 맥락에서 그가 1900년 박람회를 위해 방대한 프로젝트로 시작했던 '대강당' 시리즈는 이탈리아 엔지니어 피에르 루이지 네르비가 반세기 후 완성한 망상조직(reticulated) 평판 슬래브과 조립식 폴딩 외피를 예견하고 있었던 것으로 보인다. 전형적인 예가 1948년 토리노 박람회장과 1953년 로마 근교에 지어진 가티 양모 공장이다.

드 보도의 망상조직 형태 원칙에 맞서는, 대형 공간에 대한 도전의 답은 막스 베르크에게서 나왔다. 그는 1913년 브레슬라우(현 브로츠와프) 박람회를 위해 콘비아르츠와 트라우어가 지은 '할라 루도바'에 거대한 크기의 강화 콘크리트 요소를 사용했다[20]. 지름 65미터의 방대한 중앙집중식 홀 둘레의 링빔(ring beam)에서 솟아오르는 큐폴라의 콘크리트 리브(rib)는 다시 육중한 펜던티브 아치들로 받쳐진다. 이 어색한 괴력의 구조는 외부에서 보면 동심원을 이루는 유리띠에 가려지며, 유기적인 평면과 동적인 구조는 덧붙여진 신고전주의 요소 때문에 억눌린 느낌이다.

북미에서는 유럽에서 시멘트를 수입해야 했기 때문에 1895년까지 철근 콘크리트 작업에 제약이 있었다. 그러나 곧이어 사일로와 다층 공장 시대가 시작되었다. 맥스 톨츠의 강화 콘크리트 사일로가 캐나다에서 처음 나타난 이래, 1900년부터 미국에서 특히 꽈배기처럼 꼬인 철근을 이용한 강화 콘크리트를 개발한 어니스트 랜섬의 작업이 뒤를 이었다. 1902년 펜실베이니아 주 그린스버그에 있는 91미터짜리 기계 상점을 건축하면서 랜섬은 미국에서 단일체 콘크리트 프레임의 선구자가 되었다. 여기서 그는 최초로 콩시데레의 이론에 부합하는 나선 철근 기둥의 원리를 적용했다. 이 시점에서 우리는 프랭크 로이드 라이트의 기술적 조숙함에 관해 언급할 필요가 있다. 그는 이 무렵 강화 콘크리트 구조를 설계하기 시작했다. 1901년 실현되지 못한 빌리지 뱅크 프로젝트, 그리고 시카고에서 1905년과 1906년에 각각 완성된 E-Z 광택제 공장과 유니티 템플이 그 예다.

그동안 파리에서는 페레 형제가 그들로서는 처음으로 전부 콘크리트로 된 구조를 설계하고 지었다. 오귀스트 페레의 독창적인 1903년 프랑클랭 가 아파트 블록과 1913년 샹젤리제 극장이 필두였다. 비슷한 시기에 앙리 소비지는 1912년 완공한 바뱅 가 아파트에서 이 새로운 단일체 재료의 표현적인 '조형적' 잠재력을 탐구했다. 이 시기에 이르러 강화 콘크리트 프레임은 하나의 규범적 기술이 되었고 이때부터 이를 어디까지 어떤 표현 요소로 쓸지가 관건이 되었다. 1915년 토리노에서 마테 트루코가 40만 제곱미터 상당의 피아트 공장[21]을 짓기 시작한 것이 메가스트럭처(megastructure) 규모의 첫 번째 예라면, 건축 언어의 주된 표현 요소로 이용한 것은 비슷한 시기 르 코르뷔지에의 돔-이노(Dom-Ino) 주택 제안에서 나왔다. 하나가 평평한 콘크리트 지붕이 주행 하중의 진동을 버틸 수 있다는 것—피아트 공장 지붕에는 테스트트랙이 있다—을 확실히 입증했다면, 다른 하나는 로지에의 원시 오두막 방식 다음으로 엔비크 시스템이 새로운 건축이 지향해야 할 명백한 제1의 구조임을 보여주었다.

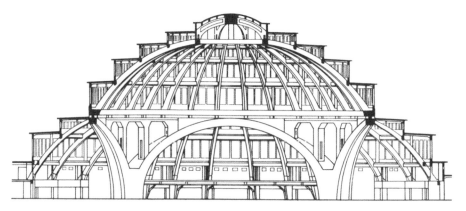

[20] 베르크, 할라 루도바, 브레슬라우, 1913.
[21] 트루코, 피아트 공장, 토리노, 1915~21.

기술공학의 관점에서 보면 이 시기에 엔지니어 로베르 마야르와 외젠 프레이시네의 초기작에서 가장 절묘한 표현이 등장했다. 위대한 스위스 엔지니어 마야르는 적어도 1905년에는 타바나사의 라인다리에서 이미 그의 특징적인 다리 형태를 완성했다. 복공 박스 단면의 3힌지 아치와 양 측면의 삼각형 공간에 틈을 내어 불필요한 무게를 줄이고 빛을 통과시켜 전체 형태에 표현적인 성격을 주었던 다리다. 1912년에 이르러 마야르는 알트도르프에 세운 5층 창고에서 유럽 최초로 빔이 없는 바닥판을 만드는 데 성공했다. 그의 무량판 구조는 미국 엔지니어 터너가 앞서 개발한 버섯 모양 기둥을 쓴 바닥판 구조에서 진일보한 것이었다. 마야르의 2방향 슬래브와 대조적으로 터너의 4방향 배근법에서는 막대(bars)가 모든 기둥머리를 통과하도록 돼 있어서, 기둥이 바닥판을 뚫고 나가지 않게 하려면 강철이 두꺼워져야 했기에 경제성이 떨어졌다. 터너 시스템에서 바닥 구조는 사실상 전단력에 저항하는 커다란 기둥머리를 지닌 두껍게 강화된 평면 빔으로 만든 그물망이었다. 마야르의 빔 없는 2방향 시스템은 바닥판과 기둥머리의 크기를 함께 줄이면서 더 가벼워졌고 전단력도 훨씬 적었다.

메아아르는 아르부르그의 아래 다리(1911)에서 아치 혼치(haunch)에 가로 프레임을 대서 플랫폼을 보강함으로써 지지 아치와 다리 플랫폼을 분리하는 데 성공했다. 여전히 교대(橋臺)는 전체 형태와 관련해서 분절해야 했다. 그의 거의 모든 다리는, 심지어 리브 아치(ribbed arch)로 지지하는 경우에도, 가능한 한 박스 단면의 플랫폼 자체로 하중을 지지하도록 했다. 1930년 알프스에 건설한 폭의 90미터 살기나토벨 다리에서 그는 다리 건축가로서 최고의 역량을 보여주었다. 하지만 아르부르그에서 그가 처음 시도했던 공식의 가장 훌륭한 표현은 1936년 제네바 근처 베세이에 세운 아르브 다리에서 실현되었다[22].

프랑스 엔지니어 프레이시네가 1916~24년 오를리에 지은 쌍둥이 비행선 격납고는 높이 62.5미터, 길이 300미터였다. 드 보도의 프로젝트를 본떠 조립된 요소들이 스스로를 지지할 수 있게 한 단일체 구조 설계를 최초로 시도한 사례 중 하나였다. 이 선구적인 조립식 폴딩 슬래브 구성은 1930년대 후반 네르비가 설계한 일련의 놀라운 비행기 격납고에 영향을 미쳤다. 오를리에서 작업에 임하는 동안 프레이시네는 콘크리트 건설업자 리무쟁을 위해 강화 콘크리트로 된 '활시위' 모양의 창고 구조를 설계했다. 곡면판 지붕에 모니터 채광창을

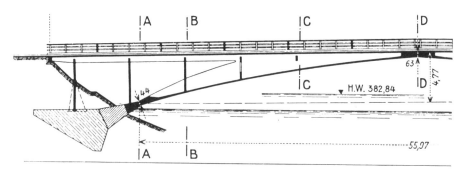

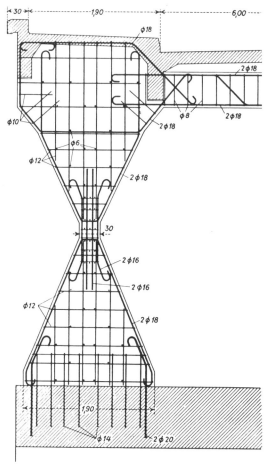

[22] 마야르, 아르브 다리, 베세이, 1936. 단면 일부와, 철근 레이아웃을
보여주는 횡혼치(transverse haunch) 단면.

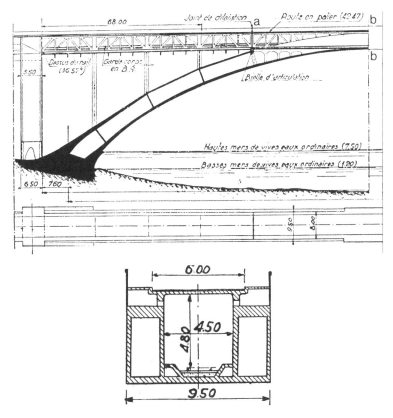

[23] 프레이시네, 플루가스텔 다리, 브르타뉴, 1926~29. 스팬 하나의 반단면,
정점 횡단면(b-b), 아래가 철로, 위가 도로이다. 단면도에서 볼 때
아치와 철로가 갈라지는 지점에서 절점(deflection joint)이 표현되었다(a).

통해 실내를 밝히는 격납고와 공장 건물 상당수가 포함된다. 작업의
절정은 생-피에르-뒤-보브레이(1923)와 플루가스텔(1926~29)[23]에
놓인 두 개의 강화 콘크리트로 건조된 대형 궁현교이다. 브르타뉴 지
방 엘로른 강어귀를 가로지르는 플루가스텔은 세 개의 스팬으로 전체
길이가 975미터였다.

　　대형 포물선 아치를 양생하고 타설할 때 생기는 강한 압축응력과
인장응력을 피하기 위해 프레이시네는 1920년대 중반 주조하기 전

강화 단계에서 압력을 인공적으로 유도해내는 실험을 했다. 그렇게 해서 몇 년 뒤 우리가 지금 알고 있는 프리스트레스(prestressed) 콘크리트가 발명되었다. 똑같은 콘크리트 단면에서 빔의 두께를 절반가량 줄일 수 있는 이 시스템은 장 스팬 사용의 경제성을 엄청나게 높였다. 프레이시네는 이 기술로 1939년 첫 특허를 따냈다.

2부
비판적 역사
1836~1967

[24] 테라니, 파시스트 당사, 코모, 1932~36. 집회 모습.

1장

미지의 곳에서 온 뉴스: 영국 1836~1924

고딕 복고주의자의 열정은 그들이 생활양식을 가질 수 없고 또 가지지
않을 사회의 일부를 형성한다는 사실에 맞닥뜨리자 시들어갔다.
사람들은 사회의 실존을 위한 경제적 필요 때문에 기계적이고 단조로운
노동을 매일 일상적으로 한다. 날마다 하는 이 일상 노동이 조화를
이루어 고딕, 즉 살아 있는 건축 예술을 생산하지만, 기계적이고
단조로운 노동은 예술과는 화합될 수 없다. 우리의 무지가 가졌던
희망은 사라졌다. 그리고 새로운 지식이 품은 희망에 자리를 내주었다.
역사는 우리에게 건축의 발전을 가르쳤고, 이제 사회 진보를 가르치고
있다. 우리에게, 그리고 아래의 사실을 인정하지 않는 사람들에게도
분명한 것은 … 새로운 사회는 점점 더 많은 시장 제품을 이익을 위해서
생산할 필요 때문에 우리처럼 괴롭힘을 당하지 않을 것이며, 누군가가
그것을 필요로 하든 안 하든 새로운 사회는 살기 위해서 생산하지 우리
같이 생산하기 위해 살지는 않을 것이라는 사실이다.

― 윌리엄 모리스,『건축의 부활』(1888).[1]

스코틀랜드 철학자 토머스 칼라일과 영국 건축가 오거스터스 퓨진은
밀턴과 윌리엄 블레이크의 청교도적이고 묵시록적인 작품들에서 예
시된 19세기 후반의 정신적·문화적 불만을 토로했다. 칼라일은 무신
론자이며 1830년대 후반 급진적인 인민헌장운동에 의식적으로 연루
된 적이 있었고, 퓨진은 중세의 정신적 가치와 건축적 형태로 직접 회
귀할 것을 변론했던 가톨릭 개종자였다. 1836년『대비』가 출판된 후

퓨진의 영향은 즉각적이고 파급적이었다. 19세기 영국 건축에 깊은 영향을 미친 고딕 리바이벌의 동질성은 순전히 그의 덕이다. 칼라일은 많은 점에서 퓨진과 반대된다. 그의 책 『과거와 현재』(1843)는 타락해가는 가톨릭교 신앙에 대한 함축적인 비판이었다. 그 대안으로 그는 1825년의 생시몽의 '신기독교'를 모델로 한 가족주의적 사회주의 유형을 옹호한다. 칼라일의 급진주의는 궁극적으로는 권위주의였을지라도 정치적·사회적으로 진보적이었던 반면, 퓨진의 개혁 사상은 기본적으로 보수적이었고 우익과 옥스퍼드 고교회파 운동과 관계되었다. 이 운동은 그가 1835년 가톨릭 신앙으로 개종하기 2년 전에 시작되었다. 칼라일과 퓨진의 공통점은 물질주의 시대에 대한 혐오였다. 두 사람이 공유했던 적대심은 19세기 중반의 문화적 파멸과 구원의 선지자였던 존 러스킨에게 영향을 주었다. 러스킨은 1868년 그의 전성기에 옥스퍼드 대학교 미술학부의 슬레이드 석좌교수가 되었다.

존 러스킨은 『근대화가론』(1846) 제2권을 출간하며 지성인들의 추종을 얻었으며, 『베네치아의 돌』(1853)을 출판하면서 비로소 사회, 문화 및 경제 문제에 대해 분명하고 광범위하게 자기 견해를 피력하기 시작했다. 그는 미술품과 관련된 장인의 지위에 대해 논하는 부분에서 처음으로 기업가적 '노동 분업'과 '직공을 기계로 전락'시킨 현실을 언급했다. 이 텍스트는 러스킨이 후에 가르쳤던 워킹맨스 칼리지(working men's college)에서 팸플릿 형태로 다시 출판했다. 이 글에서 러스킨은 애덤 스미스에 이어 전통적인 장인 노동(craftsmanship)을 기계를 이용한 대량생산 노동에 비교했다. 그는 "노동이 분리된 것이 아니라 사람이 (분리된 것이다.)··· 그래서 개인에게 남아 있는 지식의 단편은 핀 하나, 못 하나를 만들기에도 충분하지 않다. 그저 핀의 뾰족한 끝이나 못의 대가리를 만드는 데 소모된다"고 썼다. 이 같은 견해는 그가 『건축의 일곱 등불』(1849)에서 장식에 관해 다루었던 내용, "장식이 기쁜 마음으로 만들어졌는가? 이것만이 모든 장식에 관해 던져야 할 올바른 질문이다"와 연결된다. 이러한 급진주의 사상과 함께 러스킨은 초기의 고등 영국국교회적 동정심을 버리고 칼라일의 그것에 가까운 입장으로 옮겨갔다. 정치경제학에 관한 그의 에세이「마지막에」(1860)에서 그는 마침내 타협하지 않는 강경한 사회주의자로서 사신을 드러냈다.

퓨진이 '기독교 화가들의 황태자'라고 묘사했던 프리드리히 오버베크와 독일의 나자레파는 퓨진을 가교로 삼아 영국의 문화적 토양에 영향력을 발휘했으며, 단명했지만 인민헌장운동의 영감을 받은 라파엘전파의 도덕적·예술적 모델이 되었다. 라파엘전파는 1848년 형제였던 단테 게이브리얼 로세티와 윌리엄 마이클 로세티, 홀먼 헌트와 존 에버릿 밀레이의 발의로 형성되었다.

1851년 러스킨은 심오한 생각과 감정의 표현에 초점을 두었던 화파의 설립이 목적이었던 이 운동에 정신적 유대감을 느꼈다. 그들의 이상은 르네상스에 기원을 두고 있는 예술적 관행이 아니라 자연에서 직접 끌어낸 미술을 창조하는 것이었다. 반고전적이고 낭만적인 태도는 1850년에 라파엘전파 잡지『기원』(The Germ)을 통해 퍼져갔다. 하지만 라파엘전파는 나자레파가 가진 수도사적 엄격함과 확신이 부족했다. 그리고 오래 지속되기에는 너무 개인적이었던 탓에 1853년 집단운동으로서의 힘을 잃었다.

라파엘전파의 두 번째 단계의 수공예 지향적 활동은 1853년 옥스퍼드 학부생이었던 윌리엄 모리스와 에드워드 번존스가 만나면서 진전된다. 옥스퍼드에서 그들은 러스킨의 강의와 퓨진의 영향을 접했다. 1856년 졸업 후 그들은 시인이자 화가였던 단테 로세티와 가깝게 지냈으며, 옥스퍼드 유니언 소사이어티 건물 벽화 작업을 그와 공동으로 진행했다. 이들의 벽화는 로마에 있는 나자레파 화가들의 프레스코를 임의적으로 되풀이했다. 로세티는 모리스가 고딕 리바이벌 건축가 조지 에드먼드 스트리트의 옥스퍼드 사무실과 맺은 도제 계약을 깨고 런던으로 오게 했으며, 번존스는 이 일이 있기 몇 달 전 이미 화가의 길을 걷기로 결심했다. 다소 역설적이나 디자이너로서 모리스

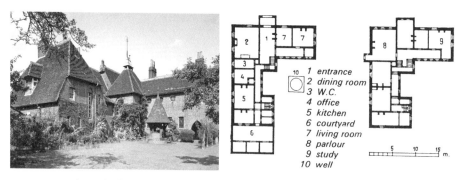

[25, 26] 웨브, 레드 하우스, 벡슬리 히스, 켄트, 1859. 외관과 지층 및 1층 평면.

의 경력은 1856년 말 그림을 그리기 위해 건축을 포기한 그의 결정에
서 시작되었다. 런던에 있는 자신의 방에 놓을 가구 디자인을 끝낸 후
였다. 모리스는 '강렬하게 중세적인 … 바위처럼 단단하고 무거운 가
구'를 디자인했다. 러스킨의 장인적 이상에서 분명히 영감을 받은 꾸
미지 않은 듯한 이들 작업은 과거 스트리트의 사무실에서 같이 일했
던 필립 웨브의 조언 아래 디자인되었다. 1858년 라파엘전파의 홈 문
화(domestic culture)는 모리스의 유일한 회화 작품으로 알려진 그
의 부인 제인 버든의 초상화에서 구체화되었다. 그녀는 라파엘전파다
운 실내에서 화려하게 장식된 옷을 입은 '기비니어 여왕' 또는 '아름다
운 이졸데'로 분했다. 모리스는 이후 회화를 완전히 단념하고, 필립 웨
브가 1859년 켄트의 벡슬리 히스에 그를 위해 지은 새 주택 레드 하
우스[25,26]의 가구 제작을 맡았다. 레드 하우스는 부차적인 세부사
항을 제외하면 스트리트의 작업에 가까우며, 특히 1840~50년대 윌리
엄 버터필드의 고딕 복고 양식의 목사관에 더 가까운 양식으로 지어
졌다.

웨브가 레드 하우스(외장에 쓰인 붉은 벽돌 때문에 붙은 이름)
를 지으며 정립한 몇 가지 원칙은 그와 동년배인 탁월한 건축가 윌리
엄 이든 네스필드와 리처드 노먼 쇼의 작업에서 곧 형태를 갖추었으
며, 그를 유명하게 만들었다. 웨브의 원칙은 구조적 완전성에 대한 관

[27] 쇼, 레이스우드, 서식스, 1866~69.

심, 건물이 들어서는 장소와 지역 문화에 건물을 통합하려는 욕구로 요약된다. 그는 실용적인 설계, 세심한 장소 배치, 전통적인 건축 방법에 대한 깊은 존경심과 연관된 지역 재료의 사용을 통해 자신의 원칙을 실천으로 옮겼다. 그의 첫 고객이자 평생의 동료였던 모리스와 마찬가지로 웨브는 장인정신의 신성함과 생명과 건축이 궁극적으로 뿌리 내리고 있는 땅에 대해 거의 신비주의적인 존경심을 품었다. 그는 과도한 장식에 대해서는 모리스보다 훨씬 적대적이었다. 웨브의 전기 작가인 윌리엄 레더비에 의하면, 웨브는 한때 지나치게 우아한 화격자(grate)는 "성화(holy fire)에 어울리지 않는다"고 불평했다. 그러한 감성은 그의 접근 방식이 네스필드와 쇼의 손에 주어졌을 때, 예를 들어 쇼가 1866년 서식스 지역에 설계한 픽처레스크한 '올드 잉글리시' 시골 주택 레이스우드에서처럼, 틀에 박힌 해석에서 더 멀리 벗어날 수 없었다[27].

아서 헤이게이트 맥머도와 찰스 로버트 애슈비의 기발함부터 쇼, 레더비, 찰스 프랜시스 앤슬리 보이지의 정교한 전문가적 솜씨에 이르기까지 영국 자유 건축(English Free Architecture) 운동의 열광적인 전개는 레드 하우스에 기원을 두고 있다. 어쨌든 레드 하우스는 모리스의 운명이 된 경력을 시작하는 기폭제가 되었다. 2년 뒤 그는 웨브, 로세티, 번존스, 포드 매덕스 브라운을 포함한 라파엘전파 예술가 협회를 아틀리에 형태로 조직했다. 이 아틀리에는 벽화, 스테인드글라스, 가구, 자수부터 금속 공예와 목각에 이르기까지 의뢰받은 것은 무엇이든 디자인하고 만들었다. 1830년대외 1840년대에 국회의사당을 위해 디자인한 퓨진의 대규모 가구 설비 같은 총체예술(Gesamtkunstwerk)의 창조가 목표였다. 아틀리에의 설립 취지문은, 줄잡아 말해 "그 같은 협업으로 한 예술가가 우연히 고용되었을 때보다 훨씬 더 완벽한 순서로 작업이 진행되리라고 기대한다"는 점을 분명히 하고 있다. 퓨진이 수립한 선례와는 별개로, 이 아틀리에의 창설은 필시 1845년 펠릭스 섬머리라는 가명으로 헨리 콜이 시작했던 예술제품협회의 영향을 받았을 것이다. 어쨌거나 이전까지 자발적으로 이루어졌던 라파엘전파의 작업은 이제 공공의 성격을 띠게 되었다. 아틀리에의 런던 점포에서 팔린 첫 작업이 웨브가 디자인한 유리 식기였다는 사실은 꽤 적절한 것이었다.

아틀리에가 번창하면서 모리스는 1864년 한가로운 레드 하우스를 떠나 영구히 런던으로 이사해야만 했다. 1년 후 그는 워링턴 테일러에게 회사 운영을 넘겼고, 여생을 바치게 될 두 가지 활동, 즉 2차원 디자인과 문학에만 몰두하기 시작했다. 모리스 벽지가 처음 나온 때도, 그와 번존스가 처음 스테인드글라스로 작업을 한 때도 이 시기였다. 모리스의 모델은 1856년 오언 존스가 쓴 『장식의 문법』에 예시된 페르시아 장식들에서 스테인드글라스에 자연스럽게 쓴 중세 양식까지 다양했다. 스테인드글라스 제품은 제한적이긴 했지만 그의 생애 내내 꾸준한 수요가 있었다. 모리스-마셜-포크너 상회는 웨브가 런던의 사우스 켄싱턴 미술관(현 빅토리아 앤드 앨버트 미술관)에 설계했던 그린 다이닝 룸 또는 다실의 가구 비치와 실내장식을 맡아 1867년 대중적 인지도를 얻었다. 모리스와 그의 회사 소속 공예가가 이 작업에 참여했다.

이후 웨브는 국내에서 독자적으로 대량 주문을 받아 건물을 설계하고 짓기 시작했다. 그의 활동은 서식스 지역 이스트 그린스테드 근교에 지은 마지막 주택 스탠든(1891~94)에서 절정에 달했다. 물론 가구 설비는 언제나 그랬듯 모리스의 회사가 제공했다. 한편, 모리스는 점점 문학에 몰입했다. 그는 1870년대 중반 낭만주의적 자작시를 여러 편 쓰는가 하면 아이슬란드 전설과 무용담을 광범하게 번역하면서 모든 라틴어를 광적으로 제거하려 했다. 마치 중세 아이슬란드가 그의 이상주의적 정신이 갈망했던 최후의 유토피아였던 것으로 보인다. 아이슬란드는 19세기에도 산업사회의 현실에서 격리된 채 남아 있었다.

1875년은 모리스의 삶에서 분기점이 되는 해였다. 회사는 해체되어 그의 독자적인 지배 아래 모리스 상회로 재조직되었고, 이제 그는 그와 회사가 제작할 공예품의 숫자를 늘리기 시작했다. 그는 독학으로 염색과 카펫 직조법을 배웠고 1877년 주요 직판장인 런던 쇼룸을 개장했다. 회사 운영과 벽지, 벽걸이, 카펫 등의 전체 디자인과 생산 외에 모리스의 관심은 점점 더 대중적이고 덜 '시적'이며 기능 중심적으로 변해갔다. 그는 정신병을 앓고 있었던 러스킨의 사회주의적이고 보호주의적인 대의에 공적으로 종사할 의무를 느꼈던 것 같다. 그리하여 1877년 처음으로 정치 팸플릿을 썼으며, 고건축물보호협회를 창설해 튜크스베리 수도원을 복원이 아닌 부분적으로 개조하려던 조지 길버트 스콧 경의 의도를 좌절시키는 데 성공했다.

회사 재조직 이후 10년 동안 모리스는 정치와 디자인 양쪽에 전념했다. 그의 전기 작가 존 윌리엄 매케일에 의하면, 모리스는 이 시기에 600개가 넘는 다양한 천을 디자인했다. 모리스는 카를 마르크스의 저서를 읽기 시작했고, 엘리노어 마르크스와 에드워드 에이블링 같은 헌신적인 사회주의자들과 함께 프리드리히 엥겔스가 이끄는 사회민주연맹에 가담했다. 2년 후 그는 연맹을 떠나 사회주의자동맹을 창설하고 모든 에너지를 정치에 쏟았다. 1896년 사망할 때까지 그는 사회주의, 문화, 사회와 연관된 주제를 다룬 비평을 빈번하게 썼고 또 출판했다. 『우리는 어떻게 살고 있으며 어떻게 살 수 있을까』(1885) 란 제목의 푸리에적인 시평에서 시작해, 유토피아적 낭만을 다룬 유명한 저작 『미지의 곳에서 온 뉴스』(1891)에서 정점에 이르렀다.

다음 세대에게, 모리스의 동류 월터 크레인에게, 러스킨의 애제자인 맥머도에게, 쇼의 주요 제자들인 레더비, 에드워드 슈뢰더 프라이어, 어니스트 뉴턴과 심지어 쇼에게, 그리고 상대적으로 아웃사이더였던 애슈비와 보이지에게 분명히 모리스의 입장은 다소 모순적인 것이었다. 무엇보다 '미지의 곳'(Nowhere)이라는 유토피아적 환상이 있었다. 마르크스의 예언에 따르면 그 땅은 국가가 쇠퇴하고 도시와 시골의 모든 구분이 사라지고 없다. 도시는 더 이상 복잡한 물리적 실재로서 존재하지 않으며 19세기의 위대한 기술공학적 업적은 무너진다. 바람과 물이 동력의 유일한 원천이며, 수로와 도로가 유일한 이동수단이다. 돈과 재산, 범죄와 처벌, 감옥과 국회도 없이 사회 질서는 공동체 구조 안에서 가족의 자유로운 연합에만 의존한다. 마지막으로 노동은 집단 작업장, 길드 또는 공작연맹에 기초하며, 교육은 무상일 뿐 아니라 노동과 마찬가지로 강요되지 않는다.

이 한결같은 사회주의 이상은 모리스 자신의 삶의 맥락과도, 그의 생각에 잠재한 모순과도 뚜렷이 대조되었다. 우선, 그의 잘나가는 회사는 중상류층이 소비하는 각종 사치품을 만들었고, 이는 자유방임 현상을 보여주는 좋은 예였다. 또한 그의 타고난 무정부주의적 성향은 고도로 급진적인 사회주의와 대체로 일치하지 않았고, 혁명적 사회주의는 그의 추종자 중에서도 좀 더 자유주의적이었던 애슈비와 같은 인물에게는 절대로 받아들일 수 없는 것이었다. 마지막으로, 페이비언 사회주의자와 건축가를 위해서는 수공예 길드나 협동조합에 기반을 둔 주거지 형태로서의 전원도시에 관한 개량적인 제안이 모리스의 이론과 실천에 내포되어 있었다. 모리스의 전원도시는 작업뿐 아니라 점진적 사회개혁과 재교육, 나아가 대중의 인정을 획득하는 수단으로 그들에게 인식되었다. 다소 혼란스럽기는 하지만 모리스의 관심은 진보적이었다. 하지만 모리스의 디자인에는 혐오주의적 속성이 잠복해 있었다. 그리고 결정적으로 산업적 방식에 타협하지 않는 고집과 15세기 이후의 모든 건축에 대한, 적대감까지는 아니지만 애매모호한 태도를 취했다. 그는 과거의 고전주의를 비난했을 뿐 아니라 고전주의에 호의적인 동시대 작업도 냉담하게 받아들였다. 웨브의 훌륭한 디자인들도 하나같이 모리스의 공식적 인정을 받지 못했다. 웨브의 절충주의가 모리스에게는 너무 과했던 것일까. 웨브가 1879~91년 지은 주택들에 섞여 있는 엘리자베스 여왕 시대의 고전적 양식 요소들이 모리스의 반감을 불러일으키는 이유였을까.

결국 당시의 역사주의는 모리스의 반고전주의적 노선을 지속하지 못하게 했다. 1870년대 초에 이미 쇼 등 세속적인 건축가들이 그와 웨브, 네스필드가 영국과 네덜란드 국내 전통으로부터 발전시킨 퀸 앤(Queen Anne) 양식을 도시적 맥락에 맞게 교묘하게 조작해 고전화하고 있었다. 쇼는 1875~77년 첼시에 지은 스완 주택처럼 도시에는 틀에 박힌 고전적 형식을, 1876~78년 서리 주 프렌샴의 피에르 포인트와 같은 시골에는 자유분방하고 픽처레스크하며 편리한 형식을 채택함으로써 훌륭한 선례를 확립했다. 쇼가 1890년대 초 신조지 왕조 양식으로 완전히 돌아서기 전의 일이었다.

억지스럽기는 했으나 쇼가 러스킨의 사회문화적 관심에 영향을 받은 것은 사실이다. 1877년, 그는 미적 감각이 뛰어난 부동산 투기꾼 조너선 카를 위해 런던 서쪽 변두리에 최초의 전원 주택을 설계하기 시작했다. 붉은 벽돌과 기와 양식을 쓴 전원 '단지'에는 중상류층이 거주했으며, 베드퍼드 파크로 알려졌다[28]. 1881년 런던의 석

[28] 보이지, 베드퍼드 파크 내 주택, 런던, 1890.

간신문 『세인트 제임스 가제트』는 "베드퍼드 파크 연가"라는 다소 경박한 제목으로 이를 찬미했다.

> 푸른 나무, 붉은 벽돌, 말끔한 사람이 있는 이곳.
> 그는 말했지, 우리의 정원을 여기 지으리라, 앤 여왕이 사랑했던
>   양식으로.
> 노먼 쇼의 도움으로 나는 여기 한 마을을 세우리라,
> 이 마을에서 사람들은 깨끗하고 바르며 아름다운 삶을 살게 되리니.[2]

이 벽돌 양식은 수직적 요소가 없어 지극히 세속적인 느낌을 주는데도 불구하고 교회로까지 퍼져나갔다. 구조 면에서는 고딕 리바이벌을 막연하게나마 실행했으며, 지붕 위에 렌이 한 듯한 랜턴(lantern)을 대담하게 드러내 보였다. 베드퍼드 파크 최초의 주택들은 1876년 일본풍 건축가 에드워드 윌리엄 고드윈의 설계로 지어졌다. 쇼가 1877년 이어받았고, 다른 건축가 상당수가 다음 10여 년 동안 그의 영향 아래 작업을 이어갔다. 이 행렬의 맨 끝에 있었던 보이지는 1890년 더 퍼레이드에 주목할 만한 주택을 지었다.

1878년, 쇼가 쓴 『코티지와 기타 건물 스케치』는 다양한 규모의 노동자 주택 디자인 상당수를 삽화로 묘사한 대단히 영향력 있는 책이었다. 이 책에는 학교, 마을회관, 양로원, 소규모 병원 같은 자급자족이 가능한 이상적인 마을 공동체를 위한 기본적인 공공건물 유형학이 포함되어 있었다. 이듬해, 가족주의적 전원도시라고 할 만한 첫 번째 사례가 등장했다. 조지 캐드베리가 설립하고 랠프 히턴과 그 외 다른 이들이 함께 설계한 버밍엄의 본빌이 그것이다. 10여 년 후인 1888년에 윌리엄 헤스케스 레버가 포트 선라이트를 설립했을 때 그가 따랐던 모델이 베드퍼드 파크였다.

19세기 말 10년 동안 전원도시운동은 미술공예운동의 발전과 밀접하게 연관을 맺으며 진화했다. 1898년 에버니저 하워드가 제안했

던 것처럼 전원도시운동의 사회정책은 전원으로의 이주와 분권화를 포함한 도시의 분산과 결부되어 있었다. 협동조합운동의 보완책으로서 전원도시운동은 도시가 산업과 농업의 균형 있는 결합을 통해 수입원을 창출해야 한다고 주장했다. 하워드는 주택 자금 조달, 토지의 공동 소유, 종합적인 도시계획과 절주 개혁(temperance reform)을 지원하는 노동조합을 가정했다. 그는 전원도시 최적의 인구수를 3만 2,000명이라고 규정하고, 도시와 분리된 그린벨트를 지정해 도시가 이 이상으로 커지는 것을 막았다. 각 전원도시는 지역 차원에서 보면 하나의 위성도시로 존재했고, 철도로 중심지와 연결되었다. 전원도시는 산업에 종사하는 프롤레타리아 계급의 생활과 노동 조건을 사회 개혁을 통해 개선하려는 시도들을 계속해서 보충했다. 1876년 미국에서 귀국하면서 하워드는 버나드 쇼, 시드니 웨브와 베아트리스 웨브 부부가 자주 드나들었던 사회주의자 그룹과 연을 맺었다. 나중에 페이비언 사회주의자 모임이 되는 이 그룹은 처음엔 전원도시 개념을 거부했다. 하워드는 점진적 개혁을 주장하는 페이비어니즘에 완전히 동의하지는 않았지만, 그 정신에는 동조하여 실용적이고 개량적인 입장을 견지했다. 저서 『내일: 진정한 개혁으로 향하는 평화로운 길』(1898)은 타협할 줄 아는 그의 태도를 공표한 것이었다. 하워드는 기업이 사회적 통제 내에서 자유롭게 활동하도록 했고, 전체적인 혁명을 이루기보다 개별적으로 개혁하는 방식을 선호했다. 러스킨의 1871년 성 조지의 길드는 논외로 하고, 하워드는 도시의 사회정치적 모델을 위해 무정부주의자 표트르 크로폿킨과 미국의 경제학자 헨리 조지 등 다양한 사상가에게 의존했다. 헨리 조지는 저서 『진보와 빈곤』(1879)에서 토지에만 세금을 부과하는 단일세를 지지한 인물이다. 하워드는 1849년 제임스 실크 버킹엄의 이상적인 도시 빅토리아와 조지프 팩스턴의 1855년 그레이트 빅토리안 웨이 제안과 같이 다양한 출처로부터 절충적으로 자신이 생각하는 도시의 개략적 형태를 끌어냈다.

1904년에 건설된 레치워스 전원도시는 그 어떤 사례보다도 당초에 하워드가 구상한 도식과는 거리가 멀었다. 철도는 도시를 둘로 쪼갰고 쇼핑 지역은 날씨에 고스란히 노출되었으며 산업 지역은 순전히 편의 때문에 주거 지역과 혼재되었다. 레치워스 전원도시의 건축가 레이먼드 언윈과 베리 파커는 쇼와 웨브풍으로 쓴 미약한 시론을 제외하고는 하워드적인 것을 거의 제시하지 않은 것 같다. 1907년 어윈이 설계한 햄스테드 전원주택지도 에드윈 러티언스와의 공동 작업이 아니었더라면 마찬가지로 무미건조했을 것이다.

아서 맥머도는 콜과 모리스의 미술공예 전통을 따라 1882년 센추리 길드를 창립했는데, 이 길드는 가정용 오브제를 디자인하고 생산할 예술가 그룹을 구성했다. 시작부터 맥머도는 똑같은 역량으로 그래픽 아티스트이자 벽지 및 가구 디자이너로 작업했다. 그는 셀윈 이미지와 공동으로 관점들을 발표했고, 1882년 센추리 길드 디자인 그룹을 설립하고, 1884년 그룹의 잡지 『흔들 목마』(*The Hobby Horse*)를 창간했다. 1880년대 초 맥머도는 그의 응용 미술 작업에서 아르누보를 예시하는 독특한 양식을 발전시켰다. 윌리엄 블레이크에게서 직접 끌어낸 이 양식은 우아하지만 엄격한 그의 건축 형식과는 정신적으로 일치하지 않았다. 그의 건축의 가장 엄격한 표현은 1883년경 엔필드에 지은 매우 독창적인 평지붕 주택과 1886년 좀 더 만족스러운 센추리 길드 전시회 스탠드에서 볼 수 있다.

1887년 애슈비는 이미 잘 확립된 길드 모델을 따라 런던 이스트엔드에 수공예 길드를 창립했다. 길드의 프로그램에는 직접적인 사회개혁의 목표가 통합되어 있었다. 고용되지 않은 런던의 장인들과 도제들을 유용하게 활용하는 것이 설립 목표였다. 그의 첼시 자택(1904)에서 우리가 판단할 수 있는 바와 같이 애슈비는 맥머도보다 훨씬 섬세하고 정확한 디자이너였다. 그리고 졸업 후 세계 최초의 사회복지관 토인비 홀에서 한 강의에서 알 수 있듯, 그는 개혁의 수단이 되는 직접 사회 행동에 헌신했다. 모리스와 러스킨에게 깊은 영향을 받긴 했으나 애슈비는 기계에 대한 그들의 독단적인 반감과 혁명적 사회주의에 이의를 제기했다. 그는 스스로를 급진적이었던 선배들과는 반대되는 구축주의적 사회주의자라고 칭했다. 19세기 말 즈음, 프랭크 로이드 라이트와 만난 후 애슈비는 현대 산업이 야기한 문화적 딜레마의 해소는 기계의 적절한 사용에 달려 있다는 그의 믿음을 확인했다. 하워드처럼 애슈비는 타협적인 사람이었다. 그는 기존의 인구 밀집 도시와 공공기관을 지방으로 분산시키는 지방분권화를 옹호했고, 미술공예운동과 전원도시 개념의 연계를 적극 지지했다. 그리고 다시금 하워드를 좇아 토지 국유화에 반대했다. 애슈비는 수공업의 문화적 기능은 인간의 '개성'(individuation) 자체여야 한다고 확신했기 때문에 급진적 사회주의의 환원주의적 측면을 우려했다. 그래서 그는 생애 말기에 찾아온 사회주의 인터내셔널의 붕괴를 환영했으며, 다소 시대에 뒤진 디즈레일리 내각의 개혁을 선호했다. 그리고 영국의 제국주의 덕목에 관해서는 지나치게 낙천적인 태도를 보였다. 애슈비는 경제 현실에 대한 예리한 감각의 소유자가 아니었다. 1906년 글로스터 치핑 캠든에 그가 애써 설립한 수공업에 기초한 농민공동체인 수공예 길드는 2년 후 붕괴되었다.

　맥머도의 제자 보이지는 애슈비와 같은 야심찬 목표에는 관심을 두지 않는 개인주의적인 인물이었다. 그는 1885년 동시대 건축가들이 회피하던 힘 있고 간결한 양식에 도달했다. 보이지는 쇼의 독창성과 공간적 기교보다는 전통적 방법과 지역에서 생산한 재료를 존중했던 웨브의 원칙에서 그의 양식을 도출했다. 자신이 거주하려고 했으나 실현되지 못했던 1885년 주택 프로젝트에서 보이지는 여전히 쇼의 하프 팀버링(half-timbering)을 차용하긴 하지만 자신만의 양식에서 기본이 되는 요소들을 공식화했다. 돌출 처마가 있는 슬레이트 지붕, 연철로 된 홈통 브래킷, 그리고 수평으로 창을 내고 버트레스와 굴뚝으로 간격이 표시된 거칠게 마감한 벽은 이후 30년간 보이지의 작업을 특징짓는 요소가 되었다. 이는 과거 영국 소지주의 건물이 가졌던 장점을 되찾으려는 시도였다. 맥머도와의 연관성으로 초창기 보이지의 작업에는 흐르는 듯 유동적이고 매우 세련된 요소가 나타났다. 이는 1890년경 그가 디자인한 벽지와 금속 공예에서 뚜렷하게 드러났다. 이 디테일들은 이것들이 없었다면 엄정하게만 느껴졌을 실내에 액센트가 되었다. 모리스와 달리 보이지는 흠이라 할 만큼 절제하는 감성에 사로잡혔다. 그래서 그는 천 또는 벽지 중 하나에만 패턴이 있어야 한다는 것을 언제나 조건으로 달았다. 1899년 하트퍼드셔 촐리우드에 지은 과수원은 강하게 절제된 그의 실내 양식의 예증이다. 빛으로 가득한 격자형 난간동자, 낮게 달린 그림 레일, 타일로 구획한 벽난로 주변, 단순한 떡갈나무 가구와 두터운 카펫이 그러했다. 이 요소들은 보이지의 작업 어디에서나 거의 변함없이 반복되었다. 그의 디자인은 날이 갈수록 덜 구상적으로 변해갔다. 초창기 가구는 유기적이었던 데 비해 후기 것들은 고전적 주제에 기초했다.

　1889~1910년 보이지는 그의 양식에 잠재한 역사주의를 능가하는 주택 40여 채를 설계했다. 이 중에는 1890년 베드퍼드 파크에 지은 포스터를 위한 예술가촌, 1896년 길퍼드의 스터지스 주택, 1898년 실현된 가장 아름다운 주택인 윈드미어 호수 위의 브로들리스가 있다[29]. 이 주택의 명쾌한 평면도, 배치와 조경의 관대함, 볼륨감과 창문 내기의 대담성을 그는 다른 어느 곳에서도 해내지 못했다. 보이지의 영향은 그의 경력만큼 파급력이 있었다. 찰스 레니 매킨토시, 찰스 해리슨 타운센드, 빈의 건축가 요제프 마리아 올브리히, 요제프 호프만은 보이지 작업의 영향을 받은 건축가들이다.

　보이지가 경력을 쌓기 시작한 첫 단계에서 영국의 미술공예운동은 굳게 제도화되었다. 레더비와 쇼 사무소 멤버들이 주동하여 1884년 예술노동자 길드가 맨 처음 창립되었고, 1887년에는 모리스의 제자 월터 크레인이 의장이었던 미술공예전시협회가 설립되었다. 제1차 세계대전 발발 전의 운동의 마지막 25년은 레더비의 경력과 떼어놓고 생각할 수 없다. 쇼의 수석 조수로 12년을 일한 그는 1895년

[29] 보이지, 브로들리스, 컴브리아 주, 1898.

뉴포레스트에 에이번 티럴의 설계로 지은 대규모 주택에 사무실을 차렸다. 5년 후 그는 조지 프램튼과 공동으로 런던의 중앙미술공예학교의 초대 교장을 맡았다. 디자이너로서의 경력은 매우 짧았지만, 미술공예운동 내에서 레더비는 교사로 주목받았다. 1892년 그는 첫 번째 저서 『건축, 신비주의와 신화』를 출간했는데, 과거의 건축이 어떻게 늘 우주적·종교적 패러다임에 의해 보편적 형식을 부여받았는지 논증해 보였다. 그는 그러한 상징주의를 자기 작업 안에 통합하려고 했고, 그의 주장은 가까운 동료인 에드워드 프라이어의 작업에 강한 영향을 주었던 것으로 보인다. 프라이어가 1897년 엑스머스에 지은 유명한 나비 평면 주택인 일명 '헛간'은 결정적으로 상징적인 특징을 보여준다. (베일리-스콧은 1902년 옐로우센즈와 1908년 햄스테드 주택지에서 유사한 나비 평면 형태를 제안했다.)

교사의 길로 들어서면서 레더비는 시적인 내용에서 형태의 진화를 위한 올바른 방법을 발전시키는 문제로 주의를 돌렸다. 그래서 1910년, 그는 마술적인 것이 완전히 사라진 세상에서 건축에 마술적인 것을 불러 넣을 수는 없다는 자신의 1892년 테제를 반박했다.

　레더비는 그가 속해 있던 전통이 별안간 시대에 뒤진 것처럼 느꼈다. 길고 긴 고딕 복고주의 사회주의자 계통의 마지막에 속했던 그는 19세기 말에 이르러 순수한 기능주의를 옹호했다. 1915년 디자인 산업협회 창립 준비를 도와주는 한편, 그의 동료들에게 앞으로는 독일과 독일공작연맹에 주목할 것을 촉구했다.

　1914년, 전쟁이 유럽 전역으로 번져갔다. 이로써 웨브, 쇼, 네스필드를 효시로 러티언스와 거트루드 지킬이 이어간 정교한 전원적인 삶의 창조물에서 가장 이국적으로 표현되었던 꿈같은 영국 전원주택의 황금시대는 종말을 고했다. 사실 전원주택의 시대는, 로버트 퍼노 조던이 언급했듯 "보어전쟁 이후 그들의 보검을 두들겨 펴 황금 주식들로 바꿨던 심미안이 높은 부자들"을 위해 신조지 왕조 양식으로 지은 수많은 대형 주택에서 이미 끝나 있었다. 19세기 말 직후 러티언스가 '레네상스'(Wrenaissance)라고 부르며 열광했던 에드워드 왕조 취향의 네오팔라디아니즘의 개선과는 상관없이, 영국 미술공예운동의 형태와 이상은 고도로 산업화된 최초의 대규모 전쟁이었던 제1차 세계대전의 사회문화적 충격에서 살아남기 어려웠을 터이다. 이 같은 예감은 전후 리버티 회사의 운명에서 감지되었다. 1914~18년 일어난 대학살이 회사의 공예 생산을 마치 단두대로 자르듯 실질적으로 둘로 갈라버렸기 때문이다. 이 5년 동안 아르누보 은그릇의 창의적인 엄격함과 탁월함은, 평범한 중국 청자의 장식, 튜더 왕조풍 가구와 가짜 라파엘전파 스테인드글라스의 모방품에 자리를 내주었다. 리버티 회사는 홀 형제의 설계로 1924년 지어진 새 점포에서조차도 퇴폐한 양식을 선택했다. 이 하프 팀버링 백화점은 소위 '증권 중개사의 튜더'(Stockbroker's Tudor)의 완벽한 본보기였다. 이렇게 지어진 품위 없는 각양각색의 주택들은 교외 통근 지역—런던의 생명줄이 되었다—에서 런던을 연결하는 새로 건설된 우회도로들을 따라 지어졌다.

[30] 러티언스, 티에팔 추모 기념탑, 피카르디, 1924.

　이즈음 러티언스는 비공식적인 계관 건축가에 올라섰다. 하지만 지킬이 디자인한 작고 복잡한 정원이 딸린 비교적 덜 사치스러웠던 자신의 초기 주택들—예를 들어 1899년 프라이어풍으로 지은 틱본 주택—조차 감당할 수 없게 된 전후 사정 때문에 스스로 그만둘 수밖에 없었다. 시간이 흐른 후 러티언스는 1905년 내슈돔에 지은 자택에서 처음으로 팔라디아니즘에 대한 취향을 재치 있게 표현했다. 1924년 건조한 티에팔 추모 기념탑[30]—제1차 세계대전 솜 전투의 영국 전사자 및 실종자를 기리는—의 엄숙함과 1923~31년 뉴델리 총독 저택의 시대에 뒤처진 기념비성에서는 그것의 성취를 맛보았다. 탁월한 두 신고전주의적 기념비에서 러티언스는 미술공예의 유산을 가차 없이 거부한다. 고립된 허허벌판 한가운데 있는 이들 기념비보다 모리스의 이상과 거리가 먼 것은 없다. 이제 '미지의 곳'은 모리스가 추구했던 가정적인 중세 길드의 복원보다는, 순교한 세대를 기억하기 위해 올린 아치에, 그리고 사라지기 일보 직전이었던 왕조를 업고 전개된 바로크적 풍경에 구현되어 있었다.

2장

아들러와 설리번: 오디토리엄과 고층 건물 1886~1895

건물 몸체가 잘 만들어지고 아름다울 수 있는 데에만 집중할 수 있게 몇 년간 장식을 전혀 사용하지 않는다면, 그것은 우리의 미의식의 덕목인 미적 좋음(aesthetic good)을 위해 굉장히 좋을 것이다. 따라서 바람직하지 않은 것은 억지로라도 삼가고, 자연스럽고 우호적이며 건전한 방식으로 생각하는 것이 얼마나 효과적인가를 배워야만 한다. … 우리는 장식이 필수가 아니라 사치임을 마음으로 알아야 한다. 아무 장식 없는 매스의 가치가 위대할 뿐 아니라 제약임을 깨닫게 될 것이기 때문이다. 우리 안에는 낭만주의가 도사리고 있고 우리는 이것을 표현하려는 갈망을 느낀다. 또 우리는 강하고 단단하며 단순한 형태가 우리가 원하는 편안한 옷이라는 것을 직관적으로 느낀다. 또한 베틀과 탄광의 최고급 생산물인 양 반쯤 가린 채 예복을 입은 듯 시적 형상을 한 건물은 마치 듣기 좋은 선율이 조화를 이룬 음성과 함께 울려 퍼지듯 배가된 힘으로 호소한다는 것을 안다.
— 루이스 설리번, 『건축에서의 장식』(1892).[1]

헨리 홉슨 리처드슨이 설계한 신로마네스크 양식의 마셜 필드 스토어는 1885년에 건설되기 시작해 1887년 그의 사망 1년 후에 완성되었다. 이 백화점은 단크마어 아들러와 루이스 설리번이 시카고 건축 파트너십을 이루고 쌓아갈 중요한 업적들의 출발점이었다. 아들러와 1881년에 설계 파트너가 된 설리번은 1879년부터 아들러의 조수로 일하기 시작했는데, 그전에 다양한 교육을 받았다. 공식적으로는 두

곳의 명문 아카데미에 다녔지만, 둘 다 1년을 채우지 못했다. 1872년 MIT, 1874년 파리 에콜 데 보자르에 있는 조제프 오귀스트 에밀 보르드메어의 아틀리에에서 수학했다. 두 대학을 옮겨 다니는 중간에 1년 동안 필라델피아에 있는 프랭크 퍼니스의 사무실에서 일했다. 장식에 대한 생각에 지속적인 영향을 주었던 퍼니스의 '동양화된' 고딕 양식을 경험하고, 젊고 지적인 건축가 존 에덜먼을 만난 그 1년은 설리번에게 결정적인 시간이었다. 1875년 이후 에덜먼은 설리번을 시카고 기성 건축계에 선보였다. 설리번은 에덜먼을 통해 윌리엄 러배런 제니와 아들러를 소개받았다. 제니는 1892년 페어 백화점[32]에서 철골 구조의 선구자가 된 인물이다. 모리스와 크로폿킨에게서 빌려온 무정부적-사회주의 관점을 비롯해 에덜먼의 비범한 지식과 수련은 설리번의 저서 『유치원 잡담』(1901)에서 입증된 바와 같이 그의 이론적 발전에 영향을 미쳤다.

경력 초반 내내 아들러와 설리번은 1871년 대화재 이후 미국 중서부의 수도로 재건되면서 갑작스러운 경기 폭등을 겪고 있던 시카고의 긴급한 건설 수요에 대응하는 데 집중했다. 1870년대 말, 아들러는 사업을 계속했고 설리번은 제니를 위해 일하면서 시카고 건축의 기술적 국면에 익숙해졌다. 1926년 설리번은 「어떤 사상의 자서전」이라는 시론을 통해 당시의 건축 방법을 이끌었던 강력한 힘들에 관해 썼다.

> 고층 상업 건물은 땅값 압력에서, 땅값은 인구 압력에서, 인구
> 압력은 외부적 압력에서 유발되었다. … 그러나 수직 운송수단이
> 없으면 오피스 빌딩을 층계 높이 이상으로 올릴 수 없다. 이제 기계
> 엔지니어의 두뇌에 압력이 가해지기 시작했다. 그의 상상력과 관련
> 산업은 승객용 엘리베이터를 발명했다. … 높이에 대한 새로운
> 한계는 석조술의 성격에 내재해 있었다. 갈수록 두꺼워지는 벽은 바닥
> 공간을 잡아먹었고, 인구 압력이 가파르게 증가하면서 바닥 공간의

가격은 점점 비싸졌다. … 고층 건물을 세우는 [이러한] 시카고에서의 활동이 드디어 동부 지역 압연 공장 영업자의 관심을 끌었다. 그리고 엔지니어들이 작업을 시작했다. 이 공장들은 지난 얼마간 교각 작업에 오랫동안 사용되었던 구조 형태를 압연해왔다. 기초 작업은 준비돼 있던 셈이다. 엔지니어의 상상력과 기술에 근간한 영업술이 문제였을 뿐이다. 모든 하중을 지탱해야 하는 철골 개념은 이렇게 시카고 건축가들에게 시험적으로 제시되었다. … 목적은 달성되었고, 얼마 지나지 않아 태양 아래 새로운 것이 탄생했다. … 시카고의 건축가들은 철골 구조를 받아들였고 이를 이용해 무언가 해냈다. 동부의 건축가들은 이에 겁을 먹었고 어떤 기여도 할 수 없었다.[2]

설리번이 지적한 바와 같이 1880년대 시카고 건축가들이 작업을 계속하려면 진보한 건축 양식에 통달할 수밖에 없었다. 시카고 대화재는 주철의 취약성을 고스란히 드러냈다. 이후 등장한 내화 철골의 발전으로 여러 층의 임대 공간을 제공할 수 있었고, 투기꾼은 도심을 최대한 개발할 수 있었다. 평론가 몽고메리 슐러는 1899년 "승강기가 사무실 높이를 두 배로 높였고 철골 구조는 이를 다시 두 배로 높였다"고 지적했다.

1886년 이전에 아들러와 설리번은 주로 소규모 사무실이나 창고, 백화점 건축에 몰두했는데 이런 상업적 업무는 주문에 따라 바뀌었다. 6층 정도로 제한된 이 초기 건물들은 철이든 돌이든 철과 돌의 혼합이든 골조를 제외하고는 표현의 범위가 한정되어 있었다. 파사드를 기단-중간-상단으로 전통적으로 분리하는 것을 교묘하게 조정하는 것 말고는 할 수 있는 것이 별로 없었다.

이 모든 것이 1886년 오디토리엄 빌딩[31,33] 설계를 의뢰받으면서 변했다. 이 건물 구조는 기술적으로나 개념적으로 시카고 문화에 총체적으로 기여했다. 이 다용도 복합 건물의 기본 배치는 모범적이었다. 건축가들은 시카고 격자 반 블록 안에 일부는 사무실, 일부는

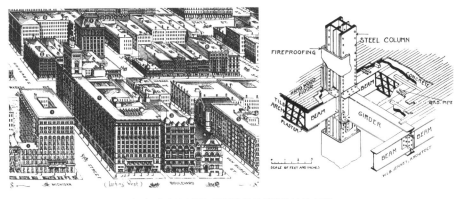

[31] 시카고, 1989: 미시간 대로 서쪽에서 본 모습.
중앙(2번)이 오디토리엄 빌딩(도판 33 참조).
[32] 제니, 뻬어 백화점, 시카고, 1890~91. 내회성 강철 프레임 세부.

호텔인 11층짜리 체재 공간을 양쪽에 끼고 있는 현대식 대형 오페라 하우스를 지을 것을 요청받았다. 이 주문에 맞추기 위한 독특한 구조에는 연기가 인근 주민을 괴롭히지 않도록 지붕에 호텔 주방과 식당 시설을 배치하는 등의 혁신이 포함되었다. 동시에 오페라 하우스 자체가 아들러의 기술적 상상력을 펼칠 풍부한 기회를 제공했다. 그는 접이식 천장 패널과 수직 스크린을 이용해 2,500명이 들어가는 콘서트부터 7,000명을 수용하는 대회까지 가능하도록 공간 수용력에 가변성을 주었다. 아들러의 기술력에 대한 고객의 신뢰는 아들러가 쓴 홀에 관한 묘사에서도 잘 드러난다.

공연장에서 발견된 대단히 파격적인 건축적·장식적 형식은 달성해야
할 음향 효과들에 의해 상당 부분 결정되었다. … 동심원의 타원 아치는
무대 입구에서 공연장 전체에 이르기까지 횡적으로나 종적으로 소리가
퍼져야 함을 감안한 것이다. 타원 아치의 외관을 살펴보면, 아랫면과
측면은 부조로 꾸몄고 백열등 전기 램프와 … 통풍 시스템을 위한
환기구는 장식의 주요하고도 효과적인 부분이며 … 냉난방과 통풍

장치에 상당한 주의를 기울였다. 3미터 지름의 팬이 건물 꼭대기에서 신선한 공기를 … 공연장으로 끌어들인다. … 이렇게 유입된 공기는 먼지와 검댕을 씻어내기도 한다. … 덕트 시스템은 공기를 공연장의 다른 공간, 무대 … 복도 휴게실과 드레스룸으로 이동시킨다. 공기는 무대로, 바깥쪽으로 그리고 천장에서 아래쪽으로 흐른다. … 덕트들은 좌석 단의 수직면에 난 틈에서 배기 팬으로 연결돼 있다.[3]

아들러는 아마도 광범한 범위의 기술력을 증명한 마지막 건축가-엔지니어 중 한 명일 것이다. 그는 많은 난점을 극복했다. 공연장의 공기 조화기부터 음향 장치를 지지하는 트러스 강철 거더에 이르기까지, 복잡한 무대 회전 장치부터 오페라 하우스와 호텔 모두에 설치한 아주 넓은 로비까지. 건물 전체는 육중한 석조와 철골로 지어졌는데, 기초에 실리는 서로 다른 하중을 잡기 위해 건설 당시 자갈을 까는 기

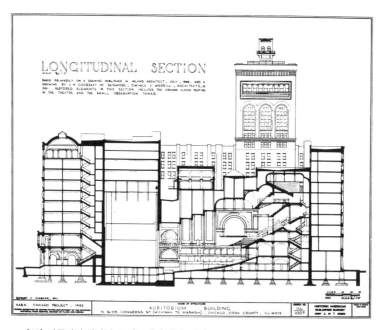

[33] 아들러와 설리번, 오디토리엄 빌딩, 시카고, 1887~89. 무대와 공연장 종단면.

발함을 보여주었다.

이 11층짜리 복합 건물의 미학은 리처드슨의 마셜 필드 스토어가 지닌 문법을 희석시킨 데 있었다. 리처드슨이 거칠고 울퉁불퉁한 돌 블록을 건물 전체에 쓴 반면, 설리번은 건물의 상당한 높이와 볼륨을 조절하기 위해 거친 블록으로 시작해 3층 이상에는 매끈한 마름돌을 쓰는 등의 변화를 주면서 건물의 표면 재료를 다양화했다. 그러나 아들러는 삭막할 정도로 간소한 결과에 당황했다. 그는 1892년 다음과 같이 썼다.

> 리처드슨의 마셜 필드가 오디토리엄 협회 이사진에게 준 깊은 인상이자 경영 초기 재정 정책상 필요하다고 여겨진 ⋯ 극심한 단순함 ⋯ 그리고 오디토리엄 건축가들로서는 매우 장식적인 효과에 ⋯ 탐닉한 과정에 대한 반응이 공교롭게도 동시에 일어남으로써, 실내에 적용된 특징적인 세련미가 건물 외관에는 허용되지 않았다는 사실은 유감이다.[4]

그럼에도 불구하고 단단함, 긴장감, 율동감이 건물 전반에 녹아 있으며, 호수 쪽으로 나 있는 호텔 베란다의 열주랑은 탑에 있는 유사하게 섬세한 모티프에서도 유사하게 반복된다. 이 베란다에는 약간 동양적인 암시가 있는데, 이는 1892년 설리번이 그의 조수 프랭크 로이드 라이트와 협력해 설계한 찰리 주택의 튀르키예풍을 예견했다.

리처드슨은 설리번 초기 양식의 궁극적인 결정자였다. 리처드슨이 세심하게 변화를 주어 조절한 로마네스크는 설리번의 손에서 신고전 양식으로 냉엄하게 단순화되었다. 이 양식은 1888년 워커 웨어하우스와 1890년 둘리 블록에서 처음 발전되었다. 이것들은 확실히 그가 1892년 『건축에서의 장식』에서 언급했던 '잘 구성되고 근사하게 생긴 알몸의' 건물들이었다. 이때부터 설리번의 매스에서는 띠 장식과 돌출 코니스가 두드러졌다. 창문은 길어진 아케이드 안에 그룹 지어졌고 매끈하고 평평한 파사드는 간결한 장식 요소로 명확히 구분

된다. 1890년과 1892년에 설계된 게티와 웨인라이트 묘지는 이 같은 접근을 강화하고 세련화한 전형이며[34], 이는 1891년 미주리 주 세인트루이스에 완성한 웨인라이트 빌딩에서 더 큰 규모로 표현되었다. 빈 건축가 오토 바그너의 작업과 마찬가지로, 설리번의 체적학적(stereometric) 구조의 엄격함은 구조를 풍성하고 분명하게 표현하는 장식과 반대되었다. 하지만 바그너의 거침없는 장식과는 달리 설리번의 장식에는 항상 이슬람적 경향이 있다. 심지어 본질적으로는 기하학적이지 않은 장식도 거의 항상 기하학적 형태에 맡겨졌다. 이러한 동방의 미학과 상징에 의지해 설리번은 서구 문화의 지적인 것과 감정적인 것의 분열을 화해시키려고 했고, 후에 이 양극단을 그리스적인 것과 고딕적인 것에 연관지었다. 오디토리엄 빌딩과 웨인라이트 빌딩 사이에서 설리번의 장식은 유기적인 자유로움부터 정확한 기하학의 윤곽에 대한 준수가 교차하는 특징이 있다. 1893년 컬럼비아 만국박

[34] 설리번, 게티 묘지, 그레이스랜드 공동묘지, 시카고, 1890.

람회 '교통관'에서도 설리번의 장식은 두드러지게 기하학적이거나 자유로운 부분에서도 기하학적 격자 틀 내에 담겨지는 특징을 보였다. 프랭크 로이드 라이트가 그의 책 『천재와 우민정치』(1949)에서 썼듯이, 이것은 1895년 설리번이 뉴욕 버펄로에 지은 개런티 빌딩[35]에서 마침내 확고해졌다.

설리번도 제니도 마천루를 '발명'했다고는 인정받지 못한다. 만일 마천루가 단순히 엄청난 높이의 다층 구조를 의미한다면, 그 같은 높이는 설리번의 웨인라이트 구조 이전에 이미 내력 벽돌로 성취된 바 있다. 가장 주목할 만한 건물은 시카고에 버넘과 루트가 지은 16층짜리 모내드녹 블록(1889~92)이다. 그러나 설리번은 고층 프레임에 적절한 건축적 언어를 발전시킨 점에서 인정받을 만하다. 웨인라이트 빌딩은 이 문법의 최초의 진술이다. 리처드슨의 마셜 필드 스토어에서 이미 분명해진 창문 가로대의 억제를 논리적 귀결로 이끌었다는 점에서 그러하다. 더 이상 아케이드가 없는 파사드는 격자형 벽기둥으로 분절되었고 벽돌로 입혀졌으며, 창문 가로대는 뒤로 물러나게 하고 테라코타로 표면을 처리해 창문과 융합되게 했다. 4년 후 설리번은 그의 두 번째 걸작인 개런티 빌딩에서 이 표현 공식을 더욱 다듬었다.

개런티 빌딩은 설리번의 능력이 정점에 올랐을 때 지어졌다. 그의 1896년 시론 「예술적으로 고려된 고층 오피스 빌딩」에 요약된 원칙들이 개런티 빌딩에서 가장 총체적으로 실현됐음은 의심의 여지가 없다. 이 13층짜리 오피스 빌딩에서 설리번은 하나의 장식적 구조를 창조했다. 그 자신의 말을 빌리면, 거기서 "장식은 끼워 넣거나 잘라내는 의미로 적용되었다. … 하지만 완성된 장식은 마치 어떤 유익한 외부 힘이 작용하여 재료의 실체로부터 나온 것처럼 보여야 한다." 장식적인 테라코타는 불투명한 세공(opaque filigree)으로 외부를 덮고 있는데 그 모티프들은 로비의 화려하게 장식된 금속 작업에도 스며들어 있다. 1층 판유리 창문과 대리석 벽만이 — 광적이라고는 말할 수

[35] 아들러와 설리번, 개런티 빌딩, 버펄로, 1895.

없지만—이 강렬한 처리에서 제외되었다.

그의 제자 프랭크 로이드 라이트와 마찬가지로 설리번은 자신을 신세계(the New World) 문화의 고독한 창조자라고 생각했다. 휘트먼, 다윈과 스펜서에게서 자양분을 얻고 니체에게서 영감을 받은 그는 자신의 건물을 영원한 생명력의 소산으로 간주했다. 설리번에게 자연은 예술에서 스스로를 구조와 장식을 통해 드러냈다. '형태는 기능을 따른다'(form follows function)는 그의 유명한 슬로건의 궁극적인 표현은 개런티 빌딩의 오목한 코니스에서 발견된다. 창문 멀리언(mullion) 표면에서 볼 수 있는 장식적인 '생명력'은 동그랗게 생긴 지붕 밑 창문 주위의 소용돌이들로 확장되는데, 이는—설리번의 말에 따르면—"올라가기도 하고 내려가기도 하면서 스스로를 완성하고 거대한 순환을 만드는" 건물의 기계 시스템을 은유적으로 반영한다. 이 유기적인 은유는 설리번이 커다란 단풍나무의 날개 달린 씨에 부여했던 의미에서 더 근본적인 형태로 굳어진다. 그가 사망한 해인 1924년에 출판된 그의 건축 장식에 관한 담론인『인간 능력에 관한 철학에 따른 건축 장식 체계』의 첫 페이지에 그 '싹'(germ)이 묘사되어 있다. 이 이미지 아래 설리번은 니체스러운 캡션을 달았다. "그 싹은 실제적인 것이다. 정체성의 근원이다. 그것의 섬세한 기제 속에 힘을 향한 의지가 놓여 있으며, 그 의지의 기능은 형식적으로 완벽한 표현을 추구하며 결국은 발견하는 것이다."

라이트와 마찬가지로 설리번에게 이 형식은 오로지 천년왕국이자 민주 국가인 미국에서만 진화할 수 있는 것이었다. 그것은 '예술이 국민에 의한, 국민을 위한, 국민의 것이기 때문에 살아 있을 예술'로서 미국에서만 출현할 수 있었다. 자신 스스로를 민주주의의 문화적 예언자로 명한 설리번의 면모는 대체로 무시되어왔다. 지나치게 이상화된 그의 평등주의적 사상은 국민에게 받아들여지지 않았다. 특히 망상과 억제가 공존하는 그의 동양적인 건축에서 표현된 것처럼, 그는 아시리아인의 그것에 버금가는 새로운 문명을 창조하는 데 병적으로 집착했다. 이는 사람들을 당혹스럽게 했고 소외시켰다. 당대 사람들은 본질적인 것에서 뿌리 뽑힌 채 미개척의 영역 끝에서 불황을 겪고 있었다. 그들은 1893년 대니얼 버넘이 컬럼비아 만국박람회에서 유혹적으로 제시한 수입한 바로크, '백색 도시', 제국주의의 달성을 상징하는 동부 해안 문장(紋章)과 같은 유쾌한 기분전환용 오락을 선호했다. 대중의 외면은 설리번의 사기를 송두리째 무너뜨렸다. 뛰어난 재능은 여전했음에도 그의 권력은 스러지기 시작했다. 설리번은 점잖은 파트너 아들러와 헤어지면서 전문가로서의 숙명을 짊어질 힘마저 잃어갔다. 세기가 바뀌면서부터 그는 작업 의뢰를 거의 받지 못했다. 그래도 극소수의 의뢰 중에 인정받을 만한 작업들이 있다. 1907~19년에 지은 창의적이고 기이하며 대단히 화려한 미드웨스턴의 은행 건물들, 1899~1904년 시카고에 지은 그의 예언적인 슐레진저-메이어 백화점(현 카슨-파이리-스콧)이 그것이다. 슐레진저-메이어 백화점은 균형 잡힌 웅대함과 장식적인 생명력이 돋보이는 중요한 작업이다.

3장

프랭크 로이드 라이트와
프레리 신화
1890~1916

어릴 적 나는 오디토리엄 빌딩의 거대한 석탑에서 남쪽을 바라보곤 했다. 한때 아라비안나이트 이야기가 두려움과 낭만을 불러일으켰듯 대가가 쥔 연필과 시카고 남쪽으로 베세머 강철 전로(轉爐)의 붉게 타오르는 섬광은 나를 전율케 하곤 했다.
— 프랭크 로이드 라이트, 「재료의 성질」, 『아키텍처럴 레코드』(1928. 10.).[1]

1890년대 초 아들러와 설리번과 보냈던 형성기의 라이트가 쓴 앞의 문장은 그의 초기 진로에 영감을 주었던 이국적인 이상, 즉 예술을 통한 산업기술의 변형을 암시한다. 하지만 세기가 바뀌면서 이 변형이 택해야 하는 형태가 무엇인지는 라이트에게 분명하게 다가오지 않았다. 그의 스승들인 설리번이나 리처드슨이 그랬듯 그는 고전적 질서의 권위와 비대칭적 형태의 활력 사이에서 동요했다. 노먼 쇼의 장원 또는 도시 양식을 따랐던 리처드슨은 공공시설에서는 대부분 대칭적 양식을 유지했지만, 주택 설계에서는 비대칭적 양식을 추구했다. 하지만 리처드슨의 주택은 언제나 한결같은 밀도를 보였다. 그는 가능하다면 어디서든지 보드르메어의 제2제정식의 로마네스크풍 중량감을 적용하여 신세계에 적절한 양식으로 개작하려 했다. 초기 목조 주택들에서조차 확실한 무게감이 싱글(shingle)로 이은 파사드를 지배했고, 이후 1885년 시카고의 글레스너 주택에서처럼 싱글을 돌로 대체하면서 비대칭 구성은 거스를 수 없는 기념비성을 띠게 되었다.

이 기념비성은 설리번과 라이트 둘 다에게도 똑같이 문제였던 것으로 보인다. 설리번은 1890년대에 게티와 웨인라이트 묘지에 이미 기념비적 형태를 사용했지만 그것이 과연 사람이 사는 집에도 어울렸을까? 당초의 해결책은 다음과 같았으리라. 도시라면 고전적인 석조로, 전원이라면 고딕을 따르면서 싱글을 갖추는 식으로 뚜렷이 구분되는 이중 공식에 맞췄을 것이다. 1890년 이후 설리번의 주택 작업을 실질적으로 담당하고 있었던 라이트는 이 같은 이중 원칙을 처음에는 아직 미국 신화의 대초원(prairie)에 불과했던 발생기 시카고 교외의 오크 파크에 1889년 지은 자택에서, 그다음에는 1892년 시카고 다운타운에 설리번과 함께 설계한 찬리 주택에서 실행했다. 라이트의 집 측면과 평면도를 보면—빈센트 스컬리가 제시했던 것처럼—십자 형태와 T-자 평면을 리처드슨적인 피라미드 모양의 주택들에서 끌어왔는데, 이러한 주택들은 당시 브루스 프라이스가 뉴욕 턱시도 파크에서도 짓고 있었다.

설리번과 라이트가 보기에 이제 막 태동한 평등주의 문화는 리처드슨의 로마네스크처럼 무겁고 가톨릭적인 전통에 기초할 수 없었다. 그래서 그들은 켈트인(아일랜드인) 동료 오언 존스가 1856년 써낸 『장식의 문법』으로 시선을 돌렸다. 존스가 예로 든 장식의 60퍼센트 이상이 인도, 중국, 이집트, 아시리아 또는 켈트족 기원의 이국적인 것이었고, 서구와는 거리가 멀었던 이 출처들이 바로 설리번과 라이트가 신세계 구현에 적절한 양식을 탐구하면서 기댔던 것들이었다. 이는 설리번의 작업에서 발견되는 이슬람적 모티프뿐 아니라 1895년 라이트의 오크 파크 스튜디오 오락실 상단에 그려진 '공상과학'적인 반원형 장식 벽화로 설명된다. 이 벽화에는 새로이 부상한 문명을 상징하는 천상의 여신 앞에 시선을 고정하고 있는 아랍인 와상이 묘사되어 있다.

1893년 라이트가 일리노이 주 리버 포레스트에 지은 윈슬로 주택[36]에서 평등주의적이나 적절한 포맷을 발전시키려는 문제는 분

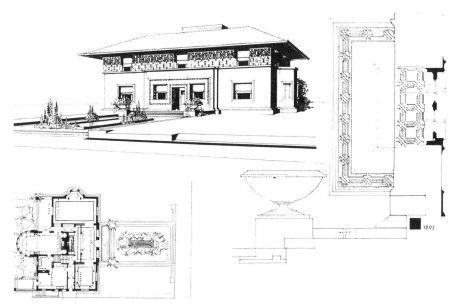

[36] 라이트, 윈슬로 주택, 리버 포레스트, 일리노이 주, 1893. 외관과 배치도.

명하게 이질적인 두 가지 요소를 제공함으로써 잠정 해결되었다. 도로 쪽으로 나 있는 또는 '도시형' 파사드는 대칭적이면서 중앙 축을 따라 들어오게 하고, 정원 또는 '전원형' 파사드는 비대칭적이고 한쪽으로만 들어오게 한 것이다. 이로써 라이트는 '프레리 양식'(Prairie Style, 대초원 양식)의 설계 전략을 예시했다. 한편, 공식적인 파사드 뒷면의 불규칙한 왜곡은 부대설비 같은 감추고 싶은 요소를 편리하게 수용하기 위한 것이었다.

　윈슬로 주택이 전환기 작업이라는 사실은 일부는 내리닫이, 일부는 여닫이로 되어 있는 창문 구조에서 분명히 확인된다. 그랜트 카펜터 맨슨이 『1910년까지의 프랭크 로이드 라이트』(1958)에 썼듯, 여기서 라이트는 "여닫이 창문을 더 좋아해서 내리닫이를 버리고, 점을 찍어가듯 창문을 내는 방식에서 길고 가는 조각들로 창문을 내는 방식으로 전환하는 최종적인 변화를 준비하기" 시작했다. 라이트만의 낮은 프레리 지붕이 이 작업에서 최초로 나타나며, 동시에 장식 테와 돌림띠가 보여주는 외관의 활기는 라이트의 스승 설리번의 영향이 지속되고 있음을 입증한다. 장식적인 입구 정면도는 확실히 1890년대 초 설리번이 작업한 분묘에서 빌려왔으며, 입구 홀의 아케이드로 된 벽난로 스크린은 설리번의 실러 극장 파사드의 실내 버전이다.

이 같은 초기의 벽난로 강조는 더 중요하고 다른 영향, 즉 일본 건축의 영향을 방증한다. 라이트의 고백에 따르면, 그는 1890년대, 더 정확하게는 1893년 미국 시카고 만국박람회가 있은 후부터 일본 건축의 영향을 받았다. 당시 일본은 호-오-덴 절을 재구성한 건물에서 국가전시를 열었다. 맨슨은 이 전시관의 구조가 라이트에게 미친 발전적 영향에 대해 다음과 같이 설명한다.

> 일본의 개념을 실제로 접한 사실이 그의 경력에서 중요한 시기에 그의 건축에 명확한 방향을 설정하는 결정적 단서였다고 가정할 때, 이것을 발전시키는 과정에서 그가 취한 여러 조치는 형이상학적이기보다는 합리적이었다. 예를 들어, 일본 실내의 영속적인 요소이자 명상과 의식(儀式)의 중심인 도코노마(床の間)를 서양식 대응물인 벽난로로 번안하고 나아가 벽난로를 물활론적인 의미의 중요한 요소로 확대하거나, 은신처의 표현임과 동시에 실내의 개방성과 유동성이 갈수록 커지는 상황에서 하나의 견고한 실체로서 강조되는 벽난로와 굴뚝의 석공술을 솔직하게 노출한다든지; 굴뚝과 멀리 떨어뜨린 개방적 공간을 경계부 유리창으로 나아가게 한다든지; 들이치는 빛의 강약을 통제하고 조정하기 위해 그리고 날씨의 영향을 피하기 위해 차양을 크고 길게 키운다든지; 실내 공간을 칸막이 대신 스크린으로 구분해 그 공간을 쓰는 사람의 심적 동요와 변화를 서로 의식해 배려하게 한다든지; 평평한 표면과 칠하지 않은 나무를 고려해 조각과 니스 칠을 하지 않는다든지. 이 모든 것과 그 이상이 호-오-덴에서 얻은 교훈을 발전시킨 것으로 (아직 빠져 있거나 규명되지 않은 형태로라도) 볼 수 있다.[2]

도코노마 모티프의 결정적 출처에 상관없이, 윈슬로 주택 시기에 이르면 벽난로는 중앙난방 설비에도 불구하고 4년 전 라이트 자신의 오크 파크 주택에서보다 한층 더 의식(儀式)적인 핵심으로 자리 잡았다. 그러나 1893년의 라이트는 어느 편에도 치우치지 않은 중립적 태도를 가지고 있었다. 그는 밀워키 도서관에서 철저하게 고전석인 파사드를 디자인했다. 2년 후 그는 스튜디오가 딸린 자택을 콜럼버스 이전 시기 양식으로 확장했는데, 이는 맨슨을 따른 '프뢰벨'(Fröbel) 양식으로 간주되며, 기하학적 성향은 아마 그가 어린 시절 가지고 놀던 프뢰벨 장난감의 영향인 듯하다. 1895년경 그는 또한 놀라울 정도로 급진적인 두 개의 디자인을 만들어냈다. 하나는 전면이 유리로 된 그의 럭스퍼 프리즘 사무실이며, 다른 하나는 1878년 윈 메모리얼 도서관을 위한 리처드슨의 파르티(parti)를 기발하게 재해석한 맥아피 주택이다.

라이트는 이 시기에 새로운 양식으로 나아가기 위해 거의 필사적이었던 것 같다. 그의 공공 작업은 전과 다름없이 부분적으로는 이탈리아적이거나 리처드슨적이었고, 주택 작업은 이제 일관성 있게 긴 비대칭의 평면도 위에 평형을 이룬 다양한 높이의 경사가 낮은 지붕으로 특징지어졌다. 1895~99년에 시카고에 지어진 프란시스코 테라스 아파트들과 헬러 주택과 후서 주택이 모두 이 두 양식의 전형이다.

이 같은 다양한 영향을 종합해 '프레리 신화'로 표현될 주택 양식을 만드는 데 2년이 넘는 세월이 걸렸다. 이에 대해 그는 1908년 다음과 같이 썼다. "프레리는 그 자체의 아름다움이 있으며, 우리는 그것의 자연적인 미, 적요의 평면을 인식하고 강조해야만 한다. 그래서…가려주고 보호해주는 지붕의 돌출부, 낮은 테라스와 내뻗는 벽, 외부로부터 격리시켜주는 비밀스러운 정원."

마침내 완성된 프레리 양식이 출현한 시기는 적절하게도 제인 애덤스의 헐 사회복지관에서 1901년에 있었던 그의 유명한 강연 '기계의 미술과 공예'에서 명시된 라이트의 이론적 성숙기와 일치했다. 라이트는 빅토르 위고가 인쇄술이 궁극적으로 건축을 제거할 것이라고 결론지었던 빅토르 위고의 『파리의 노트르담』(1832)을 읽으면서 느꼈던 청년 시절의 절망감을 출발점으로 삼았다. 그는 기계를 자체의 법칙에 부합하게 추상과 정화의 매개물로서 이지적으로 사용할 수 있다고 맞섰고, 이러한 과정을 통해 건축은 산업화의 참화로부터 구원될 수 있다고 덧붙였다. 그는 경외심을 불러일으키는 시카고의 파노라마를 하나의 거대한 기계로 묵상하도록 청중을 이끌었고, 다음과 같은 고언을 남겼다. "그 안에서 예술의 힘은 황홀한 상상력을 내뿜는다. 하나의 영혼인 것이다!"

1890년대 초부터 조각가 리처드 보크는 이 '영혼'의 도해학자, 다시 말해 라이트의 프레리 양식의 이미지 메이커로 봉사했다. 보크의 초기 작업은 자연을 원용한 상징주의로 유럽의 분리파 양식에 가까웠고 라이트의 작업에 남은 설리번적 요소를 보완했다. 그러나 1900년 이후 라이트의 영향하에 보크의 작품은 더욱 추상화되어갔으며, 1902년 라이트의 데나 주택을 위해 조각한 「여신」이 그 증거다[37]. 입구 홀에 놓여 있는 이 인물상은 어느 이국적인 기계 문화의 추상 요소들을 한 조각씩 모아놓은 듯하다.

라이트의 프레리 양식은 최종적으로 1900년과 1901년 『레이디스 홈 저널』을 위해 설계했던 주택 평면도에서 구현되었다. 이제 프레리 양식의 요소가 모두 확립된 것이다. 낮게 경사진 지붕과 낮게 접경하는 벽으로 구성된 수평의 포맷 속에 포함된 개방적인 평면, 그리고 수직 굴뚝과 내부의 두 배 높이인 볼륨과 강한 대비를 이루는 낮은 프로필은 대지에 통합되도록 의도적으로 고안되었다. 하지만 이 시점에서도 라이트는 프로필, 즉 측면 구성에 관해서는 결단을 내리지 못했으며, 1902년 회틀리 주택에서 보여주었던 리처드슨적인 밀도와 그보다 2년 앞서 일리노이 캥커키에 지은 히콕스 주택의 가벼운 일본식 프레임 구조 사이에서 동요하고 있었다.

단일체 버전 대 분절된 표현 사이의 분열은 라이트가 버펄로에 있는 사업가 마틴 가를 위해 일하기 시작했을 때 해결되었다. 라킨 통신판매 주식회사의 소유주 다윈 마틴을 위해 1904년 건축한 라킨 빌딩과 마틴 주택[38]은 라이트의 성숙기 양식을 대표하는 작업들이다. 이는 1905년 첫 일본 방문과, 이듬해 오크 파크에 그가 처음으로 지은 콘크리트 건물인 유니티 템플로 이어졌다. 이국적인 것으로 표현되는 고전적 기초는 라이트만의 고유 양식으로 자리 잡았고, 이 독창적 양식은 곧 1901년과 1911년에 베를린에서 출간된 라이트의 작업 포트폴리오『바스무스』를 통해 유럽에서도 활용할 수 있게 되었다. 주택, 교회, 오피스 빌딩 등 1904~06년의 걸작들은 본질적으로 동일한 건축 체계를 보여준다. 마틴 주택은 라이트가 후에 일관되게 기초하는 격자를 조절해 만든 평면 형태의 첫 번째 작업이다. 교회는 두

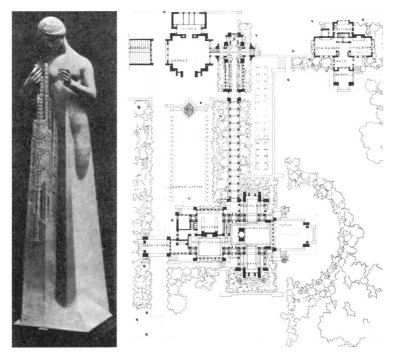

[37] 보크,「여신」, 라이트가 지은 데이나 주택의 조각상, 스프링필드, 일리노이 주, 1902.
[38] 라이트, 마틴 주택, 버펄로, 1904.

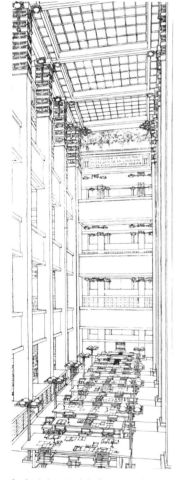

[39] 라이트, 유니티 템플, 오크 파크,
일리노이 주, 1904~06.
[40] 라이트, 라킨 빌딩, 버펄로, 1904.
중앙 공간.

개의 축으로 중심을 모으는 중앙집중식인 반면 오피스 빌딩의 구조는 하나의 축을 따르지만, 지지물과 여백 공간의 격자형 구분은 유니티 템플과 라킨 빌딩의 주요 볼륨들에서 유사하게 진행되고 있다[39,40]. 이 공공건물은 꼭대기에서 빛이 들어오며, 네 귀퉁이마다 있는 계단과 사방으로 통하는 회랑에 둘러싸인 단일한 내부 공간으로 구성돼 있다. 교회의 높이는 '통일'(unity)을 상징하고 사방 네 면이 실질적으로 똑같은 반면, 라킨 빌딩의 높이는 좀 더 긴 면과 짧은 면에 따라 차이가 난다. 동일한 건축적 파르티의 기념비적인 변주는 논외로 하더라도 두 건물은 천재적인 환경 제어 시스템을 개척했다. 유니티 템플은 붙박이 도관으로 작동되는 발열 난방이 가능했고, 라킨 빌딩은 냉난방이 가능한 공기 조화 구조를 처음으로 선보였다.

유니테리언이었던 라이트는 이 작업들에서 새로운 삶에 관한 그의 비전을 성사를 보는 집 안의 난롯가부터 성사를 보는 작업장과 종교 집회 건물에 이르기까지 성스러운 것에 관한 보편적 감각으로 채우려고 했던 것 같다. 유럽의 많은 동시대 건축가처럼 그의 목표는 사회 전체를 포용하며 영향을 미치는 총체적 환경을 성취하는 것이었다. 이것은 윤리적이고 영적인 중심으로 벽난로를 승격시키려는 그의 강박을 잘 설명해 준다. 알맞게 놓인 석문(inscription) 덕분에 벽난로는 예배와 노동을 위한 좀 더 공공적인 장소로 인식된다. 이는 라킨 사무실 가구를 디자인하면서 전화기를 다시 제작하는 일이 허용되지 않았을 때 라이트가 느낀 실망감을 얼마간 설명해준다. 라이트는 앞서 말한 것과 같은 의도로 라킨 빌딩 입구를 장식했고, 직원들은 조각가 보크의 상징적 부조에서 흘러내리는 폭포수를 지나 들어와야 했다. 이 부조에는 "정직한 노동은 주인을 필요로 하지 않으며 온전한 정의는 노예를 필요로 하지 않는다"라는 온정주의적인 문장이 새겨져 있었다. 이러한 이상주의는 사용되면서 라킨 빌딩 구조가 변한 데 대한 라이트의 혐오에서도 증명된다. 그는 다음과 같이 말하며 경영진에 대한 적의를 숨기지 않았다. "그들은 몰상식한 변화를 결코 주저하지 않았다.… 그것은 그저 그들의 공장 건물 중 하나였다." 마틴은 라이트의 예술을 적극 후원했지만, 회사 조직과 경영진에 분명한 제약을 가하지는 못했다. 그래서 그의 집은 순수함 그 자체로 보존될 수 있었던 반면, 작업장은 생산 명령에 지배받기 쉬운 약점을 드러냈다.

이 풍요로운 시절에 라이트는 총체예술에 관한 이상을 설계하고 실현하기 위해 기술자와 예술가-장인의 작업실을 마련했다. 이 팀에는 엔지니어 파울 뮐러, 조경건축가 빌헬름 밀러, 고급 가구 제작자 조지 니더켄, 모자이크 디자이너 캐서린 오스터탁, 조각가 리처드 보크와 알폰소 야넬리와 1892년부터 라이트의 유리와 직물 가공업자로 일했던 재능 있는 올랜도 쟈니니가 포함되었다.

1905년까지 프레리 양식의 체계는 견고하게 확립되었다. 그러나 그의 표현은 끊임없이 양극, 하나는 1908년 에이버리 쿤리 주택에서 예시된 바와 같이 산만하고 비대칭적이고 픽처레스크하며, 다른 하나는 1908~09년의 훌륭한 로비 주택에서 보여지는 바와 같이 짜임새 있는 격자형의 대칭적이고 건축적인 표현 사이에서 동요했다[41]. 1905년 위스콘신 라신에 지었던 하디 주택은 라이트가 대칭적이고

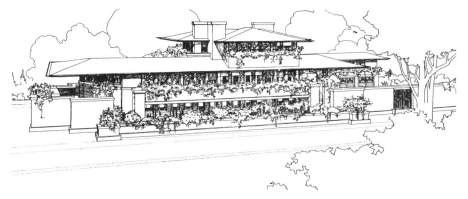

[41] 라이트, 로비 주택, 시카고, 1908~09.

정면적인 주택으로 만든 것 중에서 가장 순수한 형식화의 예다.

1914년에 지은 미드웨이 가든은 시카고에서 한 라이트 디자인 팀의 마지막 협업이었다. 도쿄의 제국 호텔과 함께 미드웨이 가든은 보편적 표현으로서의 초기 라이트의 이상을 구현한 마지막 시도였다. 언제나처럼 기발하고 독창적인 뮐러에 의해 90일이라는 단기간에 지어진 미드웨이 가든은 라이트가 말했듯이 "춤에 열광한 사람들에 대한 사회적 응답"이었다. 독일 맥주 정원에 기초한 미드웨이 가든은 새로운 사회적 공공시설의 구현이었다. 계단식 테라스가 연결되는 형태를 취했는데, 한쪽 끝에 있는 오케스트라 셸 위에 축의 초점을 두고, 측면 아케이드로 회랑식 레스토랑과 다른 한쪽 끝에 있는 윈터 가든 복합체를 연결했다[42,43]. 많은 점에서 이것은 대중문화에 대한 라이트의 가장 적절한 시도였다. 또한 여기에서 보크와 야넬리는 인물상과 꼭대기 장식과 부조를, 쟈니니는 유리를 제공하면서 라이트의 프레리 양식의 수사에 충분한 기회를 주었다. 내부에는 대형 부조들과 동심원의 원형 요소로 구성된 추상적인 벽화들이 있었는데, 이들은 지붕에 채색 가스풍선을 매달아 정원을 장식하려 했던 라이트의 공상적인 개념을 상기시켰다.

　　라이트의 프레리적 하위문화는 1916~22년 도쿄 제국 호텔을 짓는 동안 밀폐된 양식으로 역할 했다. 구조는 미드웨이 가든의 평면도와 단면도에서 따왔다. 시카고에 있는 이 복합체의 레스토랑 겸 윈터 가든이 호텔 강당과 로비로 재현되었다. 정원의 측면 아케이드는 투숙용 건물로 변형되었다. 실내 벽화와 부조 또한 미드웨이 가든 주제의 연장선상에 있었으며, 호텔로 접근하는 회랑 복도는 미드웨이 평면의 카페 테라스들을 상기시켰다. 미국적 맥락을 제거한 라이트는 벽돌로 제작하고 대곡석을 입힌 완만한 경사의 성곽 같은 측면을 이용하면서 지역의 석공술 전통과의 공감대를 추구했다. 이 화산

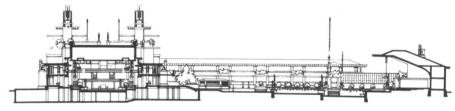

[42, 43] 라이트, 미드웨이 가든, 시카고, 1914. 미드웨이 가든의 종단면. 왼쪽이 레스토랑, 오른쪽이 오케스트라 셸(위)과 비어 가든의 전경.

석은 미드웨이 가든의 블록 작업이 그랬듯 마치 콜럼버스 이전 양식의 프로필을 암시하도록 만들었다. 그러한 이국적인 참조는 라이트의 1920년대 할리우드 주택들에서는 과장된 공식이 되었으나, 제국 호텔에서는 그의 신세계 문화를 단단하게 하는 수단이 되었다.

공교롭게도 제국 호텔은 건축만큼 구조적 독창성으로 인해 한 층 가치를 인정받게 된다. 1922년 도쿄 지진에서 기적적으로 살아남 았기 때문에 얻은 평판의 상당 부분은 실상 엔지니어인 뮐러에게 가 야 한다. 그럼에도 불구하고 라이트의 탁월한 경력의 첫 단계를 마무리하는 이 마지막 작업은 설리번의 칭찬을 받을 만했다. 설리번은 1924년 그가 사망하기 직전에 호텔의 생존에 관해 애매한 어투로 썼다. "그것은 오늘 상처 입지 않고 서 있다. 그것은 서 있도록 고안되었 고 또 지어졌기 때문이다. 그것은 일본적인 것에 주어진 부담이 아니 라 일본 문화에서 가장 훌륭한 요소에 기여하는 자유 의지이다."

4장

구조 합리주의와
비올레르뒤크의 영향:
가우디, 오르타, 기마르, 베를라헤
1880~1910

건축에는 '참'이 되는 두 가지 방법이 있다. 프로그램과 건축공법이
그것이다. 프로그램에 따른 '참'은 필요한 조건을 정확하고 단순하게
충족하는 것이다. 건축공법에 따른 '참'은 재료의 성질과 속성에 따라
재료를 쓰는 것이다. … 대칭과 분명한 형태라는 순전히 예술적인
문제는 우리의 지배적 원리 앞에서 단지 부차적인 조건일 뿐이다.
— 외젠 비올레르뒤크, 『건축 강의』(1863~72).[1]

프랑스의 위대한 건축이론가 외젠 비올레르뒤크가 처음 1853년 에콜
데 보자르에서 했던 강연에서 개괄한 이 원칙은 확실히 프랑스의 고
전적 합리론에 입각한 건축적 전통에 어떤 여지도 주지 않는다. 비올
레르뒤크는 '추상적'인 국제양식 대신 지역적 건물로의 회귀를 지지했
다. 어떻게 보면 아르누보를 예견했다고 할 수 있는 『건축 강의』의 삽
화들은 표면상으로는 그의 구조 합리주의(structural rationalism)의
원칙에서 발전하게 될 건축을 제시했다. 러스킨이 부러워 했을 만큼
비올레르뒤크는 도덕적 주장 이상의 것을 제공했다. 그는 전통의 부
적절한 절충주의로부터 건축을 이론적으로 자유롭게 해줄 모델과 방
법을 제공했다. 이렇게 해서 『건축 강의』는 19세기의 마지막 25년 동
안 아방가르드에 영감을 주었다. 그의 방법은 또한 프랑스 문화의 영
향을 강하게 받았지만 고전주의 전통이 약했던 유럽 국가들에 침투했
다. 그의 개념은 심지어 영국까지 파급되어 조지 길버트 스콧 경, 앨
프리드 워터하우스와 노먼 쇼에게 영향을 주었다. 프랑스 밖에서 그

의 절대적인 문화적 민족주의는 카탈루냐 건축가 안토니 가우디, 벨기에의 빅토르 오르타, 네덜란드 건축가 헨드리크 페트뤼스 베를라헤의 작업에 가장 두드러진 영향을 주었다.

비올레르뒤크, 러스킨, 바그너의 저작들은 가우디가 채택한 문화적 배경의 일부였다. 이들 지중해 너머의 영향과는 별도로, 가우디의 업적은 두 개의 서로 반대되는 충동, 즉 토착적인 건축을 재생시키려는 욕구와 완전히 새로운 표현 형식을 창조하려는 강박에서 비롯되었다. 이런 점에서—환상에 관한 비상한 능력을 제외하고—가우디가 독특하고 유일하다고 말할 수는 없다. 미술공예운동 전반에 잠재해 있던 이 상충하는 개념은, 1890년대 글래스고 학파에 큰 영향을 준 켈트 문예부흥에도 반영되어 있다. 마드리드가 카탈루냐어 사용을 금지하고 카탈루냐에 통치권을 행사한 1860년대, 카탈루냐 양식의 부흥은 일찍이 바르셀로나에서 나타났다. 처음에는 사회정치적 개혁에 한정돼 있었지만 부흥운동은 곧 카탈루냐 독립을 요구하기에 이르렀다. 비록 인정받지는 못했지만, 카탈루냐의 자치권 요구는 스페인 내전에서도 고개를 들었고 오늘날까지도 살아 있다. 19세기 후반의 교회가 카탈루냐의 주권과 사회개혁에 대한 요구를 지지했기 때문에 가우디는 자신의 신앙심과 정치적 입장의 대립에서 자유로울 수 있었다.

가우디와 그의 후원자였던 직물 생산업자이자 선박왕 에우세비 구엘 바치갈루피는 카탈루냐 분리주의 운동의 영향을 받고 자랐다. 보수적인 부분이 없지는 않았지만 카탈루냐 분리주의 운동은 카탈루냐 지식 계급이 주장한 다양한 사회개혁 프로그램을 후원했다. 가우디는 사실 1882년 구엘을 만나기 전부터 이미 사회주의에 감화되어 있었다. 졸업 후 그는 마타로 노동자 협동조합과 연을 맺었다. 마타로 협동조합은 그에게 커뮤니티 건물 하나와 작업장 하나로 구성된 노동자 단지 설계를 의뢰했다. 이 중 작업장만 1878년에 완공되었다.

이후에 가우디는 곧 부르주아 고객을 위해 일하기 시작했다.

[44] 가우디, 사그라다 파밀리아 교회의 진행 상황 3단계(왼쪽부터 1898, 1915, 1918), 바르셀로나; 맨 오른쪽은 비올레르뒤크, 성당을 위한 계획, 『러시아 예술』.

1878년에는 이국적인 카사 비센스를 무어 양식 비슷하게 지었다. 이 주택은 가우디의 대다수 작업처럼 비올레르뒤크의 영향을 받았다. 특히 민족 양식의 구성 요소를 구조 합리주의 원칙에 부수적인 것으로 간주한 그의 『러시아 예술』(1870)의 영향을 받았다. 카사 비센스에서 가우디는 최초로 그의 양식의 핵심을 공식화했다. 구조는 원칙적으로 고딕을 따른 반면, 영감은 상당 부분에서 이슬람적은 아닐지라도 지중해적이었다. 아리 르블롱이 1910년에 썼듯이, 가우디는 "햇빛이 쏟아져 들어오고 구조적으로는 카탈루냐의 대성당들과 연관되며 그리스인과 무어인이 썼던 방식대로 색채를 활용한 고딕, 즉 반은 해양적이고 반은 대륙적이며 범신론적인 풍요가 생기를 주는 그러한 고딕 양식"을 추구했다. 온실에 둘러싸인 설계였던 카사 비센스는 무데하르를 모방한 결과이다. 띠처럼 쌓아올린 벽돌, 빛나는 타일, 장식적인 철 작업 등 비센스는 비슷한 시기의 어떤 주택보다 화려했다. (1876년 서리 지역 프렌샴에 있는 쇼의 피에르포인트와 견주어보라.) 하지만 구조는 건물의 이국적인 표현을 초월했다. 이 주택은 가우디가 전통적인 카탈루냐식 또는 루시용 볼트를 활용한 첫 작업이었다. 타일을 얇은 층을 이루도록 내쌓아 만든 이 볼트는 그의 양식에서 핵심적인 특징이 되었고, 1909년 바르셀로나의 사그라다 파밀리아 학교의 얇은 껍질 구조에서 가장 정교한 형태로 나타났다.

가우디가 초기에 이룩한 성과는 그의 동료 프란체스크 베렝게와 에우세비 구엘을 위해 설계한 다양한 작업과 분리될 수 없다. 진취적이었던 구엘 백작을 위해 가우디가 1888년 바르셀로나에 지은 구엘 저택[45]은 1890년대 지식인들의 중심이 되었다. 카사 비센스가 온실 주위로 지어졌다면 구엘 저택은 음악실과 오르간 로프트, 예배실 주위로 지어졌다. 전형적인 이슬람 궁전의 형식을 떠올리게 하는 이 복합 공간은 주택의 상단부 전체로 이어졌다.

구엘은 유독 러스킨과 바그너에게 열광했다. 가우디 역시 러스킨의 이론만큼이나 바그너의 음악극에 깊은 인상을 받았던 것 같다. 여하간 러스킨의 명성은 세기 전환기에 정점에 달했고 바그너와 양립할 수 있었던 그의 경구, 즉 조각가도 화가도 아닌 건축가는 "그저 거대한 틀을 만드는 사람일 뿐이다"라는 말은 분명히 가우디에게 호소력을 가졌을 것이다.

구엘에게 사회 전반의 변형은 전원도시를 통해 달성될 수 있는 것이었다. 이 목적으로 1891년 그는 가우디

[45] 가우디, 구엘 저택, 바르셀로나, 1888.

와 베렝게에게 산타 콜로마 데 세르벨료에 있는, 훗날 콜로니아 구엘이라고 알려진 그의 방직 공장을 위한 노동자 단지 설계를 의뢰했다. 이것은 1900년 교외 중산층을 위한 구엘 공원 의뢰로 이어졌다. 이 공원은 바르셀로나가 내려다보이는 몬타냐 펠라다에 있다. 구엘 공원 프로젝트는 1903~14년 주변의 주택들 없이 실현되었다. 그러는 동안 베렝게는 콜로니아 구엘을 틈나는 대로 산발적으로 발전시켜갔고, 가우디가 1908년 이어받아 예배실 작업을 완성했다. 이때쯤 가우디는 교회 건축가로서의 경력을 이미 시작했고, 1906년 호안 마르토렐부터 바르셀로나에 있는 사그라다 파밀리아 건축을 이어받았다[44].

구엘 공원은 억제되지 않은 상상의 결정체였다. 훌륭한 경관이 잘 내려다보이는 위치에 있다고는 하지만, 완성된 부분이라고는 수위실, 지붕을 덮은 시장과 가우디 자신의 집으로 이어지는 장대한 계단뿐이다. 불규칙하게 굽이치는 시장의 돌 천장은 예순아홉 개의 기괴한 도리스식 기둥이 떠받쳤고, 지붕은 뱀처럼 구불거리는 모양으로 이어지는 벤치로 둘러졌다. 시장은 경기장이나 야외무대로 쓸 수 있게 계획되었다. 표면을 모자이크 처리해 이국적인 벤치의 경계는 산책로에서 끝나며, 산책로는 자연적이고 일정하지 않은 돌무더기 구조를 가진 공원의 나머지 공간과 합쳐진다. 공원 자체는 꾸불꾸불한 오솔길로 되어 있는데, 필요한 곳에는 썩은 나무기둥 모양의 아치형 부벽으로 지지되었다.

구엘 공원의 파도가 일렁이는 듯한 윤곽은 가우디의 일생을 사로잡았던 강박적 이미지, 즉 몬세라트로 알려진 바로셀로나 근교의 유명한 산을 직접적으로 떠올리게 하는 최초의 작업이다. 바그너가『파르지팔』에서 찬양했던 중세 전설에 따르면, 성배는 몬살바트 성 안에 은닉되었는데 그 장소는 후에 몬세라트 산과 카탈루냐의 수호성인에게 바쳐진 동명의 수도원으로 밝혀졌다. 1866년 처음 수도원을 위해 작업했던 가우디는 평생 몬세라트 산의 톱니 모양에 강박적으로 홀려 있었다.

[46] 가우디, 카사 밀라, 바르셀로나, 1906~10.

카사 밀라[46]의 봉우리와 굴뚝 들은 물결치는 절벽의 왕관처럼 바로셀로나의 합리적인 격자 배열에서 벗어난다. 압도적인 무게감을 지닌 이 거대한 제스처는 자유롭고 섬세한 세 개의 불규칙한 모양의 안뜰 구조와는 모순되는 듯하다. 이 모순은 괴팍하게 육중함을 억제한 철골 구조에서도 발견된다. 구엘 공원에서와 마찬가지로 명쾌한 구조적 표현은 어떤 원초적인 힘의 환기를 위해 희생되고 있다. 그 어떤 것도 이보다 비올레르뒤크로부터 멀어져 있을 수는 없다. 뼈대도 조립 방식도 명백하게 표현되고 있지 않기 때문이다. 세월에 부식된 바위를 연상시키는 커다란 블록에는 꽤 공이 들어갔다. 철제 발코니에도 이와 비슷한 우주적 참조(cosmic reference)가 의도된 듯하다. 가우디의 작업실에서 제작된 이것들은 마치 태풍에 휩쓸린 해초 줄기가 석화된 것처럼 보인다. 비올레르뒤크의 원칙에서 이탈하면서 가우디는 마침내 그의 원재료를 감동적인 바그너의 오페라를 상기시키는 강력한 이미지들의 조합으로 바꾸어냈다. 지금에 와서 생각해보면, 카사 밀라는 중부 유럽에서 곧 출현할 표현주의의 에토스라 할 만한 것을 예견하는 듯하다. 1910년 카사 밀라의 상징적 장중함은 가우디를 구조 합리주의 전통은 물론이고 상징주의의 좀 더 가벼운 측면, 즉 카탈루냐 모더니즘의 전반적인 취지인 '공간상의 작별'이라는 혼란과도 분리시킨다.

　세기말 브뤼셀은 많은 점에서 바르셀로나와 상황이 비슷했다. 브뤼셀에서도 산업적 부가 축적되었고 민족 정체성에 대한 강박적 집착이 등장했다. 부가 비교적 고르게 분배되었고 실질적 독립으로 민족주의는 다소 희석되었지만 말이다. 어쨌든 벨기에 건축가들은 진정으로 현대적이면서도 민족적인 양식의 발전을 카탈루냐 건축가들만큼이나 갈망하고 있었다. 1870년대 아방가르드 건축가들은 보자르 건축가였던 조제프 필라르가 1883년에 완성한 신고전주의적 법원의 문화적 허위성에 비난을 퍼부었다. 그것은 피라네시적이고 과대망상적일뿐 아니라 국제적이고 그래서 정의상 비플랑드르적인 과거를 환기시켰기 때문이다. 그들에게 새로운 '토착적' 건축을 위한 모형은, 비올레르뒤크의 원칙이 번창했던 16세기 지방의 벽돌 전통에 있었다.

　『건축 강의』 출간 1년 후 발족한 벨기에 건축중앙협회는 기관지 『대항』(L'Emulation)을 통해 새로운 국가적 양식을 위한 캠페인을 시작했다. 1872년에 발행된 잡지에서 그들은 이렇게 선언했다. "우리는 우리 자신의 어떤 것, 우리가 새로운 이름을 붙일 수 있는 어떤 것을 창조하기 위해 모였다. 우리는 하나의 양식을 창안하기 위해 소집되었다." 『대항』의 주요 이론가였던 알라르는 후에 "우리는 무엇보다도 첫째로 벨기에 미술가를 육성하기 위해 노력해야 하며, 외국의 영향에서 스스로를 해방시켜야 한다"고 썼다. 1870년대 내내 『대항』은 가우디가 채택한 것보다 더 강제적인 구조 합리주의에 의거한 가상의 양식 원칙을 계속해서 보급했다. "진실하지 않다면 건축에서 어떤 것도 아름답지 않다" "그림 그린 석고와 스투코를 피하라" "건축은 타락과 진정한 불협화음을 향해 떠밀려가고 있다" 등이 그것이다.

[47] 오르타, 타셀 저택, 브뤼셀, 1892.

이러한 간곡한 경고에도 설득력 있는 양식이 실체화되기까지는 시간이 걸렸고, 빅토르 오르타가 브뤼셀에 타셀 저택[47]을 실현시키며 성숙기를 맞이한 1892년까지 벨기에에서는 중요한 어떤 것도 이루어지지 않았다. 입구는 좁고 테라스는 전통적인 포맷을 따른 3층짜리 타운하우스에서 오르타는 초기 작업의 성취를 뛰어넘었으며, 철의 사용을 주택 건축으로 확장시킨 최초의 건축가 중 하나가 되었다. 그는 철을 마치 돌의 관성을 전복하기 위해 뼈대에 밀어 넣은 유기적인 심줄처럼 다루었다. 1889년 파리 박람회에서 보았음직한 에펠과 콩타맹의 작업과는 달리 오르타의 특이한 '끈 모양 세공'에 가장 큰 영향을 미친 이미지는 인도네시아 태생 네덜란드 미술가 얀 토롭의 동시대 판화 작품이다. 이 연관성은 벨기에 아르누보 건축에서 회화의 중요성을 분명히 나타낸다. 토롭은 영향력 있는 후기 인상주의 그룹 '20인회'(Les XX)의 멤버였는데 후에 '자유 미학'(La Libre Esthétique)이라는 이름으로 재편된 이 그룹은 영국 미술공예운동의 목적과 원칙을 확산시키는 데 핵심 역할을 했다.

타셀 저택의 오픈 플랜에서 오르타는 18세기 파리의 호텔 공식을 논파했다. 팔각형 모양의 1층 현관은 정원으로 향하는 반 층을 지나 올라가야 하기 때문에 옆으로는 철제 상부구조로 덮인 인접한 로비로 확장된다. 이 공간의 독립 원주들은 철로 만든 덩굴손으로 장식되었고 나머지 금속 작업 부분은 구불거리는 띠 모양을 하고 있다. 난간부터 조명기구까지 동일한 미학이 지배하고 있으며, 화려한 선은 모자이크 마루와 벽 마감 그리고 살롱 쪽으로 난 문의 색유리 패널에서 섬세하게 되풀이된다. 하지만 이 모든 사치스러움에도 불구하고 주요 볼륨에는 로코코 몰딩을 써 화려함을 눌러주었다. 이 몰딩들은 이국적 요소를 용인된 루이 15세의 전통과 연관되게 했다. 유사한 균형이 외부에서도 달성되고 있는데, 내부 보강재의 유연한 요소가 조심스럽게 표현되고 있다. 그렇지 않다면 고전적이었을 파사드에서 철제 돌출창의 모서리돌이 내부의 금속 구조의 추진력을 암시하듯 만들어 넣어졌다.

이후 10년 동안 오르타는 브뤼셀의 다른 타운하우스들(모두 1900년 전에 지어졌다), 즉 화학자 솔베이와 기업가 반 에트벨데의 주택과 아메리카 거리에 있는 자신의 집과 스튜디오에서 철의 인장력과 돌의 육중함 사이의 '대화'를 지속했다. 전부 타셀 저택 체계를 부분적으로 정교하게 다듬은 것이나, 솔베이 저택을 제외하고는 타셀의 단순성과 감동에 필적하지 못한다.

1897~1900년에 벨기에 사회주의노동자당을 위해 지은 '민중의 집'은 오르타의 가장 독창적인 작업이자 비올레르뒤크의 원칙을 논리적인 결론으로 마음껏 밀고 나간 작업이기도 하다[48]. 토착적인 벽돌과 돌은 노출 구조 건축을 창조하는 데 멋지게 활용되었다. 벽돌을 쌓는 작업은 돌을 받아들이도록 시종일관 조절되고 다듬어졌으며, 돌은 철과 유리를 받치기 위해 다듬어졌다. 이 건물은 외관상으로는 복합적인 계획이 엿보이는 입면과 경사지 위에 세운 탓에 오목하게 들어간 평면으로 이루어져 있고, 실내는 사무실, 회의실, 강연장, 간이식당 등 주요 공간을 노출 강철 프레임으로 작업해 극적이고 무척 유동적으로 표현했다. 일관되지만 미해결된 채 낯선 느낌을 주는 조적과 철, 유리가 조합된 '신고딕'은 오르타의 가장 영향력 있는 업적이다. 1901년 브뤼셀에 지은 혁신적인 백화점은 이 표현 양식을 더욱 단호하게 표현한 마지막 시도이며, 누구도 이를 능가할 수 없었다.

프랑스에서 비올레르뒤크와 엑토르 기마르로 이어지는 계보는

[48] 오르타, 민중의 집, 브뤼셀, 1897~1900. 파사드.

기마르의 스승 아나톨 드 보도를 지난다. 드 보도는 비올레르뒤크와 라브루스트의 제자였다. 1894년 드 보도는 엔지니어 폴 코탕생과 협업해 파리에 세인트 장-드-몽마르트르 교회를 설계했다. 이 교회는 강화 벽돌과 철근 콘크리트로 된 구조였고, 확실히 그때까지의 구조 합리주의에서 가장 의미심장한 시도였다. 기마르는 그의 초기작들, 특히 1895년에 완성된 성심 학교와 엑셀망 대로의 메종 카르포에서 드 보도와 비올레르뒤크 둘 다에게 빚지고 있다. 상층을 V자형 지지대로 받치고 있는 조그만 성심 학교는 『건축 강의』에 소개된 유명한 삽도를 거의 그대로 실현한 작업이다. 부르주아 타운하우스인 메종 카르포는 오르타 작업에서 발견되는 고전주의의 흔적을 여실히 드러낸다.

1898년 L. C. 부알로에게 보낸 편지에서 기마르는 비올레르뒤크의 영향을 솔직하게 시인했다. "장식과 관련한 나의 원칙은 새롭기도 하지만, 이미 그리스인들이 사용한 것에서 파생된 것이기도 하다.…나는 중세에 매혹되지 않고 단지 비올레르뒤크의 이론을 적용했을 뿐이다." 기마르는 용법, 풍토와 민족정신 그리고 '과학과 실용지식의 발전'에 합치하도록 프랑스 이론가가 처방했던 그런 토속적 양식을 성취하는 데 관심이 있었다. 1903년 기마르는 다음과 같이 썼다.

> 하나의 건축 양식이 진실하기 위해서는 그것이 존재하는 토양의, 그것을 필요로 하는 시대의 산물이어야만 한다. 나의 신조에 더해진 중세와 19세기의 원칙은 프랑스 르네상스를 위한 토대와 전적으로 새로운 양식을 우리에게 제공해야 한다. 벨기에, 독일 그리고 영국이 그들 자신의 국가적 예술을 발전시키게 하자. 그러면 그들은 틀림없이 진정하고 온전하며 유용한 작업을 수행할 수 있을 것이다.[2]

짐작건대 가우디, 오르타와 마찬가지로 기마르는 비올레르뒤크가 주장했던 국가적 양식의 '구성 요소'를 발전시키는 문제를 마음에 새겨두었던 듯하다. 하지만 세기말에 이르면 기마르의 양식에는 적어도 세 가지 변형이 나타난다. 첫째, 느슨하고 시골스러운 혼합 재료적 표현이다. 1899~1908년에 그가 지었던 전원 별장들에서 발견되며, 이들 중 1900년 카스텔 앙리에트가 전형적인 예다. 둘째, 정밀하게 조립한 벽돌과 극적으로 조각된 돌로 구성된 도시형 양식이다. 1910년에 파리 모차르트 대로에 지은 기마르의 자택에서 발견된다. 셋째, 철과 유리 구조로 된 거미집 방식이다. 이는 그가 파리의 지하철 정거장 수주를 따낸 1899년 직후 대량생산되었다. 정거장 입구는 교체할 수 있는 표준 철 부품으로 제작되었는데, 자연의 요소를 형상화해 주조되고 에나멜 도료를 입힌 강철과 유리로 틀을 짜 맞추었다. 역설적이게도 이것들은 드 보도의 도덕적 엄격성보다는 오르타의 선적 표현성에 더 가까웠다. 기마르는 이들 구조의 타이포그래피와 조명에도 물결 모양을 적용했다. 이후 4년 넘게 경이로운 지하 세계에서 왔음이 확실한 요소들이 파리의 거리 위로 쏟아져 나왔고, 기마르는 '메트로 양식'의 발명가로 더 유명해졌다[49].

노력으로 얻은 이 유명세는, 1901년 파리에 세워져 1905년에 헐린, 단명한 걸작 움베르 드 로망 콘서트 홀의 명성을 실추시키는 불행으로 이어졌다[50]. 오르타의 민중의 집과 마찬가지로 이 역시 구조 합리주의의 주요 업적 중 하나로 간주되어야 한다. 페르낭 마자드의 1902년 글은 몇 안 되는 희미하게 바랜 사진들 외에는 전부 사라진 홀의 위력을 일깨워준다.

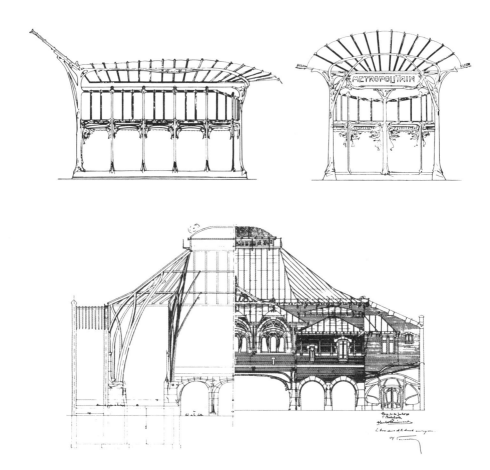

[49] 기마르, 철과 유리를 쓴 지하철 입구, 파리, 1899~1904. 측면과 정면도.
[50] 기마르, 움베르 드 로망 콘서트 홀, 파리, 1901. 단면도와 입면도 합성.

(실내의) 여덟 개의 주요 가지는 꽤 높은 큐폴라를 받친다. 큐폴라에는 건물의 측면처럼 엷은 노란색 스테인드글라스로 된 베이가 규칙적으로 나 있어 이곳으로 풍부한 빛이 들어와 홀 안을 밝게 비춘다. 강철 구조이며, 금속은 마호가니로 씌웠다. … 프랑스 건축가가 지금까지 고안한 가장 정교한 지붕이다.[3]

세기가 바뀌는 20년 동안, 마치 배경처럼 조용히 작업에 열중하던 이들 중에 네덜란드 건축가 헨드리크 페트뤼스 베를라헤가 있었다. 그는 1934년 사망할 때까지 일관성 있게 작업을 해왔다. 오르타와 달리 베를라헤는 자신의 원칙이 벼락출세한 중산층이 습득한 '이국적' 취향과 타협하는 것을 허용하지 않았다. 어쨌거나 네덜란드에서 중산층은 사회와 완전히 결합해 있었고, 항상 침수로 위협받는 나라에서 사회적 협동은 제2의 천성이었다. 그렇게 안정된 상황에서 베를라헤는 거의 50년간 쉬지 않고 일할 수 있었고, 네덜란드가 중립을 지켰기 때문에 제1차 세계대전으로 인한 중단도 없었다.

베를라헤는 1870년대 후반에 취리히 연방공과대학교에서 전문적인 교육을 받았다. 고트프리트 젬퍼의 수제자들 밑에서 공부하면서 극도로 이성적이고 유형학적인 교육을 받았을 것이다. 1881년 암스테르담으로 귀국한 그는 이미 비올레르뒤크의 제자이자 통신원이었던 P. J. H. 카위퍼스와 함께 일하기 시작했다. 카위퍼스는 그보다 거의 서른 살이나 많았다. 그는 자신의 절충주의를 구조 합리주의의 원칙에 따라 새로운 국가적 양식을 발전시키려는 노력의 일환으로 합리화하려 했다. 이러한 시도는 1885년 플랑드르 복고주의풍의 암스테르담 레이크스 미술관에서 절정에 이른다. 이 작업은 1883년 '암스테르담 증권거래소 공모전'을 위한 베를라헤의 출품작—테오도루스 잔더스와 공동 설계—에 강한 영향을 미쳤다. 특히 터릿(turret)과 박공 방식이 카위퍼스와 비슷했다.

베를라헤는 공모전에서 겨우 4위로 입상했음에도 불구하고 12년 후 거래소 건축을 의뢰받았다. 그는 그동안 발전시켜온 아치형 벽돌 체계로 다시 설계를 시작했다. 이 체계는 1894년 흐로닝언에 지은 저택과 이듬해 헤이그에 건설한 오피스 빌딩에서 실현된 바 있었다. 총안(銃眼)이 있는 신로마네스크 양식의 벽돌 구조는 의심할 바 없이 미국의 리처드슨의 작업에서 영향을 받은 것이다. 이는 명백한 구조의 건축을 위한 도구로, 오피스 빌딩의 벽돌 볼트 층계 집합체에서 가장 두드러진다. 초기의 심오한 표현에도 불구하고 (구조적 견실성에서 드 보도의 엄격성을 생각나게 하는) 베를라헤 특유의 건축 언어가 결정적으로 공식화되는 것은 증권거래소에 달려 있었다.

당초의 프로젝트에서 이어진 네 개의 증권거래소 수정안은 단순화를 향한 고된 과정의 네 단계이기도 하다[51,52]. 이 발전에서 베를라헤는 어떤 것은 비올레르뒤크로부터 따오고 어떤 것은 젬퍼로부터 그리고 어떤 것은 수학 미학의 암스테르담 학파의 창시자이자 그의 동료 얀 헤셀 데 흐로트로부터 빌려온 이론적 개념을 복합적으로 합성해나간 것으로 보인다. 1903년 거래소가 문을 연 후, 베를라헤는 이 개념들을 자신이 종합해 쓴 이론서 『건축 양식에 대한 사고』(1905)와 『건축의 원칙과 발전』(1908)에서 속속 발표하기 시작했다. 레이너 배넘이 지적했듯, 이들 저서에서 강조된 묵시적 원칙은 공간의 우선성, 형태를 만드는 벽의 중요성, 체계적인 비례의 필요였다. 이것의 최종 형태인 증권거래소의 정수는, 우리가 이 글들에서 첫째로 설정된 석공술의 본질적인 역할에 대한 베를라헤의 견해를 알 때 더 풍부한 의미로 다가온다. "다른 모든 것 이전에 벽체는 매끄러운 아름다움 그 자체로 알몸으로 보여야 하며, 그 위에 부착된 것들은 전부 골칫거리이므로 멀리해야 한다"거나 "대건축가의 예술은 파사드의 스케치가 아니라 공간의 창조에 있다. 공간적 둘러쌈(spatial envelope)은 벽이라는 수단에 의해 설정되며, 공간은… 벽을 쌓는 것의 복잡성에 따라 드러난다".

증권거래소를 하나씩 다듬어가는 과정에서 베를라헤는 4층짜리

[51, 52] 베를라헤, 증권거래소, 암스테르담. 두 번째 디자인 (1896~97)과 완공된 모습.
건설 기간은 1897~1903년.

벽들의 직각 매트릭스 안에 들어앉힌, 천장에서 빛이 들어오는 직사 각형 볼륨 세 개—거래소 하나에 하나씩—로 구성된 원래의 평면도 를 대부분 유지했다. 목표는 기본 파르티와 구조를 극도로 엄격한 형태로 단순화하는 것이었다. 이를 위해 그는 점차 박공과 터릿의 숫자 를 줄여갔고 서서히 랜턴과 띠 모양 돌 작업의 흔적을 제거해갔다. 어느 단계에서는 구스타프 걸이 작업 중이던 취리히의 란데스 미술관 을 희미하게 닮아 있었고, 끝에서 두 번째 단계에서 축소된 형태들은 데 흐로트에게서 따온 사선 격자의 중첩을 통해 최종 확정되었다. 이후의 수정은 대부분 정문 입구와 그 옆의 탑 디자인에 국한되었다. 베를라헤는 특히 이 부분을 공공시설과 도시를 상징하는 가장 대표적인 요소로 인식했다.

베를라헤의 증권거래소의 하중을 받치는 벽돌 구조는 명쾌하게 표현되었고, 이는 구조 합리주의의 원칙에 부합했다. 내부에서 모자이 크 프리즈 또는 선조 세공된 램프는 커다란 벽돌 볼륨 내의 변화일 뿐으로 거기서 화강석 홍예받침대, 모서리돌, 코벨(corbel)과 난간 윗돌 은 하중이 전달되는 과정과 지지하는 지점들을 일관성 있게 표시한다 [53]. 똑같이 곱게 다듬은 돌들은 한 경우에는 강철 트러스를 받치도 록 돌출해 나왔는가 하면 다른 경우에는 아치를 고정시키기 위해 분절되기도 한다. 이런 식으로 비올레르뒤크의 정신과 논리는 19세기의 다른 어떤 구조물보다도 여기서 전체 건물을 지배한다.

베를라헤의 사유가 지향했던 철학적 대의는 어떤 단일 구조를 넘어섰던 차원이 덧붙여졌는데, 처음에는 가까이에 있는 도시로, 그다음 에는 정치체(body politic)로 확장되었다. 이상적인 도시 사회에 관한 그의 모델은 1910년 출간된 일련의 저술에서 처음 틀을 잡았다. 특히 『예술과 사회』가 그의 사회정치적 헌신의 정도를 가장 선명하게 보여준다. 베를라헤는 사회주의를 최우선 신념으로 삼았지만, 품질 좋고 디자인 잘된 물건을 생산해야 문화 전반의 수준이 향상된다는 헤르만 무테지우스의 관점에 동의했다. 그리고 한편으로는 도시의 지대

[53] 베를라헤, 증권거래소, 암스테르담, 1897~1903. 메인 홀.

한 문화적 중요성을 확신했고 그래서 영국 전원도시의 탈도시화 경향을 개탄했다.

1901년 암스테르담-자위트의 도시계획을 준비하는 의뢰를 받았을 때 그는 자신의 도시 이론을 실행에 옮길 기회를 얻었다. 베를라헤는 가로를 바깥에 있는 방으로 여겼고 따라서 주택을 가로를 따라 늘어서게끔 해야 했다. 중세 도시에서 예시된 인클로저에 대한 고집은 이미 암스테르담 증권거래소 설계에 반영되었다. 알팡과 독일 도시계획가 스튀벤의 이론을 따라 암스테르담-자위트의 가로 공간은 그 폭과 조경에 따라 성격을 달리했다. 폭이 넓은 도로에는 화단(parterre)과 가로수를 두었고, 폭이 좁은 가로에는 나무와 포석을 단순하게 정렬했다. 주요 교차로는 얼마간 스튀벤과 카밀로 지테(42쪽 참조)의 원칙을 따라 구성되었다. 그리고 도시 전체에 전동차가 다니는 현대식 대중교통 체계를 확립했다.

1915년 베를라헤는 오스망 스케일의 대로를 넣기 위해 계획을

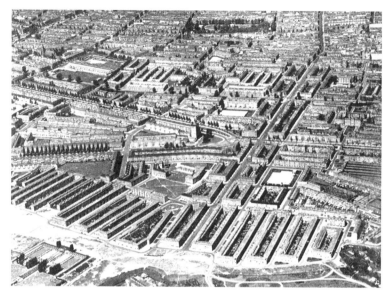

[54] 베를라헤, 암스테르담-자위트 개발 계획 수정안, 1917.

대대적으로 수정했다[54]. 이 중에서 암스텔란으로 알려진 지구에서
만나는 두 개의 대로는 그 근교와 함께 1920년대 초 완성되었다. 도
시 환경의 물리적 연속성에 관한 베를라헤의 관심은 여기에서 명백히
표명되었다. 결국 1928년 창립한 근대건축국제회의(CIAM)의 반가
로(anti-street) 쟁점과 갈등을 빚었다. 하지만 그의 도시계획이 일군
성과의 가치는 어느 때보다도 오늘날에 더욱 빛난다. 조르조 그라시
는 암스텔란에 관해 다음과 같이 말했다.

> 암스테르담 외곽의 주요 거점이다. 집단 거주지 개념이 가장 분명하게
> 표현된 곳이자, 최적 주거라는 합리주의 실험에 별로 상관치 않고
> 거주지에 관한 핵심 개념 안에서 도시의 가치를 잘 표현해온 통일된
> 전망에 단일한 부분들의 시민적 가치가 잘 융합된 곳이다. 또한 여가와
> 휴식을 취할 수 있는 물리적 필요뿐 아니라 공동체를 형성하고 이런
> 행동에서 삶의 상징을 가정하려고 했던 욕구가 반영되어 있었다.[4]

5장

찰스 레니 매킨토시와
글래스고 학파
1896~1916

연기로 그을린 거대한 산업 도시 글래스고의 한 소박한 건물 2층에
놀랍도록 새하얗고 정갈한 거실이 있다. 벽, 천장, 가구 전부 백색
새틴의 순결한 아름다움을 품고 있다. 전체적으로 백색, 백색과
보라색이다. 중앙에 있는 두 개의 커다란 보라색 명판(plaque)
윗부분부터는 작은 은공을 꿴 기다란 덩굴손들이 걸려 있다. … 카펫과
스테인드글라스 창문은 보라색이며, 드로잉 두 점의 얇은 액자
틀에서도 같은 색조를 발견할 수 있다. … 화초가 가득하고
메테를렝크의 소설이 흩어져 있는 스튜디오에는 정적이 흐르고, 사랑의
절정에서 나온 황홀한 교감에 빠진 두 영혼은 천국으로 드높이 두둥실
떠오른다.
― E. B. 칼라스, 『템즈 강에서 라 스프레 강까지, 예술 산업의 비약적
발전』(1905).[1]

1905년에 이르러 찰스 레니 매킨토시와 그의 부인 마거릿 맥도널드
는 이미 국제적 명성을 얻었다. 1896년 허버트 맥네어와 마거릿의 여
동생 프랜시스 맥도널드와 함께 런던 미술공예전시협회 쇼에서 '글래
스고 4인방'으로 초기작을 전시한 이들은 1896년 악명 높은 유명세를
치렀다. 당시 그들의 작업은, 월터 크레인이 시작한 공식적인 비난에
도 불구하고, 『더 스튜디오』의 편집인이었던 글리슨 화이트가 '괴짜
학파'라고 별명을 붙일 만큼 호의적인 인정을 받았다. 이들의 급작스
러운 성공은―1895년 리에주에서 있었던 그들의 학생 작업 전시는

이 성공의 전조였다—1896년 매킨토시의 글래스고 예술학교 신축 설계안이 받아들여지면서 한층 더 공고해졌고 이 작업은 이듬해 시작되었다.

'4인방'은 1894년부터 가구를 제작했다. 1897년 글리슨 화이트의 『더 스튜디오』는 이들의 판화 작업뿐 아니라 맥도널드 자매가 디자인한 르푸세(repoussé) 세공 금속 명판, 거울, 양초꽂이, 시계, 맥네어와 매킨토시가 고안한 찬장과 캐비닛을 다룬 기사를 도판과 함께 내보냈다. 이 모두에서 '4인방'은 화이트에게는 '약간 불길하고 악의적인 이교도'적 표현이었던 감수성을 발전시켜왔다. 이 양식의 선적(linear) 방식은 윌리엄 블레이크, 오브리 베어즐리, 얀 토롭의 그래픽 작업에서 취한 것이다. 민족주의적이면서 상징주의적인 정서는 켈트족 기원의 웨일스적 모티프와, 모리스 마테를링크와 단테 게이브리얼 로세티의 신비주의 작품에서 비롯되었다.

매킨토시의 건축은 다른, 그러나 좀 덜 이국적인 기원을 갖는다. 고딕 리바이벌 주류의 교육을 받은 그는 자연스럽게 탄탄한 기술적·장인적 접근에 친밀감이 있었다. 필립 웨브와 마찬가지로 그의 건축적 선조는 버터필드, 스트리트 등 세기 중반의 고딕 복고주의자들이었다. 그의 초기 교회 작업, 가령 1897년 글래스고의 스코틀랜드 퀸스크로스 교회에서 이 점이 뚜렷하게 드러난다. 그러나 비종교적 작업에서는 좀 더 직접적인 접근으로 복고주의적 충동을 조절했다. 이는 얼마간은 보이지로부터, 또 얼마간은 스코틀랜드 귀족풍의 전통(제임스 매클라렌의 1892년 포팅걸 시골 별장을 참조)에서 비롯된 것이다. 이 방식의 처음이자 마지막 표현이 글래스고 예술학교의 점진적 실현에 결합되었다.

매킨토시의 고유하고도 무척 큰 영향을 미친 발전을 통틀어 레더비의 『건축, 신비주의와 신화』(1892)는 중요한 교과서 역할을 했다. 이 책은 모든 건축적 상징주의의 보편적인 형이상학적 기초를 드러냈을 뿐 아니라, 레더비의 실제 작업에서 예시되었듯, 켈트 신비주의의 초자연성과 형태의 창조에 대한 좀 더 실용적인 미술공예적 접근 사이의 교량이었다. 후자와 관련해 매킨토시는 전통주의자 러스킨의 노선을 택했고, 철, 유리와 같은 현대적 재료는 "매스가 없기 때문에 돌을 대체할 가치가 전혀 없다"고 주장했다.

세 면은 지역의 회색 화강암으로, 나머지 한 면은 거칠게 주조된 벽돌로 지은 글래스고 예술학교에서 덩어리감의 결여는 있을 수 없었다. 하지만 매킨토시의 석공술에 대한 공공연한 경의에도 불구하고, 파사드의 전체 길이를 차지하는 커다란 스튜디오 북쪽 채광창에는 유리와 철이 대거 사용되었다. 기술적인 면에서는, 동시대 미국 건축가 프랭크 로이드 라이트와 마찬가지로, 여전히 효율적인 덕트 난방 및 환기 시스템을 시작 단계부터 설치하는 등 독창적이고 최신의 환경 조절 시스템을 결합하는 데 온 힘을 쏟았다.

고딕 리바이벌의 전통을 따른 매킨토시는 4층으로 올린 주요 몸체에 대부분 스튜디오 공간을 배치했고 느슨한 외피를 씌우는 설계를 내놓았다. 파사드의 길이를 죽 따라가면서 사실상 두 개 층으로 읽히는 매스는 측면, 중앙, 뒤쪽에 위치한 부속 요소들(예를 들어 도서관과 미술관)에 의해 보완된다. 그 결과, 정문과 앞마당 난간들의 미묘한 이동이 대칭적이면서 동시에 비대칭적 읽기를 유도해 괴상하게 균형 잡힌 정면 입면도와 함께 E자 모양의 평면이 나온다[55]. 대지 뒤쪽을 향하는 가파른 내리막을 따라 돌면 보이는 동쪽과 서쪽의 파사드는 스튜디오 공간의 깊이를 표현하기 위해 부분적으로 아무것도 없이 비워두었다. 피니얼(finial), 박공, 튀어나온 터릿 들과 예리하게 가른 창문들은 이 건물의 본질적 비대칭이 동쪽 파사드에 공공연하게 고딕 리바이벌의 성격을 부여하는 데 도움을 주었다. 1906년 매킨토시가 두 번째 단계의 급진적인 재설계를 하지 않았다면 서쪽에서도 그대로 반복되었을 것이다. 완성된 서쪽 파사드는 절정에 달한 매킨토시를 상징한다. 다른 어떤 작업에서도 그는 이 같은 권위와 위대함에 도달할 수 없었다. 격자형 수직 돌출창 세 개는 극적으로 빛을 비

추어 도서관[56]과 도서관에 인접한 상층의 풍부한 볼륨을 표현하는
데 기여한다.

　두 단계로 지어진 예술학교는 1896~1909년 매킨토시의 양식 발
전의 한 기록이다. 첫 번째 단계에서 보여준 보이지스러운 입구 홀과
층계, 마지막 단계에서 보여준 노먼 쇼의 영향이 분명한 2층 높이 도
서관의 차이점은 그때까지의 발전 내용을 전부 반영하고 있다. 몇 년
안 되는 사이에 그는 1904년 글래스고에 지은 윌로 티룸 설계에서 거
대한 스케일로는 처음 사용한 물결이 일듯 완곡한 건축 체계를 완벽
하게 결정화했다. 티룸의 '희고 나긋나긋하게 늘어진' 실내와는 대조
적으로 예술학교 도서관은 엄정하고 기하학적이며 전체를 검은 목재
로 지었다. 도서관의 구조적 표현에는 거의 일본적인 성질이 있다. 이
는 매킨토시의 아르누보 시기와 바세트-로크를 위한 그의 마지막 작
업을 특징지었던 후기의 모던, 즉 거의 아르데코 양식 사이 어디엔가
놓인 전환기 작업으로 보아야만 한다.

　평범한 백색 면과 대조를 이루었던 보라색과 은색의 유기적 장식
은 단명했지만 탁월했다. 1905년 칼라스가 칭송해 마지않은, 통상적
으로 매킨토시 양식의 시금석으로 간주되는 이 양식은 세기말에 이르
러 성숙기에 도달했다. 이는 1900년 매킨토시가 설계한 글래스고 아
파트의 가구와 장식에서 이미 충분히 발전되어 있었다. 그리고 같은
해 열린 빈 분리파 전시의 스코틀랜드 세션에서, 1902년 빈에 있는
프리츠 베른도르퍼를 위해 지은 음악 살롱에서 한층 더 정교해졌다.
내적으로 또 외적으로 완벽하게 통합된 하나의 미학으로서 이 양식은
베른도르퍼 살롱보다 2년 후에 완성된 윌로 티룸에서 정점을 찍었다.

　윌로 티룸의 절제되었으나 거푸집을 이용한 흰 파사드는 보이지
를 연상케 하는 세기말의 주택 프로젝트나 1899~1903년에 킬마콤과
헬렌스버그[57]에 실현한 거의 귀족 별장 같았던 초벽칠한 주택 두
채와 같은 부류에 속한다. 로버트 매클라우드가 썼듯이 "이 주택은 의
식적인 서투름의 표현이며, 윌리엄 버터필드와 필립 웨브가 추동해온

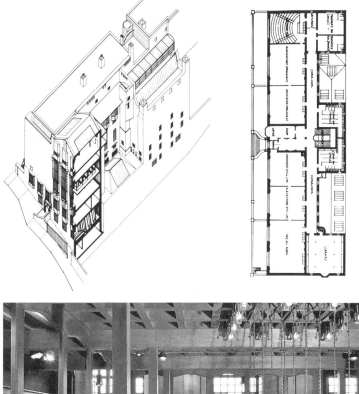

[55] 매킨토시, 글래스고 예술학교, 1896~1909. 투시도와 지층 평면도.
[56] 매킨토시, 글래스고 예술학교의 도서관, 1905~09.

[57] 매킨토시, 힐 저택, 헬렌스버그, 1902~03.

예쁜 것에 반대하는 태도의 표현이다". 장식적인 것과 서투름을 섞으려는 매킨토시의 괴팍한 시도는 종종 성공적이지 못했다. 1901년 코치가 다름슈타트에서 기획한 응모자를 제한한 공모전에 출품한 '미술 애호가의 집'은 장려했을 뿐 아니라 매우 영향력 있는 디자인이었다. 이와 비교할 때 앞선 주택들은 다소 혼란스럽고 미해결된 듯 보인다.

글래스고 예술학교와 실현되지 못한 미술 애호가의 집은 매킨토시가 20세기 건축 사조에 기여한 대표작이다. 그는 '집'에서 큐비즘과의 연관성을 보여주는 형태의 가소성을 표현하기 위해 전통적인 보이지 모형의 제약을 월등하게 넘어선 작업을 창조해냈다. 길항하는 여러 개의 축으로 둘러싸인 주택 구조와, 서로 미끄러져 지나치려는 듯한 두 개의 주요한 수직적 덩어리로의 분할은 긴장을 유발하면서도 구성 요소들을 통합했다. 정확하게 균형 잡힌 창문과 가끔 있는 양각 장식으로 풍부해진 외관은, 1905년 브뤼셀의 팔레 스토클레를 위한 요제프 호프만의 디자인에 틀림없이 엄청난 영향을 미쳤을 것이다. 여하간 매킨토시의 출품작은 공모전에서 당첨된 베일리 스콧의 소박한 소지주적 시골풍 디자인과는 완전히 거리가 멀었다.

아이러니하게도 매킨토시는 독립 건축가로서의 이력을 글래스고 예술학교와 함께 시작해 끝냈다. 실질적인 활동 시기는

1897~1909년에 불과하다. 1914년 매킨토시 일가는 스코틀랜드에서 영국으로 이주했고, 매킨토시는 설명할 수 없는 일이지만 갑자기 건축가의 길을 접고 회화로 전향했다. 1916년 그는 노샘프턴 던게이트 78번지에 바세트-로크를 위한 조그만 테라스하우스를 멋지게 리모델링하면서 잠시나마 복귀를 시도했다. 호화스럽고 주상적인 내부는 비슷한 시기 유럽의 어느 작업과 비교해도 손색이 없다. 단순하고 기하학적인 침실 가구와 트윈 침대들을 한데 묶는 줄무늬 모양의 그래픽 장식은, 제1차 세계대전 후의 유럽 아방가르드 예술가들(데 스테일, 아르데코 등)이 만든 공간적·조형적 고안을 내다본, 시대를 훨씬 앞서는 디자인이었다. 전쟁 동안 매킨토시는 바세트-로크를 위해 각종 시계, 가구, 포스터를 디자인했으나 이마저도 1918년 이후에는 그만두었다.

스코틀랜드에서 거절당하고 영국에서는 고립된 매킨토시는 초창기의 가치나 전쟁 전 경력에서 보여주었던 창조적 충동을 유지할 수 없었다. 생애 마지막 10년 동안 점점 쇠락해간 그에게, 1925년 바세트-로크가 새로운 주택 설계를 독일 건축가 페터 베렌스에게 의뢰한 사실은 결정적인 치명타가 되었다. P. 모튼 쉔드가 썼듯 "로버트 애덤 이래로 외국에서 이름을 날린 최초의 영국 건축가이며, 유럽 대륙의 디자인 학파에 활력을 회복할 계기를 제공한 유일한 사람"이었던 매킨토시의 비극적인 운명이었다.

6장

신성한 봄:
바그너, 올브리히, 호프만
1886~1912

대학교, 미술관, 극장 그리고 가장 장대한 오페라 하우스와 같은
일련의 건물은 오스트리아 자유주의자의 교양적 이상을 표현했다.
한때 궁전에 국한되었던 문화는 시민 모두가 접근할 수 있는 장터로
흘러 들어왔다. 그저 귀족의 위엄과 교회의 허식을 표현하는 데 복무할
뿐이었던 예술은, 이제 장식품이 되었고 계몽 시민의 공동 재산이
되었다. 링슈트라세의 화려한 구조물들은 오스트리아가 독재 체제와
종교를 의회정치와 세속적 문화로 대체했으며 … 경제가 성장해
귀족적 생활양식을 추구하는 사람이 늘어날 수 있는 기반을 마련했다는
사실에 대한 강력한 증거였다. 부자가 된 부르주아와 성공한 관료는
슈티프터의 소설『늦여름』에 나오는 폰 리자크 남작처럼 귀족의
특권을 획득했으며, 도심과 교외에는 흡사 미술관 같은 로젠 하우스의
변형들이 지어졌다. 이들 저택은 사교 생활의 중심이 되었고 늘 활기가
넘쳤다. 품위와 지식은 신흥 엘리트가 모이는 살롱이나 수아레에서
배양되었다. … 영국 라파엘전파는 '분리파'라는 이름의 세기말
오스트리아의 아르누보 운동에 영향을 주었지만, 라파엘전파의 중세적
영성이나 강력한 사회개혁적 충동은 오스트리아 제자들에게 침투하지
못했다. 한마디로 오스트리아의 심미가는 프랑스 동료만큼 사회에서
소외되지도, 영국 동료만큼 사회문제에 관여하지도 않았다. 또한
프랑스 동료의 신랄한 반부르주아 정신도, 영국 동료의 온정적 개혁을
향한 믿음도 결여하고 있었다. 오스트리아의 심미가는 해방적이지도
참여적이지도 않았다. 그들은 그들의 계급에서 소외된 것이 아니라

계급의 요구를 저버리고 계급의 가치를 거부한 사회로부터 소외되었다. 따라서 젊은 오스트리아의 미의 정원은 가진 자의 행복한 은둔처, 실제와 유토피아 사이의 허공에 기이하게 매달린 정원이었다. 그것은 탐미적으로 배양된 자의 자기 희열이자 사회적으로 기능을 상실한 자의 자기 회의를 표현했다.

— 칼 쇼르스케, 「정원의 변형: 오스트리아 문학의 이상과 사회」(1970).[1]

칼 쇼르스케가 말한 대로, 분리파는 1898년 기관지 『베르 사크룸』 (*Ver Sacrum*, 신성한 봄)을 발간하면서 '신성한 봄'으로서 스스로를 실현했다. '신성한 봄'은 아달베르트 슈티프터의 1857년 이상주의 소설 『늦여름』이 그리는 19세기 중엽에 몇몇 기원을 두고 있다. 1886년 오토 바그너가 지은 최초의 교외 별장은 개인의 은밀한 심미적 생활을 길러나가는 이상적인 장소였으며, 슈티프터 소설에 나오는 로젠 하우스의 실현으로 간주할 수 있다. 오토 바그너는 『늦여름』의 등장인물 폰 리자크 남작과 같은 계급으로 태어났으나 즉각적인 성공을 거두지는 못했다. 처음에는 빈의 폴리테크닉에서, 다음에는 싱켈 전통을 확산시킨 명망 높은 베를린 건축 아카데미에서 수학하면서 경력을 쌓았다. 이후 그는 약 15년 동안 독립해 일을 했다. 1879년에는 황제의 은혼식 축하연을 위한 장식을 해달라는 의뢰를 받았다. 그로서는 처음 맡는 국가 차원의 의뢰였다. 왕가의 인정에도 불구하고 그는 폭넓은 인정을 받지 못했다. 1886년 휘텔도르프에 로젠 하우스를 변주한 고유한 이탈리아풍 별장을 지었을 때조차 전문 건축가로서의 명성을 다지지 못하고 있었다. 그러나 4년 후, 본인이 쓰려고 빈에 지은 작지만 화려한 타운하우스 덕분에 그는 예술적으로 또 세속적으로 성공을 거두었다.

바그너는 1894년 빈 미술 아카데미 건축학 교수로 부임해 카를 폰 하제나우어의 뒤를 이으면서 교육자로서 큰 영향을 미치기 시작했다. 1896년 54세의 바그너는 최초의 이론서 『현대 건축』을 출간했다. 이 책은 1898년 그의 제자들이 작업한 첫 출판물인 『바그너파로 부터』로 이어졌다. 베를린에서 싱켈의 수제자에게 배우면서 형성된 바그너의 건축적 성향은, 싱켈 학파의 합리주의와 링슈트라세의 마지막 위대한 건축가들인 젬퍼와 폰 하제나우어의 좀 더 수사적인 태도 사이에 있었다. 젬퍼와 하제나우어는 19세기의 마지막 25년 동안 국립 박물관부터 궁정극장, 노이에 호프부르크를 링슈트라세에 지어 올렸다.

바그너는 과학기술을 가르치면서 당대의 기술적·사회적 현실을 첨예하게 인식했다. 또한 그의 낭만주의적 상상력은 그보다 재능이 많았던 제자들의 급진성—그의 조수 요제프 마리아 올브리히와 1895년 로마대상을 받고 졸업한 제자 요제프 호프만이 공동 창설한 반아카데미 예술운동—에 끌렸다. 이들은 당시 『더 스튜디오』에 실린 글래스고 4인방의 작업의 영향을 받았을 뿐 아니라 빈의 젊은 두 화가 구스타프 클림트와 콜로만 모저가 그리는 이국적 환상에 매혹되었다. 클림트의 주도로 올브리히, 호프만, 모저는 1897년 아카데미 미술에 저항하는 세력으로 뭉쳤으며, 바그너의 승인에 힘입어 빈 분리파를 결성했다. 이듬해 바그너는 링케 빈차일레에 있는 그의 준-이탈리아풍 마졸리카 하우스 정면을 '파양스'(faïence, 채색 도자기)로 화려하고도 추상적으로 장식하며 분리파에 대한 애정을 선언했다. 그리고 1899년에는 분리파의 정식 회원이 됨으로써 기성 권력을 분개하게 했다.

1898년 올브리히는 분리파 회관을 지었는데[58], 여전히 반란 주동자로 찍혀 있던 클림트의 스케치를 본 뜬 것이었다. 완만하게 경사진 벽과 축성(axiality), 특히 아폴로 신에게 바친 월계관 모티프는 클림트에게서 따왔다. 올브리히는 이 월계관 모티프를 구멍이 뚫린 금속 돔으로 표현하고, 작달막한 네 개의 파일론에 걸친 후 평평한 매스 위에 고정시켰다. 엄격한 조형은 보이지와 찰스 해리슨 타운센드와 같은 영국 건축가의 작업을 상기시킨다. 유기적 생명력을 상징

[58] 올브리히, 분리파 회관, 빈, 1898.

하는 비슷한 사례로 『베르 사크룸』 초판 표지가 있다. 표지에는 생명의 뿌리들이 땅에 박힌 통을 뚫고 터져 나오는 이미지가 묘사되어 있다. 올브리히 상징주의의 출발점이며, 비옥한 무의식으로의 의식적인 귀환이었다. 바로 이 지점에서 그는 자신만의 양식을 발전시켜나갔다. 물론 보이지와 매킨토시, 클림트의 에로티시즘의 영향에서 벗어나지는 못했다.

　이 발전은 대체로 다름슈타트에서, 올브리히가 1899년 대공 에른스트 루트비히의 초청을 받았을 때 일어났다. 그해 말 그는 다른 여섯 명의 예술가, 즉 조각가 루트비히 하비히, 로돌프 보셀트, 화가 페터 베렌스, 파울 뷔르크, 한스 크리스티안센 그리고 건축가 파트리츠 후버와 합류하게 된다. 2년 후 이 예술가 집단은 자신들의 삶의 양식과 거주지를 '독일 예술의 기록'이라는 제목 아래, 일종의 총체예술 작업으로 전시했다. 전시는 1901년 5월 올브리히가 지은 에른스트 루트비히 주택 계단에서 행한 '징표'(Das Zeichen)라 이름 붙인 신비주의적인 의식으로 개막되었다[60]. 이 의식에서 '미지의' 선지자로 분한 사람이 수정처럼 생긴 무언가를 받기 위해 으리으리한 황금 정문에서 내려왔는데, 이것은 마치 탄소가 눈부시게 빛나는 다이아몬드로 변하는 것과 같이 예술로 탈바꿈될 원재료를 의미했다.

에른스트 루트비히 주택은 올브리히가 다름슈타트에서 체류한 9년간 설계한 가장 급진적인 작업이었다. 이 주택은 공동 회합실 양 옆으로 네 개씩, 총 여덟 개의 스튜디오형 거주 공간으로 구성되어 있다. 한편, 이 주택은 예술가촌의 첫 건물이었는데, 이후 개별 예술가들이 이 집 주변에 집을 짓고 살았다. 높고 장식 없이 가로로 낸 창이 있는 파사드, 북쪽 빛을 막는 뒤편, 하비히가 조각한 거대 동상을 양쪽에서 세우고 안쪽으로 움푹 들어가게 설계한 화려한 원형 입구가 있는 이 주택은 올브리히가 분리파 회관에서 꺼내든 주제를 보여주는 기념비적 작업이다. 이 초기 걸작과 그의 양식이 최종적인 '고전 모방'에 달한 1908년 — 올브리히는 1908년 이른 나이에 사망했다 — 사이에, 그는 줄곧 독특한 표현 양식을 찾으려 했다. 그렇게 그는 생의 마지막 10년 동안 비상하게 독창적인 작업들을 해왔다. 수수께끼 같은 결혼기념탑에서 그의 독창성은 최고조에 달했다[59]. 결혼기념탑은 인접한 전시관들과 함께 1908년 헤센 주립 전시관의 일부로 다름슈타트의 마틸다 언덕에 지어졌다. 저수 공간 위에 지어진 마틸다 언덕의 복합 건물은 피라미드 모양인데, '도시 왕관' 같았다. 이 형태는 1919년 브루노 타우트의 '도시 왕관'(Stadtkrone)에서 상징이 되는 중앙 건물을 예견했다. 한편, 올브리히는 이 복합 건물을 콘크리트 퍼걸러(pergola)로 에워싸, 계절에 따라 초록에서 적갈색으로 변하는 무성한 잎으로 덮인 거대한 미로로 계획했다. 마치 신령스러운 산처럼 높은 땅에 솟아올라 있기 때문에, 앞쪽에 형식적으로 심어 놓은 플라타너스 정원의 에덴동산 같은 고요함과는 의식적으로 대조되었다.

올브리히의 경력 전체를 걸쳐 페터 베렌스라는 도전적인 인물이 있었다. 베렌스는 판화가이며 화가였는데, 1899년 뮌헨 분리파를 떠나 다름슈타트로 왔다. 그는 1901년 다름슈타트에 자신의 집을 짓고

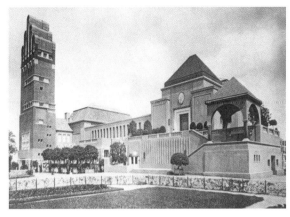

[59] 올브리히, 결혼기념탑과 전시장, 다름슈타트, 1908.
[60] 올브리히, 에른스트 루트비히 주택, 다름슈타트, '징표' 의식, 1901. 5.

가구 설비를 하면서 건축가이자 디자이너로 부상했다. 헤세-다름슈타트에 지은 주택에서 벌인 총체예술가로서의 경쟁에서는 올브리히가 탁월한 오브제를 실현하는 디자이너로서 승리를 거두지만, 다름슈타트 밖에서 건축가로서는 베렌스가 형태 면에서 더 힘이 있는 창작자로 인정받았다. 무엇보다 올브리히의 마지막 시기 작업을 특징짓는 비밀스러운 고전주의로의 회귀를 점친 사람이 베렌스였다. 올브리히의 이 시기를 대표하는 작업으로는 뒤셀도르프의 티츠 백화점과 쾰른의 시가 생산업자 파인할스의 집이 있다. 둘 다 1908년 완성되었다.

1899년 요제프 호프만은 빈에 있는 오스트리아 미술산업박물관[현 오스트리아 응용 미술관(MAK)] 부설 응용 미술학교—젬퍼의 교육 프로그램에 따라 약 35년 전 창립된—에서 가르치기 시작했다. 1년 후 그는 빈 외곽 호호 바르테에 사는 엘리트 계층을 대상으로 1901~05년에만 주택 네 채를 지으면서 디자이너로서 올브리히를 대체했다. 그는 올브리히를 계승한 분리파의 대표 건축가였다. 호호 바르테에서의 첫 작업은 영국 자유 건축 양식으로 지은 콜로만 모저의 집이었다. 1902년에 이르러 호프만은 좀 더 평면적이고 고전적인 표현 양식으로 변화해가기 시작했다. 이는 대체로 1898년 이후의 오토 바그너의 작업에 기초한 것으로, 질량과 표면을 다루는 데 있어 중세의 소지주 별장 형식에 몰두했던 영국 자유 양식과는 한참 거리가 멀었다.

1900년 매킨토시의 실제 작업을 오스트리아에 처음 소개한 빈 분리파 전시 즈음, 호프만은 이미 정교한 직선 형태의 가구 양식에 도달해 있었다. 이 양식은 바로 전해에 빈에 지은 '아폴로' 숍의 강박적인 곡선성에서 벗어난 첫 번째 시도였다. 1901년까지 그는 디자인에서의 추상 형식에 대한 가능성에 몰두하고 있었다. 그는 다음과 같이 썼다. "나는 특히 정사각형과, 검정색과 흰색을 지배적인 색으로 사용하는 것에 관심을 두고 있다. 이 명료한 요소들은 이전 양식에서는 한 번도 등장한 적이 없다." 그는 모저뿐 아니라 여타 분리파 디자이너들과 더불어 애슈비 수공예 길드의 계통을 따라 장식 응용 미술 오브제의 수공예 생산에 관심을 갖게 되었다. 1902년 분리파 회관에 전시되었던 막스 클링거의 베토벤 동상을 위한 세팅을 맡았던 호프만은, 구슬을 돌출시키고 작은 사각형을 조밀하게 무리지어 놓는 것으로 어떤 윤곽이나 비례를 강조함으로써 특유의 추상 양식에 도달했다. 1년 후인 1903년, 프리츠 베른도르퍼의 후원으로 수준 높은 가정용 물건을 디자인하고 제작하고 판매하는 호프만·모저 빈 워크숍이 출범했다. 빈 워크숍 조직과 이들이 생산한 제품은 1933년 호프만이 느닷없고 납득할 수 없는 폐업을 할 때까지 세계적인 명성을 날렸다.

『베르 사크룸』의 마지막 호는 1903년 출간되었다. 이 잡지의 폐간과 함께 분리파의 전성기도 끝났다. 호프만과 요제프 아우구스트 룩스는 빈 외곽에 있는 전원주택지의 이름을 따 『호흐 바르테』(*Hohe Warte*)라는 이름으로 새 정기간행물을 편집하기 시작했다. 이 잡지는 시작부터 전원도시의 가치인 '자연으로의 회귀'를 선전하는 데 몰두했으며, 나중에는—덜 자유주의적이었던 시기—오스트리아 국가사회주의 운동의 전원도시 플랫폼이 되었다. 호프만과 달리 룩스는 민속적 가치를 과장해 선전하는 광신적 애국주의에 재빨리 반발했고, 1908년 향토 양식(Heimatstil)을 표방하는 잡지의 기조에 항의하면서 편집장을 사임했다.

1903년에 이르러 호프만은 고전적이고 엄정한 푸르케르스도르프 요양원 설계에서 특히 그의 선생이었던 바그너의 양식에 가깝게 다가갔고, 이 작업은 이후 르 코르뷔지에의 초기 발전에 커다란 영향을 미치게 된다. 1905년 호프만은 브뤼셀에서 팔레 스토클레 작업에 착수했고, 5년 후인 1910년에 완성되었다[61,62]. 페레가 지은 샹젤리제 극장과 같이 축소된 고전주의적 장식은 벨 에포크 시대의 상징주의 미학에 대해 감춰온 경의를 표한 것이었다. 그러나 샹젤리제 극장과 달리 펠레 스토클레는—에두아르트 제클러가 관찰했듯—본질적으로 비텍토닉적(atectonic)이었다. 금속 이음매가 있는 얇은 백색

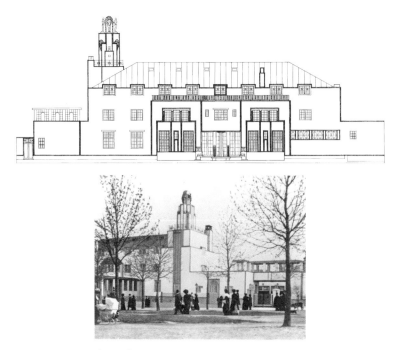

[61, 62] 호프만, 팔레 스토클레, 브뤼셀, 1905~10.

대리석 표면은 빈 워크숍 제품의 도식적이고 수공예적인 우아함을 대형 스케일로 표현한 것이었다. 구조와 매스에 관한 이 의식적인 거부에 대해 제클러는 다음과 같이 말했다.

분명히 표현된 금속 밴드로 선적인 요소가 강하게 도입되었지만, 그것은 빅토르 오르타의 건축에서 선적 요소가 도입된 방식인 '힘의 선'과는 관계가 없다. 펠레 스토클레에서는 수평과 수직의 가장자리를 따라 똑같은 선들이 발견되는데, 텍토닉적이지 않다. 두 개 또는 그 이상의 평행 몰딩이 만나는 모서리에서는 구축된 볼륨의 견고함마저 부정하는 경향이 보인다. 마치 벽들이 중량감 있는 구조로 지어지지 않고, 가장자리를 보호하기 위해 금속 밴드를 댄 얇고 널찍한 판으로 구성된 듯하다.[2]

이 밴드들은, 네 개의 남성 조형물이 지지하는 분리파적인 월계수 돔이 설치된 층계탑의 꼭대기에서 흘러 내려오고 있다. 또한 희미하게나마 바그너가 양식화한 케이블 몰딩을 연상시키는데, 모서리 위로 폭포수처럼 떨어져 내리며 이음매의 연속성을 통해 건물 전체를 하나로 통합하는 데도 기여한다.

바그너의 성숙한 양식은 그가 60세 되던 해인 1901년 빈 도시철도망을 완성하면서 시작된다. 1902년 디 차이트(*Dei Zeit*) 신문사 사무소나 1906년 다뉴브 강 수문 관리소 작업에는 이탈리아풍의 흔적이 남아 있지 않다. 계산된 우아함과 옹벽의 격식에서 보이듯 오히려 호프만의 비텍토닉적 양식과 연관이 있는 듯하다. 하지만 팔레 스토클레의 탈물질화는 바그너 자신의 걸작, 1904년 빈에 지어진 빈 우체국 저축은행에서 예견된 바 있다[63]. 바그너는 그의 분리파 제자들과 달리, 인간의 심미학적 구원을 갈망한 요원한 상징주의적 유토피아보다는 늘 당면한 현실을 고려해 지었다. 따라서 1910년 '대도시' 계획은 거주 단위의 위계를 염두에 두고 합리적으로 계획되고 실현 가능한 미래로서 제안되었다. 모든 공공 작업에서 바그너는 무한히 지속되리라고 여긴 관료주의 국가를 위해 대단한

[63] 바그너, 우체국 저축은행, 빈, 1904. 입면 상세.

[64] 바그너, 우체국 저축은행, 빈, 1904. 은행 홀.

기술적 정밀성을 선보였다. 월계수 화환이 걸린 존경심을 표한 퍼걸
러로 왕관을 쓰고, 하늘을 향해 팔을 들어 올린 승리의 여신들이 양옆
에 배치된 빈 우체국 저축은행은 세력의 절정에 있었던 오스트리아-
헝가리 제국의 공화주의적 자애를 상징했다.

　빈 우체국 저축은행 역시 팔레 스토클레처럼 초대형 금속 상자
를 방불케 하는데, 이는 알루미늄 대갈못으로 파사드에 고정시킨 광
택 나는 얇은 백색 슈테어칭 대리석 판들 때문이다. 유리를 끼운 캐노
피 프레임, 출입문, 계단 난간과 난간 벽(parapet) 모두 알루미늄이
며, 은행 내부 홀의 가구도 마찬가지다[64]. 벽은 세라믹으로 마감했
으며, 천장에서 들어온 빛은 매달린 콘크리트 바닥 위에 그대로 남기
때문에 바닥에 유리 렌즈를 박아 지하층으로 빛을 내려 보낸다. 이 홀
은 최근까지도 원래의 모습을 보존하고 있다. 장식 없이 리벳을 박은

강철 작업은 산업 조명 표준 및 홀 둘레에 배치된 알루미늄 난방 덮개와 형식적으로 관련이 있다. 스탠퍼드 앤더슨은 다음과 같이 말했다.

> 솜씨 있게 처리한 건물의 디테일은 19세기 전시장이나 철도 격납고처럼 즉물적인 방식으로 놓여 있지 않다. 잘 처리된(engineered) 건물의 개념은 노출된 산업 재료, 구조, 설비 같은 건물 자체의 모더니즘적 상징을 통해 드러난다.[3]

1911년에 이르러 분리파의 '고전화'는 완성된다. 적절한 '향토 양식'의 발전에 대한 호프만의 관심은 지속되어 그해의 로마 국제 미술전에서 오스트리아를 대표했고, 비텍토닉적인 고전주의 성향을 띤 오스트리아 국가관 디자인은 무솔리니의 신로마의 수사적 기념비성을 예견했다. 제3제국이 내건 수사를 따른 베렌스가 러시아 상트페테르부르크에 지은 프로이센 대사관의 장엄성 또한 마찬가지로 예견되었다. 그러한 분위기에서 분리파의 시작이 그러했든 종결짓는 역할도 바그너에게 주어졌다. 이는 1912년 휘텔도르프에 극도로 엄정하면서 우아하게 비례의 조화를 이룬 자신의 두 번째 주택에서 완수되었다. 모저가 서정적으로 실내를 장식했고, 라이트의 최근 출판물과 바그너 제자들의 작업에서 같은 정도로 영향을 받아 명료하게 계획된 이 주택에서 바그너는 마지막 6년을 보냈다.

7장

안토니오 산텔리아와
미래주의 건축
1909~1914

우리, 내 친구들과 나는 모스크 모양의 샹들리에 아래서 밤을 지새웠다.
전기로 된 심장이 발하는 광휘로 밝힌 샹들리에는 우리 영혼이
그러하듯 별처럼 반짝거렸다. 우리는 몇 시간째 사치스러운 오리엔탈
카펫을 지근지근 밟아댔고, 미치광이 같은 생각으로 셀 수 없이 많은
종이를 더럽혔다. … 우리는 적의로 빛나는 별들 앞에 외로이 있었다.
대형 선박의 악마 같은 용광로 앞에 선 땀에 흠뻑 젖은 화부들과 함께
외로이, 벌겋게 달아오른 채 무자비한 속도로 맹렬하게 전진하는
기관차 여기저기에서 사냥거리를 찾아 헤매는 시커먼 유령들과 함께
외로이. … 울긋불긋한 빛을 뿜으며 덜컹덜컹 지나는 전동차 소리에
우리는 모두 놀라 일어섰다. 홍수가 난 포 강이 강둑을 터뜨리고
골짜기와 여울을 휩쓸며 바다로 내달리는 와중에도 축제를 연 마을처럼
말이다. 그런 후 침묵은 한층 더 깊어졌다. 낡은 운하의 웅얼거리는 기도
소리, 담쟁이덩굴에 뒤덮인 궁전이 관절염에 걸려 삐걱대는 소리만이
들려왔다. … 갑자기 목마른 자동차들의 포효가 들렸다. … 가자, 나는
외쳤다. 떠나자. 신화와 신비에 싸인 이상주의는 이제 패배했다. 우리는
켄타우루스의 탄생 앞에 있으며, 최초의 천사들이 날아오르는 모습을
볼 것이다. 우리는 생의 문을 흔들어 움직이게 하고 경첩과 볼트를
시험해야만 한다. 가자. 역사의 첫 여명이 밝았다. 천년의 그림자를
처음으로 베어내는 태양의 붉은 칼에 대적할 것은 아무것도 없다.
― 필리포 토마소 마리네티, 「미래주의」, 『르 피가로』(1909. 2. 20.).[1]

이탈리아 미래주의는 허풍과 과장된 수사를 섞어 벨 에포크를 사는 자족적인 부르주아 계층의 인습을 파괴하는 원칙을 표명했다. 이 천년왕국설 같은 서론은 불의의 사고로 끝나버린 밀라노 외곽에서 벌어진 즉흥적인 자동차 경주 이야기로 이어진다. 이 사고는 레이너 배넘이 지적했듯이 '새로운 신앙의 모의 세례식'이라 할 만했다. 얼마간 자전적이라고 밝힌 글에서 마리네티는 자신의 자동차가 공장 도랑으로 전복된 사건을 언급했다.

> 오, 아름답고 어머니다운 공장 도랑이여, 나는 당신의 진창을 얼마나 탐욕스럽게 맛보았던가. 아프리카인이었던 내 유모의 검은 유방을 떠올리게 한 수렁이여. 뒤집힌 자동차 때문에 너덜너덜해지고 흠뻑 젖었지만 달궈진 철 꼬챙이가 나의 심장을 뚫는 듯한 커다란 희열을 느꼈다. 얼굴에는 공장 진흙이 잔뜩 묻었고, 몸은 온통 재와 땀과 검댕으로 칠해졌고, 멍이 들고 부목을 댔지만 우리는 여전히 끄떡없이 살아 있는 세상의 모든 정신을 향해 우리의 기본적인 삶의 의지를 공표했다.[2]

이어서 미래주의 선언문의 열한 개 조항이 따른다. 처음 네 개 조항은 만용과 에너지, 대담성의 덕목을 격찬한다. 달리는 자동차가 사모트라케의 니케보다 더 아름답다고 선언해 유명해진 구절에서는 기계적인 속도만이 최고로 훌륭하다고 역설했다. 다음 다섯 개 조항에서는 우주의 궤도와 하나가 되는 자동차 운전자를 이상화했고, 애국주의와 전쟁의 찬양과 같은 여러 덕목을 찬미했다. 열 번째 조항에서는 종류에 상관없이 모든 아카데믹한 공공시설을 파괴해야 한다고 주장했으며, 마지막 조항에서 미래주의 건축의 이상을 세세하게 나열했다.

우리는 위대한 군중, 즉 노동자, 쾌락 추구자, 반란자의 장쾌한 소란과 혼란스러워진 색과 소리의 바다를 현대 도시를 휩쓴 혁명으로서 노래할 것이다. 우리는 한밤중 무기고의 열기와 전기 달빛으로 활활 타오르는 선착장에 관해 노래할 것이다. 연기를 내뿜는 뱀 같은 기차를 탐욕스럽게 삼키는 정거장; 꼬인 실타래 같은 매연 구름에 걸려 있는 공장; 햇빛 아래 칼날처럼 번쩍이는, 거인 체조 선수처럼 강을 건너뛰는 다리; 수평선을 찾는 모험심 많은 증기선; 마치 강철로 만든 마구를 착장한 종마처럼 바퀴로 땅을 할퀴며 달리는 가슴팍이 두꺼운 기관차; 엄청난 군중의 박수갈채 소리를 내며 펄럭이는 깃발처럼 바람을 때리는 프로펠러를 달고 편안하게 나는 비행기, 이 모든 것을 우리는 찬미할 것이다.[3]

민족주의 시인 가브리엘레 단눈치오의 비행시(aeropoesia)에 빚진 것이나 큐비즘적 '동시성'에 관한 느낌은 제쳐두고라도, 이 암시적인 구절은 산업화의 승리, 즉 당시 비행술과 전기 동력으로 더 큰 승리를 쟁취한 19세기의 기술적·사회적 현상에 대한 직접적인 경의였다. 이탈리아의 고전적이고 과거 지향적인 가치에 대항해 기계화한 환경의 문화적 우월성을 선언하고, 이후 이탈리아 미래주의와 러시아 구축주의의 건축 미학에 영감을 주었다. 조슈아 테일러가 지적했듯이 1909년에 선언된 미래주의는 하나의 양식이라기보다 일종의 충동이었다. 따라서 분리파와 고전주의적 포스트-분리파 둘 다에 명백하게 반대 입장을 취했음에도 불구하고 미래주의 건축이 택할 수 있었던 형식은 선명하지 않았다. 아무튼 미래주의는 근본적으로 문화에 반대한다고 선언했다. 그리고 이렇게 논쟁적으로 부정적인 진영에서 건축 이야기가 나오지 않을 수 없다.

1910년 미술가 옴베르토 보초니의 절대적 기여에 힘입어 미래주의는 '반문화적' 논쟁을 조형 예술 영역으로 확장해가기 시작했다. 보초니는 그해에 두 개의 회화에 관한 미래주의 선언서를 출간했고, 이어서 1912년 4월에는 「미래주의 조각 기술 선언」을 내놓았다. 이

1912년 텍스트는 제1차 세계대전 전에 나온 미래주의 저작 대부분처럼 발전된 건축적 감수성에 대한 증거였다. 그래서 보초니의 서두 비평은 겉으로는 당대 조각에서 그가 대면한 낡고 진부한 수법이 막다른 궁지에 다다랐음을 지적하고 있지만 분리파 건축가의 1904년 이후의 작업에도 꽤 적절하게 적용될 수 있었다. 요제프 올브리히가 뒤셀도르프에 지은 티츠 백화점과 알프레트 메셀이 베를린에 지은 베르트하임 상점이 좋은 예다. 보초니는 "우리는 게르만 국가에서 그리스화한 고딕 양식을 추구하는 우스꽝스러운 강박을 발견하는데, 이 양식은 베를린에서 산업화되고 뮌헨에서 활력을 잃었다"고 쓰고 있다. 같은 의미에서, 조각 오브제의 영역을 그것이 인접한 환경을 포함시켜 확장하려는 보초니의 분명한 관심은 본질적으로 건축적인 함의가 있다. 그는 1913년 첫 미래주의 조각 전시회 도록 서문에서 이를 뒤집어 표현했다. "자연주의적 형태에 대한 추구는 조각의 기원이자 궁극적인 목표인 건축으로부터 조각을 (그리고 회화 역시) 제거한다."

비자연주의적 표현에 흥미를 느낀 보초니는 분리파의 관심사와는 완전히 동떨어진 조형 미학을 발전시켰다. 1913년 그의 도록 서문에서 그는 다시금 다음과 같이 말했다.

> 이 모든 신념은 조각에서 순수한 형태가 아니라 순수한 조형적 리듬을,
> 신체의 구축이 아니라 신체 행위의 구축을 탐색하게 했다. 그래서
> 피라미드식 건축(정적인 상태)이 아닌 나선형 건축(역동성)을 나의
> 이상으로 택했다. … 나의 영감은 면들을 상호 침투하게 해 오브제와
> 환경을 완전히 융합하는 방안을 연구하는 데에 향해 있다.[4]

이러한 조각적 동시성을 성취하려면 조각가들이 앞으로 누드나 고양된 주제를 배제해야 한다고 1912년 「미래주의 조각 기술 선언」에서 보초니는 이미 권고했다. 아울러 이질적인 매체를 지지하고 이전까지 존중돼왔던 대리석이나 청동 같은 재료도 사용하지 말아야 한

다고 주장한다. "투명한 면인 유리나 셀룰로이드, 금속 조각, 철사, 실내외의 전깃불이 새로운 현실의 면, 기질, 색조와 중간 색조를 나타낼 수 있다." 역설적이게도, 맞닿아 있는 환경으로 확장되는 나선 구조로 된 비기념비적이며 혼합 매체적인 오브제 개념은 미래주의 건축의 발전보다는 러시아혁명 후 등장한 큐비즘-미래주의적 구축주의에 더 큰 영향을 미쳤다. 여하튼 보초니의 1912년「조각 선언」과 마리네티의 『기하학적이고 기계적인 광휘』(1914)는 미래주의 건축이 요구했던 지성적이고 미학적인 참조의 틀을 부여했다. 마리네티는 다음과 같이 썼다. "산맥 전체의 수압을 막으며 윙윙 소리를 내면서 돌아가는 발전소, 그리고 레버와 반짝거리는 정류기로 가득 찬 제어판으로 통합 제어하는 전력보다 더 아름다운 것은 세상에 없다." 이 기계적 장관에 대한 신선한 시각은 젊은 이탈리아 건축가 안토니오 산텔리아가 같은 해 계획한 발전소 설계와 딱 알맞게 비교된다.

1912년 이전 산텔리아는 미래주의와는 아직 거리가 멀었고 오히려 이탈리아 분리파 운동에 관여하고 있었다. 이른바 꽃 양식(Stile Floreale)은 1902년 토리노 장식미술박람회를 위한 라이몬도 다론코의 화려한 전시관이 대성공을 거둔 후 곧 사그라들었지만 이탈리아 전국에 걸쳐 폭넓은 인기를 누렸다. 그 후 다론코는 우디네에서 올브리히의 지도를 계속 따랐다. 반면 밀라노의 꽃 양식 건축가들은 그들의 네오바로크적 취향과 바그너파에서 차용한 모티프를 통합하려 했다. 이러한 충동은 주세페 소마루가의 작업에서 가장 효과적인 종합을 이루었고 그는 산텔리아의 초기 발전에 특별한 영향을 미쳤던 것으로 보인다. 산텔리아 건축의 역동성을 특징짓는 요소 상당수는 캄포 데 피오리에 소마루가가 지은 호텔에서 분명히 예견되었다. 한편 1907년에 소마루가가 사르니코에 지은 파카노니 영묘[65]는 산텔리아가 1912년 작업한 몬자 묘지 디자인의 출발점으로 기여했던 듯하다[66].

1905년 17세가 된 산텔리아는 코모에 있는 기술학교에서 마

[65] 소마루가, 파카노니 영묘, 사르니코, 1907.
[66] 산텔리아, 몬자 묘지 디자인, 1912.

스터 빌더 학위를 취득했다. 밀라노로 이주한 그는 곧 일을 시작했
다. 처음에는 빌로레시 운하 회사, 나중에는 밀라노 시에서 일했다.
1911년 그는 브레라 아카데미에서 건축 과목을 수강했고, 같은 해에
기업가 로메오 롱가티를 위해 코모 호수 위쪽에 작은 빌라를 설계했
다. 1912년 다시 밀라노로 돌아온 그는 중앙역사 공모전 출품작에 몰
두했다. 그해에 그는 친구 우고 네비아, 마리오 챠토네뿐 아니라 여타
다른 건축가와 '신경향'(Nuove Tendenze)이라는 그룹을 만들어 공
동 작업을 진행했다. 1914년 열린 첫 그룹전에서 산텔리아는 미래주
의적 '신도시'(Città Nuova) 드로잉을 선보였다. 정확히 몇 년도에 그
가 마리네티가 이끄는 미래주의 집단과 접촉했는지는 분명치 않지만,
친구 네비아의 도움으로 1914년 전시 도록 서문인 「메시지」를 썼을
때 그는 전적으로 미래주의의 영향 아래 있었다.

산텔리아만이 서명한 「메시지」는 '미래주의'란 단어를 단 한 번
도 사용하지 않고 건축이 미래에 채택해야 할 엄격한 형식이 무엇인
지 명확히 제시한다. 이 글에서 가장 구체적이면서 반분리파적인 부
분은 다음과 같다.

> 현대 건축의 문제는 그 계보를 재배열하는 문제가 아니다. 새로운
> 장식 몰딩, 새로운 문틀과 창틀을 찾는 문제도 아니다. 기둥이나
> 필라스터, 여신주나 벌, 개구리로 장식된 코벨을 대체하는 등의 문제
> 역시 아니고 … 새로 지어진 건축물을 과학과 기술의 모든 이점을
> 모아 타당한 수준으로 끌어올리는 데 있다. … 새로운 형태, 새로운
> 선, 현대적 삶이라는 특별한 조건에서 나오는 새로운 실존 이유를
> 확립하고, 미학적 가치로서 그것을 우리의 감수성 안으로 투사하는 것,
> 그것이 문제이다.[5]

그런 다음 텍스트는 새로운 산업 세계의 활력 넘치는 대규모 풍
경을 관조하는 쪽으로 방향을 튼다. 러스킨과 영국 미술공예운동에

대항해 1912년 런던의 리세움 클럽에서 마리네티가 했던 통렬한 비난의 연설을 글자 그대로 옮기진 않았지만 거기에 깃든 정신을 의역했다. 마리네티는 모리스가 『미지의 곳에서 온 뉴스』에서 내비친 과거 지향주의에 반대하며 다음과 같이 역설했다.

> 세계 여행, 민주주의 정신, 종교의 쇠퇴는, 한때 왕권과 신정(神政)과
> 신비주의를 표현하기 위해 사용되었던 거대하고 영속적이고 장식적인
> 건축물을 완전히 쓸모없게 만들었다. … 파업할 권리, 법 앞에의 평등,
> 숫자의 권위, 정권을 바꾸는 군중의 힘, 국제적 정보통신의 속도, 위생과
> 안락함을 도모하는 습관은 오히려 다음의 것을 요구한다. 통풍이
> 잘되는 대형 아파트, 절대적으로 신뢰할 수 있는 철도, 터널, 철교, 광역
> 고속 열차, 거대한 회합실과 매일매일 신속히 몸을 관리할 수 있게
> 설계된 욕실.[6]

그는 이동성이 높은 초대형 사회에 맞는 새로운 문화적 환경이 도래하리라는 것을 정확하게 인식했다. 산텔리아가 「메시지」에 쓴 내용에 따르면, 이 같은 사회는 여러 가지가 세세하게 갖춰져 있다.

> 재료의 저항에 대한 정확한 계산, 강화 콘크리트와 철의 사용은 고전적
> 또는 전통적 의미에서 파악했던 '건축'을 추방한다. 현대의 구조
> 재료와 우리의 과학적 개념은 역사적 양식의 규율을 결코 지지하지
> 않는다. … 우리는 더 이상 스스로를 대성당과 고대 공회당에 속한
> 사람이라고 생각하지 않는다. 우리는 그랜드 호텔, 철도 역사, 대규모
> 도로, 초대형 항구, 지붕 덮인 시장, 번쩍이는 아케이드, 재건축 구역과
> 슬럼 철거 현장에 있는 사람들이다. 우리는 거대하고 소란스러운
> 조선소처럼 활동적이고 유동적이며 역동적인 현대 도시를, 그리고
> 초대형 기계 같은 현대 건물을 새로이 발명하고 재건해야 한다.
> 승강기는 계단통의 한 마리 벌레처럼 몸을 숨기지 않아도 되며, 이제

쓸모없어진 계단은 폐쇄되어야 한다. 승강기는 유리와 철로 된 뱀처럼
파사드를 기어 올라갈 테다. 시멘트와 철과 유리로 지은 주택은 조각도
채색도 없이 오로지 선과 조형에 내재한 아름다움만으로 충만해야 하며
기계적 단순성에 있어서 냉엄해야 한다. 또한 용도 규정이 허용하는
만큼이 아니라 필요한 만큼 커야 하고, 수선스러운 나락의 끝에서
솟아올라야 한다. 이제 도로는 발매트 마냥 문지방 높이에 놓이지
않는다. 지하 깊숙이 파고 들어가 이동에 필요한 금속재 캣워크와 고속
컨베이어 벨트로 연결된 도시 교통망을 구축해야 한다.[7]

산텔리아는 이 글에서 자신이 1914년 디자인한 '계단형 주택'을
구체적으로 묘사했다[67]. 워낙 역동적인 어조로 말하고 있어 [비슷
한 형식으로 종종 비교되곤 했던—옮긴이] 앙리 소비지가 1912년 파
리 바벵 가에 지은 계단형 아파트 건물이 아닌 다른 사례임을 강하게
시사하고 있다. 신경향 전시의 부제는 '밀라노 2,000년'이었는데, 앙투
안 무알렝의 책 『파리 2,000년』(1896)에서 따왔을 가능성이 크다. 마
리네티는 파리 태생의 시인 귀스타브 칸과 사귀면서 이 책의 존재를
알았을 것이다.

신도시를 위한 산텔리아의 스케치들은 그의 규칙과 전적으로 일
치하지는 않는다. 「메시지」에서 모든 기념비적 건축물에 반대하고 그
래서 정적인 피라미드 형식에 대항하는 입장을 표명한 데 반해, 산텔
리아의 드로잉은 기념비적 이미지로 가득하다. 돌이켜보면 이는 소마
루가의 파카노니 영묘에서 솟구치고 육중하고 종종 대칭적인 발전실
로, 또 배경화 같은 신도시 풍경에서 신기루처럼 솟아난 고층 블록들
로 일보 전진한 것에 불과한 듯하다. 사정이 이러하니 산텔리아가 제
1차 세계대전 전사자를 위한 기념비로 사후에 높게 평가된 점은 적절
하면서도 역설적이다. 이 기념비는 주세페 테라니가 산텔리아의 스케
치를 바탕으로 설계해 1933년 코모 호숫가에 세워졌다.

1914년 7월에 출간된 「미래주의 건축 선언문」의 첫 번째 목표는

[67] 산텔리아, 신도시를 위한 '계단형 주택', 1914.

미래주의자로서의 산텔리아에 대한 대중적 인정이었던 듯하다. 이 선언문은 어느 모로 보나 마리네티가 편집하고 산텔리아가 서명한 「메시지」의 새로운 버전이 되었다. 가능한 모든 경우에 '미래주의자'라는 단어를 쓰고, 마지막에 갖가지 전투적 제안을 한 것을 제외하면 원본과 다를 게 거의 없다. 단지 어떤 종류의 영속성도 거부한다는 자가당착적인 반대와 "우리의 집은 우리보다 오래가지 못할 것이며 세대마다 자신의 집을 만들어야만 할 것"이라는 주장이 포함되었을 뿐이다.

　　이제 산텔리아는 완전히 미래주의에 연루되었고, 1915년 보초니, 마리네티, 피아티와 루솔로와 함께 미래주의 최초의 파시스트적 정치 선언문 「이탈리아의 자존심」에 서명했다. 그해 7월 산텔리아는 롬바르디아 자전거 전투부대에 다른 미래주의자들과 함께 입대해 군 경력을 시작했고, 1916년 최전선에서 사망했다. 두 달 전 승마 사고로 인한 보초니의 사망과 겹치면서 미래주의의 생성기는 갑작스러운 종말을 맞았다. 아이러니하게도 최초의 산업화 전쟁으로 미래주의는 재능 있는 인재를 잃었다. 이 미래주의자 대참사에서 살아남은 마리네티는 자코모 발라, 카를로 카라, 지노 세베리니와 루솔로 등 동료 미래주의자들에게 파시스트 정권의 승리 안에서 이탈리아 민족주의의 최후의 달성을 향해 전후 세대를 이끌어가야 한다는 의무를 상기시켰다.

몰락하고 있던 미래주의가 빠진 혼란은—무솔리니가 바티칸과 친교를 회복한 사건과 필적할 만한 혼란이었다—마리네티가 1931년에 발표한 「신성한 미래주의 예술에 관한 선언문」에서 여실히 드러난다. 여기서 마리네티는 교회의 촛불이 '희고 파랗게 눈부신 빛을 내는 강력한 전구들로 대체되어야 하며' '지옥을 재현하기 위해 미래주의 화가는 총탄으로 쑥밭이 된 전쟁터에 대한 기억에 의존해야만 하며' 그리고 '미래주의 예술가만이 … 상호 침투하는 공간-시간에, 가톨릭 교리가 담고 있는 초합리적 신비에 형태를 제공할 수 있다'고 역설했다.

물론 이 어리석은 허세가—조르주 소렐을 연상케 하는 난폭함과 함께— 첫 번째 선언문에서 이미 예상되었다는 사실이 미래주의 '문화'가 1931년까지 힘이 빠지면서 쇠락하는 이유를 전부 설명하지는 못한다. 1919년 이후 마리네티, 보초니, 산텔리아가 초기에 보인 전투적 모더니즘을 택한 이들은 이탈리아인이 아니라 혁명적인 러시아 구축주의자들이었다. 시간이 조금 흐른 뒤에야 이탈리아 합리주의 운동이 '신도시'의 이미지들에 반응하기 시작했으며, 이조차 이탈리아의 고전적 건축 전통에 현대적 가치를 통합하는 시도와 관련이 있을 때에나 그러했다.

8장

아돌프 로스와 문화의 위기
1896~1931

여러분을 산중 호숫가로 이끌어도 될까요? 푸른 하늘, 초록의 물, 모든
것이 깊은 평화 속에 잠겨 있습니다. 산과 구름이 호수에 비치고, 집과
안뜰과 예배당도 그러기는 마찬가지요. 마치 인간의 손으로 지은
것이 아닌 듯, 신의 공방에서 만들어낸 듯, 산과 나무와 구름과 푸른
하늘과 함께 서 있습니다. 모든 것이 아름다움과 고요를 나타냅니다.

　아! 저게 뭐죠? 이 조화 속 불협화음. 반갑지 않은 비명 같이.
농부가 아니라 신이 창조한 농가 한가운데에 별장이 하나 서 있군요.
어느 좋은 아니면 나쁜 건축가의 산물일까요? 저는 모르겠습니다. 단지
평화와 적요와 아름다움이 아니라는 것만은 알겠습니다.

　… 그리고 저는 다시 묻습니다. 왜 건축가는, 좋은 건축가든 나쁜
건축가든, 이 호수를 더럽히는 걸까요? 거의 모든 도시민이 그렇듯
건축가에게는 문화가 없습니다. 그에게는 문화를 타고난 농부의 확신이
없습니다. 도시에 사는 사람들은 어정뱅이입니다. 저는 합리적인
사고와 행동을 보장하는 인간의 내면과 외면의 균형을 문화라고
부릅니다.

— 아돌프 로스, 「건축」(1910).[1]

석공의 아들인 아돌프 로스는 1870년 체코 모라비아 주 브르노에서
태어났다. 왕립제국기술대학교에서 기술 교육을 받은 후 드레스덴 공
과대학교에서 공부했다. 그는 시카고 세계박람회를 방문할 목적으로
1893년 미국으로 떠났다. 미국에서 체류하는 3년 동안 건축 일을 찾

지는 못했던 듯하지만, 시카고 학파의 선구적 업적과 루이스 설리번의 이론서, 특히 『건축에서의 장식』에 감화를 받았다. 이 책은 로스가 16년 후 출판한 논문 「장식과 범죄」(1908)에 확실히 영향을 주었다.

1896년 빈으로 돌아온 로스는 실내 디자인으로 경력을 쌓기 시작했다. 이뿐 아니라 진취적인 언론 『노이에 프라이에 프레세』(Neue Freie Presse)에 옷에서 건축, 관습에서 음악까지 폭넓은 주제의 글을 기고했다. 로스는 1908년 발표한 「장식과 범죄」에서 빈 분리파와의 논쟁의 성격을 자세히 기술했다. 이 논쟁은 1900년 총체예술에 반대하는 우화 형식의 글 「어느 불쌍한 부자의 이야기」에서 이미 예고된 바 있었다. 로스는 이 글에서 한 부유한 사업가의 숙명을 묘사한다. 사업가는 분리파 건축가에게 가구뿐 아니라 가족의 옷까지도 디자인하는 '총체적' 주택을 의뢰했었다.

> 그의 생일이었습니다. 그의 부인과 아이들이 많은 선물을 했습니다.
> 그는 선물이 대단히 마음에 들었습니다. 그러나 곧이어 건축가가
> 왔습니다. 무슨 문제는 없는지 살피고 어려운 일을 결정하기
> 위해서였죠. 그가 집 안으로 들어오자 집주인은 그를 기쁘게
> 맞았습니다. 그의 마음에는 기쁨으로 가득했습니다. 하지만 건축가는
> 그의 기쁨을 보지 못했습니다. 건축가는 뭔가 다른 점을 발견하고는
> 별안간 창백해졌습니다. "당신 지금 무슨 실내화를 신고 있는 거요?"
> 그는 고통스럽게 물었습니다. 집주인은 수가 놓아진 슬리퍼를
> 내려다보았습니다. 그러곤 안도의 한숨을 내쉬었습니다. 이번에는
> 완전히 무죄라고 생각했거든요. 슬리퍼는 건축가가 디자인해준 대로
> 만들었으니까요. 집주인은 자못 거만하게 대답했습니다. "그렇지만
> 건축가 양반! 벌써 잊었소? 이건 당신이 직접 디자인한 슬리퍼요!"
> "알다마다요!" 건축가가 소리 질렀다. "그렇지만 그건 침실용이에요!
> 지금 당신은 가당치 않은 두 가지 색으로 여기 분위기를 완전히 망치고
> 있어요. 당신 눈에는 안 보인단 말입니까?"[2]

벨기에 예술가 앙리 반 데 벨데는 요제프 마리아 올브리히만큼이나 이 냉소적 작업이 묘사하는 정체불명의 문화적 엄격함으로 무장한 사람이다. 그는 1895년 위클에 지은 주택의 선과 조화를 이루도록 아내의 옷을 특별히 디자인하기도 했다. 그러나 다음 10년간 로스의 반분리파적 공격의 포화를 맞은 사람은 올브리히였다. 올브리히는 불법 장식의 창시자로서 「장식과 범죄」에서 심지어 이름까지 인용되었다. "10년 후 올브리히의 작업은 어디에 있을까?" 로스는 이어서 썼다. "현대의 장식은 선조도 후계자도 없고, 과거도 미래도 없다. 교양 없는 사람들에게—그들에게 우리 시대의 진정한 위대함은 봉인된 책이다—열렬히 환영받지만 얼마 지나지 않아 외면당하는 것에 불과하다."

로스가 장식을 반대한 궁극적인 이유는 노동과 재료가 소모적으로 쓰이고 가혹한 수공업 노예제를 늘 수반한다는 사실이었다. 장식은 부르주아 문화가 성취한 최고의 것에 접근할 수 없는 사람, 그리고 자발적으로 장식을 함으로써만 미학적 충족감을 느끼는 공예가에 한해 정당화된다. 로스는 그가 주문한 구두의 장식—자신이 직접 골랐다면 필경 밋밋한 디자인을 선호했을 것이다—을 다음과 같은 말로 정당화했다. "우리는 일과 후 베토벤이나 『트리스탄』을 들으러 간다. 내 구두장이는 그럴 수 없다. 나는 그의 기쁨을 앗아서는 안 된다. 나는 그의 기쁨을 대체해줄 수도 없고, 그럴 권리도 없기 때문이다. 그러나 베토벤 9번 교향곡을 듣고 와 의자에 앉아 벽지를 디자인하는 사람은 누구든지 사기꾼이거나 아니면 타락한 자이다."

이토록 도전적인 도덕적·미학적 주장은 분리파와 보수적인 동시대인들뿐아니라 그의 진정한 후계자들, 지금도 그의 심오한 통찰력을 충분히 이해하지 못하는 현대의 순수주의자들로부터도 그를 고립시켰다. 1910년 비판적 에세이 「건축」을 발표할 당시 로스는 어떤 엄청난 근대적 곤경을 이미 감지하고 있었다. (이 곤경은 지금까지 지속되고 있다.) 로스가 주장했듯이, 도시 출신 건축가가 먼 선조들은 생래적으로 지니고 있었던 농촌의 (또는 고산 지대의) 토속적인 것에서 분명히 떨어져 나오고, 그래서 소외되었다고 한다면, 이러한 상실을 서구의 귀족적인 고전주의 문화를 상속하는 체험으로써 보충할 수는 없을 것이다. 건축가 자신이 속해 있으며, 당연히 봉사했던 도시 부르주아 계층이 귀족은 아니기 때문이다. 이 사실만큼은 1898년 로스가 링슈트라세에 대한 풍자 글 「포템킨적 도시」를 썼을 때 분명했다.

> 링을 따라 거닐 때마다 나는 귀족 도시에 와 있는 것처럼 믿게 하려는 현대판 포템킨을 보는 듯하다. '높으신' 보통 사람들에게 '새로운 빈'을 떠올리게 하기 위해 이탈리아 르네상스가 귀족의 맨션에서 만들어낼 수 있었던 모든 것이 무단으로 사용되었다. 하지만 '새로운 빈'은 지하 창고부터 굴뚝 갓까지 궁전 전체를 소유하는 지위를 가진 자만이 거주할 수 있는 곳이다. … 빈의 지주들은 맨션을 소유하는 생각으로 기뻐했고 거주자들은 그런 곳에서 살 수 있어서 똑같이 기뻤다.[3]

이 딜레마에 대한 로스의 해결책은, 「건축」에서 상정한 바와 같이, 현대의 짓는 것과 관련된 과업 대부분이 건축보다는 건설(building)에 적합한 수단이라고 주장하는 것이었다. "건축의 아주 작은 부분, 묘와 기념비만이 예술에 속한다. 그 외의 모든 것, 어떤 목적에 봉사하는 것은 예술의 영역에서 제외되어야 한다."

동시에 로스는 모든 문화가 과거와의 어떤 연속성, 특히 무엇보다도 전형화에 관한 합의에 의존한다고 생각했다. 그는 역사적 범위를 초월하는 당대의 매우 재능 있는 개인의 낭만적인 개념을 받아들일 수 없었다. 자의식이 강한 장식적 디자인 대신, 로스는 앵글로색슨 중산층의 절제된 드레스, 개성 없는 가구, 효율적인 배관을 선호했다. 이런 점에서 그는 영국보다는 미국을 염두에 두었다. 아울러 르 코르뷔지에의 오브제-유형(objet-type), 수공예에 기반을 둔 산업에 의해 자연적으로 생산된 세련되고 표준적인 오브제 개념을 예견했다. 그래

서 로스가 만든 정기간행물 『다른 사람들』(*Das Andere*)의 1903년
판 광고 지면에는 앵글로색슨식의 의류, 스포츠 상품, 개인 장신구 등
의 오브제가 소개되었다[69]. 단명한 이 잡지의 부제는 의미심장하게
도 '오스트리아에 서구 문명을 소개하기 위한 저널'이었다.

로스는 영국을 숭배했지만, 영국 미술공예운동의 토속성은 [헤르
만 무테지우스의 저서 『영국의 주택』(1904)에 언급된 바처럼] 그에
게 한 가지 문제를 드러냈다. 제아무리 지각 있고 편리해도 그런 건축
과 분리파의 자의식적이고 수공예 기반의 폐쇄적인 환상 사이 어디에
선을 그을 것인가, 그것이 문제였다. 로스에게 서양 건축의 마지막 대
가는 싱켈이었다. 그래서 싱켈 건축의 특징인 거친 고전적 형식과 격
식을 따지지 않는 편안한 앵글로색슨식 실내를 어떻게 결합할지가 로
스에게 부여된 과제였다.

1910년까지 로스는 대체로 기존의 실내를 개조하는 데 그쳤다.
이 시기 그가 한 최고의 작업은 19세기 말경 빈에 디자인한 사치품
상점들과 1907년 케른트너 가의 아메리칸 바이다. 영국 문명의 조달
자들을 위해 디자인한 이 건물들의 외관은 우아하고 단순한 재료로
마감되었지만, 내부는 1898년 로스
가 처음 디자인한 골드만 앤드 살라
치 상점[68]의 일본풍부터 케른트너
바 클럽 룸의 고전미까지 그 양식이
다양했다.

주택의 실내 표현은 한층 더 절
충적이었다. 그의 작업에는 안락한
전원풍과 엄격한 웅장함 사이의 근
본적인 분열이 반영되었다. 벽은 언
제나 광택 있는 돌 또는 나무를 허
리벽이나 액자를 거는 가로대 높이
까지 덮었고, 그 위쪽의 벽 부분은

[68] 로스의 골드만 앤드 살라치 상점
파사드(1910~11)에 대한 만평. 만평에 달린
캡션은 다음과 같다.
"누구보다 모던한 한 남자가 예술에 대해
골똘히 생각하며 거리를 걷고 있다. 그는
얼어붙은 듯 갑자기 걸음을 멈추었다.
오래도록 찾아 헤매던 것을 찾았기 때문이다."

[69] 『다른 사람들』 표지, 로스 발행, 빈, 1903.

비워두거나 장식 패턴이나 석고로 만든 프리즈로 마감했다. (「장식과
범죄」에서 로스는 현대적 장식의 발명은 무조건 배제했지만 고고학
적 장식의 절충적인 사용은 용인했다.) 천장은 공공건물에서는 대체
로 비워두었고, 개인 건물에서는 나무나 금속 소재의 반자로 마무리
했다. 다른 공간, 특히 다이닝 룸의 천장은 1910년 슈타이너 주택에서
와 같이 종종 기괴한 규모로 리처드스식 목재 보를 써 돋보이게 했다
[70, 71]. 바닥에는 보통 돌이나 나무쪽을 깔았고, 항상 오리엔탈 카펫
을 덮었다. 벽난로는, 둘레는 벽돌로 두르고, 하이라이트로 늘 유리 진
열장, 거울, 램프, 잡다한 금속 제품을 두어 질감의 대조를 이용해 두
드러져 보이도록 했다. 가구는 가능한 한 언제나 붙박이를 택했다. 그
렇지 않으면 고객이 골랐는데, 가구를 움직일 수 있는 공간이나 공공
건물에서나 그러했다. 이 같은 경우에도, 예를 들어 1899년 다소 바

[70, 71] 로스, 슈타이너 주택, 빈, 1910. 전경과 다이닝 룸.

그녀를 연상시키는 카페 무제움에서처럼, 로스는 토네트 곡목(bent wood) 가구로 제한했다. 가구를 없애는 것에 관한 에세이에서 로스는 다음과 같이 썼다. "벽은 건축가에게 달렸다. 벽은 건축가 마음대로였다. 움직이지 않는 붙박이 가구 또한 벽처럼 할 수 있었다." 로스는 이어 움직일 수 있는 가구들을 나열한다. "연철 침대틀, 테이블과 의자, 푸프와 예비 의자, 책상과 스탠드 재떨이, 다시 말해 이것들은 전부 현대적 언어로 (건축가가 아니라) 우리의 장인이 만든 물건이며 누구나 자신의 취향과 뜻에 따라 구매할 수 있다." 이 단언적인 반총체예술적 태도는 질 좋은 재료를 향한 로스의 열정으로 보완되었다. 그는 젬퍼가 말하듯 다음과 같이 썼다. "좋은 재료와 훌륭한 기량은 장식 없음을 만회할 뿐 아니라 화려함에 있어 장식을 훨씬 능가하는 것으로 간주되어야 한다."

1910년 빈에 지은 슈타이너 주택은 연이은 주택 작업의 출발점이었다. 로스는 주택 작업을 하면서 라움플란(Raumplan) 또는 '볼륨 평면'의 개념을 점차 발전시켜갔다. 라움플란은 내부 조직이 복잡한 체계인데, 그의 생애 막바지에 이르러 실현했던 층고가 다채로운 주택들에서 절정에 달했다. 빈의 몰러 주택과 프라하 근교의 뮐러 주택이 대표적이다. 슈타이너 주택을 지을 즈음 로스는 이미 고도로 추상적인 외관 양식과 장식 없는 순백의 프리즘에 도달했다. 이는 소위 '국제양식'을 적어도 8년 앞선 것이었다. 그는 1912년 빈에 지은 루퍼 주택에서 라움플란을 더욱 세심하게 다듬었다. 그의 후기 주택들과는 달리 루퍼 주택에서는 내부 볼륨의 자유로운 배치에 따라 개구부도 자유롭게 배치되었다. 이 같은 입면도상의 대위법(elevational counterpoint)은 데 스테일의 주요 작업을 예견했다.

로스의 라움플란은 1928년과 1930년 마지막 주택 작업인 몰러와 뮐러 주택에서 정점에 달했다. 루퍼 주택의 개방적인 계단실에서 예시되었던 바와 같이 이 두 작업은 주요 층 각각의 높이를 재구성하는 것으로 구조화되었다. 온전한 벽의 생략은 공간적 움직임을 만들어냈을 뿐 아니라 하나의 공간을 바로 다음 공간과 구분하는 데 도움을 주었다. 무테지우스의 『영국의 주택』에 기록된 불규칙성을 특징으로 하는 고딕 리바이벌 평면은, 전례가 전혀 없던 로스의 라움플란을 발전시키는 데 영감을 주었던 것이 분명하다. 그러나 입방체 형태를 향한 그의 고전주의 성향은 당연한 결과였던 픽처레스크한 매스를 받아들일 수 없었다. 그래서 프리즘이 마치 역동적인 단면 구성을 만들어내는 원재료인 것처럼 프리즘의 볼륨을 비틀어 조작했다.

이러한 조형적 의도는 구조적/비구조적 요소를 구분하는 건축과 기본적으로 양립할 수 없었다. 그래서 로스는 공공 작업에서는 이 구분을 유지하려고 애쓴 반면, 주택 작업에서는 건축적 구조를 드러내기보다 공간의 감각에 우위를 두었다. 여하간 비올레르뒤크의 원칙은 그에게 생소했다. 로스는 르 코르뷔지에가 후에 그랬듯이 감각적 의미의 건축적 산책로(architectural promenade)를 마련하기 위해 평면을 고의로 일그러뜨렸다. 그의 주택 작업 대부분에서 구조의 접합부들은 예외 없이 벽으로 가려졌는데, 미해결 상태를 숨기려 했거나 적당한 단정함을 제공하려던 것으로 보인다.

1920~22년 로스는 빈 주택건축국에서 수석 건축가로 재임했다. 전쟁이 끝나고 물자가 부족하던 시기였다. 그는 아직 더 다듬어야 할

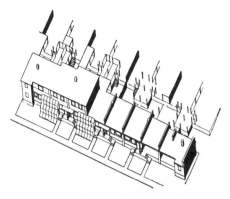

[72] 로스, 호이베르크 단지, 빈, 1920. 온실과 농장.

라움플란을 공동주택 문제에 적용했다. 그 결과 훌륭한 주택 연구가
많이 이루어졌다. 그가 선호하던 입방체는 계단식 테라스 단면으로
바뀌었다. 1920년 로스는 '호이베르크 단지'로 알려진 경제적인 주택
공급안을 기획했다[72]. 임차인이 직접 식량을 재배할 수 있는 농장
과 온실이 딸린 테라스 주택이었다. 이는 전후에 인플레이션이 극심
했던 1920년대 독일의 많은 주택 지구에서 일반 정책으로 채택된 전
형적인 도시형 생존 전략이었다.

    부르주아 건축가이자 세련된 취향의 로스가 혜택받지 못한 이
들을 위해 가장 예민한 대규모 프로젝트를 진행해야 했다는 점은 그
의 이력 가운데 하나의 역설이다. 주택 건축가로서 환멸을 느낀 로스
는 1922년 사임한다. 이후 다다이스트 시인 트리스탕 차라의 초청으
로 파리로 이주해 1926년에는 차라의 집을 설계했다. 파리 이주를 계
기로 로스는 상류 부르주아 서클에 복귀한다. 무용가 조세핀 베이커
가 주도하는 사교계의 일원이 된 그는 1928년 그녀를 위해 꽤 화려한
별장을 설계한다. 하지만 파리의 후원가들은 로스가 파리에 머무는
동안 디자인한 대규모 프로젝트를 실현시킬 수 있을 만한 재원도 신
념도 없었다. 오직 차라와, 세계적으로 유명한 빈 출신의 재단사 크니
체만이 그를 후원했다. 로스가 1909년 빈에 있는 크니체의 상점을 설

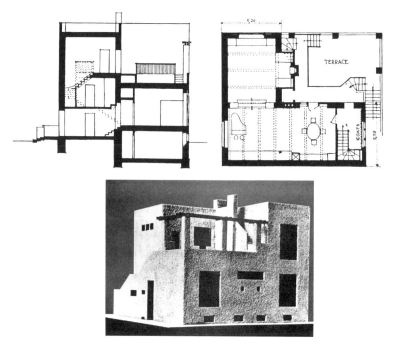

[73, 74] 로스, 베네치아 리도를 위한 주택 프로젝트, 1923. 횡단면과 1층 평면 및 모형.

계해준 이후 크니체는 로스의 오랜 고객이 되었다. 로스는 1928년—죽기 5년 전이었다—그의 경력이 거의 마지막에 이르렀을 때 빈으로 돌아왔다.

정리하면, 선구적 건축가로서 로스의 중요성은 다음과 같은 사실에서 분명해진다. 그는 현대 문화 비평가로서 범상치 않은 통찰을 보여주었으며, 부르주아 사회—토속성은 상실했지만 그렇다고 고전주의 문화를 주장할 수도 없었던—의 모순된 문화 유산을 초월하는 건축 전략으로서 라움플란을 공식화했다. 이러한 초의식적(hyperconscious) 감수성을 받아들일 준비가 돼 있던 이들은 누구도 아닌 전후 파리의 아방가르드, 특히 『새로운 정신』(L'Esprit Nouveau)을 간행한 서클이었다. 이들은 다다 초기 시인인 폴 데르메와 순수주의 화가들, 특히 아메데 오장팡과 샤를-에두아르 잔느레(르 코르뷔지에)

172

였다. 르 코르뷔지에는 1913년 출간된『장식과 범죄』프랑스어 판을 1920년에 재판하기도 했다. 그리고 (레이너 배넘이 진술했듯) 마르셀 뒤샹의 '레디-메이드'에도 불구하고, 순수주의의 뿌리는 한마디로 파리 문화를 추상적으로 고전화하는 경향에 놓여 있었지만, 순수주의의 유형학적 프로그램을 정제하는 데에는—상상할 수 있는 모든 스케일로 현대 세계의 '유형-오브제들'을 종합하려는 충동—로스의 영향이 결정적이었다는 사실은 의심할 이유가 없다.

무엇보다 이제 우리는 로스를 르 코르뷔지에가 '자유로운 평면'(the free plan)을 완전히 발전시켜 결국 해결한 문제를 최초로 상정한 건축가로 간주해야 한다. 로스가 상정했던 유형학 이슈는 어떻게 정다면체를 불규칙한 볼륨의 편리함과 결합시킬지였다. 이 과제는 1923년 베네치아 리도에서 진행한 주택 프로젝트에서 가장 서정적으로 진술되었다[73,74]. 이 집은 르 코르뷔지에가 1927년 가르슈에 지은 규범적인 순수주의적 빌라를 위한 유형-형태(type-form)가 될 운명이었다.

9장

앙리 반 데 벨데와
감정이입의 추상
1895~1914

내 장담컨대, 반 데 벨데 교수가 만든 감방의 가구가 판결을 무겁게 한
원인이었다고 여기게 될 때가 올 것이오.

— 아돌프 로스, 『트로츠뎀』(1931).[1]

벨기에 디자이너이며 이론가였던 앙리 반 데 벨데는 31세 되던 해인
1894년, 자신이 신성한 길(voie sacrée)이라고 불렀던 건축에 착수
했다. 그것은 신인상파 화가로서 그가 썼던 유명한 글 「예술에서 장
애물 제거하기」를 벨기에의 니체적인 저널 『라 소시에테 누벨』(La
société nouvelle)에 발표한 지 10년 후의 일이었다. 사회에 봉사하기
위해 예술의 재편성을 촉구한 이 글은 명백히 반 데 벨데가 아방가르
드 그룹 '20인회'와 교류하면서 알게 된 라파엘전파의 지침에서 영향
을 받았다. 1889년 발족한 이후부터 이 벨기에 미술가 그룹은 영국,
특히 윌리엄 모리스의 수제자인 월터 크레인과 강한 유대관계에 있
었다. 크레인의 영향으로 '20인회'는 심취해 있던 순수 미술에 벗어나
전체로서의 환경을 디자인하는 데 관심을 기울이기 시작했다. 옥타브
모스의 주도로 '20인회'는 '자유 미학 살롱'으로 재편되었다. 1894년,
이들은 첫 전시회에서 벨기에 가구 제작자 귀스타브 세뤼리에-보비의
작업을 다루었다. 세뤼리에-보비는 1880년대 후반 영국에서 익힌 미
술공예 감수성을 벨기에로 가지고 돌아왔다. 전시회에서 그는 상당히
조각적인 부품이 달려 있는 채색하지 않은 가구를 선보였다. 품질 역
시 놀라웠다. 이 작업들은 20여 년 전 에드워드 고드윈과 크리스토퍼

드레서가 발전시킨 영국적 일본 양식(Anglo-Japanese style)을 상기
시켰다.

반 데 벨데는 1895년 자신의 집을 브뤼셀 근처 위클에 설계하고
지음으로써 건축가이자 디자이너로서 데뷔했다. 이는 모든 예술의 궁
극적 종합을 입증하려는 의도였음이 틀림없다. 반 데 벨데는 식기류
는 물론 모든 가구를 집에 통합시켰으며, 자신의 아내를 위한 드레스
마저 흐르는 듯한 모양으로 디자인해 '총체예술'을 완성하려고 했기
때문이다[75]. 이 의상들의 늘어뜨려진 모양, 재단, 장식이 드러낸 힘
있는 구불구불한 곡선은 반 데 벨데가 주요하게 기여한 어법으로, 세
뤼리에-보비에게서 물려받은 것이었다. 고갱에게서 파생한 이 곡선은
미술공예의 형식적인 유산에 좀 더 생기 있는 윤곽을 부여한 표현주
의적 수단으로 사용되었다.

[75] 반 데 벨데가 디자인한 드레스를 입고 있는 반 데 벨데의 부인 마리아 세데, 1898년경.

　반 데 벨데에게 영국 미술공예운동의 개량적 입장은 톨스토이와 크로폿킨이 주창한 더 무정부적이면서 개혁적인 비전에 의해 보완되었다. 반 데 벨데는 고딕 이후 모든 건축에 반감을 표하는 라파엘전파에 공감했지만, 현재를 중세화하려는 그들의 욕구는 참을 수 없었다. 사회주의자였던 반 데 벨데는 1880년대 중반부터 접촉하고 있었던 벨기에 사회주의노동자당의 젊은 투사들에게 많은 영향을 받았다. 오르타의 '민중의 집'을 의뢰했던 사회주의자 에밀 반더벨데, 시인이자 비평가 에밀 베르헤렌이 그들이었다. 베르헤렌은 도시화에 대한 비평적 연구서 『사방으로 뻗어가는 도시들』(1895)을 출간하기도 했다. 급진적 제휴에도 불구하고 반 데 벨데는 환경을 디자인함으로써 사회개혁이 이루어져야 한다고 믿었다. 그는 계획의 내용보다 물리적 형식이 최우선이라는 신념을 고수했다. 그에게는, 미술공예운동의 전통과 마찬가지로, 한 가족의 집이 으뜸가는 사회적 도구였고 사회 가치는 집을 통해 점차 변화하는 것이었다. 그는 "'추'(ugliness)는 눈뿐 아니라 심장과 마음까지 오염시킨다"고 생각했다. 반 데 벨데는 집 안 모든 요소를 디자인하는 것으로 '추'에 대항했다[76, 77]. 기질로 보나 훈련받은 내용으로 보나 그는 도시 규모로 생각할 준비가 안 돼 있었다. 1906년 카를 에른스트 오스트하우스를 위해 독일 하겐에 지어진 호헨하겐 정원 집단 거주지를 위한 설계에서 반 데 벨데는 어떻게 개별 주택이 더 크고 의미 있는 사회적 단위로 합쳐질 수 있는지 실증하는 데 제대로 실패했다. 게다가 그는 사회주의적 신념과 중상류층의 후원 사이의 모순을 화해시키는 면에서는 윌리엄 모리스보다도 더 성공적이지 못했다.

　1890년대 중반부터 반 데 벨데는 빈의 미술사가 알로이스 리글과 뮌헨의 심리학자 테오도어 립스의 미학 이론에 깊은 영향을 받았다. 리글이 개인의 예술의지(Kunstwollen)를 강조했다면, 립스는 예술 작업에 창조적 에고가 투영되는 신비스러운 작용, 즉 감정이입(Einfühlung)을 주장했다. 상보적인 이 두 개념은 니체의 1871년 논

[76] 반 데 벨데의 가구 작업실, 브뤼셀, 1897년경.
오른쪽에 상체를 굽힌 인물이 반 데 벨데이다.
[77] 반 데 벨데, 마이어 그래페를 위한 책상, 1896.
그림은 페르디낭 호들러, 「낮」, 1896년경.

서 『비극의 탄생』에서 좀 더 구체적으로 다루어진 바 있다. 이 글에서 아폴론적인 것과 디오니소스적인 것은 더는 단순화할 수 없는 그리스 문화의 이원성으로 간주된다. 아폴론적인 것은 법칙 안에서 전형적인 것과 자유를 열망하며, 디오니소스적인 것은 과도함과 범신론적인 표현을 추구한다. 느슨하게 연관된 이 개념들은 1896년 이후 반 데 벨데의 작업에 약하게나마 영향을 미쳤으며, 1908년 출간된 빌헬름 보링거의 『추상과 감정이입』에서 일종의 종합이 이루어졌다. 반 데 벨데는 보링거의 텍스트를 파고들었다. 자신의 작업이 보링거의 문화적 모형에서 적대적인 두 요소, 생명력 넘치는 정신 상태의 감정이입적 표현을 향한 충동과 추상을 통해 초월을 성취하려는 경향을 단일한 실체로 결합하는 듯 보인다는 점을 깨달았다.

반 데 벨데는 감정이입적이고 생명력 넘치는 문화 형식을 위해 분투했고, 그러면서도 추상을 향한 건축의 본래적 경향을 잘 알고 있었다. 이러한 맥락에서, 그가 일생동안 간직한 고딕에 대한 존경심은 '형태-힘'(form-force)이 지닌 직접적인 생명력이 전체의 숭고한 구조적 추상에 의해 초월되기에 이르렀던 건축에 대한 향수로 간주될 수 있다. 그러한 힘의 구현이 반 데 벨데 미학의 주된 동기였다. 그의 미학은 1895년 파리에 있는 사뮈엘 빙의 '아르누보의 집'을 위해 디자인했던 소위 '요트 양식' 가구 세트에서 처음 등장했으며, 이어 그가 '구조적으로 선적인 장식'이라고 명한 원칙을 1902년 바이마르에서 이론으로 공식화했다.

반 데 벨데는 장식화(ornamentation)와 장식(ornament) 사이의 미묘한 구분을 유지했다. 장식화는 응용되었기 때문에 사물과 관련이 없는 반면, 장식은 기능적으로, 다시 말해 구조적으로 결정되었기 때문에 사물과 일체를 이룬다고 주장했다. 기능적 장식에 관한 이 같은 정의는 인간의 창작물에 불가피한 의인화된(anthropomorphic) 흔적으로서의 선, 손으로 공들여 만든 선에 그가 부여했던 중요성에서 분리될 수 없었다. 1902년 그는 "선은 그려진 대상의 힘과 기운을 수반한다"고 말한 바 있다. 그에게 선의 흐름을 지배하는 '거의 에로틱'한 충동은 글자 없는 문학과도 같았다.

문화에 대한 순수주의적 관점은 강력한 반장식적(anti-decorative) 경향으로 이어졌다. 반 데 벨데는 그리스와 중동에서 미케네와 아시리아의 형식의 힘과 순수성에 압도당했고, 여행에서 돌아온 1903년 반장식 경향은 더욱 공고해졌다. 이 시점에서부터 죽 그는 분리파의 제스처적인 환상(gestural fantasy)과 고전주의의 합리성을 둘 다 피하려고 했다. 그는 '순수한' 유기적 형태를 창조하려고 애썼다. 그의 생각으로 그 같은 형태는 문명의 발상지나 신석기인의 거대하고 수수께끼 같은 제스처에서나 발견될 수 있었다. 이는 1903~06년 켐니츠와 하겐에 지은 지구 모양 주택을 설명해준다. 이 작업들에 드러난 기이한 거석문화적 성질에도 불구하고 1903년 이후 반 데 벨데의 모든 작업에는 고전주의의 흔적이 남아 있었다. 원시적인 것에 대한 그의 애정도 고전주의의 흔적을 완전히 조정하지는 못했다. 1903~15년 그가 디자인한 가정용품이 이를 가장 명백하게 보여준다. 이 작업들은 그가 파르테논에서 발견한 말로 표현하기 어려운 고전적 성질에 대한 열성적인 반응을 반영한 듯하다.

> 아크로폴리스 위에 서 있는 살아 있는 기둥은 우리에게 다음의 것을 알려준다. 그것들은 현존하지 않고, 하중을 견디고 있지도 않다. 보기에는 실재하기 위해, 무게를 버티기 위해 똑바로 세워져 있는 것 같지만 전혀 다른 목적 때문에 사이사이 공간을 남겨둔 것이다. 엔타블러처로 연결된 부분에서조차 다음의 사실을 분명히 선언한다. 파르테논의 기둥은 실존하지 않는다. 기둥 사이에 있는 거대하고 완벽한 꽃병이 생명, 우주와 태양, 바다와 산, 밤과 별을 품고 있다. 기둥의 엔타시스는 기둥과 기둥 사이의 공간이 완벽하고 영원한 형상에 이를 때까지 변형되었다.[2]

반 데 벨데가 이른바 아폴론적 성향으로 전향한 때는 바이마르에서 그가 전성기를 구가했던 때와 일치한다. 1901년부터 작센-바이마르 대공국의 공예 산업 고문으로 있었던 그는 1904년 그랜드 두칼 미술공예학교 교수로 지명되었고, 기존의 순수미술아카데미와 학교 일대를 디자인할 권한을 부여받았다. 이 둘은 14년 후에 바이마르 바우하우스가 될 핵심이었다. 1908년 이 건물들이 개관되기 전까지 반 데 벨데는 바이마르에서 강의를 계속하며 숙련 장인의 문화 교육을 위한 미술 세미나를 진행했다. 이때가 그의 모든 이력을 통틀어 가장 성공적인 시기였다. 동시에 오브제의 형태를 결정하는 예술가의 특권에 의문을 품기 시작하면서 깊은 내면의 회의로 그늘진 때이기도 했다. 1905년 그는 "어떤 근거로 지극히 사적인 취향과 욕망을 세상에 강요할 권리를 지닌다는 말인가. 갑자기 나는 나의 이상과 세상 사이의 연결고리를 찾을 수가 없다"라고 썼다.

고트프리트 젬퍼와 페터 베렌스를 좇아 반 데 벨데는 항상 극장이라는 매개를 통해 사회문화적 관계를 다지려고 했다. 그는 배우와

[78] 반 데 벨데, 독일공작연맹 전시 극장, 쾰른, 1914.

관객의 결합이야말로 사회적이고 정신적인 삶의 최고 형식이라고 확신했다. 무대 디자이너 막스 라인하르트와 고든 크레이그에게 영향을 받은 그는 세 부분으로 나뉜 무대를 발전시키는 데 몰두했다. 그리고 이를 1904년 바이마르의 뒤몽 극장 프로젝트에서 최초로 공식화했다. 그는 1911년 샹젤리제 극장을 위한 절충적 디자인(1913년 오귀스트 페레가 수정을 거쳐 완성했다)에서, 그리고 다시 1914년 독일공작연맹 전시 극장에서 이 주제로 회귀했다[78]. 대단히 표현적인 이 극장—제1차 세계대전이 시작되고 얼마 되지 않아 파괴되었다—은 전쟁 전 작업 중에서 최고라고 할 수 있다. 이에 대해 에리히 멘델존은 "반 데 벨데만이 극장으로 새로운 형태를 진정으로 탐색하고 있다. 콘크리트가 아르누보 양식으로 사용되었지만, 착상과 표현에 있어 강력하다"라고 적고 있다. 파도처럼 밀려오는 듯한 무게감은 대가답게 형식을 통제하는 반 데 벨데의 면모를 입증한다. 이는 이후 1919년 포츠담에 멘델존이 지은 '아인슈타인 타워'의 모델이 되었다.

많은 찬사를 받았던 공작연맹 극장은 반 데 벨데의 '형태-힘' 미학의 마지막 형식화가 되었다. 신석기인의 야외 극장에서처럼 배우와 관객, 극장과 풍경이 혼융하면서 독특한 감정이입적 표현이 되었다. 그러한 표현은 반 데 벨데가 제1차 세계대전 후 자신을 위해 지었던 검소한 모듈 방식의 조립식 주택에서는 자리를 찾지 못했다. '좋은 형태'와 산업의 독점으로 변형된 세상에 대한 공작연맹의 꿈은 사회의식이 있는 부르주아 계층의 개혁주의적 희망만큼 허망한 것이었음이 증명되었다. 개혁적 부르주아가 미술공예와 아르누보에 보낸 50년의 후원은 최초의 산업화된 전쟁에 의해 돌연 끝나버렸다. 최소한의 은신처를 준비하는 것이 너무나도 절박했던 시기였기에 미술, 산업 디자인, 극장을 통한 사회 변화는 더 이상 꿈꿀 수 없었다.

10장

토니 가르니에와 산업 도시
1899~1918

이 도시는 상상의 도시이다. 리브-드-제, 생테티엔느, 생 쇼몽, 샤스와 지보르 같은 도시가 이 도시와 조건이 비슷하다고 가정해보자. 연구 대상 부지는 프랑스 남동부 지역에 위치해 있으며 건설에는 지역에서 나는 재료가 사용되었다.

비슷한 도시를 만드는 데 결정적인 요소는 원자재의 근접성 또는 동력으로 사용 가능한 자연력의 존재 또는 운송의 편의성이다. 우리의 경우 동력원인 강줄기의 힘이 도시의 위치를 결정했다. 광산이 있기는 하지만 더 멀다. 지류를 댐으로 막고, 수력발전소가 공장과 도시 전체에 전기, 빛, 열을 공급한다. 주요 공장은 강과 지류가 합류하는 지점에 있는 평평한 대지에 세워졌다. 간선철도는 공장과 공장 지대 위쪽 고원에 위치한 도시 사이를 통과한다. 더 높은 곳에 병원이 있다. 도시가 그렇듯 병원도 찬바람을 막아주며 테라스는 남향으로 나 있다. 이 주요 요소(공장, 도시, 병원) 각각은 떨어져 있어 확장할 수 있다. … 개인의 물질적·도덕적 필요를 가장 만족시켜줄 프로그램에 대한 탐구는 도로 이용, 위생 등과 관련된 규칙을 창안하게 했다. 이때 이 규칙들이 자동으로 채택되어 사회 질서의 진보가 이미 실현됨으로써 실제로 법을 제정할 필요가 없을 것이라는 점을 전제로 한다. 토지의 분배 그리고 물, 빵, 고기, 우유, 의료의 분배와 관련된 모든 것은 물론 쓰레기 재활용은 공공 영역에 맡겨졌다.
— 토니 가르니에, 『산업 도시』(1917) 서문.[1]

현대적 도시의 기초와 조직을 위한 경제적·기술적 기본 수칙에 대한 이보다 더 간결한 진술은 상상하기 어렵다. 가르니에가 쓴 유일한 이론적 언술이기도 한 이 서문의 명징성은 어조나 내용으로 봤을 때 그의 삶과 작업에 근본적으로 깔려 있는 급진적 성격을 반영한다. 가르니에는 1869년 리옹에서 태어나 급진파 노동자 구역에서 자랐으며 1948년 죽을 때까지 사회주의적 대의에 헌신했다.

가르니에의 교육과 직업상 경력 모두 리옹이라는 도시와 분리될 수 없다. 19세기 프랑스에서 가장 진보적인 산업 중심지였던 리옹에서는 급진적 생디칼리즘과 사회주의가 성장했다. 가르니에가 태어난 무렵에는 실크 산업과 금속 가공업이 리옹의 주요 산업이었다. 론 강과 손 강이 지난다는 입지적 장점과 더불어, 세기 중반 직후에 프랑스 최초의 간선철도 연결점 중 하나가 되면서 리옹은 더욱 성장했다. 1880년대에 이르러 트램과 지방 철도 시스템의 전력화가 이루어지면서 리옹은 기술적·공업적 혁신의 중심지로 자리 잡았다. 사진, 영상 촬영술, 수력발전, 자동차 생산과 항공이 전부 이곳에서 1882년부터 세기말 사이에 처음으로 시작되었다. 이 같은 기술적 환경은 가르니에에게 깊은 영향을 미쳐 1904년 전시되었던 '산업 도시'에 대한 프로젝트에 반영되었다. 그것은 미래 도시는 공업에 기초해야 한다는 가르니에의 신념을 표명했다.

리옹 문화의 다른 면도 가르니에의 산업 도시계획을 특징지었다. 주목할 만한 것은 지역 문화 회복을 위한 프랑스 지방분권운동이었다. 이 운동은 연방주의와 지방분권과 관련 있는 광범한 정치적 정책에 전념했다. 그래서 가르니에는 그의 산업 도시의 범위 안에 옛 중세 소도시를 포함시켰다. 이 같은 토대에 부여한 중요성은 주요 철도역을 지역센터와 가깝게 둔 데에서 드러난다.

리옹은 가르니에가 청년이던 시절에도 도시화에 대해 진보적으로 접근했다. 리옹의 도로는 1853~64년 규격화되었고, 1880년 이후 슬럼 정리 사업의 일환으로 수도와 위생 시스템이 개선되었으며,

1883년 즈음에는 학교, 노동자 주택, 목욕탕, 병원, 도살장 등 복지시설 전반이 제공되기 시작했다.

에콜 데 보자르에 입학한 가르니에는 1886년에는 리옹에서, 1889년에는 파리로 옮겼으며, 그곳에서 쥘리앵 가데의 영향 아래 놓이게 된다. 가데는 1894년부터 건축 이론 수업을 담당하면서 합리적 고전주의의 교훈부터 프로그램 분석, 건축 유형의 분류까지 가르쳤다. 가데의 『건축 요소와 이론』(1902)은 1805년 뒤랑의 방식을 프로그램에 따라 업데이트한 것으로 전형적인 건축 형태의 합리적 결합을 다루고 있다. 설계에 대한 요소적 접근은 가데의 으뜸가는 제자들이었던 가르니에와 오귀스트 페레의 작업에서 구체화된다. 그러나 이 둘은 매우 다른 길을 걸었다. 가르니에는 파리에서 10년을 보냈고, 1899년 로마대상을 받아 빌라 메디치에 있는 로마 프랑스 아카데미에서 다시 4년을 수학했다. 반면 페레는 부친과 함께 일하기 위해 정식 교육을 3년만 받고 1897년 보자르를 떠났다. 그 결과, 가르니에가 '산업 도시'를 처음 전시했던 1904년, 페레는 프랑클랭 가에 철근 콘크리트 프레임의 아파트 건물을 지어 건축가로서 그리고 건설업자로서 이미 두각을 나타냈다.

처음 로마대상 콩쿠르에 지원했던 1892년부터 가르니에는 파리의 급진적 분위기에 점차 빠져들었다. 1893년 사회당 대의원이 된 장 조레라는 인물이 이 분위기를 주도하고 있었다. 파리의 정치 무대는 드레퓌스 사건으로 1897년 이후 갑자기 활기를 띠었다. 드레퓌스 사건은 에밀 졸라를 급진 개혁의 열렬한 옹호자로 전향시켰다. 졸라의 첫 번째 공상적 사회주의 소설 『풍요』는 1899년 사회주의 저널 『여명』(L'Aurore)에 연재되기도 했다. 에밀 졸라의 동우회와의 오랜 관계를 생각할 때 가르니에는 틀림없이 이 초록을 읽었을 것이다. 여하간 같은 해 그가 제작했던 '산업 도시'를 위한 초기 스케치는 졸라의 새로운 사회경제적 질서에 관한 시각을 반영하고 있는 듯하다. 졸라는 그러한 시각을 그의 두 번째 공상적 사회주의 소설 『노동』(1901)

에서 더 세심하게 다루게 된다.

로마 프랑스 아카데미에서는 반대했지만 가르니에는 빌라 메디치에 머무는 내내 도시 프로젝트에 매달렸다. 로마대상은 '학술적인 연구 증거'를 요구했다. 그래서 그는 로마 시대의 도시 투스쿨룸을 복원할 계획을 준비했다. 창의적이었고 전례 없는 계획이었다. 투스쿨룸 복원 계획과 '산업 도시'의 첫 번째 안이 가르니에가 리옹으로 금의환향한 1904년 파리에서 함께 전시되었다. 이후 약 35년 동안 그는 진보 성향의 시장 에두아르 에리오 재임 기간에 리옹에서 또 리옹을 위해서만 일했다. 르 코르뷔지에가 공식 경력을 막 시작한 1908년 가르니에를 처음 만났던 곳도 리옹이었다.

가르니에의 '산업 도시'는 대체로 리옹과 비슷했다[79]. 산으로 둘러싸인 데다 강이 있는 급경사면에 위치하고, 주민은 3만 5,000명인 '산업 도시'는 그것의 환경과 민감하게 연결된 중간 크기의 지역센터였다. 또한 기능별로 분리된 지구 설정은 1933년 CIAM 아테네 헌장의 원칙을 예견했다. 무엇보다 이 도시는 장벽도 없고, 사유지도 없

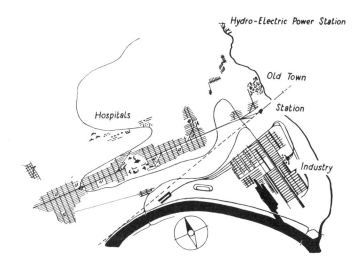

[79] 가르니에, 산업 도시: 계획안, 1904~17.
병원 아래는 문화행정센터이며 주택가 옆에 있다.

고, 교회나 막사도 없고, 경찰서나 법정도 없으며, 건물이 들어서지 않은 모든 땅은 공원 부지인 사회주의 도시였다. 건물이 있는 구역에는 일조, 통풍, 녹지 공급을 위한 엄격한 기준이 있었고, 그에 따라 가르니에는 다양하고 종합적인 주택 유형을 설정했다. 규정(codes)과 이를 조합한 패턴은 가로수가 심어진 도로의 다양한 폭을 기준으로 조절되었다. 또한 평균 2층 높이의 개방적 배치는 밀도가 낮았다. 그래서 가르니에는 1932년 이 계획안에 좀 더 높은 밀도의 주거 구역을 보충했다. 주거 구역에는 서로 다른 범주의 학교가 포함되었으며, 특정 구역에 기여할 수 있는 위치에 세워졌다. 기술적·전문적 교육시설은 주거 구역과 산업 구역 사이에 있었다.

　　최근에 가르니에의 도시 개념은 혼자 힘으로 정립된 것이 아니라는 사실이 알려졌다. 여기에는 로마 프랑스 아카데미의 동료로 젊고 뛰어난 기숙 학생 레옹 조슬리가 한몫을 했다. 특히 조슬리의 1903년 로마대상 출품작 '큰 민주 국가의 대도시 광장'은 많은 점에서 가르니에의 '산업 도시'에 있는 의회[80]의 배치나 내용, 정신과 닮았다. '산업 도시'에서 박물관, 도서관, 극장, 경기장, 대규모 공공 실내 수영장 또는 수치료(hydrothérapie) 건물은 '대중이 모이는 공간'으로서 의회 단지[81]의 축 주위에 모여 있다. 의회는 마름모꼴인데, 이 구조의 제1 원칙은 철근 콘크리트 기둥 열주랑이다. 기둥은 노조 회의실과 중앙의 3,000석짜리 원형 집회장을 에워싸고 있다. 집회장은 1,000석짜리 강당과 각각 500명이 앉을 수 있는 나란히 놓인 원형극장 두 개를 옆에 끼고 있다. 의회 토론, 컨퍼런스, 위원회 업무, 영상 상영까지 표면상 각기 다른 민주적 목적에 바쳐진 다양한 종류의 집회는, 합리주의적 이미지의 24시간 시계와 쿠르베 같은 부조와 졸라의 『노동』에서 따온 두 개의 인용구가 새겨진 엔타블러처 밑에서 열렸을 것이다. 첫 번째 인용문은 산업 생산과 소통을 통한 국가 간 조화를 성취하기 위한 생시몽적 프로그램을, 두 번째는 공상적 사회주의의 수확을 기리는 제의적 찬양을 함축하고 있다.

이것은 평화의 시대에 어울리는 끊임없는 생산이었다. 철도와 더 많은 철도가 모든 경계선을 통과하고, 그래서 모든 사람은 길들로 주름진 땅 위에서 다시 만나 단일한 모습으로 하나가 된다. 거대한 강선(鋼船)은 더 이상 전쟁의 파괴와 죽음이 아닌 연대와 형제애를 실어 나른다. 배들은 온 세상이 어마어마한 풍요로 가득해질 때까지 대륙의 생산물을 교환하고 가정의 부를 열 배로 불린다.

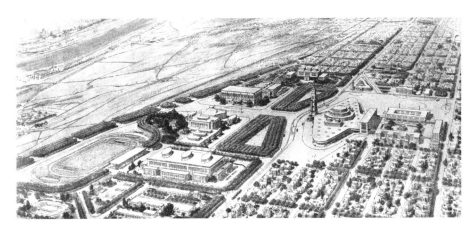

[80] 가르니에, 산업 도시: 중심지(마름모꼴 의회 건물)와 주택가, 1917.
[81] 가르니에, 산업 도시: 의회 단지 상세, 1904~17.

마을에서 멀지 않은, 마치 거대한 신전의 기둥인 양 높게 자란
옥수수들이 투명한 태양 아래 황금색으로 물든 광활한 들판에서는
연회가 열릴 것이다. 옥수수 다발과 더 많은 다발이 만든 열주랑은
무한을 향해 지평선보다 멀리 뻗어나가며 고갈되지 않는 지상의 풍요를
말해준다. 이제 사람들은 노래를 부르고 춤을 춘다. 잘 익은 옥수수
내음을 맡으면서, 드넓고 비옥한 평원 한가운데에서. 인간의 노동은
마침내 보상받았고, 모두를 행복하게 해줄 충분한 빵을 얻었다.[2]

마지막 구절은 가르니에가 1903년 그리스를 방문하고서야 온전
히 이해할 수 있었던 고전적인 목가적 삶과 풍경을 환기시킨다. 아고
라의 현대판 대응물로 의도되었던 가르니에의 의회 건물은 어렴풋이
나타낸 인물들이 차지하고 있는 것처럼 묘사되었는데 이들이 입고 있
는 당대의 비더마이어식 의복이 적절하게 고전적 분위기를 풍겼다.
주택은 똑같이 평범했다. 코니스도 몰딩도 없었고, 대부분 안뜰 주위
에 계획되었고 배수는 중정식 빗물받이(impluvium)로 했다. 한마디
로 '산업 도시'는 지중해 지방 사회주의의 목가적 비전이었다. 최신식
건설법이라 할 수 있는 프랑수아 엔비크의 철근 콘크리트 공법을 두
루 택하고 콩타맹의 1889년 기계 전시장을 따라 공업 구역에서는 대
형 강철 스팬을 사용했지만 말이다.

로마에 있을 당시 가르니에는 다른 중요한 프랑스 출신 도시계획
자 레옹 조슬리와 외젠 에나르의 영향을 받았다. 에나르는 도시 변형
에 대한 첫 논술을 1903년에 발표했다. 그럼에도 가르니에의 '산업 도
시'가 기여한 독창성은 그것의 비전이 품은 현대성만큼이나 디테일을
비상한 수준으로까지 발전시켰다는 점에 있다. 이 프로젝트는 가상의
산업 도시에 대한 원칙과 배치를 명문화했을 뿐 아니라, 도시 유형학
의 구체적인 실체를 서로 다른 많은 스케일로 설명하며 동시에 콘크
리트와 강철로 짓는 방법까지 지시하고 있다. 1804년 르두의 이상 도
시 쇼 이래 어떤 것도 이렇게 포괄적으로 시도된 적은 없었다. 『산업

도시』는 1917년까지 출간되지 않았으나 가르니에의 당대 도시계획에 대한 공헌은 1920년에는 이미 알려져 있었다. 그해 르 코르뷔지에는 순수주의 비평지 『새로운 정신』에 '산업 도시'의 자료를 발표했다.

'산업 도시'는 분명 도시계획 사상에서 르 코르뷔지에에게 영향을 미쳤으나 영향력은 제한적이었다. 리옹에 있는 가르니에의 작업은 차치하고, '산업 도시'의 기본 제안은 한 번도 시험되지 않았고 널리 발표되지도 않았기 때문이다. 1898년 에버니저 하워드의 전원도시 모형이 1903년 레치워스 전원도시의 발전적 전략으로 실현되었던 것과는 달리, '산업 도시'는 하나의 입증된 모형으로 언급될 수 없었다. 이 두 대안은 실제로 더욱 상반된 방향으로 나아갔다. 가르니에의 '산업 도시'는 중공업에 기초를 두고 있기 때문에 확장 가능하고 자율성을 가질 수 있었다. 하지만 하워드의 루리스빌은 경공업과 소규모 농업에 기초하고 있어 규모 면에서 한계가 있었고 경제도 의존적일 수밖

[82] 가르니에, 도살장, 리옹, 1917.

에 없었다. 아울러 가르니에의 '산업 도시'는 조슬리의 1904년 바르셀로나 프로젝트와 함께 소련의 첫 10년 동안 발전한 이론적인 도시계획 모형에 영향을 주었던 반면, 하워드의 도식(schema)은 전원도시 공동체의 개혁적인 확산, 그리고 궁극에는 제2차 세계대전 이후 영국에서 부상했던 실용적인 뉴타운 프로그램을 이끌었다.

　도시계획에 관한 가르니에의 사상은 1920년의 저서『리옹 시의 위대한 작업들』, 1906~32년의 도살장들[82], 1909~30년의 그랑드 블랑슈 병원, 1924년에 설계되고 1935년에 지어진 '에타쥐니 주거 단지'(Etats-Unis quarter)에서 표현되었다. 이 각각의 복합체는 '축소된 도시'로 발전했으며 문화시설을 갖추고 문명화의 힘으로서의 도시 주권을 거듭 주장했다. 하지만 앵글로색슨적 전원도시는 이러한 과제를 달성할 역량이 거의 없었다.

11장

오귀스트 페레:
고전적 합리주의의 진화
1899~1925

태초의 건축술은 목조 뼈대에 불과하다. 불을 이기려고 단단한
재료로 지을 뿐이다. 목조의 특권은 못대가리를 포함한 모든 특성을
복제한다는 데 있다.
— 오귀스트 페레, 『건축 이론』(1952).[1]

1897년 오귀스트 페레는 에콜 데 보자르에서의 빛나는 경력을 돌연
히 끝내고 스승 쥘리앵 가데를 떠났다. 가족이 운영하는 건설 회사에
서 부친과 일하기 위해서였다. 이전까지 파트타임으로만 일했던 회사
에서 그는 새롭게 입지를 다져나갔다. 1890년부터 시작된 페레의 초
기 작업 중 그가 보자르를 떠난 직후에 설계한 작업들은 이후 경력의
사전 준비 격이었고 그래서 가장 흥미롭다. 특히 두 작업이 상당히 중
요하다. 하나는 1899년 생말로에 지은 카지노이고[83], 다른 하나는

[83] 페레, 카지노, 생말로, 1899.

1902년 파리 바그람 대로에 지은 아파트 빌딩이다. 카지노가 엑토르 기마르의 전원 빌라에서 대중화된 '민족적 낭만주의' 양식으로 표현한 구조 합리주의적 시도였다면, 8층짜리 아파트 건물은 돌로 치장한 루이 15세풍 아르누보였다. 특히 후자는 페레의 본질적인 출발점으로 간주되어야 하는데, 고전적 전통으로의 의식적인 복귀를 표명하고 있기 때문이다. 이 같은 복귀는 1907년 베렌스, 호프만, 올브리히 등의 작업에서 보이는 분리파 양식의 '결정화'를 몇 년이나 앞선 것이었다.

바그람 대로의 아파트는 돌출창 깊이 때문에 인도로 튀어나온 채 열주가 있는 6층까지 올라간다. 이 불룩한 석조의 프로필은 덩굴 조각으로 깎아 섬세하게 보완되었다. 덩굴 장식은 문턱에서부터 넘실거리며 기어올라 6층 열주의 받침 기단 바로 아래에서 풍성해진다. 페레는 이 구조의 석조 부분에서 벨 에포크의 꽃 이미지를 환기시키길 바랐다. 동시에 파리 도로의 배열(ordonnance)을 해치고 싶지 않았던 그는 규칙적으로 배치된 개구부를 양쪽 고전적 파사드의 개구부에 맞춰 조절했다. 그러나 이 모두는 비올레르뒤크가 주장한 구조를 명쾌하게 표현하는 것과는 무관했기 때문에 구조 합리주의의 규범과는 상충했다. 또 페레가 생말로 카지노에서 했듯이 구조를 자연스럽게 표현하고 토속적으로 사용한 것도 아니었다.

페레가 1903년에 설계한 프랑클랭 가의 아파트 블록에서 가구식 콘크리트 구조를 채택하는 데 영향을 준 책이 있다. 오귀스트 슈아지의 『건축사』(1899)와 엔비크 체계에 관한 폴 크리스토프의 교재 『철근 콘크리트와 응용법』(1902)이다. 슈아지가 그리스 가구식 구조를 콘크리트 구조를 위한 고전의 예로서 인용했다면, 엔비크 체계는 철근 콘크리트 프레임의 조립과 디자인을 위한 결정적인 기법을 제공했다. 에콜 데 퐁제 쇼세 건축 교수였던 슈아지는 다양한 양식은 유행이 아니라 건설 기법 발전의 논리적 결과라는 결정론적 역사관을 주장했다. 그렇게 기술적으로 결정된 양식 중에서도 비올레르뒤크를 좇아 그리스와 고딕 양식을 선호했다. 비올레르뒤크를 참조함으로써 그는 고전적 합리주의의 영향력 있는 최후의 이론가가 되었다. 슈아지는 가데와 라브루스트가 그랬듯 18세기 이론가 코르드모아와 로지에로 거슬러 올라가는 긴 합리주의자 계통의 뒤를 이었다. 이 학파의 지지자들과 마찬가지로 슈아지도 목재 형태를 석조 도리스식 오더로 바꾼 그리스 방식에 불합리한 것은 아무것도 없다고 보았다.

페레의 첫 철근 콘크리트 작업은 리브와 그 사이를 메우는 고딕 건축이 특징이었던 슈아지의 작업과 밀접했다. 구성상 프랑클랭 가 아파트 블록은 1년 전 바그람 대로 아파트 건물에서 취했던 방식을 압축한 것이었다. 도로 쪽 파사드는 5베이 구조인데 그중 양 끝은 보도로 돌출되어 있고 5층 또는 6층 높이이며, 최상층에서 셋백하기 전에 추가로 한 층을 더 올렸다. 바그람 대로 아파트의 꼭대기 층은 열주를 세워 강조한 반면, 프랑클랭 가 아파트는 두 개의 오픈 로지아(loggia) 프레임으로 강조되었다[84]. 그러나 두 아파트의 일치점은 여기서 끝난다. 바그람 빌딩은 일체식이고 수평으로 넓은 반면, 프랑클랭 가 블록은 분절적이고 수직으로 가늘다. 직각 구조인 것 외에도, 열을 명확하게 표현한 것과 셋백시켜 높게 올린 지붕이 고딕스러움을 풍긴다. 이는 17세기 프랑수아 망사르의 작업을 떠올리게 한다. 이 건물은 또한 페레가 비올레르뒤크의 디테일 처리에 가장 가깝게 다가간 작업이기도 하다. 고딕의 물질성을 희석시키는 특징을 암시하는 움푹 파인 U자형 정면은 사실 대단히 실용적인 이유를 지니고 있다. 페레는 규정된 안뜰을 뒤쪽 대신 앞쪽에 제공함으로써 더 많은 바닥 면적을 확보할 수 있었다. 그가 발휘한 독창성은 또 있었다. 그는 지역권을 위반하지 않으려고 건물 뒷벽을 유리 렌즈로 덮었다.

1903년 이후 페레는 슈아지와 마찬가지로 골조 또는 구조 뼈대가 건축 형태의 본질적인 표현이라고 생각했다. 프랑클랭 가 블록의 철근 콘크리트 골조는 가구식 목구조를 암시하는 방식으로 타일이 입혀졌고, 나머지 창문이나 패널에는 세라믹 모자이크를 썼다. 모자이크로 만든 해바라기는 벨 에포크 말기 특유의 화석화된 아르누보적 특

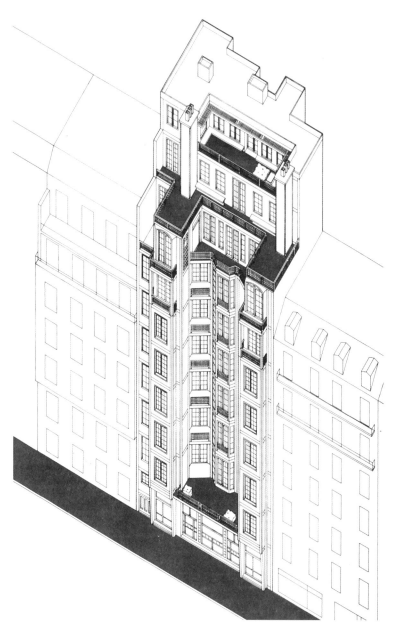

[84] 페레, 프랑클랭 가 25번지, 파리, 1903.

징을 보여준다. 반면 프레임 구조가 가능케 한 개방적 평면 계획은 르 코르뷔지에가 나중에 발전시킨 자유로운 평면의 선례였다.

오귀스트와 그의 형 귀스타브가 운영한 회사는 페레 양식의 발전에 중요한 역할을 했다. 1905년 그들은 퐁티외 가에 기계식 4층 차고를 세웠다. 이 차고는 1912년 쥘리앵 가데의 아들 폴 가데가 설계한 집에도 적용되었다. 철근 콘크리트로 하고, 애틱 층 또는 돌출시킨 코니스로 덮은 프리즈까지 올라간 이들 작업은 페레의 합리적인 가구식 '주택 양식'이 한층 세련돼졌음을 보여준다. 차고가 페레의 후기 교회 양식 포맷을 미리 보여준 격이었다면, 주택은 페레 파사드의 전형으로 보아야 한다. 요철이 있는 페레 파사드의 수정된 포맷은 궁극적으로 제2차 세계대전 이후 르 아브르 시 재건에서 표현되었다.

1911~13년, 오귀스트 페레와 앙리 반 데 벨데가 불행한 대결을 벌인 후 페레의 역작 샹젤리제 극장이 탄생했다. 1910년 극장 감독 아스트뤼크의 의뢰를 받은 반 데 벨데는 부지가 제한적인 것을 보고 철근 콘크리트로 작업할 필요가 있다고 판단, 페레 형제 회사를 시공업자로 고용했다. 이것이 불운을 자초한 결정이 되어버렸다. 페레가 반 데 벨데가 한 설계의 구조적 타당성에 이의를 제기하고 본인이 설계한 유사한 도식을 제안했기 때문이다. 6개월을 채 못 가 페레의 시각에 힘이 실렸다. 반 데 벨데는 공동 건축가에서 고문 건축가로 강등되었다.

샹젤리제 극장의 평면도와 입면도는 기본적으로 반 데 벨데의 것이었지만, 페레는 이를 실현하면서 디테일에서 대가다운 완숙함을 보여주었고 페레 형제 회사의 기술적 탁월함을 증명해냈다. 극장 측은 무대, 분장실, 로비, 휴대품 보관소 등과 더불어 각기 1,250명, 500명, 150명을 수용하는 강당 세 개를 폭 37미터, 깊이 95미터 부지에 모두 넣기를 원했다. 페레는 메인 원형 강당을 기둥 여덟 개와 아치 네 개로 매달았다[85]. 두 요소는 매트 기초에서 올라오는 일체식 구조와 통합된다. 캔틸레버와 트러스 거더를 재치 있게 응용한 덕분에 뼈대

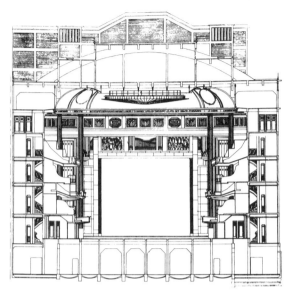

[85] 페레, 샹젤리제 극장, 파리, 1911~13. 부르델의 부조가 있는 대공연장 부분.

의 기본 매트릭스가 증강되었고, 필요한 볼륨은 부지 안에 완전히 수용할 수 있었다. 이 역동적인 구조는 외관에는 그다지 표현되지 않았고, 뒷면과 측면은 대체로 벽돌로 채운 가구식 프레임으로 만들어졌다. 그러나 메인 파사드는 고전적으로 처리되었다. 통상적인 방식으로 돌 외장을 한 파사드는 여러 기둥으로 공간을 나눈 로비와 연관성은 약했다. 동시에 벨 에포크로부터 상속받은 파리의 상징주의 문화는 극장 안팎의 앙투안 부르델의 부조와 프리즈, 모리스 드니의 벽화속에 여전히 살아 있었다. 신화적 고대를 향한 노스탤지어는 페레 자신이 디자인한 난간과 조명 기구, 가구에도 반영되었다.

샹젤리제 극장이 개관한 1913년 이후 10년 동안 페레 형제는 카사블랑카의 부두 건물, 파리 근교에 지은 다수의 작업장을 비롯해 철근 콘크리트 구조의 뛰어난 실용 건물을 지어왔다. 그러던 중 1922년에 오귀스트 페레에게 첫 교회 건물 의뢰가 들어왔고, 1924년 랭시에 노트르담 성당을 완성했다. 페레는 여기서 그의 철근 콘크리트 양식의 가장 순수한 형식화에 도달했다. 프랑클랭 가에서 처음 출현하고 거의 20년이 지난 후였다. 노트르담 성당은 우아한 비례와 구성상의 정교함 그리고 비내력벽 외피 안에 명쾌하게 표현된 원통형 기둥이 공식화되었다는 점에서 중요하다. 구멍 뚫린 프리패브 벽 스크린, 세로로 홈이 새겨져 있으면서 점점 가늘어지는 기둥까지 슈아시의 가르침을 건물 전체에서 찾아볼 수 있다. 이 각 요소들은 가장 명쾌한 구조적 본질로 환원되었다.

랭시 성당 작업 직후, 페레는 초기 경력의 정점이 되는 두 개의 임시 건물을 지었다. 1924년 팔레 드 부아의 '아트 갤러리'와 1925년 장식미술박람회 내에 있는 '소규모 극장'이었다[86]. 아트 갤러리는 해체 후 재사용 가능한 표준 목각재로 지어졌다. 랭시 교회와 마찬가지로 아트 갤러리는 페레가 한 작업 중에서도 가장 명확하게 표현된 구조 중 하나였던 반면, 경량 구조였던 극장은 무거운 일체식 프레임인 양 설계되었다. 실제로는 격자 형태의 철근보강 경량 클링커 빔을 받치는 원형 목재 기둥으로 구성되어 있다. 전체적으로 내부는 선반(lathe)과 플라스터로, 외부는 합성 석재로 마감했다. 합리주의 명제의 핵심이었던 구조적 순수성에서는 확실히 멀어졌지만, 임시 건물이 아니었다면 철근 콘크리트로 지었을 것이라는 건축가의 주장에 따라 이 '기만'은 용인될 수 있었다.

이 모든 불순함에도 장식미술박람회의 극장은 페레 작업 중에서도 가장 명징하고 서정적인 표현이었다. 내부의 독립 기둥 여덟 개는 천장 링빔을 받치고, 링빔은 대각선 모서리 네 곳을 가로지르는 기발한 변형으로 십자형 무대 위 격자형 천창을 지지한다. 이 내부 구조의 횡하중은 공연장 바깥 둘레에 규칙적인 간격을 두고 서 있는 독립 기둥이 받치는 주변보(perimeter beam)로 분산된다. 그러나 건물 외관만 놓고 보면 이 표현은 어색했다. 외관의 빈 공간을 분절하는 명백히 불필요한 기둥들은 새로운 '국가적-고전' 양식을 창조하려는 페레의 집념을 반영한다.

[86] 페레, 극장, 장식미술박람회, 파리, 1925.

페레 건축의 명징성과 그의 작업이 도달한 비범한 세련미와는 별개로, 이론가로서 페레는 경구적이고 변증법적 사고방식을 보여주었다는 점에서 의미가 있다. 그는 질서 대 무질서, 뼈대 대 메우기(in-fill), 영속 대 비영속, 동적 대 정적, 이성 대 상상 같은 양극성에 중요성을 부여했다. 이와 비슷한 대비가 르 코르뷔지에의 작업 전반에서 발견된다. 그러나 1925년 장식미술박람회에서 두 사람은 이미 다른 길을 걷고 있었다. 이 차이는 전시관에서뿐 아니라 이론에서도 드러났다. 르 코르뷔지에가 1926년에 출간한 『새로운 건축의 5원칙』은 페레의 규칙과는 거리가 멀었다.

12장

독일공작연맹
1898~1927

영국은 국내 환경과 생산을 현대화하기보다 잉여분을 해외에 투자하는
것이 더 이익이라고 믿었다. 이는 20세기 산업주의가 영국에서 도약한
것이 아니라는 의미이다. 그것은 독일 같은 좀 더 신생 산업국가에서
출현했다. 독일은 전통적으로 해양 권력이 보호하던 새로운 해외
시장을 뚫기 위해 경쟁자들의 생산품을 체계적으로 연구했다. 그리고
유형학적 선별과 재설계로 20세기 기계 미학의 진보에 기여했다.
— 칩킨, 「러티언스와 제국주의」, 『영국 왕립건축가협회 저널』(1969).[1]

1849년 미하일 바쿠닌과 리하르트 바그너가 주동한 드레스덴 혁명을
프로이센이 제압하면서 자유주의 혁명가이자 건축가인 고트프리트
젬퍼는 드레스덴에서 파리로 도망쳤으며 2년 후 특별 주문을 받고 런
던으로 옮겨 갔다. 그곳에서 그는 1851년 만국박람회를 계기로 유명
한 논설 『과학, 산업, 예술』을 1852년 독일어로 출간했다. 이 글에서
그는 산업화와 대량소비가 응용 미술과 건축에 미치는 영향력에 대해
탐구했으며, 윌리엄 모리스와 그의 동료들이 최초로 가정용 오브제를
생산했던 것보다 10년 앞서 산업문명에 대한 비판, 즉 "예술가는 가졌
지만 예술 자체는 가지지 못했다"는 점을 구체화했다. 그리고 산업화
이전으로 회귀하려는 라파엘전파의 꿈에 완강하게 반대하면서 다음
과 같이 피력했다.

과학은 새로 발견한 유용한 재료와 기적을 일으키는 자연력으로,
새로운 방법과 기술로, 새로운 도구와 기계로 과학 자체와 삶을
풍성하게 한다. 발명은 더 이상 결핍을 타도하고 소비를 도모하는
수단이 아니다. 대신 결핍과 소비가 발명품을 시장에 내놓기 위한
수단이 되었다. 사태의 순서가 역전되었다.[2]

같은 글에서 그는 새로운 방법과 재료가 디자인에 미친 영향도
분석했다.

가장 단단한 반암과 화강석이 버터인 양 잘리고 밀랍처럼 광이 난다.
상아는 부드럽게 다듬고 압착해 모양을 만들고, 생고무와 구타페르카는
경화 처리해 나무, 금속, 돌로 된 조각의 모조품을 생산하는 데 쓰인다.
모조 재료의 자연적인 면을 크게 능가하는 … 풍부한 수단은 예술이
싸워야 하는 최초의 심각한 위험 요소다. 이 말은 사실 역설이다.
(수단이 풍요롭지 않다는 뜻이 아니라 그것을 다룰 능력이 부족하기
때문에.) 그렇지만 우리가 처한 모순적 상황을 정확하게 묘사하고
있다는 점에서는 정당한 표현이다.[3]

이어 그는 질문한다.

기계 처리되고 새롭게 발명된 많은 대체재로 인해 재료의 가치가
떨어지면 어떻게 될까? 그리고 같은 이유로 노동의, 그림의, 순수
미술의, 가구의 가치가 하락하면 어떻게 될까? 이렇게 혼란스러운
와중에 어떻게 시간이나 과학이 법칙과 질서를 가져올 것인가? 어떻게
진짜 옛날 방식대로 만든 수공예 작업마저 가치가 하락되는 것을
시간이나 과학이 막아낼 것이며, 그래서 누군가는 수공예에서 단순한
애정, 골동품 수집, 피상적인 외양, 강퍅함보다 더한 것을 발견할 수
있을 것인가?[4]

전투적이고 신랄한 어조로 젬퍼는 세기의 주요 쟁점을 제기했고, 심지어 오늘날까지도 해결되기 어려운 범위의 문화적 문제에 대해 언급하고 있다. 젬퍼의 생각은 19세기 독일 문화이론으로 점차 통합되었으며, 그가 쓴 이론 교재 『기술적·텍토닉적 예술에서의 양식 또는 실용 미학』(1860~63)이 출간되면서 알려졌다.

양식에 미친 사회정치적 영향에 대한 그의 일반적인 논제는 19세기 마지막 25년간 독일에서 엄청난 산업 확장이 있은 이후까지도 진가를 인정받지 못했다. 1876년 필라델피아에서 열린 미국 독립 100주년 기념 박람회에서 독일제 산업 및 응용 미술 생산품은 영국과 미국 산보다 열등하다고 간주되었다. 취리히 연방공과대학교에서 10년 동안 젬퍼의 동료로 있었던 기계공학자 프란츠 뢸로는 1877년 다음과 같이 썼다. 독일 상품은 "질이 낮고 형편없었으며" "독일 기업은 경쟁의 원칙을 오로지 가격에 내주어야 했다". 그리고 독일은 "지적 능력과 노동자의 기술력을 상품을 세련되게 하고 예술에 근접할 정도로 수준을 향상시키는 데" 활용해야 한다고 역설했다. 1870년 통일 이후 20년 동안 독일은 이러한 비판에 주의를 기울일 시간적 여유도 없었고 그럴 이유도 없었으며, 비스마르크의 안정된 리더십 아래에서 오직 발전과 팽창에만 몰두했다. 이즈음 에밀 라테나우가 1883년 베를린에 독일에디슨회사 [이후 종합전기회사(AEG)로 개칭]를 창립하면서 독일 산업의 발전은 가속화했다. AEG는 7년 만에 광범한 상품 목록을 가지고 이익을 내며 전 세계로 뻗어나갔고 거대한 산업 연합으로 성장했다.

1890년 비스마르크가 사임하고 독일의 문화 풍토에 커다란 변화의 바람이 불었다. 많은 비평가가 공예와 산업 모두에서 디자인을 개선시켜야 미래 번영이 가능하다고 주장했다. 그리고 값싼 자원도, 저가 상품을 내다 팔 판로도 없는 독일이 세계 시장에서 경쟁을 시작하려면 상품의 질을 독보적으로 끌어올려야 한다고 강조했다. 이 같은 주장은 민족주의자이자 기독사민당 당원인 프리드리히 나우만의 에

세이 「기계시대의 예술」(1904)에서 확대되었다. 나우만은 윌리엄 모리스가 주창한 반기계주의에 맞서 높은 질은 오직 기계 생산에 익숙하고 예술적 소양이 있는 사람만이 효율적으로 성취할 수 있다고 주장했다.

산업주의와 독일 전체에 퍼진 민족주의는 프로이센 관료들이 빌헬름 왕조의 속물근성에 저항하도록 자극했고, 막 시작된 독일 문화 고유의 미술공예운동의 부흥을 독려했다. 이를 목표로 1896년 헤르만 무테지우스는 영국의 건축과 디자인을 연구하는 임무를 띠고 런던 소재 독일 대사관에 외교관 시보로 파견되었다. 1904년 독일로 돌아온 그는 응용 미술 분야의 국가 프로그램을 개혁하는 특별한 과제를 수행하기 위해 프로이센 통상국에 추밀고문관으로 임용되었다. 그 일환으로 진행된 미술공예학교 개혁 운동은 1898년 카를 슈미트의 드레스덴수공예워크숍 창설에서 이미 예상된 것이었다. 운동은 1903년 뒤셀도르프 미술공예학교 교장으로 페터 베렌스가 임명되면서 상당한 추진력을 얻었다. 무테지우스는 저서 『영국의 주택』(1904)에서 토속 공예 문화의 이상적 모형을 전파했다. 그에게 영국 미술공예운동의 건축과 가구는 좋은 디자인의 기본인 장인정신과 경제성을 논증했다는 점에서 중요했다.

2년 뒤인 1906년 드레스덴에서 제3회 독일 미술공예 전시회가 열렸다. 무테지우스는 이 자리에서 독일 응용미술동맹으로 알려진 보수적이고 보호주의적인 장인, 예술가 그룹에 맞서 독일 응용 미술의 현실을 심각하게 비판했고, 동시에 대량생산 채택을 옹호하면서 나우만, 슈미트와 공동 전선을 형성했다. 이듬해 이 세 사람은 독일공작연맹을 창립했다. 초기 회원은 독립 예술가 열두 명과 공예 회사 열두 개로 구성되었다. 개인 회원은 페터 베렌스, 테오도어 피셔, 요제프 호프만, 빌헬름 크라이스, 막스 로이거, 아델베르트 니마이어, 올브리히, 브루노 파울, 리하르트 리머슈미트, 야코브 율리우스 샤르포겔, 파울 슐체-나움부르크, 프리츠 슈마허였다. 회사들은 페터 브루크만 가, 드레스덴-헬러라우와 뮌헨 독일수공예워크숍, 오이겐 디더리히스, 클링포르스 형제, 카를스루에 순수예술인쇄예술가동맹, 푀셸과 트렙테, 살레커 워크숍, 뮌헨미술공예통합워크숍, 드레스덴 테오필 뮐러 독일 가정용품 워크숍, 빈 위크숍, 빌헬름 회사, 고틀로프 분덜리히였다.

독일공작연맹 회원들은 공예 교육 개선과 단체의 복표를 진전시킬 센터 설립에 힘썼다. 창립 그룹의 이질적 성격에서 미루어 짐작되듯 독일공작연맹은 산업 생산에 맞춰 디자인을 표준화하자는 무테지우스의 이상에 전적으로 공감하지는 않았다. 독일공작연맹 창립식 장소로 처음 제안된 곳이 바그너의 『뉘른베르크의 명가수』의 배경인 뉘른베르크였다는 사실은 의미심장하다.

독일공작연맹은 특히 산업과의 관계를 지속적으로 발전시켰는데, 이는 1907년 AEG 소속 건축가이자 디자이너로 고용되며 시작된 베렌스 이력의 발전과 분리될 수 없다. 베렌스는 그래픽에서 제품 디자인, 공장에 이르기까지 AEG만의 독자적 양식을 발전시키기로 돼 있었다[87]. 그는 이 도전적인 과제에 타고난 그래픽 능력과

[87] 베렌스, AEG 전구 포스터, 1910년 이전.

1899~1903년 다름슈타트 집단 거주지에 머무는 동안 성숙해진 유겐트슈틸 디자이너로서의 경험을 총동원했다. 베렌스의 다름슈타트 양식은 당시 네덜란드 건축가 라우에릭스가 채택해 실천하고 있던 기하학적 비례를 중시한 보이론(Beuron) 수도원 양식에 큰 영향을 받아 변형되었다. 라우에릭스는 1903년 뒤셀도르프 응용 미술학교 교장에 취임하면서 베렌스와 만났다.

베렌스의 '감정이입' 방식, 이른바 '차라투스트라 양식'은 1902년 토리노 장식미술박람회 현관 홀에 요약되어 있다. 힘 있게 구불거리는 선과 표현적인 아치 형태의 결합은 니체식으로 말하면 '조형의지'를 환기하려는 시도를 보여준다. 이 같은 수사는 라우에릭스의 영향으로 답답하고 비텍토닉적 양식에 자리를 내주었다. 베렌스는 1905년 올덴부르크에 지은 파빌리온에서 처음 이 양식을 선보였다. 이 콰트로첸토풍 보이론 양식은 1906년 하겐에 지은 화장장 설계에서 한층 정교해졌고, 다음에는 신고전주의적 뉘앙스를 띠고 1908년 베를린 조선 전시회 AEG 전시관 디자인에 적용되었다.

AEG에 합류하면서 베렌스는 산업 권력의 무자비함과 직면했다. 정교하게 연출된 신비로운 의식을 통해 독일 문화에 활력을 불어넣을 젊은 비전 대신 산업화를 받아들여야만 했다. 산업화는 독일의 숙명이었고, 산업화를 시대정신과 민족정신의 혼합의 결과로 생각한 베렌스는 예술가로서 그것에 형태를 부여하는 것을 자신의 의무로 여겼다. 1909년에 지은 AEG 터빈 공장은 현대적 삶의 생명 리듬인 산업을 구체화한 것이었다[88,89]. 19세기 철도 격납고처럼 철과 유리로 된 직설적 디자인과는 거리가 먼 베렌스의 터빈 공장은 하나의 의식적인 예술 작업이었고 산업의 힘에 바치는 신전이었다. 비관적인 체념과 함께 과학과 산업의 우위를 인정한 베렌스는 농장의 기준에 공장을 맞추려 했다. 농업에 내재한 공통된 목적 의식, 다시 말해 새로이 도시화된 베를린의 반숙련 노동자들이 어쩌면 아직 간직할 법한 노스탤지어의 감정을 공장 생산에서도 불러올 수 있게 말이다. 그렇

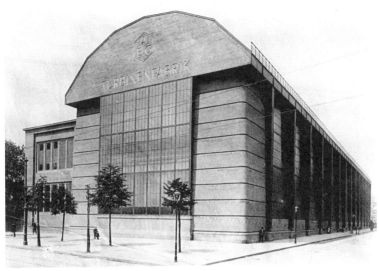

[88] 베렌스, AEG 터빈 공장, 베를린, 1908~09.

[89] 베렌스, AEG 공장 단지, 베를린, 1912. 왼쪽 건물은 고압 작업장, 오른쪽은 조립 공장.

지 않다면 어떻게 터빈 공장의 다면 박공지붕이나, 1910년 AEG 브루넨슈트라세 복합시설의 지테퐁 농장 안마당 같은 레이아웃을 설명할 것인가? AEG에 들어가면서 베렌스는 올덴부르크 양식을 형식적인 힘은 유지하되 엄격한 기하학은 배제하는 식으로 수정했다. 그래서 터빈 공장 도로 쪽 파사드의 경량 철골은 모서리에서 단단하고 서칠게 마감된 요소를 만나 마무리된다. 그러나 외관상 모서리는 전혀 하중을 지지하지 않는 것처럼 표현되었다. 육중한 모서리를 낀 측면의 경량 가구식 프레임으로 된 이 같은 비텍토닉적 공식은 베렌스가 AEG를 위해 설계한 거의 모든 산업 건물을 특징짓는다. 상트페테르부르크에 1912년 완성한 신고전주의적인 프로이센 대사관처럼 뼈대 프레임이 기능상 필수가 아닐 때 싱켈식 모서리가 분명히 강조되긴 했지만 크게 튀지도 않았다.

베렌스는 「무엇이 기념비적 예술인가」(1908)라는 에세이에서 보수적인 성격을 드러냈다. 그리고 기념비적 예술이란 한 시대의 지배 권력을 표현한 것이라고 정의했다. 같은 글에서 그는 젬퍼의 환경 형태(environmental form) 이론이 기술적·물질적 요구에서 나왔다는 점을 다루었다. 베렌스는 젬퍼가 전형적인 텍토닉(tectonic) 요소, 즉 고전 건축에서 나타나는 내력 기둥의 표현적 성격에 부여했던 중요성을 거부했다. 대신 베렌스는 알로이스 리글의 엘리트주의적 예술의지 또는 조형의지 이론에 깊은 영향을 받았다. 조형의지는 이미 정해진 '비텍토닉' 원칙으로서 재능 있는 개인을 통해 작동한다. 리글에게 이 힘은 한 시대의 특정한 기술적 경향에 대항할 운명이었다. 이러한 논지의 연장선상에서 베렌스는 기술보다는 양식의 영역에서 AEG 제품 디자인에 기여했다.

규범(Norm)과 형태(Form) 사이, 유형(type)과 개성(individuality) 사이의 균열은 곧 독일공작연맹 회원들을 사로잡았다. 갈등은 1914년 쾰른에서 열린 독일공작연맹 전시회 때 진행된 총회에서 헤르만 무테지우스가 한 연설로 더욱 악화되었다. 나우만의 저서에 상당한 영향을 받은 무테지우스는 열 가지 요점으로 정리한 프로그램에서 전형적인 오브제(르 코르뷔지에의 '오브제-유형' 참조)를 세련되게 만들 필요성을 강조했다. 요점 1과 2에서는 건축과 산업 디자인은 표준 형태(Typisierung)를 통해서만 중요성을 획득할 수 있다고 주장했고, 요점 3~10에서는 질 높은 제품을 만들어 세계 시장에서 쉽게 팔릴 수 있게 해야 한다는 국가의 책임을 다루었다. 대량생산에 관해 말하는 요점 9 내용은 다음과 같다. "수출의 선결조건은 완벽한 취향을 가진 효율성 높은 대기업이 있어야 한다는 것이다. 예술가가 디자인한 특정한 단일 오브제는 독일 내 수요조차도 감당하지 못한다."

전 세계 중산층을 노린 오브제를 만들자는 기회주의적 주장에 반 데 벨데는 즉각 반발했다. 반 데 벨데는 반대 성명을 통해 '수출' 예술을 거부하고 예술가 개개인이 지닌 창조성의 주권을 선언했다. 베렌스에게 그랬듯 반 데 벨데에게도, 리글이 말한 조형의지의 자연스러운 과정만이 문명화된 규범의 진화를 차차 가능케 할 것이었다. 논란이 있었지만 반 데 벨데에게는 발터 그로피우스, 카를 에른스트 오스트하우스 등 여러 인사의 충분한 지지가 있었다. 무테지우스는 자신의 제안을 철회할 수밖에 없었다. 열 가지 요점을 발표하는 자리에서 무테지우스는 자신이 생각하는 '유형'의 개념을 다음과 같이 상술했다. "개인주의에서 유형의 창출로 가는 길은 자연스러운 성장의 길이며 오늘날 제조업에서 상품이 … 꾸준히 개선되어가는 길이다." 다시금 그는 "본질적으로 건축은 유형적인 것으로 향하는 경향이 있다. 유형은 예외적인 것은 폐기하고 질서를 정립한다"고 선언했다. 따라서 젬퍼에게서와 같이 무테지우스에게 '유형'은 사용과 생산을 통해 서서히 개선되는 '제품 오브제'(product object)와 건축 언어의 기본 단위로 기능하는 환원 불가능한 요소인 '텍토닉 오브제'(tectonic object)를 함축하는 개념이다.

유겐트슈틸의 갑작스러운 몰락 앞에서, 그 같은 문법의 필요성은 1914년 독일공작연맹 전시회에서 무테지우스, 베렌스, 호프만 등 건축가 대부분이 재해석된 신고전주의 언어로 스스로를 표현하게 했다. 하지만 예외가 둘 있었다. 그중 하나는 반 데 벨데의 독일공작연맹 극장으로, 유사-신지학적 분위기를 풍기는 그의 '형식-힘' 미학이 반영된 작업이었다. 다른 하나는 브루노 타우트의 유리 전시관이다. 이 전시관은 1902년 베렌스가 토리노 장식미술박람회 현관 홀에서 보여주었던 의식적인 신비주의를 상기시킨다.

1914년 전시는 독일공작연맹의 신세대 예술가들을 대중에게 널리 소개하는 자리였다. 베렌스의 사무실에서 1910년까지 함께 일했던 그로피우스와 아돌프 마이어도 이때 이름을 알렸다. 1910~14년 그로피우스는 베렌스가 베를린에서 보여준 이력의 궤적을 따라 활동을 이어갔다. 1910년 3월, 그로피우스는 AEG의 에밀 라테나우에게 합리화된 주택 생산에 관한 보고서를 제출했다. 이는 1906년 그로피우스가 야니코프를 위해 계획했던 노동자 주택 프로젝트로 예증된 바 있다. 그로피우스가 26세에 쓴 이 보고서는 오늘까지도 표준화된 주택 단위들의 성공적인 프리패브, 조립과 유통을 위한 필수조건을 알려주는 가장 철저하고 명쾌한 주해들 중 하나이다. 1911년 새롭게 동업자가 된 그로피우스와 마이어는 카를 벤샤이트의 주문으로 알펠트-안-데어-라이네에 신골(shoetree)을 생산하는 파구스 공장을 설계한다. 1913년 독일공작연맹 『연감』은 산업용 건물에 관한 그로피우스의 기사를 실었는데, 신세계 미국의 산업적 토속성에서 따온 곡물 저장고와 다층 공장이 삽화로 소개되었다. 그해에 그는 산업 디자이너로 일하기 시작했다. 디젤 기관차 차체와 레이아웃을, 다음에는 침대칸 실내를 디자인했다. 마침내 그로피우스와 마이어는 1914년 독일공작연맹 전시에 선보일 시범 공장을 설계했다[90].

파구스 공장에서 그로피우스와 마이어는 베렌스의 터빈 공장의 문법을 좀 더 개방적인 건축 미학으로 조정했다. 베렌스가 지은 모든 대규모 AEG 건물에서처럼 모서리가 구성에서 중요한데, 베렌스의 것은 언제나 석조였지만 이들은 유리를 썼다. 파벽돌 외장에서 앞으로 튀어나온 유리를 끼운 수직 패널들은 지붕에 기적적으로 매달려 있는 듯한 착시를 일으킨다. 이 '매달린' 효과는 반투명한 모서리와 함께 터빈 공장의 구성을 뒤집은 것이다. 즉, 수직 유리 파사드의 더없이 평면적인 성질은 벽돌 마감한 프레임의 '고전적' 엔타시스로 한층 강조되었다. 이러한 전치에도 불구하고, 비텍토닉한 유리 작업과 고전적인 것에 대한 노스탤지어는 파구스 공장이 베렌스의 영향 아래 놓여 있음을 여실히 드러냈다.

강조된 모서리와 돌림띠 구성이 표명하는 이 독특한 배열은 1924년 그로피우스가 디자인한 데사우 바우하우스까지 아울러 그로피우스와 마이어가 함께한 모든 공공 작업의 특징이 되었다. 그것은 분명 1914년 독일공작연맹 전시회 당시 그들이 설계한 시범 공장 단지에서 채택한 전략이었다. 유리 외피의 물질성은 건물 양 끝의 나선 계단을 감싸는 막처럼 펼쳐진다. 속이 비칠 정도로 얇은 유리 외피 안에 벽돌 골조가 서 있는데, 이 둘의 분리는 프랭크 로이드 라이트의 양식을 좇아 처마가 돌출된 평지붕을 각각 씌운 양쪽 전시관에서 더 강조된다. 유리와 석조의 극적인 역할 전도에도 불구하고, 공장의 레이아웃은 그것의 축뿐 아니라 '관리'와 '생산'을 위계적·체계적으로 분

[90] 그로피우스와 A. 마이어, 시범 공장 단지 일부, 독일공작연맹 전시회, 쾰른, 1914. 왼쪽은 사무실.

리한 점에서 매우 보수적이었다. 공적이고 고전적이며 화이트칼라를 의미하는 파사드는 앞에 놓여 사적이고 기능적이며 블루칼라를 의미하는 철골 구조물을 가린다. 하지만 제아무리 명확하게 표현되었다 한들 이러한 이중적 해결책을 베렌스라면 결코 받아들이지 않았을 것이다.

헤르만 무테지우스와 앙리 반 데 벨데 사이의 균열은 1914년 전시 작업 상당수에서 이미 명백해진 반동정신을 효과적으로 드러내게 했다. 1913년과 1914년 독일공작연맹 『연감』은 '산업과 무역에서의 예술'과 '운송'을 다뤘으며, 산업 구조 설비, 철도 차량, 선박, 항공기 디자인을 기록했다. 그러나 1915년 『연감』은 '전쟁 당시 독일의 형식'이란 불길한 제목을 달았고, 향수에 젖은 듯이 주로 1914년 전시회에 출품된 네오비더마이어 작업들에 지면을 할애했다. 진보적 산업 국가라는 약속과 승리가 산업화된 전쟁으로 곧 불타버릴 것이라는 사실은 내다보지 못했던 듯하다. 이 비극은 독일공작연맹 예술가들이 디자인한 전몰자 묘—이 디자인들은 1916/17년 『연감』의 유일한 주제였다—의 질적 가치만으로는 극복될 수 없었다.

전쟁 후 베렌스는 다른 사람이 되었다. 민족정신이 더는 이전과 같지 않았기 때문이다. 그는 차가운 고전주의와 산업이 가진 힘의 권위를 상징하려는 열정을 포기하고, 독일인의 진정한 정신을 표현할 수 있는 건축 예술로 선회했다. 그리고 브루노 타우트가 발행한 잡지 『여명』(Frühlicht)을 통해 신낭만주의적이고 니체스러운 과거를 넘어 중세에 기원을 두고 중세를 연상시키는 형태로 회귀했다. 그러나 리글의 조형의지가 가진 구원하는 힘에 대한 신념은 흔들리지 않았다. 1920년 파르벤이 프랑크푸르트-회흐스트에 지을 새로운 건물의 설계를 베렌스에게 의뢰했을 때, 그는 상실된 중세 도시 건축의 문법을 벽돌과 석조 구조로 재해석하려고 했다. 건물의 중심부에는 공적인 의례를 거행할 듯싶은 신비로운 공간이 있었다. 또한 벽돌을 내쌓은 5층 높이의 다면체 홀에 수정처럼 빛나는 천창이 있는 형식으

로 1902년 베렌스가 디자인한 토리노 전시관 현관 홀이 부활시킨 듯
했다. 이것은 베렌스가 청년 시절 영감을 받았던 외관은 극적인 '공공
성이 드러나는 공간'을 암시하며, 똑같은 정도로 브루노 타우트의 유
리사슬(13장 참조) 회원들을 사로잡은 문화 상징을 시사하기도 한다.
유사한 충동이 1920년대 베렌스의 소규모 진시 구조물들에 드러나
있다. 1922년 뮌헨 미술공예 전시를 위해 설계한 성당 석공들의 숙
소—대각선 줄무늬 벽돌 작업을 했고 지붕은 첨탑처럼 경사진—와
1925년 파리 장식미술박람회를 위해 지은 라이트풍의 유리 온실이
그것들이다. 그때부터 베렌스의 작업은 아르데코 양식에 가깝게 남
아 있었던 반면, 독일공작연맹의 미래는 신즉물주의(Neue Sachlich-
keit)운동과 분리될 수 없었다. 신즉물주의는 1927년 슈투트가르트에
서 열린 (유명한 바이센호프지들룽이 소개된) 국제 주택 전시에서 독
일공작연맹의 후원 아래 정점에 도달했다.

13장

유리사슬:
유럽의 건축적 표현주의
1910~1925

문화를 더 높은 차원으로 끌어올리기 위해서 우리는 좋든 싫든 건축을
바꾸어야 한다. 이는 우리가 살고 있는 둘러싸인 방을 해방시킬 때
가능할 것이다. 그리고 이는 태양의, 달의, 별들의 빛을 방에 들이는
유리 건축을 도입함으로써만 가능하다. 창문뿐 아니라 유리 또는 채색
유리로 된 벽을 가능한 한 많이 있게 해서 말이다.
— 파울 셰르바르트, 「유리 건축」(1914).[1]

유리를 사용함으로써 문화를 고양시킬 수 있다는 시인 파울 셰르바
르트의 비전은 신미술가협회 창립과 함께 1909년 뮌헨에서 처음 부
상한 비억압적 감수성을 향한 열망을 고취시켰다. 화가 바실리 칸딘
스키가 이끌었던 초기 표현주의 미술 운동은 이듬해에 두 개의 무정
부주의적 출판물, 헤르바르트 발덴의 저널 『폭풍』(*Der Sturm*)과 프
란츠 펨페르트의 신문 『행동』(*Die Aktion*)으로부터 즉각적인 지지
를 얻었다. 이 두 베를린 저널은 반문화를 촉진했는데, 이는 독일공작
연맹의 창설로 촉발된 체제 문화에 반기를 드는 것이었다. 1907년 셰
르바르트는 유토피아적 미래에 관한 '공상과학' 이미지를 제안했는데,
부르주아적 개혁주의와 산업국가 문화 모두에 적대적이었다.

　　1914년 쾰른 독일공작연맹 전시는 '표준 형태'의 집단적 수용과
개인의 표현주의적 조형의지 사이의 이념적 분열이 표출된 자리였
다. 이 대립은 베렌스가 설계한 신고전주의적인 연회장과 반 데 벨데
가 지은 극장의 유기적 형태 사이의 대비에서 여실히 드러났으며, 많

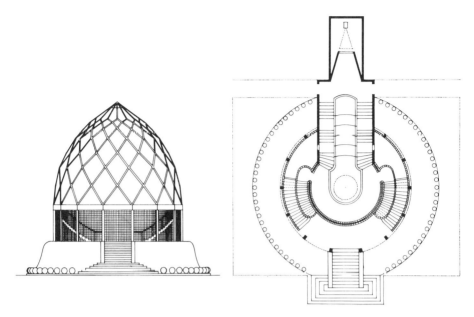

[91] 타우트, 유리 전시관, 독일공작연맹 전시회, 쾰른, 1914. 입면도와 평면도

은 점에서 그로피우스와 마이어의 시범 공장과 브루노 타우트의 환등 같은 유리 전시관[91]의 차이와도 비슷했다. 이는 분열이 한 세대 이상의 독일공작연맹 디자이너들에게 영향을 미쳤음을 확인해준다. 베렌스와 그로피우스가 표준화된 방식, 즉 고전 양식으로 기울었던 반면, 반 데 벨데와 타우트는 자유롭게 표현된 조형의지를 작업에 드러냈다.

셰르바르트가 「유리 건축」에 쓴 경구 같은 텍스트는 타우트에게 헌정되었고, 타우트는 유리 전시관에 셰르바르트의 문장을 새겼다. "빛은 유리(crystal)를 원한다" "유리가 새 시대를 가져온다" "우리는 벽돌 문화가 유감스럽다" "유리 궁전 없는 삶은 짐이다" "벽돌로 지은 건물은 우리에게 해로울 뿐이다" "채색 유리는 증오를 사라지게 한다"와 같은 문장이 타우트의 전시관을 빛에 바쳤다. 다면체 큐폴라와 유리블록으로 쌓은 벽을 통해 들어온 빛이 축을 따라 일곱 계단이 있는 실내를 비췄다. 내부는 유리 모자이크로 되어 있었다. 타우트에 따르면 자신의 1913년 라이프치히 강철 전시관을 본뜬 이 수정 같은 구조는 고딕 성당의 정신으로 설계되었다. 사실상 '도시 왕관'이었다. 타우트는 모든 종교 건물의 보편 패러다임으로 피라미드 형태를 가정했다. 이는 신앙심과 더불어 사회 재구성을 위한 도시의 기본 요소였다. 셰르바르트가 선언한 비전의 사회문화적 의의는 1918년 건축가 아돌프 베네에 의해 확대되었다.

> 유리 건축이 새로운 문화를 창출할 것이라는 것은 한 시인의 광적인
> 변덕이 아니다. 그것은 하나의 사실이다. 새로운 복지시설, 병원, 발명품
> 또는 기술 혁신과 개선 등은 새로운 문화를 가져오지 않을 터이나
> 유리 건축은 그러할 것이다. … 유리 건축이 불편하리라는 유럽인의
> 우려는 당연하다. 확실히 그럴 것이다. 그리고 이 사실은 조금도 이점이
> 될 수 없다. 그럼에도 불구하고 유럽 사람은 안락함에서 억지로라도
> 빠져나와야 한다.[2]

1918년 11월, 제1차 세계대전이 끝났다. 그해 타우트와 베네는 예술노동자협의회를 조직하기 시작했는데, 같은 시기에 만들어진 '11월 그룹'(November-gruppe)과 통합되었다. 예술노동자협의회는 1918년 12월에 나온 타우트의 『건축 프로그램』에서 기본 목표를 선언했으며, 민중의 적극적인 참여로 창조될 새로운 총체예술을 주장했다. 이어 1919년 봄에는 다음과 같은 일반 원칙을 거듭 역설했다. "예술과 대중은 하나의 실체를 형성해야 한다. 예술은 더 이상 소수의 사치품이 아니며 대중이 즐기고 경험하는 것이어야 한다. 목표는 위대한 건축의 비호 아래 맺는 예술 동맹이다." 베네, 그로피우스, 타우트가 이끌고 다리파 화가들과 연계된 예술노동자협의회는 베를린이나 그 근처에 사는 미술가, 건축가, 후원자 50여 명으로 구성되었다. 미술가 게오르크 콜베, 게르하르트 마르히스, 라이오넬 파이닝거, 에밀 놀데, 헤르만 핀슈테린, 막스 페히슈타인, 카를 슈미트-로틀루프 그리

고 건축가 오토 바르트닝, 막스 타우트, 베른하르트 회트거, 아돌프 마이어, 에리히 멘델존도 있었다. 1919년 4월에 이들 중 마지막 다섯은 '무명 건축가들의 전시'라는 제목으로 공상적인 작업 전시회를 올렸다. 그로피우스가 쓴 전시 서문은 같은 달 출간된 그의 바이마르 바우하우스 프로그램의 첫 번째 초고였다.

> 우리는 함께 새로운 건축 개념을 원하고, 상상하고, 창안해야 한다. 화가와 조각가는 건축을 에워싼 장벽을 부수고 예술의 궁극적 목표를 향해 가는 공동 건축가이자 전우로 거듭나야 한다. 미래의 성당에 관한 창조적 개념은 다시 한 번 모든 것을, 즉 건축과 조각과 회화를 하나로 아우를 것이다.[3]

중세가 그랬듯 사회의 창조적 에너지를 통합할 능력이 있는 새로운 종교 건물에 대한 이 같은 요구는 베네가 1919년 여론조사에 대한 답변으로 쓴 『맞소! 베를린 예술 소비에트의 소리들이오』에도 반영되었다.

> 특정 종파의 것은 아니지만 종교적인, 진정한 이상적인 신의 집을 짓는 것이 가장 중요해 보인다. … 새롭고 깊은 신앙심이 우리에게 올 때까지 기다려서는 안 된다. 우리가 그것을 기다릴 동안 그것이 우리를 기다릴 테니 말이다.[4]

1919년 스파르타쿠스 당원들이 일으킨 봉기가 제압된 후 예술노동자협의회는 공식 활동을 하기 어려워졌다. 협의회는 '유리사슬'(Die Gläserne Kette)이라고 알려진 서신 회람에 집중하기 시작했다. '비공식적으로 마음이 움직일 때마다 … 회원들과 공유하고픈 생각들을 자주 그리거나 쓰자'는 타우트의 제안에 따라 1919년 11월 '유토피아 통신'이 시작되었다. 열네 사람이 참여했지만, 중요한 '작업'을 내놓은 사람은 절반 정도에 불과했다. 스스로를 '유리'(Glas)라고 칭한 타우트 말고도 그로피우스[필명 매스(Mass)], 핀스털린[필명 프로메테우스(Prometh)], 브루노 타우트의 동생 막스가 있었다. 막스는 실명으로 편지를 썼다. 또한 이전에는 협의회 주변부에 있던 건축가들이 함께했는데, 주목할 만한 인물로는 한스와 바실리 루크하르트 형제, 한스 샤로운이 있었다. '유토피아 통신'은 타우트의 잡지 『여명』의 자료가 되었을 뿐 아니라 협의회에서 표현되었던 다양한 사고방식을 드러내고 발전시키는 데 기여했다. 타우트와 샤로운은 특히 무의식의 창조적 기능의 중요성을 역설했다. 1919년 샤로운이 쓴 글의 일부를 보자.

> 우리는 우리 선조의 혈기가 창조성의 물결을 불러온 것처럼 창조해야
> 한다. 그리고 그에 따라 우리가 만들어낸 창조물의 성격과 인과율의
> 완전한 이해를 드러낼 수 있다면 우리는 만족할 것이다.[5]

그러나 1920년에 이르러 '유리사슬'의 결속은 자유로운 무의식의 형태와 합리적인 조립식 생산은 서로 화합할 수 없다는 한스 루크하르트의 인식과 함께 금이 가기 시작한다. 그해 루크하르트는 다음과 같이 썼다.

> 심오하게 정신적인 노력의 반대편에는 자동 공정으로 나아가는 추세가
> 있다. 테일러 시스템의 발명은 이 자동 공정의 전형적 특징이다.
> 이것은 하나의 역사적 사실이다. 따라서 이러한 시대적 흐름을
> 인정하지 않으려는 자세는 전적으로 잘못이다. 게다가 그것이 예술에
> 적대적이라고 증명할 수도 없지 않은가.[6]

루크하르트의 합리주의가 1914년 독일공작연맹을 갈라놓았던 쟁점에 대한 논쟁으로 돌아가는 결과를 초래했다면, 타우트는 『알프

스 건축』과 『도시 왕관』(1919)과 같은 책에서 처음 표현되었던 셰르바르트적 관점을 1920년 출간된 그의 유명한 저서 『도시의 해체』에서도 견지했다. 러시아 혁명의 사회주의 도시계획자들과 마찬가지로 타우트는 도시를 해체하고 도시화한 사람들을 농촌으로 돌려보낼 것을 권고했다. 그는 농업과 수공예에 기초한 공동체 모형의 형식화라는 실용적인 제안을 하는가 하면, 알프스에 유리 신전을 세우자는 환상적인 제안을 하기도 했다. 타우트는 방사형으로 나뉜 원형의 농업단지 모델을 제안했는데, 지극히 크로폿킨적이었다. 단지 중심에 독립 주거 구획 세 곳이 있었고, 식자층, 예술가, 아이들이 각각 한 구획을 차지하고 마름모 모양의 안뜰 주위로 그룹을 이루었다. 축을 따라가면 단지 중앙에 위치한 수정을 연상시키는 '천상의 집'으로 연결된다. 공동체 관리자들은 여기에서 회의를 진행할 것이었다. 타우트의 무정부주의적 사회주의가 보여준 역설 중 하나가 권위적이지는 않았다 해도 위계적이었다는 점이다. 공동체를 위해 상상했던 사회시설은 파시즘의 씨앗을 품고 있었고, 파시즘은 국가사회주의 운동의 '피와 땅'(Blut und Boden) 정책에서 이내 천박성을 드러냈다.

1921년 마그데부르크의 시 건축가가 된 타우트는 다음 해에 설계한 시청 전시 홀에서 그의 '도시 왕관'을 실현하고자 했다. 그러나 그즈음 『여명』을 통해 파급된 운동의 기세가 약해졌다. 타우트는 이전의 한스 루크하르트가 그랬듯 실용적인 것에 대한 사회적 요구가 셰르바르트의 유리 낙원의 성취를 위한 여지를 거의 주지 않았던 바이마르 공화국의 매정한 현실과 타협하기로 결심한다. 이는 1923년 정부가 의뢰한 최초의 저비용 주택 구조 디자인에 그가 동생과 함께 일하면서 분명해졌다.

역설적이지만 수정처럼 생긴 '도시 왕관'의 본질적 이미지를 실현한 사람은 타우트가 아니라 한스 푈치히였다. 1919년 막스 라인하르트를 위해 푈치히가 베를린에 디자인했던 5,000석 규모의 극장[92]은 형태와 공간을 번쩍이는 빛으로 용해시킨 면에서는 타우트보다 셰르

[92] 푈치히, 대극장, 베를린, 1919.

바르트에 더 가깝다. 종유석이 자란 듯한 환상적인 극장 내부를 본 바실리 루크하르트는 다음과 같이 썼다.

> 거대한 돔 내부에 셀 수 없이 많이 걸려 있는 다양한 펜던트가 큐폴라에
> 묶여 있는데, 움푹 팬 큐폴라 덕분에 부드럽게 곡선을 이루며 움직인다.
> 특히 끝부분마다 달린 아주 작은 반사경에 빛이 떨어질 때면 어떤
> 사라짐 또는 무한함의 인상을 준다.[7]

1911년 브레슬라우에서 건축가로 자리 잡은 푈치히는 타우트와 멘델존의 후기 형식 언어를 예견하는 중요한 작업 두 개를 실현했다. 도시 왕관 이미지의 포젠 급수탑과 브레슬라우의 오피스 빌딩이다. 오피스 빌딩은 1921년 멘델존의 베를린신문 사옥의 건축 포맷이 되었다. 한편 1912년 루반에 고도로 유기적으로 분절된 벽돌조 화학 공장은 베렌스가 AEG를 위해 막 창안해냈던 산업적 양식과 흡사했다.

218

전후 1919년 독일공작연맹의 회장으로서 한 연설에서 푈치히 는 '표준 형태' 논쟁으로 되돌아가 조형의지의 원칙을 다시금 강력하 게 주장했다. 1년 뒤, 그는 새로 창안한 펜덴티브(pendentive) 모티 프를 차곡차곡 쌓아 올려 장대한 규모의 도시왕관 이미지를 구현했던 잘츠부르크 축제극장 프로젝트에서 유리사슬과의 긴밀함을 표명했다. 1917년 이스탄불 '우정의 집' 프로젝트처럼 아치를 이루는 형태는, 실 내가 전적으로 펜덴티브 요소로만 구성된 프리즘 모양의 지구라트 (ziggurat)를 만들 듯 조립되었다. 파울 베게너의 1920년 영화「골 렘」세트 외에 라인하르트를 위한 이 축제극장이 푈치히의 마지막 표 현주의 작업이었다. 1925년 푈치히는 베를린의 카피톨 극장에서 내면 에 숨겨두었던 고전 양식으로 되돌아갔다.

멘델존은 1917~21년 포츠담에 알베르트 아인슈타인을 위해 지 은 관측소 아인슈타인 타워에서 특유의 도시 왕관을 실현했다[93]. 이 디자인의 출발점은 1914년 독일공작연맹 전시회였다. 멘델존은 반 데 벨데가 작업한 독일공작연맹 극장의 조각적 형태와 브루노 타 우트가 설계한 유리 전시관의 외관을 결합했다. 그러나 윤곽만 놓고 보면 아인슈타인 타워는 네덜란드 건축가 아이빙크와 스넬레브란트 가 보여준 토속적인 초가지붕을 떠올리게 한다. 이 두 건축가는 테 오 베이데펠트가 발행하는 잡지『전환』(Wendingen)을 중심으로 형 성된 네덜란드 표현주의의 극단적인 진영을 대표했다. 멘델존이 아 인슈타인 타워를 완성한 직후 베이데펠트의 초청을 받아『전환』서 클의 작업을 보기 위해 네덜란드를 방문한 사실은 그래서 놀랍지 않 다. 또한 그는 암스테르담에 머물며 미헐 데 클레르크의 아이겐 하르 트(1913~19)와 피트 크라머르의 드 다헤라트(1918~23)를 포함하는 당시 암스테르담-자위트 도시계획의 일부였던 주택 건설 현장을 방문 했다. 표현주의적이었던 이들 주택은 베를라헤의 계획에 따른 것이었 다. 이형 벽돌과 타일을 덮은 이 주택들은 베이데펠트가 이끄는 지역 건축가들의 고도로 조형적이고 민속적인 풍조에 몰두하기보다는 훨

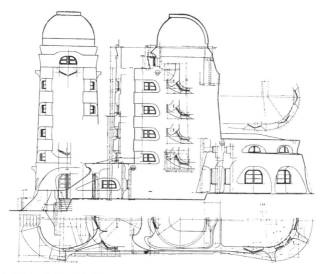

[93] 멘델존, 아인슈타인 타워, 포츠담, 1917~21. 앞면과 측면의 입면도와 평면도 일부.

씬 더 구조적으로 접근했다. 멘델존은 베이데펠트, 데 클레르크, 크라 머르가 속한 암스테르담파와는 꽤나 다른 신념을 가진 네덜란드 건축 가 여럿을 만났고 오히려 이들에게서 영향을 받았다. 이들 중에는 합 리주의적인 로테르담파 건축가 야코뷔스 오우트와 힐베르쉼에서 일 하고 있었던 라이트풍의 건축가 빌렘 뒤독이 있었다. 아내에게 보낸 편지에서 멘델존은 암스테르담파도 로테르담파도 완전히 지지할 수 없다고 썼다.

> 분석적인 로테르담은 상상을 거부하고, 상상이 풍부한 암스테르담은
> 객관성을 이해하지 못한다오. 기능이 중요한 것은 맞지만 감성이 녹아
> 있지 않다면 그것은 단지 건설에 불과할 뿐이오. 나는 그 어느 때보다도
> 조화에 편에 서야 한다고 생각하고 있소. … 그렇지 않으면 로테르담은
> 혈관을 타고 흐르는 죽음과도 같은 차가움으로 건설만 추구할 것이고,
> 암스테르담은 불같은 정열로 스스로를 파괴할 것이오. 기능과 역동성의
> 결합은 하나의 도전이라오.[8]

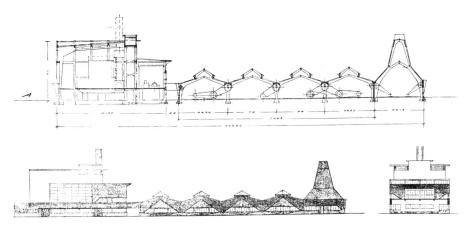

[94] 멘델존, 모자 공장, 루켄발데, 1921~23.
단면도 및 앞에서 뒤로 이어지는 입면도와 배면도.

이 편지가 암시하듯 네덜란드 표현주의 중에서도 좀 더 구조적인 건축이 멘델존의 발전에 즉각 영향을 미쳤다. 네덜란드에서 돌아온 그는 아인슈타인 타워에서 보여준 조형성보다는 재료 자체가 품고 있는 구조적 표현성에 관심을 기울였다. 1921~23년 루켄발데에 지은 모자 공장이 이를 반영한다[94]. 데 클레르크의 방식을 모델로 한 봉우리처럼 솟은 경사지붕을 씌운 염색 작업장 및 생산 창고와, 벽돌과 콘크리트로 층을 올리고 뒤독의 초기 작업을 상기시키는 큐비즘적 표현이 돋보이는 매끈한 평지붕을 덮은 발전소는 서로 강한 대비를 이룬다. 여기에서 확립된 엄청나게 높고 경사진 공업적 형태와 수평의 관리행정 요소를 대비시키는 원칙은 1925년 레닌그라드 직물 공장 프로젝트에서도 반복된다. 그러나 레닌그라드 직물 공장에서는 관리행정 블록에 수평 띠를 둘러 입체적인 조형을 완성함으로써 한 걸음 나아간 모습을 보여주었다. 이는 1927~31년 브레슬라우, 슈투트가르트, 켐니츠, 베를린에 지은 백화점 측면의 시작점이기도 하다[95]. 레이너 배넘이 지적한 것처럼, 멘델존은 이때부터 '잘 정돈되고 다듬어진 모서리로 스스로를 드러내는 기하학적이고 단순한 단위의 구조적

[95] 멘델존, 페터스도르프 백화점, 브레슬라우, 1927.

조립에 관해' 고민했다.

후고 헤링은 1924년 뤼베크 근교에 지은 굿 가르카우 농장군에서 경사지붕이 육중한 텍토닉 요소와 둥글린 모서리와 대조되도록 표현했다[96]. 몇 년 전 헤링은 자신보다 4년 아래인 미스 반 데어 로에와 베를린에서 사무실을 같이 썼는데, 잠깐 동안이지만 둘은 서로 영향을 주고받았다. 이는 그 유명한 1921년 프리드리히슈트라세 오피스 빌딩 공모전 출품작에서 두드러진다. 그들은 형태에 대한 유사하게 유기적인 접근을 채택했다. 누구나 예상 가능하겠지만, 구조를 전

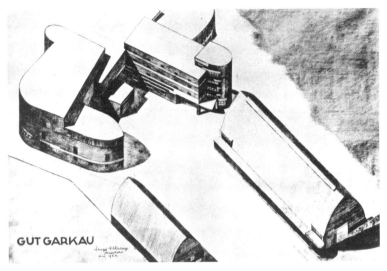

[96] 헤링, 굿 가르카우 농장, 1924. 축사(위 왼쪽)와 창고.

적으로 유리로 만들자고 주장한 이는 헤링보다는 미스였다. 미스의
유리가 가진 반사성에 대한 셰르바르트적 집착은 1922년 발행된 타
우트의 잡지 『여명』 마지막 호에 실린 유리 초고층 빌딩을 위한 프로
젝트에서 다시금 표명되었다.

　멘델존처럼 헤링도 기능의 궁극적인 우월성을 믿었다. 하지만 그
는 프로그램을 더 깊게 이해하고 형태를 발전시킴으로써 단순히 유용
하기만 한 원시적 성질을 초월하고자 했다. 그러나 샤로운과 마찬가
지로 매스를 다룰 때는 종종 생물학적 형태를 모방하는 데 그쳤다. 이
런 점에서 1928년 브레슬라우에서 열린 '주택과 작업장 전시'에 선보
인 샤로운의 호스텔 빌딩은 1924년 헤링이 작업한 프린츠 알브레히
트 정원 주거 계획의 영향을 받은 것으로 볼 수 있다. 누가 봐도 표현
주의적 성향이 있었음에도 헤링은 겉으로 드러나는 표현 또는 조형
작업에 맞서는, '유기적 작업'이라 칭한 형태의 내면적 원천 또는 '유
기체'의 프로그램에 따른 본질에 몰두했다. 이 같은 이중성에 관해 그
는 다음과 같이 밝혔다.

우리는 사물을 조사하고 그것의 이미지를 발견하길 원한다. 외부에서 그것에 형태를 부여하는 것은 자연에 역행하는 행위이다. … 자연에서 '이미지'란 많은 부분이 조합된 결과물이다. 전체와 각 부분이 가장 온전히 그리고 가장 효과적으로 살 수 있는 한에서만 그러하다. … 만일 우리가 '진정한' 유기적 형태를 추구한다면, 이질적인 형태를 부가하기보다는 자연에 맞추어 행동해야 한다.[9]

1923년 베를린 분리파 전시에서 한스와 바실리 루크하르트는 미스와 몇몇 그의 동년배 건축가들과 함께 건물의 좀 더 기능적이고 객관적인 양식을 보여주기 시작했고 이 발전은 이듬해에 '10인회'(Zehnerring)의 형성으로 이어졌다. 1925년, '10인회'는 '데어 링'(Der Ring)—헤링이 서기를 맡았다—으로 재편되었다. 그들은 베를린 시 건축가 루트비히 호프만의 극우 원칙을 극복하는 데 힘을 모았기 때문에 다양한 입장의 불화가 수면 위로 드러나지는 않았다.

이 투쟁에서 승리를 거둔 1928년, 헤링은 스위스 라 사라스에서 개최된 CIAM에 '데어 링'의 서기로서 참여했다. 그의 '유기적인 것'에 대한 관심은 당연히 르 코르뷔지에와 갈등을 빚었다. 르 코르뷔지에는 기능주의와 순수기하학적 형태의 건축을 주장한 반면, 헤링은 자신의 '유기적' 건물 개념으로 승기를 잡으려 애썼지만 그의 접근법이 비규범적이고 '장소' 중심적이라는 점만 두드러졌을 뿐이다. 그는 실패했고, 이는 셰르바르트적 이상이 설 자리를 잃었음을 의미했다. 샤로운이 전후 1954~59년 슈투트가르트에 설계한 로미오와 줄리엣 아파트, 1956~63년 베를린에 지은 필하모니 건물에서 이 비전을 확장했음에도 불구하고, '유기적' 접근법은 이후에도 우위를 점할 기회를 얻지 못했다.

14장

바우하우스: 이상의 발전
1919~1932

장인들의 새로운 길드를 만들어 장인과 예술가 사이를 구별 짓는
교만한 경계의 벽을 허물자. 다 함께 미래의 새로운 건물을 상상하고
창조하자. 이 건물은 건축과 조각과 회화를 한데 껴안고 언젠가 새로운
신앙의 수정 상징과 같이 100만 작업자의 손에서 천상에 이르도록
솟아오를 것이다.
　　ㅡ「바이마르 바우하우스 선언」(1919).[1]

바우하우스는 19세기 말 독일에서 응용 미술 교육을 개혁하기 위
해 노력한 끝에 나온 결과물이다. 개혁의 시작은 1898년 카를 슈미
트의 드레스덴워크숍의 설립이었다(이후 독일 워크숍으로 개편했으
며 1908년 헬러라우 전원도시로 이전했다). 1903년에는 브레슬라우
와 뒤셀도르프 응용 미술학교 교장으로 한스 푈치히와 페터 베렌스가
부임하면서 변화의 기운을 이어갔고, 마지막으로 1906년에는 벨기에
건축가 앙리 반 데 벨데의 지휘로 바이마르에 그랜드 두칼 미술공예
학교가 설립되었다.

　순수 미술 건물과 미술공예학교 건물, 이 야심찬 두 구조를 디자
인한 반 데 벨데는 재임 동안 장인을 위한 비교적 간소한 예술 세미
나를 개설한 것 외에 별로 한 일이 없었다. 1915년 외국인이라는 이
유로 사임을 강요당한 그는 후임자로 발터 그로피우스, 헤르만 오브
리스트, 아우구스트 엔델을 작센 주 정부 부처에 추천했다. 전쟁 내내
계속된 토론에서 정부 부처와 두칼 순수미술아카데미 교장 프리츠 마

켄젠은 순수 미술과 응용 미술의 상대적인 교육적 위상에 대해 논했다. 후임자 후보 명단에 이름을 올린 그로피우스는 응용 미술의 상대적 자율성을 주장하며, 디자이너와 장인을 대상으로 하는 워크숍 기반 디자인 교육을 지지했다. 하지만 마켄젠은 이들 모두 순수미술아카데미에서 훈련을 받아야 한다고 고집하면서 프로이센적 이상주의를 고수했다. 이 이념 갈등은 1919년 그로피우스가 순수미술아카데미와 미술공예학교가 합쳐진 복합 기관의 교장이 됨으로써 타결되었으나, 이 구도는 바우하우스를 개념적으로 갈라놓았다.

1919년 바우하우스 선언[97]의 원칙들은 1918년 말 출판된 예술노동자협의회를 위한 브루노 타우트의 건축 프로그램에서 예견된 바 있다. 타우트는 새로운 문화적 통일성은 새로운 건축예술을 통해서만 달성될 수 있으며 각 분과는 최종 형태에 기여하게 될 것이라고 주장했다. 그는 "때가 되면 공예, 조각, 회화를 나누는 경계는 사라질

[97] 파이닝거, 바우하우스 선언문의 목판화, 「미래의 교회」, 1919. 사회주의 교회를 의미한다.
[98] 이텐, 본인이 디자인한 마즈다즈난 작업 의상을 입고 찍은 사진, 1921.

것이다. 이 모두는 하나, 즉 건축이 될 것이다"고 말했다.

총체예술이라는 이상 아래 펼쳐진 무정부적 재정비(anarchic reworking)를 정교하게 다듬은 이가 그로피우스다. 그는 1919년 4월 예술노동자협의회가 조직한 '무명 건축가들의 전시' 팸플릿에서 그리고 같은 해「바우하우스 선언」에서 이를 천명했다. 팸플릿에서는 모든 순수 미술가에게 살롱 미술을 거부하고 미래의 교회에 봉사하는 장인 예술로 돌아가자고 호소했다. 그리고 "건물 안으로 들어가 아름다운 동화를 덧입히고…기술상의 어려움을 생각지 말고 상상으로 짓자"고 요구했다. 한편 선언에서는 "장인들의 새로운 길드를 만들어 장인과 예술가 사이를 구별 짓는 교만한 경계의 벽을 허물자"고 촉구했다.

바우하우스(Bauhaus)라는 단어는 중세 석공 길드인 바우휘테(Bauhütte)를 상기시키는데, 그로피우스는 새로운 기관의 공식 명칭으로 이 단어를 채택하기 꺼려 하는 정부를 설득해야 했다. 이 연관성이 다분히 고의적이었다는 사실은 1922년 오스카 슐레머가 쓴 편지에서 확인된다.

바우하우스는 원래 사회주의 성당을 건립하려는 비전으로 창립되었으며, 성당 건설 집회소(Dombauhütten) 방식으로 워크숍들이 설립되었다. 성당 개념은 잠시 뒤로 물러났고, 예술적 본성에 관한 확실한 아이디어들도 마찬가지였다. 오늘날 우리는 기껏해야 집을 생각하며, 심지어 생각만 할 뿐이다. … 경제가 곤경에 빠진 지금 우리는 단순성의 선구자가 되어야 한다. 모든 생활필수품의 단순한 형태를, 인정받을 수 있는 진정한 형태를 찾아야 한다.[2]

첫 3년 동안 바우하우스는 1919년 가을에 도착한 카리스마 넘치는 스위스 화가이자 선생인 요하네스 이텐이 이끌었다. 프란츠 치젝의 영향을 받은 이텐은 3년 전 빈에서 미술학교를 운영했다. 치젝은

격렬한 분위기 속에 화가 오스카 코코슈카와 건축가 아돌프 로스의 무정부적이고 반분리파적 활동에 편향되었다. 그는 서로 다른 재료와 질감의 콜라주 제작을 통해 개개인의 창조성을 자극하는 고유한 교수 체계를 발전시켰다. 그의 교수법은 진보적인 교육 이론으로 고취된 문화적 토양에서 숙성된 것이었다. 프뢰벨과 몬테소리의 체계부터 미국의 존 듀이에 의해 창시되어 1908년 이후 교육 개혁가 게오르그 케르션슈타이너에 의해 독일에 널리 보급된 '경험을 통한 학습'이 그것이었다. 이텐이 빈 학교와 바우하우스 기초 과정에서 쓴 교수법은, 스승 아돌프 횔젤의 형태 및 색채에 관한 이론으로 더 풍부해지긴 했지만 치젝에게서 비롯된 것이었다. 1학년은 필수였던 이 과목의 목표는 개인의 창조성을 해방시켜 자신만이 지닌 특수한 능력을 학생들 스스로 평가하는 것이었다.

이텐의 요구로 화가 슐레머와 파울 클레, 게오르크 무케가 바우하우스에 합류했던 1920년까지 그는 혼자서 기초 과정뿐 아니라 공예 분야 네 과목을 더 가르쳤다. 게르하르트 마르히스와 라이오넬 파이닝거는 부차적인 과목인 도자기 공예와 판화를 담당했다. 당시 이텐이 견지한 무정부주의적 입장은 예술가를 위한 국가 복지 규정에 관한 국민투표를 두고 밝힌 그의 1922년 반응에 응축되어 있다.

> 정신은 조직 바깥에 존재한다. 그럼에도 불구하고 정신이 조직화되어 있던 곳(종교, 교회)에서는 정신이 타고난 본성에서 멀어지게 된다. … 국가는 시민이 굶지 않도록 돌봐야 하지만 예술을 후원할 필요는 없다.[3]

이텐의 반권위적이고 심지어 신비주의적인 태도는 1921년 취리히 근처 헤를리베르크의 마즈다즈난 센터에 머물면서 강화되었다[98]. 마즈다즈난은 고대 페르시아 종교의 최신 버전이라 할 수 있다. 그해 중반 그는 제자들과 동료 무케를 개종시키겠다고 마음먹고

돌아왔다. 마즈다즈난은 간소한 삶의 방식, 정기 금식, 치즈와 마늘로만 조미하는 채식 요법을 요구했다. 창조력의 기본으로 여겨졌던 육체적·정신적 건강은 호흡과 이완 운동으로 한층 보강된다고 믿었다. 후에 이텐은 내면 지향적인 교육법에 관해 다음과 같이 썼다.

> 제1차 세계대전이 몰고 온 엄청난 희생과 끔찍한 사건을 보고 들으면서 그리고 슈펭글러의 『서구의 몰락』을 깊이 있게 공부하면서, 우리의 과학적·기술공학적 문명이 어떤 중대한 지점에 도달했다는 사실을 깨달았다. '공예로 돌아가자'라든지 '예술과 기술, 손에 손을 잡고' 따위의 슬로건을 수용하는 것만으로는 충분치 않다. 나는 동양철학을 공부했고, 마즈다이즘과 인도 요가의 가르침을 받아들이고 이를 초기 기독교와 비교해보았다. 나는 외부 지향적인 과학 연구와 기술공학적 추론을 내면 지향적인 사고와 실천으로 보충하고, 이 둘을 대등하게 다루어야 한다고 생각한다. 나는 새로운 삶의 방식의 기초가 될 무언가를 나 자신과 내 작업을 위해 탐색했다.

그로피우스와 이텐의 불화는 커져만 갔다. 그리고 개성 강한 두 예술가가 바이마르에 출현하면서 더 악화되었다. 1921년 겨울에 옮겨 온 네덜란드의 데 스테일 작가 테오 판 두스뷔르흐와, 이텐이 초청해 1922년 여름에 합류한 러시아의 화가 바실리 칸딘스키가 그들이다. 판 두스뷔르흐는 합리적이고 반개인주의적인 미학을 내세웠고, 칸딘스키는 예술에 감정적이고 신비주의적으로 접근하는 법을 가르쳤다. 두 사람이 직접 갈등을 빚지는 않았다. 판 두스뷔르흐가 학교 바깥에서 벌인 데 스테일 논쟁은 바우하우스 학생들의 흥미를 끌었다. 그의 교수법은 워크숍 생산에 곧바로 영향을 미쳤을 뿐 아니라 제한 없이 열려 있는 바우하우스 오리지널 프로그램의 제약 없는 지침에까지 직접적으로 도전했다. 판 두스뷔르흐는 그로피우스의 사무실 가구와 1922년 시카고 트리뷴 사옥 공모전에 아돌프 마이어와 공동 설계한

[99] 그로피우스와 A. 마이어, 시카고 트리뷴 사옥 프로젝트, 1922.

그로피우스의 출품작[99]이 보인 비대칭 구성에까지 영향을 미쳤다.

1922년 판 두스뷔르흐가 판을 바꾸던 9개월이 지나고, 그로피우스는 전반적인 사회경제적 위기 상황을 감지하고 장인 지향적인 원래 프로그램을 수정했다. 이텐에 대한 그로피우스의 최초의 공격은 바우하우스 교수진에게 보낸 회람에서 나타났다. 그는 수도승인 양 세상을 거부하는 이텐의 태도를 에둘러 비판했다. 이 글은 사실상 1923년 바이마르에서 열린 첫 번째 바우하우스 전시회를 기해 출판된 그로피우스의 에세이 「바우하우스의 이론과 조직」의 초고나 마찬가지였다. 그는 다음과 같이 일갈했다.

장인 교육은 대량생산 디자인을 위한 준비 과정이다. 가장 간단한
도구와 가장 단순한 작업으로 시작해, 바우하우스의 도제는 더 난해한
문제를 해결하고 기계로 작업하는 능력을 습득한다. 장인은 시작부터
마무리까지 전 생산 과정을 접하는 반면 공장 노동자는 한 단계에
해당하는 지식 이상을 결코 얻지 못한다. 그러므로 바우하우스는 상호
자극을 위해 기존의 생산업체와의 긴밀한 접촉을 의식적으로 추구해야
한다.[4]

장인의 디자인과 산업 생산의 화해를 위해 조심스럽게 표현된 이
주장은 이텐의 즉각적인 사임을 초래했다. 이텐의 자리는 급진적 사
회주의자인 헝가리 미술가 라슬로 모호이너지가 채웠다. 단명한 헝가
리 혁명을 피해 1921년 베를린으로 온 모호이너지는, 1922년 러시아
미술 전시회 준비 차 당시 독일에 머물던 러시아 디자이너 엘 리시츠
키와 접촉하게 되었다. 이 만남으로 모호이너지는 자신만의 구축주의
로 경도되었고, 이때부터 그의 회화는 절대주의 요소들로 특징지어졌
다. 십자형과 직사각형 모듈은 곧 에나멜을 입힌 강철로 제작되어 그
의 유명한 '전화기' 그림들의 내용이 되었다. 모호이너지는 다음과 같
이 말했다.

1922년 나는 한 간판 공장에 법랑으로 된 그림 다섯 점을 전화로
주문했다. 나는 공장에서 쓰는 색상표를 가지고 있었고, 내 그림들을
그래프 종이에 스케치했다. 전화의 다른 한쪽 끝에는 공장의 현장
주임이 사각형으로 분할된 같은 종류의 종이를 보고 있었다. 그는 내가
지시한 모양을 정확한 위치에 옮겼다.[5]

프로그램에 따른 미술 생산의 이 극적 실연은 그로피우스에게 깊
은 인상을 주었던 것으로 보인다. 다음 해에 그로피우스는 모호이너
지를 초청해 기초 과정과 금속 워크숍을 넘겨주었다. 모호이너지의

지도 아래 금속 워크숍은 곧 '구축주의적 요소주의'(Constructivist Elementarism)로 기울었다. 시간이 지나면서 이 경향은 제품 편의성에 대한 좀 더 신중한 관심으로 바뀌었다. 모초이너지는 요제프 알베르스와 함께 맡았던 기초 과정에 나무, 금속, 철사, 유리 등 다양한 재료를 이용한 평형 구조 실습을 도입했다. 목표는 부조로 조립되는 대조적인 재료와 형태에 대한 느낌을 설명하는 데 있지 않고 독립적이고 비대칭적인 구조의 정적이고 미적인 특징을 드러내는 데 있었다. 이 같은 실습의 전형은 모호이너지 자신의 빛-공간 모듈레이터 제작이었으며, 그는 이 작업을 1922년에 시작해 1930년까지 매달렸다.

모호이너지가 소련의 고등 기술 및 미술 교육기관 브후테마스(Vkhutemas)에서 일부 차용한 구축주의적 요소주의 양식은 바우하우스의 다른 과정, 즉 판 두스뷔르흐가 불러온 데 스테일의 영향 그리고 포스트-큐비즘적 형태로의 접근—1922년부터 슐레머가 이끈 조각 워크숍에서 입증된 바와 같이—에 의해 보완되었다. 이텐의 사임 후 하나의 독자적 양식으로 곧바로 채택된 '요소주의'는 헤르베르트 바이어와 요스트 슈미트가 1923년 바우하우스 전시에 사용한 산세리프 서체에서 잘 드러난다.

이 전환기는 두 개의 모델 하우스로 특징지어진다. 1922년 베를린 달렘에 그로피우스와 마이어가 설계한 조머펠트 주택과, 무케와 마이어가 1923년 바우하우스 전시를 위해 설계했던 바우하우스 실험 주택이 그것들이다[100]. 바우하우스 워크숍에서 대부분 짓고 가구 설비를 한 이 두 집에는 공통

[100] 무케와 A. 마이어, 실험 주택, 바우하우스 전시회, 1923.

점만큼이나 놀라운 차이점이 있다. 조머펠트 주택은 총체예술을 창조하기 위해 조각한 나무와 스테인드글라스로 다채롭게 실내를 꾸민 전통적인 '향토 양식'의 통나무집이다. 반면, 실험 주택은 '주거 기계'로서 가장 최신의 노동 절약적 아이디어가 반영된 '즉물적인'(sachlich) 오브제로 착상되었다. 최소한의 동선을 요구하는 이 집은 '아트리움' 주위로 지어졌는데, 이때의 아트리움은 개방된 안뜰이 아니라 사방이 침실과 다른 부수 공간들로 둘러싸인, 천장으로 빛이 들어오는 거실이다. 방들에는 노출된 금속 라디에이터, 강철 창문과 문 틀, 요소주의적 가구와 갓 없는 관 모양 조명 등이 간소하게 갖춰졌다. 가구 대부분은 바우하우스 워크숍에서 손으로 만든 것들이었다. 아돌프 마이어는 1923년 『바우하우스 연감』 3권에 실린 이 주택에 관한 보고에서 표준 욕실과 부엌 설비를 갖추었으며 완전히 새로운 재료와 방법으로 건설되었다고 강조했다.

바우하우스의 변화하는 이념은 『바우하우스 연감』 같은 호에 실린 그로피우스의 「주택-산업」 글에서 한층 더 과시되었다. 이 글에는 카를 피거가 계획한 탁월한 원형 주택이 도판으로 실려 있는데, 이 중앙집중식 경량 주택 개념은 버크민스터 풀러의 1927년 다이맥시온 주택을 예견했다. 덧붙여 그로피우스는 바우하우스 단지의 원형으로 자신의 연속 주택(Serienhäuser)이나 확장할 수 있는 주택 단위를 선보였고, 바이마르 근교에 이 단지를 건축하기를 원했다. 이는 1926년 데사우 바우하우스 교수 사택으로 실현되었다.

1923년 이후 바우하우스의 접근법은 신즉물주의 운동과 밀접해지면서 극도로 '객관적'이 되어갔다. 이 연계는 1928년 그로피우스가 그만둔 이후 더욱 두드러졌다. 이는 다분히 형식주의적으로 매스를 처리하긴 했지만 데사우 바우하우스 건물들에 반영되어 있다. 그로피우스 재임 마지막 2년 동안 바우하우스는 주요한 세 가지 변화를 거쳤다. 정치적으로 강제된 것이지만 제대로 준비했던 바이마르에서 데사우로의 이전, 데사우 바우하우스의 완성[101,102], 바우하우스 접

[101, 102] 그로피우스, 데사우 바우하우스, 1925~26. 바람개비 구성을 볼 수 있다(253쪽 참조).
1926년 개관식 당시 사진, 구름다리가 행정동과 작업동을 연결한다.

근법의 인정과 파급이 그것이다. 바우하우스의 접근법은 생산 방법, 재료의 제약, 프로그램에 따른 필요에서 형태를 뽑아내는 것을 강조했다.

마르셀 브로이어의 탁월한 지도 아래 가구 워크숍은 편리하고 손질하기 쉬우며 경제적인 경량의 강관 의자와 테이블을 1926년부터 생산하기 시작했다. 이 가구들은 금속 워크숍의 조명기구[103,104]와 함께 바우하우스 신축 건물 실내 설비[105]에 쓰였다. 1927년에 이르러 바우하우스 디자인은 산업적 생산에 열을 올렸다. 브로이어의 가구, 군타 슈타들러-슈튈츨과 그녀의 동료들의 직조섬유, 마리안느 브란트의 우아한 램프와 금속 그릇 등이다. 같은 해 바우하우스 타이포그래피 역시 바이어의 엄정한 구성과 산세리프로 성숙기에 접어들었고, 대문자를 뺀 디자인은 세계적으로 유명해졌다. 1927년에는 또한 스위스 건축가 하네스 마이어가 이끄는 건축과가 신설되었다. 이즈음의 브로이어의 조립 주택 설계 상당수는 마이어가 미친 영향을 고스란히 반영하고 있다. 마이어는 부임하면서 재능 있는 동료 한스 비트베르를 데리고 왔는데, 그 역시 바젤의 좌파 그룹 ABC(242쪽 참조)의 회원이었다.

그로피우스는 데사우 시장에게 사임을 표했고 마이어가 후임자

[103] 유커, 조절 가능한 피아노 램프, 1923.

[104] 바우하우스 조명, 하네스 마이어의 지도로
압연 금속과 유백색 유리로 만든 대량생산 제품.

[105] 그로피우스, 바우하우스, 데사우, 1925~26. 브로이어의 가구가 구비된 메인 홀.

로 1928년 초 임명되었다. 바우하우스 체제의 성숙, 자신을 향한 끊임 없는 비판, 날로 늘어나는 건축 의뢰 등이 그로피우스로 하여금 변화 를 꾀할 때임을 확신케 했다. 데사우로 옮긴 바우하우스는 완전히 변 했다. 그리고 역설적이게도—데사우의 반동적 토양을 생각하면 특히 그러한데—지향점은 더욱 더 왼쪽으로 그리고 신즉물주의에 더 가까 워졌다. 여러 가지 이유로 모호이너지, 브로이어, 바이에르는 그로피 우스의 뒤를 이어 사임했다. 모호이너지는 엄격한 디자인 방법을 채택하도록 강요한 마이어를 싫어했다. 그는 사직서에 다음과 같이 적시했다.

> 나는 이 전문화되고 순수하게 객관적이며 효율적인 원리를 지속해갈 여유가 없다. 생산적으로나 인간적으로나. … 나는 테크놀로지기 강화된 프로그램에서는 기술 전분가가 조수로 있어야만 계속할 수 있다. 이것은 돈이 드는 일이니 결코 가능하지 않겠지만.

그로피우스가 모은 뛰어난 스타 교수진의 제약에서 자유로워진 마이어는 한층 더 '사회적으로 책임 있는' 디자인 프로그램으로 바우하우스 작업의 방향을 바꾸었다. 단순하고 쉽게 철거할 수 있으며 저렴한 합판 가구와 다양한 벽지가 생산되었다. 미학적인 것보다 사회적인 고려를 우선했지만 바우하우스 디자인은 과거 어느 때보다도 많이 제작되었다. 마이어는 바우하우스를 건축[architecture; 논쟁적인 이유로 지금은 '빌딩'(building)으로 이름을 바꾼], 광고, 목재 및 금속 생산, 직물 등 네 개의 주요 학과로 재편성했다. 산업 조직, 심리학 같은 보조 과목이 모든 학과에 도입되었다. 건축과는 조명, 태양광, 열 손실과 취득, 음향시설에 관한 정확한 계산을 위한 방법과 평면 배치의 경제적 최적화를 강조하는 방향으로 전환했다. 이 야심찬 프로그램은 교수 충원을 필요로 했다. 비트베르가 기술자로 임명되었고, 곧이어 건축가이자 도시계획가인 루트비히 힐버자이머, 엔지니어 알카 루델트를 비롯해 알프레트 아른트, 카를 피거, 에드바르트 하이베르크, 마르트 스탐으로 구성된 스튜디오 스태프들이 바우하우스에 합류했다.

바우하우스가 좌익의 정치 도구가 되는 것을 우려해 공산당 학생 모임 구성마저 반대했던 마이어였지만, 그를 향한 정치 공세는 끊이지 않았다. 결국 상황은 데사우 시장이 마이어에게 사직을 요구할 수밖에 없는 지경에까지 이르렀다. 마이어는 프리츠 헤세 시장에게 보낸 공개서한에서 당시 상황에 대한 자신의 생각을 다음과 같이 밝혔다.

> 당 조직에 독일 공산당 바우하우스 데사우 그룹이 불가능하다는 사실을 설명하는 것은 소용없겠죠. 또 나의 정치적 활동은 문화적이었고 결코 당의 성격을 띠지 않았다는 사실을 당신에게 확신시키려는 노력이 무슨 소용이 있겠습니까. … 시 정치인들은 바우하우스의 성공을 널리 알리고 탁월한 파사드를 지을 것과 명망 높은 사람을 교장 자리에 앉힐 것을 당신에게 요구하겠죠.[6]

하지만 시 정치인들과 독일 우익 진영은 더 많은 것을 요구했다. 그들은 바우하우스 철폐와 '아리안'식 경사지붕을 얹은 '즉물적인' 파사드를 요구했다. 그리고 마르크스주의자를 내쫓고 자유주의 성향의 이민자들을 그들의 난해한, 나중에는 퇴폐적이라고까지 지목된 예술 작품과 함께 축출하라고 목소리를 높였다. 자유민주주의의 이름으로 그리고 미스 반 데어 로에의 존경할 만한 지휘를 바탕으로 바우하우스를 지켜내려는 데사우 시장의 필사적인 노력은 실패할 운명이었다. 바우하우스는 데사우에서 2년을 더 버텼다. 하지만 1932년 10월 데사우 바우하우스에 남아 있던 것들이 베를린 교외의 한 낡은 창고로 옮겨졌고, 반동의 홍수를 막고 있던 수문은 이제 활짝 열려 9개월 후 바우하우스는 결국 문을 닫았다[106].

[106] 야마와키, '데사우 바우하우스의 종말', 콜라주, 1932.

15장

신즉물주의: 독일, 네덜란드, 스위스 1923~1933

신즉물주의(Neue Sachlichkeit)란 표현은 내가 1924년에 만든
것입니다. 1년 후에 동일한 이름으로 만하임에서 전시가 열리기도
했지요. 이 표현은 하나의 레이블로서 사회주의를 지향하는 새로운
리얼리즘에 적용해야만 합니다. 이것은 또한 표현주의에서 표출되었던
열광적인 희망의 시절이 지난 후 독일에 퍼진 체념과 냉소주의와
연관되어 있습니다. 냉소주의와 체념은 신즉물주의의 부정적인
면입니다. 하지만 이상화하려는 암시나 함축 없이 순전히 객관적으로
사물을 물질적 기초 위에 놓으려는 욕구의 결과로서 나타나는 현실
자체에 대한 열정에서 신즉물주의의 긍정적인 면을 발견할 수 있지요.
이 건강한 각성은 독일 건축에서 가장 투명하게 표현되고 있습니다.
— 구스타프 하틀라우프, 알프레드 바에게 보낸 편지(1929. 7.).[1]

즉물성(Sachlichkeit)이라는 용어는 미술비평가 하틀라우프가 전
후의 반표현주의 화파를 구별하려고 1924년 언급한 '신즉물주의'보
다 훨씬 이전부터 독일 문화 서클에서 통용돼왔다. 즉물성이란 말은
헤르만 무테지우스가 1897~1903년 잡지 『장식 예술』(*Dekorative
Kunst*)에 기고한 일련의 글에서 건축적 맥락으로 처음 사용됐던 것
같다. 그는 즉물성을 영국 미술공예운동의 특성, 특히 (애슈비가 말
한 바와 같은) 수공예 길드와 초기 전원주택지에서 나타난 것과 같은
것으로 간주했다. 무테지우스에게 즉물성이란 사물의 디자인을 '객관
적', 기능적, 자작농적(yeoman)으로 대하는 사고방식을 의미했고, 이

는 곧 산업사회의 개혁 경향을 의미했다. 하인리히 뵐플린은 이 용어에 다소 다른 의미를 부여했는데, 1915년 그의 책 『미술사의 기초 개념』에서 1800년의 선의 비전에 대해 서술하면서 "새로운 선이 새로운 객관성을 충족하게 된다"라고 쓴 바 있다. 따라서 즉물성은 하틀라우프가 1925년 '마술적 사실주의' 회가들 —제1차 세계대전 이후 꾸밈없이 간소한 사회적 현실의 본질과 외양을 묘사해온 미술가들—의 만하임 전시에 '신즉물주의'란 표제를 붙이기 전부터 객관적인 '새로움'이란 가치를 담고 있었다. 하지만 프리츠 슈말렌바흐가 지적했던 바와 같이,

> 애당초 그리고 무엇보다 이 용어가 의도한 것은 새로운 회화의 '객관성'이 아니라 이 객관성에 내재한 좀 더 보편적인 무엇을 표현하는 것이었다. 그것은 당대의 일반적인 사고방식에 대한 혁명이자 이성과 감정 전체의 새로운 객관성이었다.[2]

1930년대에 이르러 즉물성이라는 표현은 폭넓게 유통되었으며, 하틀라우프가 의도했듯 사회의 본성에 대한 감상적이지 않은 접근을 함축하게 되었다. 그 구절은 '새로운 객관'(new objective)과 건축에 대한 사회주의적 태도를 명시하기 위해 1926년 처음 사용되었다. 슈말렌바흐가 지적했듯이 비록 이 전이가 '마술적 사실주의'와 새로운 건축 사이에 어떤 양식상의 공통성에서 비롯되지는 않았지만 말이다. 전후, 즉 1918년 이후 독일에서 '사물'(Gegenstand)이라는 단어가 최초로 논쟁적으로 사용되었을 때 그 직접적인 출처는 러시아였다. 이로써 신즉물주의 건축의 발전에 구체적인 사회정치적 의미가 주입되었다.

1917년 러시아 혁명이 발생하고 이듬해 독일군이 패퇴하면서 소련과 독일은 서구와 적대했다. 소련은 내전의 와중에 외세 개입과 경제 봉쇄가 야기한 박탈감과 빈곤에 맞서야 했고, 독일은 베르사유 조

[107] 리시츠키, 잡지 『사물』 표지, 1922.

약의 가혹한 배상 때문에 무력해져갔다. 1921년 러시아 내전이 끝나고 외세의 압력이 완화되면서 레닌은 외국 자본을 끌어들이기 위해 신경제 정책을 선언했다. 독일은 소련과 맺었던 협상들을 연이어 인가했고, 1922년에는 외교관계를 재수립하며 국가 간 경제 협력에 서약하는 라팔로 조약에 서명했다. 1921년 말 러시아-독일 간 문호가 개방되자 엘 리시츠키와 일리야 에렌부르크는 소련의 비공식 문화대사로 베를린을 방문했고, 그들의 임무는 러시아 아방가르드 미술 전시를 기획하는 것이었다. 1922년 5월 그들은 3개 국어로 『사물』(Veshch/Gegenstand/Objet)이라는 예술 비평지 창간호를 발행하면서 표지에 두 개의 의미심장한 이미지를 실었다[107]. 하나는 제설 기관차 사진이었고, 다른 하나는 절대주의를 상징하는 검정색 사각형과 원이었다. 그렇게 『사물』은 즉물적으로 가공된 사물과 절대주의의 '비객관적인' 세계를 환기한 것이다.

1923년 리시츠키는 문화 선전 활동에 더 깊숙이 개입했다. 한스 리히터, 베르너 그래프와 함께 베를린 잡지 『G』('형태'를 의미하는 독일어 'Gestaltung'의 첫 글자를 딴 제목)를 편집했는가 하면, 그해 열린 '위대한 베를린 미술전'을 위해 만든 프라우넨라움(Prounen-raum)으로 그의 건축적 개념을 논증해보였다. '프라운'(Proun)이라는 말은 '새로운 미술 학파를 위한'이라는 뜻인 프로-우노비스(Pro-Unovis)에서 따와 만든 것으로, 회화와 건축 사이 어딘가에 속하는 새로운 미술 영역을 선보였다. 바닥과 천장까지 확장되는 연속적인 부조로 분절되고 생동감을 부여한, 직선적인 작은 셀로 구성된 프라우넨라움에 관해 리시츠키는 다음과 같이 썼다.

> 방은 … 기본적인 형태와 재료로 … 벽에 평평하게 펼쳐진
> 면(색)과 벽과 직각을 이루는 면(나무)으로 디자인되었다. … 내가
> 프라우넨라움에서 달성하려 한 균형은 아주 기초적이고 변화할 수
> 있어야 했다. 그래서 표준적인 가구 하나 전화기 한 대도 그것을 방해할
> 수 없어야 했다. 방은 인간을 위해 거기 있는 것이다. 방을 위해 인간이
> 있는 것이 아니다. [3]

『사물』 표지에서와 같이 절대주의 추상은 표준 사물과 양립할 수 있는 것으로 보인다. 라킨 빌딩에서의 프랭크 로이드 라이트와 달리, 리시츠키는 전화기처럼 제조된 사물을 다시 양식화할 필요는 느끼지 않았다. 비록 1920년에 블라디미르 타틀린의 생산주의 그룹이 선언한 반예술적 실용주의는 거부했었지만 말이다. 리시츠키는 경험에 기인해 만들어진 (객관적) 구조물이 공간미와 상징적 의미를 모두 지닐 수 있다고 생각했다. 동시에 그의 1920년 작업 '레닌 연단'이 예증하듯 공학과 절대주의를 미묘하게 결합하기도 했다. 레닌 연단의 기본 구조는 기울어진 격자보이며 꼭대기에 포토몽타주로 처리한 레닌이 서 있다. 한편, 연단과 토대는 기적적으로 허공에 떠 있는 '요소주의적' 형태로 처리되었다. 추상적이고 비객관적인 요소들과 경험적으로 가공된 형태와의 부조리한 병치는 1930년대 초까지의 리시츠키 작업을 특징지었다. 이러한 종합이 즉물성 개념과 엄격하게 일치하지는 않지만 리시츠키의 접근법은 국제적이고 '객관적인' 건축 양식의 출발점이 되었다.

1922년 당시 23세였던 네덜란드 건축가 마르트 스탐은 막스 타우트의 사무소에서 일하기 위해 베를린으로 향했다. 쾨니히스베르크 사무실 블록 건축 공모전에 출품하려고 독립해 작업하는 동안 그는 리시츠키를 만났다. 베를린에 체류하는 동안 두 사람은 긴밀한 접

촉을 이어갔다. 1923년 리시츠키는 '공중에 매달린' 사무실 블록 '구름 걸이'를 모스크바에 제안했다. 서로 다른 두 개의 버전이 만들어졌는데, 하나는 리시츠키 혼자 진행했고 다른 하나는 스탐과 함께했다. 1923년 말 리시츠키가 폐결핵에 걸려 취리히로 근거지를 옮겨야 했을 때에도 스탐이 곁에 있었다. 다음 해 스위스 추종자들을 얻은 그들은 1925년 주로 리시츠키의 선동으로 바젤을 거점 삼아 좌파 모임 ABC를 발족했다. 스위스 회원으로는 취리히의 에밀 로트와 한스 슈미트, 바젤의 하네스 마이어와 한스 비트베르가 있었다. 이들은 과학적 원칙에 따라 사회적으로 적절한 건물을 설계하는 데 몰두했다.

1924년 ABC 그룹은 스탐, 슈미트, 리시츠키가 로스와 공동으로 편집했던 잡지 『ABC: 건축에 관한 글』(*ABC: Beiträge zum Bauen*)에 그들의 관점을 소개했다. 신즉물주의라는 단어를 채택하진 않았지만 자신들의 즉물적 성향을 분명히 했다. 창간호에는 스탐의 논술 「집단 형태」와 리시츠키의 중요한 텍스트 「요소와 발명」이 실렸다. 리시츠키는 이 글에서 그의 접근법의 이중성, 즉 추상적 요소와 기능적 구조의 종합에 관해 개괄했다. 2호에서는 표준에 대한 그룹의 유난한 관심과 열정을 다루었는데, 파울 아르타리아가 쓴 종이 크기의 표준화에 대한 글이 게재되었다. 2호와 3호는 합본으로 발행되어 철근 콘크리트 건설에 관한 논술들도 실렸다. 르 코르뷔지에의 1914~15년 '돔-이노' 시스템뿐 아니라 미스 반 데어 로에의 1922년 유리 마천루 프로젝트들, 같은 해 스탐의 쾨니히스베르크 블록과 확장 가능한 주택 제안들이 소개되었다. 또한 금속과 목재 창문틀의 상대적 무게와 두께를 비교하면서 현대 건설 기술에 내재한 경제성을 역설했다. 곧이어 ABC 그룹은 '빌딩×무게=기념비성'이라는 도식으로 육중한 건축에 대한 혐오를 압축적으로 드러냈다.

마이어와 비트베르가 1926년 바젤 시 페터스 학교 프로젝트를 발표하면서[109], ABC 그룹은 기능주의적이고 반기념비성을 표방한 프로그램을 구체화했다. 마이어는 정확한 계산과 사회적 적절성을 우선하는 ABC의 입장을 설명했는데, 이것들은 경량 기술을 통해서 표현되었다.

> 모든 방에 천창이 있고 … 새 부지를 도시의 일부로 남겨두는 것이
> 이상적이다. 현재로서는 이 요구들이 실현될 가망은 전혀 없어
> 보인다. 그렇다면 기존 건물을 기초로 일단의 타협점을 찾아볼 수
> 있겠다. … 학교는 햇빛과 맑은 공기를 즐길 수 있을 정도로 가능한
> 한 땅 위에서 높게 올려 짓는다. 지층에 있어야 할 것은 수영장과 막혀
> 있는 체육관 정도이다. 운동장 나머지는 대중교통 정류장과 주차장을
> 위해 남겨둔다. 운동장을 하나만 두는 대신 (공중에 떠 있는 플랫폼의
> 형태로) 개방된 옥외 공간 두 개가 있다. 건물을 덮은 모든 평지붕은
> 아이들의 놀이를 위한 공간이어야 한다. … 건물 자체의 중량이 네 개의
> 케이블로 두 개의 매달린 플랫폼의 철 구조를 지지한다.[4]

강철 프레임으로 된 이 '구축주의' 작업은 1924년 『ABC』에 스탐이 게재했던 공중에 매달린 식당에 관한 소련의 브후테마스 프로젝트를 상기시킨다. 페터스 학교의 마치 기계 같은 설비들, 즉 강철 창문, 알루미늄 문짝, 고무 바닥과 석면 시멘트 벽은 1927년 마이어와 비트베르가 출품한 국제연맹 공모전 건물의 마감을 예견한 것이었다 [108].

국제연맹 건물 설계가 과학적이었다는 마이어와 비트베르의 주장은 자세한 검토가 요구된다. 구조 면에서 그들이 사용한 표준 모듈이 프리패브에 매우 적합하므로 그들의 주장에 동의할 수 있다. 팩스턴의 수정궁에서처럼 건물을 지을 때 기본 순서를 변경하지 않고 모듈을 늘리거나 어떤 단면을 줄이는 것이 가능할 터이다. 총회 건물을 기둥 위로 올린 것은 그 아래가 주차 공간이기 때문에 충분히 정당화될 수 있다. 마이어가 줄기차게 주장한 '즉물성'은 음향을 정밀하게 계산해 결정한 강당 프로필에도 반영되었다. 그러나 건축가의 '즉물성'

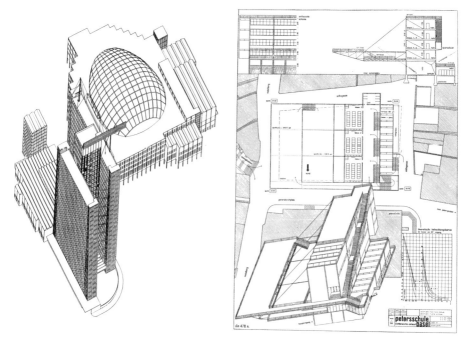

[108] 마이어와 비트베르, 국제연맹 프로젝트, 제네바, 1926~27.
르 코르뷔지에의 응모작은 도판 144 참조.
[109] 마이어와 비트베르, 페터스 학교 프로젝트, 바젤, 1926.

이 의문시되는 부분도 있다. '기계 미학'을 드러내기 위해 엘리베이터 샤프트(shaft)를 러시아 구축주의를 좇아 유리로 한 것이다. 부정할 수 없이 픽처레스크한 구성의 특성을 고려할 때 의심은 더욱 증폭된다. 마이어 자신은 "우리 건물은 아무것도 상징하지 않으며", 부지에 대한 건물의 객관적인 무관심은 미학적 평가 너머에 놓여 있다고 강조했다. 하지만 다음의 문장에서는 건물을 상징화하려 한 그의 의도가 역력히 드러난다.

만일 국제연맹의 의도가 진지하다면 이토록 새로운 사회 조직을
전통적인 건축의 속박에 욱여넣을 수는 없을 것이다. 따분한 왕들을

위한 기둥으로 둘러싸인 영빈관이 아니라 자국의 국민을 위해 분주히 움직이는 대표들을 위한 깨끗한 작업실이다. 밀실 외교를 위해 뒤쪽에 감춰진 비밀 통로가 아니라 정직한 사람들의 공적인 협상을 위한 유리로 된 열린 공간이다.[5]

마이어의 기능적 접근법에 잠재한 상징주의는 또 있다. 총회 건물 이용자들을 그들의 주차 위치로 분류하고 이 위치에서 위쪽 강당의 지정 좌석으로 주의를 끌지 않고 안내하려는 표현에서 그러하다. 건물과 삶 모두에 객관적으로 접근하려는 ABC의 헌신은 오직 집단의 필요에만 봉사하겠다는 결심에서 비롯되었고 스탐은「집단 형태」에 이에 관해 썼다.

> 삶의 이원적 관점, 천상과 지상, 선과 악, 내적 갈등은 끝나지 않는다는 생각은 개인을 강조하게 만들었고 또 개인을 사회에서 멀어지게 했다. … 개인의 고립은 그를 감정에 지배받게 했다. 그러나 현대적 세계관은 … 삶이란 단일한 힘에서 뻗어 나온 단일한 것이라고 이해한다. 이는 특수하고 개별적인 것은 모두에게 공통되는 것에 양보해야 한다는 뜻이다.[6]

마이어는 1926년 잡지『작업』(*Das Werk*)에 게재한 에세이「새로운 세상」에서 비슷한 관점을 피력했다.

> 우리 필수품의 표준화는 다음의 것들에서 발견된다. 중절모자, 단발머리, 탱고, 재즈, 조합 제품, 독일공업규격(DIN) 등. … 노동조합, 협동조합, 카르텔, 신탁, 국제연맹은 오늘날 사회 복합체가 표현되는 형태이며, 라디오와 윤전기는 이들의 통신 매체이다. 협력이 세상을 다스리고, 공동체가 개인을 지배한다.[7]

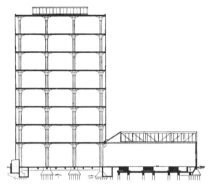

[110, 111] 브링크만과 판 데르 플뤼흐트(건축 책임: 스탐), 판 넬레 공장, 로테르담,
1927~29. 버섯 모양 콘크리트 기둥을 보여주는 횡단면과 외관.

1925년, 스탐은 판 넬레 공장 건설 현장의 작업 소장으로서 건축
가 레인더르트 판 데르 플뤼흐트 밑에서 일하기 위해 네덜란드로 돌
아왔다. 이 공장은 철근 콘크리트 버섯 모양 기둥으로 1929년 완공되
었다[110,111]. 마이어와 비트베르의 국제연맹 프로젝트가 ABC 그
룹의 규범적 작업이라면, 담배, 차, 커피를 포장하는 판 넬레 공장은
비슷한 기술적·미학적 전제를 실현한 것으로 간주할 수 있다. 마이어
와 비트베르의 설계처럼 구조와 이동 시스템이 명쾌했다. 포장 공정
의 제1 이동 수단은 당연히 승강기가 아니었다. 커튼월로 된 포장 공
장 블록과 운하 옆 창고 사이를 사선으로 가로지르는 유리 컨베이어
였다. 그토록 개방적이고 역동적인 표현의 의미를 르 코르뷔지에처럼
예민한 관찰자가 놓칠 리 없었다. 그는 그것이 자신의 유토피아적 사
회주의 신념을 확인시켜주었다고 생각했다. 르 코르뷔지에는 1931년
다음과 같이 썼다.

공장 진입로는 대체로 매끈하고 평평했으며 가장자리에 갈색 타일
보도를 깔았다. 그것은 무도장처럼 반지르르하다. 빛나는 유리와
회색의 금속으로 처리한 건물의 깎아지르는 듯한 얇은 파사드가

솟아오른다. ⋯ 하늘을 등진 ⋯ 그곳의 평온함은 완전하다. 모든 것이 외부를 향해 열려 있다. 이는 건물 여덟 개 층에서 일하고 있는 모든 노동자에게 엄청난 의미가 있다. ⋯ 현대의 창조물인 로테르담의 판 넬레 담배 공장은 '프롤레타리아'라는 단어에서 파생된 절망의 뉘앙스를 모조리 제거했다. 그리고 이기적인 소유 본능을 집한 행동을 위한 감정으로 향하게 한 이 같은 굴절은 가장 행복한 결과를 불러왔다. 인간적인 기업 경영의 모든 단계에 개인이 참여하게 된 것이다.[8]

스탐이 주요 설계에 참여했지만 판 데르 플뤼흐트의 역할 또한 지나칠 수 없다. 그는 이후 스탐의 도움 없이 거의 동등한 즉물주의적 작업을 설계했는데, 바로 1933년 로테르담에 지은 죄저 생활(Existenzminimum)을 위한 베르그폴더 아파트이다. 스탐은 네덜란드 건축의 '즉물주의' 논쟁에 불을 붙였다. 야코뷔스 오우트가 이미 기능주의적인 평지붕의 노동자 주택을 꽤 많이 지은 상태였고, 가장 잘 알려진 로테르담의 키프훅 단지도 1925년에는 건설 중이었다. 로테르담 시 건축가였던 오우트는 이 모든 작업에서 길을 닫혀 있는 외부 공간으로 간주한 베를라헤의 전통적 도시 도로 규율을 충실하게 따랐다.

스탐은 이 전통에 반발했다. 이는 1926년 암스테르담 로킨 구역에 대한 프로젝트에서 분명히 드러난다. 기존 도로의 연속성은 에스컬레이터와 공중 철로로 접근 가능한 사무실 동을 지으면서 끊어졌다. 지층은 주차, 조경, 보행자를 위해 남겨졌다. 도발적이면서도 경제성이 의심스러운 이 프로젝트는 전통적인 도시 패턴을 전복하려는 스탐의 입장에서는 당연한 것이었다. 또한 스탐의 '열린 도시' 개념을 요약한 작업이기도 했다.

스탐의 극단적 유물론은 1920년 로테르담에서 창립한 기능주의 그룹 '옵바우'(Opbouw)로부터 그를 고립시켰다. 신즉물주의에 대한 그들의 열성에도 불구하고, 브링크만과 판 데르 플뤼흐트 그리고 그들의 고객인 기업가 케스 판 데르 레이우 등의 회원은 보편적인 '정신

[112] 다위커와 베이부트, 알스메이르 주택, 1924.

적' 가치에 관심을 기울이면서 '객관성'을 초월하고자 했다. 그들은 이 관심을 네덜란드 신지학 운동에 참여하고, 1930년 크리슈나무르티와 그의 신도들이 쓸 작은 피정 건물을 오먼에 건설하면서 표현했다.

요하네스 다위커와 베르나르트 베이부트의 작업에서도 비슷한 열망이 발견된다. 그들은 1924년 알스메이르에 지은 민박집에서 애초의 라이트풍에서 이탈했다[112]. 한쪽 물매만 있는 경사지붕의 이 주택은 다위커의 경력을 놓고 보면 즉물주의 작업의 시작이다. 구축주의 성격의 철근 콘크리트와 유리 구조에서 정점에 달했던 이 시기에, 그는 1928년 힐베르쉼에 조네스트랄 요양원[113], 1930년 암스테르담에 오펜뤼흐트스쿨(Openluchtschool)을 지었다[114]. 잠재해 있던 다위커의 이상주의는 대칭 구성에 대한 그의 기호에서 표현되었다. 다위커는 말년에 스탐의 연속적이고 격식 없는 접근법에 빠져 특유의 '나비형' 설계를 포기했다. 1934년 암스테르담의 시네악 영화관과, 그가 사망한 후 1936년 베이부트가 완성한 힐베르쉼의 후일란트 호텔에서 이 전환을 찾아볼 수 있다.

[113] 다위커, 조네스트랄 요양원, 힐베르쉼, 1928.
사무동과 의료시설 복합체, 병동은 방사형으로 퍼져 있다.
[114] 다위커, 오펜뤼흐트스쿨, 암스테르담, 1930.

1927년 슈투트가르트 바이센호프지들룽에 주택을 설계한 스탐은 1928년 네덜란드를 떠나 또 독일에 간다. 이번엔 프랑크푸르트였다. 이곳에서 그는 시 건축가 에른스트 마이 밑에서 '신프랑크푸르트' 개발이라는 대형 사업의 일환으로 헬러호프 주택 단지 계획을 진행하게 되었다. 그해 말 스탐은 리트벨트, 베를라헤와 함께 스위스 라 사라즈에서 열린 CIAM 창립 대회에 네덜란드 대표로 참석했다. 이 회합 후 네덜란드 신즉물주의 운동은 '데 아흐트'(De 8)으로 알려진 암스테르담의 8인조 기능주의 모임과 옵바우 그룹이 결속하면서 공고해졌다. '데 아흐트와 옵바우'(De 8 en Opbouw)이라 불린 이 조직은 1943년까지 CIAM 네덜란드 지부로 활동했다.

독일에서의 신즉물주의의 부상은 바이마르 공화국의 단기 주거 프로그램과 분리할 수 없다. 이 프로그램은 1923년 11월 악성 인플레이션 극복을 위해 정부가 발행한 은행권인 렌텐마르크가 안정을 찾으면서 착수되었다. 같은 해 연립주택(Zeilenbau)의 선구자인 오토 헤슬러는 하노버 근교 첼레에 '이탈리아 정원 주거 단지'를 완성했다. 평지붕과 다채로운 색을 입힌 파사드를 지닌 현대식 건물이었다. 에른스트 마이는 이를 1925년 프랑크푸르트에 지어질 첫 번째 유니트의 모델로 채택했다. 1924년 헤슬러는 첼레에 지은 게오르크스가르텐 단지에서 1919년 테오도어 피셔가 선보인 알트 하이데 연립주택 모형을 일반적인 체계로 발전시켰다. 그의 두 번째 작업이었던 이 주거 단지는 일조량과 통풍을 고려한 적정 거리를 유지한 채 열에 맞춰 지어졌다. 동과 동 사이에는 건물 높이 두 배만큼의 공간을 두어야 한다는 하일리겐탈(Heiligenthal) 원칙에 기초한 패턴이었다(도판 119 참조). 이는 신즉물주의의 공식이 되었으며, 1925~33년 독일에 건설된 모든 주거 체계에서 반복되었다. 이 같은 배치에서 남향 또는 서향으로 난 거실은 공동 녹지를 향해 있었다. 게오르그가르텐 단지에서 헤슬러는 짧은 남향 블록을 남북으로 긴 테라스 주거동에 덧붙였다. 그렇게 L자형 안뜰을 만들어 인접한 농장으로 연장시켰다. 농장은 가구 단위로 나누어 식재료를 재배했다(아돌프 로스의 1926년 호이베르크 단지 참조). 헤슬러는 또한 게오르그가르텐 단지에서 아파트의 기본형을 발전시켰고, 후에 많은 변형을 설계했다. 그의 전형적인 3층짜리 아파트는 한 쌍의 계단으로 오르내리며, 거실 겸 식당 하나, 작은 부엌 하나, 화장실 하나, 침실 세 개 또는 여섯 개로 구성되었다. 전통적인 거실 겸 부엌에서 부엌을 독립시킨 것은 공동주택에서는 급진적인 시도였다. 가정(household)을 부르주아 '살롱'의 간소한 버전으로 전환한 점 역시 중요하다. 헤슬러는 1929년 라테노에 프리드리히 에베르트-링 단지를 지으면서 엘리베이터가 없는 표준 유니트에 독립형 욕실을 소개했다. 그의 전형적인 아파트를 한층 업그레이드한 것이었다.

　　이 초기 주거 단지들은 세탁소, 회의실, 도서관, 운동장 등 공동시설을 갖추고 있었으며, 게오르그가르텐 단지는 유치원, 카페, 미용실까지 제공했다. 실내 설비는 토네트의 가구와 갓 없는 백열전구가 전부여서 부족한 듯 보였다. 하지만 배관 및 전기 배선 작업은 부족함이 없었다. 이렇게 해서 차갑지만 간결한 동시에 생기 넘치는 즉물주의적 인테리어를 완성시켰다. 외관도 마찬가지다. 장식 없이 간결하게 마감된 표면, 철제 창문, 특허받은 판유리와 금속 난간의 결합으로 보편적인 즉물적 문법이 탄생했다. 연관된 건축가 열일곱 명―독일에서만 해도 꽤 다양한 인물들, 즉 베렌스, 리하르트 되커, 그로피우스, 루트비히 힐버자이머, 라딩, 샤로운, 슈네크, 미스 반 데어 로에, 타우트 형제 등―의 국적과 이념이 달랐음에도 즉물적 표현 양식은 1927년 슈투트가르트 외곽에 세워진 독일공작연맹 바이센호프지들룽에서 거의 보편적으로 채택되었다.

이후 헤슬러는 집합체로서의 주택 단지를 표현하는 데서 벗어나 독립적이고 무한 반복 가능한 단위인 테라스 블록으로 옮겨가기 시작했다. 카셀의 로텐베르크 난지에 내한 헤슬러의 1929년 초안은 이런 점에서 본인의 작업뿐 아니라 비슷한 시기에 지어진 여타 신즉물주의 주택 대부분의 전형으로 꼽을 수 있다.

1925년 프랑크푸르트 시 건축가로 마이가 임명된 후 프랑크푸르트에서는 노동자 거주지 건설을 위한 전례 없는 규모의 사업이 시작되었다. 뮌헨에서는 테오도어 피셔와 영국에서는 레이먼드 언윈과 초기 수련을 함께하면서 마이의 합리주의는 전통에 대한 애정으로 인해 완화되었다. 헤슬러가 게오르그가르텐 단지에서 들쭉날쭉하지만 연속적인 형태를, 카셀의 로텐베르크에서는 빽빽하지만 자유롭게 변경 가능한 레이아웃을 창안했다면, 마이는 자립적인 도시 공간을 창출하는 데 더 많은 관심을 기울였다. 이는 브루노 타우트와 마르틴 바그너가 베를린-브리츠 주택에서 보여준 바와 같으며, 프로이센 초원의 전통적인 마을 모형을 따르는 것이었다. 따라서 카를 헤르만 루틀로프와 공동 설계한 프랑크푸르트 시를 위한 최초의 작업이었던 1925년 브루크펠트슈트라세 개발 계획은 지그재그 모양으로 세워진 집들이 잘 조성된 공동 정원을 에워싼 구성이었다[115]. 이 독특한 배열은 형태로 보면 빅토르 부르주아가 1922년 브뤼셀 시의 의뢰로 설계한 '시테 모데른'(Cité Moderne)를 상기시킨다. 이 배열은 마이의 1926년

[115] 베이와 루틀로프, 브루크펠트슈트라세 단지, 프랑크푸르트, 1925.

신프랑크푸르트 마스터플랜, 그리고 1925~30년 니다 강 복합 단지의 일부로 지어진 뢰머슈타트, 프라운하임, 베스트하우젠, 회헨블리크 거주지들에서 좀 더 일반화된 접근법으로 대체되었다.

마이의 지휘 아래 주택 1만 5,000세대가 완성되었다. 이는 사업 전 기간에 걸쳐 지은 주택의 90퍼센트 이상에 해당한다. 인상적인 숫자가 아닐 수 없다. 설계와 건설에서 효율성과 경제성을 강조한 마이의 고집 없이는 달성할 수 없는 결과였다. 건설 비용은 실질적인 문제였기에 객관적인 접근법이 더욱 강조되었고, 이 접근법은 필연적으로 '최저 생활'에 필요한 공간 표준을 공식화하는 문제로 이어져 1929년 프랑크푸르트에서 개최한 CIAM의 논쟁적인 주제가 되었다. 르 코르뷔지에의 '최대 생활'에 대한 이상주의적인 호소와는 대조되는 주장이었다. 마이는 붙박이 수납장, 접이식 침대, 무엇보다 극도의 효율을 자랑하는 실험실 같은 부엌—건축가 쉬테-리호츠키가 고안한 프랑크푸르트 부엌(Frankfurter Küche)—을 활용했다[116]. 비용 압박이 생기자 마이는 조립식 콘크리트 슬래브 구조, 이른바 '마이 시스템'을 개발해 1927년 착수한 프라운하임과 회헨블리크 단지에 적용했다.

1926년 데사우 바우하우스 건물들과 퇴르텐 단지[117]는 발터 그로피우스가 신즉물주의 원칙으로 바뀌어가는 과정을 상징적으로

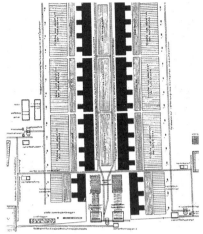

[116] 쉬테-리호츠키, 프랑크푸르트 부엌, 1926.
[117] 그로피우스, 합리화된 주거, 데사우-퇴르텐, 1928.
타워 크레인 트랙 주위로 조직된 대지 레이아웃.

보여준다. 퇴르텐의 '선로형' 레이아웃에는 유니트들의 표준화와 이동식 기중기로 조립하는 일직선으로 늘어선 공정이 반영되었고, 데사우 바우하우스에서는 여전히 비대칭 요소의 형식주의적 구성을 보여주었다. 원심력이 작용하는 듯한 바람개비 형태의 바우하우스는 데 스테일 계획을 연상시킨다. 그로피우스와 마이어가 1922년 시카고 트리뷴 사옥 프로젝트에서 처음 시도한 이 형태는 1924년 에를랑겐 아카데미 디자인에서 매스를 비대칭적·수평적으로 배분하는 모습으로 다시 공식화되었다. 데사우 바우하우스에서는 미학적 표현을 위해 구조 골격을 억제해야 했는데, 이는 라디에이터, 창문, 난간, 조명 같은 부차적 요소의 즉물적인 세부 처리로 만회되었다. 어쨌거나 교차하는 거대한 매스를 명확하게 표현하려면 색깔 변화를 주거나 파사드를 얇팍하게 처리하는 것이 필수적이었다. 데사우 바우하우스의 파사드는 그로피우스와 마이어가 작업한 1914년 독일공작연맹 건물의 신고전주의 윤곽(modénature)을 강하게 상기시킨다.

그로피우스의 신즉물주의가 가장 확실하게 드러나는 작업은 1927년에 설계한 베를린 토탈 극장 프로젝트이다. 이 극장은 에르빈 피스카토르의 민중연극을 위해 설계되었다. 피스카토르는 러시아의 혁명적 제작자 메이예르홀트를 좇아 1924년 프롤레타리아 극장을 창설했다. 메이예르홀트는 1920년 모스크바에서 '10월 연극'을 선포한 바 있다. 피스카토르 극장은 메이예르홀트와 그의 프롤레트쿨트(Proletkult, '프롤레타리아 문화'라는 뜻을 지닌 소련의 노동자 문화운동 조직) 동료들이 정의한 '행동 연극'을 위한 공간이었기 때문에 무대는 신체역학적(bio-mechanical) 요건을 충족시키도록 설계되었다. 서커스처럼 기계적인 퍼포먼스를 상연할 수 있는 에이프런 무대(apron stage)가 있었고, 이런 극장에는 배우-곡예사가 안성맞춤이었다.

그로피우스는 프로시니엄(proscenium), 에이프런, 아레나(arena) 세 가지 '고전적' 무대 형태를 어떤 식으로든 바꿔 쓸 수 있는 강당을 고안했다[118]. 놀랍도록 우아하고 탄력적인 해법이 아닐 수 없다. 이 장치를 어떻게 설치했는지, 어떤 연극적 목표를 염두에 두었는지는 그로피우스 자신의 말에서 가장 잘 묘사된다. 1934년 로마에서 열린 한 학술회의에서 그는 다음과 같이 말했다.

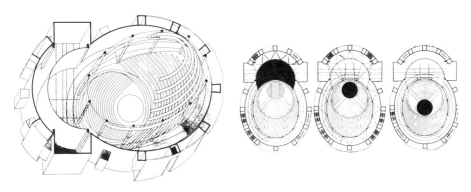

[118] 그로피우스, 토탈 극장 프로젝트, 1927.
위에서 본 모습(왼쪽)과 프로시니엄, 에이프런, 아레나 무대를 보여주는 평면.

무대와 오케스트라 부분을 180도 회전시킴으로써 강당은 완벽하게 변신합니다. 프로시니엄 형태였던 무대가 사방이 관객들로 둘러싸인 아레나 무대가 됩니다! 연극이 진행되는 동안에도 무대를 바꿀 수 있습니다. … 연극 도중 관객을 움직이고 무대 영역을 예기치 않게 전환하는 이러한 관객에 대한 공격은 기존 기치의 스케일을 바꾸고 관객에게 새로운 공간적 인식을 제시해 연극에 참여하게 만듭니다.[9]

또한 관객석 바깥을 두르는 무대가 있어 배우는 관객 주위를 크게 돌며 연기할 수 있다. 이 원환 무대(Spielring)는 주 무대 위의 연기를 보완해줄 이미지를 영사할 때는 스크린으로 가려진다. 비슷한 장치로 탈부착이 가능한 배경막도 있었다. 이 강당의 유연성은 아레나 무대 바로 위에 설치한 곡예를 위한 장비 덕분에 더욱 강화되었다. 이 공중 무대는 계란 모양의 빈 공간이 진정한 삼차원 '연극' 공간으로 탈바꿈하는 효과를 냈다. 관객은 모든 방향에서 행위에 둘러싸이거나 행위를 둘러싼다. 강당은 투명한 상자였고, 덕분에 강당의 기본 구조는 쉽게 인지되었다. 타원형 지붕의 뚫린 격자는 원환 지지대와 접하는 기둥들과 교묘하게 조화를 이루었다. (마이어와 비트베르의 국제연맹 강당 참조.)

토탈 극장과 비슷한 시기인, 1928년 마르셀 브로이어와 구스타프 하센플루그의 하젤호르스트 단지와 엘버필트 병원 프로젝트들 그리고 1930년 하네스 마이어의 베르나우 노동조합 학교가 지어졌다. 실현되지 않았지만 브로이어의 엘버필트 프로젝트와 마이어의 베르나우 학교는 유사한 즉물적 작업이었다. 프로그램, 방향, 지형의 요구에 '동시적으로' 반응하면서도 반복되는 요소들을 비대칭적으로 연속시키고 건물을 계단식으로 배치했다는 점에서 그러하다. 콘크리트 상부구조가 받치고 있는 엘버필트 병원의 요양 병동은 계단식으로 이어지도록 각 병동마다 일광용 데크를 설치하기 위해 셋백시킨 반면, 3층짜리 주거 블록으로 된 마이어의 학교 대부분은 전체 길이를 나누려고 한 듯 건물 모서리에서 셋백시켰다. 두 건물 다 완만한 경사가 있는 부지 때문에 계단식으로 설계되었지만, 건물의 비전형적 요소들, 가령 병원 수술실과 방사선 검사실, 학교의 경우에는 강당과 공용시설에 막힘없이 그리고 기능적으로 연결되었다.

1927년 말 바우하우스에서 사임한 그로피우스는 점차 주거 문제를 다루기 시작했다[119]. 1920년대 말 데사우, 카를스루에, 베를린에 방대한 저비용 주거 시스템을 디자인하고 건설 과정을 지켜보았다. 또한 주거 표준을 개선하고 공동체 주택지에 계층 구분 없는 주거 블록을 개발하는 일에 이론적으로 관여했다. 베를린 시가 의뢰한 1929년 프로젝트는 비록 실현되지 않았지만 이전의 작업을 넘어서는 의미 있는 진전이 있었다. 좀 더 높은 생활수준과 한층 더 포괄적인 사회적 서비스를 제공하는 데 신경을 썼던 것이다. 한편, 1931년 그는 베를린 근교 반제에 중산층을 위한 고층 주거 단지를 제안했다. 식당과 지붕 위 체육관 겸 일광욕실을 갖춘 자급자족형 공동체 블록에 대한 그의 첫 시도였다. 1920년대 말 그로피우스는 사회민주당의 좌파

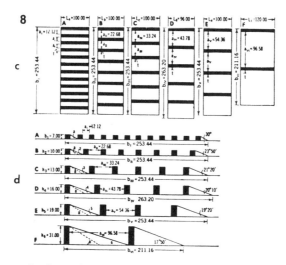

[119] 그로피우스, 1930년 CIAM에서 발표한 다이어그램.
고층 슬래브를 이용하면 밀도와 공용 면적을 높일 수 있음을 설명한다.

와 궤를 같이했다. 이는 그의 에세이 「최소 주거에 대한 사회학적 기초 개념」(1929)에서 확실히 드러난다. 그는 주택 공급에 정부가 개입할 것을 지지하는 낯익은 사회주의적 주장을 쓰고 있다.

> 기술은 산업과 재정의 틀 안에서 운용되고, 감축된 비용은 민간 기업의 이익을 위해 우선적으로 쓰여야 하므로, 정부가 복지 정책을 늘려 주택 건설에서 민간 기업의 이익을 증가시킨다면 더 싸고 더 다양한 주택을 제공할 수 있을 것이다. 최소한의 거처가 주민들이 감당할 수 있는 수준의 임대료로 실현될 수 있으려면 정부는 다음과 같은 조건을 충족해야 한다. (1) 지나치게 큰 아파트에 대한 공공 기금의 낭비를 막을 것. … 이를 위해 아파트 규모의 상한을 정할 것, (2) 도로와 인프라 설비의 단가를 줄일 것, (3) 부지를 제공하고 투기꾼이 개입하지 못하도록 제한할 것, (4) 용도 구역(zonning) 규제와 관련 건축 법규를 풀어줄 것.[10]

이 처방은 바이마르 공화국의 주거 정책보다 앞선 것이었다. 바이마르 정부는 1927~31년 사회보험과 재산세를 통해 공적 보조금을 지급함으로써 신축 주택의 약 70퍼센트에 해당하는 100만 호가량을 설계하고 지었다. 그러나 이처럼 방대한 복지국가 시스템은 1929년 세계 경제공황을 몰고 온 주식 시장의 몰락 앞에서는 유지될 수 없었다. 대외 무역은 침체되고 대출은 회수되었다. 독일은 다시금 경제적·정치적 혼란 속으로 빠져들었다. 상황이 이러하자 여론은 우파를 지지하는 쪽으로 기울었다. 이 영향으로 독일의 신즉물주의 건축가들 역시 얼마간 손발이 묶였다. 이민 말고는 방법이 없었다. 건축가들은 각자 자신의 정치적 신념에 따라 움직였다[120]. 마이는 1930년대 초 소련으로 향했다. 우랄 산맥 마그니토고르스크에 강철 제련 공장과 도시를 짓는 마스터플랜을 맡아 건축가, 도시계획가 팀과 함께 떠난 것이다. 그의 팀에는 프레드 포르바트, 구스타프 하센플루그, 한스 슈

[120] 독일을 떠나 소련으로 가는 건축가,『신프랑크푸르트』1930년 9월 호 표지.
'소련에 지어지는 독일'에 대한 기사가 실렸다.

미트, 발터 슈바겐샤이트, 마르트 스탐이 포함되었다. 같은 때 마이어
는 모스크바에 교수 자리를 얻어 떠났다. 아르투어 코른, 브루노 타우
트 등도 그 뒤를 이었다. 1933년 국민사회당이 권력을 장악하면서 남
아 있던 신즉물주의 건축가들은 상대적으로 온건한 성향이었음에도
은퇴를 강요받거나 조국을 떠나야만 했다. 그로피우스와 브로이어는
1934년 미국으로 가는 도중 황급히 영국으로 이주했다.

16장

체코슬로바키아의 현대 건축
1918~1938

최근까지 역사적 서사들은 20세기 미술 운동을 무엇보다 미술가들의
의도와 운동의 관점에서 기술한 경우가 많았다. 예컨대 지역적
특이성을 무시한 채 세계를 선형적으로 진보하며 발전하는 균질한
연속체로 그리는 아방가르드 국제주의의 비전을 무비판적으로
수용하곤 했다. 하지만 사실 국제주의는 중심부가 주변부의 기여를
무시하고 우월적 권위를 행사하는 중앙집권주의로 전락하기 일쑤였다.
… 전간기의 체코슬로바키아는 세 가지 이유에서 이러한 중심부와
주변부의 역전을 살펴볼 만한 연구 사례일 수 있다. 첫째, 유럽의
한복판에 위치하여 남·북유럽뿐만 아니라 동·서양 모두의 문화적
유산을 포함하고 있었다. 둘째, 다민족국가로서 체코인, 슬로바키아인,
독일인, 헝가리인, 루테니아인, 유대인 등의 몇몇 민족들로 인구가
구성되었다. 셋째, 중부 유럽의 민주주의 국가로서는 유일하게
정치·경제적 상황이 비교적 좋았던 덕분에 1930년대 내내 미술가들이
각자의 아이디어를 더 발전시킬 수 있었다.
— 야로슬라프 안델, 『1918~1938 체코슬로바키아의 아방가르드 미술
입문』(1993)[1]

20세기 체코 아방가르드에서 가장 두드러진 두 국면은 데베트실
(Devĕtsil)이라는 미술가 연합의 포에티즘과 좌파전선 정치 운동이
지지한 구축주의였다. 후자는 문화적으로 복잡한 입장이었는데, 독일
어권 유럽의 신즉물주의와 1918년부터 32년까지 소련 아방가르드 건

축가들이 기획한 러시아 구축주의의 더 유토피아적인 충동 사이에서 균형을 취하고 있었기 때문이다. 데볘트실과 구축주의를 매개한 핵심적인 체코 비평가는 박식한 논객이었던 카렐 타이게였다. 1920년대 전반기에 타이게는 포에티즘의 '회화시'(picture poem) 콜라주들을 옹호했는데, 그래픽과 활자 디자인과 사진을 혼합한 이 콜라주들은 키네틱 아트와 영화로 발전했다. 야로슬라프 안뎰은 이 시기의 또 다른 핵심 인물로 즈데네크 페샤네크를 꼽는다. 더욱 역동적인 미술 형식을 향한 그의 충동은 데볘트실 운동을 초현실주의와 기능주의 분파로 분열시켰고, 그중 후자는 건축에서 구축주의를 지향하는 편이었다. 이러한 건축의 노선은 건축가 클럽의 올드르지흐 스타리와 올드르지흐 틸이 편집한 저널 『구축』(Stavba)에서 개진되었고, 젊은 건축가 루드비크 키셀라의 강력한 지지를 받았다. 1923년 출간된 이 잡지의 2호는 스타리와 키셀라, 베드르지흐 페우에르스테인, 그리고 어김없이 편집주간 타이게가 서명한 '구축주의 선언'을 특집으로 다루었다. 이 논쟁적인 간행물과 함께 건축가 야로미르 크레이차르가 편집한 『지보트 II』(Život II)라는 선집도 동시대에 출간되었다[121]. 크레이차르는 데볘트실의 이른바 감성적 기능주의를 키셀라, 틸, 얀 코울라, 프란티셰크 리브라, 요세프 푹스 등이 고수한 『구축』의 객관적 기능주의와 매개했다. 두 분파를 매개하며 구축주의에 대한 자기만의 감성적 표현 형식에 도달한 그는 프라하 인근 부지에 설계한 작가 블라디슬라프 반추라의 주택[123]에서 그 예를 선보였다. 다소 수정된 형태로 실현된 이러한 구축주의 설계의 기발함은 릿펠트의 1924년작 슈뢰더 주택의 신조형적 형식주의 그리고 르 코르뷔지에의 1926년작 메종 쿡의 순수주의와 비교해야 그 진가를 완전히 알 수 있다. 크레이차르의 기술과 텍토닉을 아우르는 발명적 재능은 그의 경력 전반에 걸쳐 유지되었는데, 이를 잘 보여주는 예는 1937년 파리 세계박람회를 위해 그가 첨단기술로 지은 철골조의 체코관이다[122]. 이 건물은 당시 같은 박람회를 위해 알바 알토와 르 코르뷔지에, 사카쿠라 준조

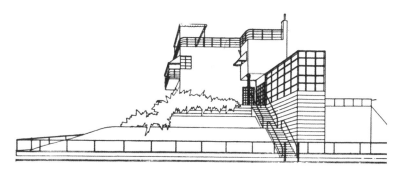

[121] 『지보트 II』, 1922.
[122] 크레이차르, 체코관, 1937년 파리 세계박람회.
[123] 크레이차르, 반추라 주택, 즈브라슬라프, 프라하 인근, 1923.

가 설계한 역시 의미 있는 국가관들과는 꽤 차별화된 모습이었다.

크레이차르와 키셀라는 모두 1920년대 후반 중층 규모의 상업 건물들을 설계하면서 전면에 등장했는데 크레이차르는 올림픽 건물과 예드노타 건물로, 키셀라는 프라하 도심에 나란히 지어진 린트 백화점과 바타 백화점으로 이름을 알렸다(3부 1장 참조). 키셀라의 1926년작 린트 백화점은 바닥부터 천장까지 이어지는 커다란 판유리 시트들로 입면을 덮은 데 반해, 크레이차르의 올림픽 건물은 지하층에 영화관을 두었고 예드노타 건물은 1층에 우아한 카페 당상(café dansant)을 배치했다. 이러한 상업 공간과 문화 시설의 결합은 프라하 부르주아지의 도회 생활이 어땠는지를 보여주는 증거다.

전간기 체코 건축 아방가르드의 가장 두드러진 측면 중 하나는 광범위한 생산이 이루어졌다는 점이다. 이는 그들이 폭넓은 스펙트럼의 사회를 대상으로 서비스했을 뿐만 아니라 개념적·기술적 역량을 축적해서이기도 했다. 그들은 급격히 근대화하는 사회에 필요한 시설 수요를 개념화하고 건설하는 능력을

[124, 125] 벤시와 크르지시, 전력청 본부, 프라하, 1926~35. 조감투시도, 그리고 주출입구의 천창 갤러리와 계단실.

모두 갖추고 있었고, 그렇게 요세프 하블리체크와 카렐 혼지크의 1933년작 연금연구소와 아돌프 벤시 및 요세프 크르지시의 1935년작 전력청 본부 건물이 실현되었다[124, 125]. 후자는 천창으로 빛이 드는 기념비적인 7층짜리 계단실을 중심으로 지어진 아트리움 사무소 단지로서, 그 지붕은 원통형 유리 렌즈들을 박아 넣은 콘크리트 판으로 구성되었다. 이 과정에서 강화 콘크리트 셸 볼트로 도시의 아케이드를 덮는 기법이 쓰였는데, 이는 확실히 전간기 체코 건축가들과 엔지니어들이 완성한 옛 기술인 페로시멘트(ferro cemento) 기법과 동일하다. 이런 아케이드를 적용한 전형적 사례로는 2년 전 프라하에 완공된 올드르지흐 틸의 본디 파사주가 있다.

슈투트가르트에서 독일공작연맹의 바이센호프 주거전이 열린 지 1년 후인 1928년, 그와 유사한 시범 유형의 주택들이 브르노에 건설되었고 이에 필적할 만한 바바 주거지가 프라하 외곽에 건설되었다. 네덜란드 건축가 마르트 스탐도 바바 주거지에 집 한 채를 설계했을 만큼 이곳은 당대 특유의 프로젝트였다. 하지만 바이마르공화국 사례에 견줄 만한 주택을 지으려던 이러한 충동은 1929년 세계 주식시장의 붕괴로 꺾이고 말았다. 알레나 쿠보바는 문화적·정치적 정세에 일어난 이 근본적인 변화를 1993년에 다음과 같이 요약했다.

> 유럽 아방가르드 이론은 건축의 근대성을 정의하는 사회적 기능을 추구하며 최소주거의 이상을 생각해냈다. 타이게는 그 대신 계급투쟁의 관점에서 근대성을 생각했다. … 이는 데베트실이 좌파전선으로 대체되고 체코식 기능주의가 주거와 밀접한 관련을 맺게 된 1929년에 분명해졌다. 좌파전선은 그들의 집합주거 계획안들을 제3회 CIAM에 제출했다.

1929년 이후 경제적·이데올로기적 위기를 초월하여 작업한 한 명의 체코 건축가는 1933년 항공 엔지니어를 위한 빌라 하인[126]을 실현한 건축가 겸 산업디자이너 라디슬라프 자크였다. 블라디미르 슐라페타가 말했듯이, 자크의 건축 작업은 도구적인 경제 생산 원리를 뛰어넘어 더욱 총체적인 접근으로 심리적-생리학적 수요에 개입했다. 슐라페타에 따르면 이러한 접근은 혼지크의 바이오테크닉스 이론에서 영감을 받았고 당시 모호이너지가 개진하던 유사한 이론들과도 가까웠던 것으로 보인다. 빌라 하인은 단단한 프리즘 형상의 한계 속에서 가능한 한 인체공학적으로 설계되었고, 수평 이중창에 붙박이 환기 철망과 일체형 커튼 트랙을 결합했다. 이 집의 끝에 뻗은 캔틸레버 구조의 일광욕 테라스에는 일사 차단과 사생활 보장을 위한 롤러블라인드를 설치했다. 이 집은 일종의 기술적인 '말하는 건

[126] 자크, 빌라 하인, 프라하, 1933.

축'(architecture parlante)이라고 볼 수 있겠는데, 주택 옥상의 캔틸
레버 관람대에서 항공 엔지니어는 1932년부터 34년까지 아돌프 벤의
설계로 완공된 프라하 루지녜 공항을 바라보며 자신이 개발한 시제
품들이 이륙하는 모습을 볼 수 있기 때문이다. 같은 시기 브르노에 거
점을 둔 또 다른 창조적 건축가는 지역 건축가였던 보후슬라프 푸흐
스로, 그의 가장 성공적인 작품은 1928년 브르노 도심에 지어진 좁은
정면의 호텔 아비온이다. 푸흐스가 일부 설계에 참여한 1928년 브르
노 박람회에서는 브르노와 프라하가 근대 건축을 두고 경쟁하는 양상
이 분명히 나타났다.

　　푸흐스보다 정치적으로 더 왼쪽에 있었던 건축가이자 브르노 공
과대학교 건축학부 교수였던 이르지 크로하는 카렐 타이게의 마르크
스주의-구축주의적 입장을 공유하면서 소속 건축학교에서 엄밀한 연

구 프로그램을 개시했다. 하네스 마이어와 마르트 스탐이 브르노를 자주 방문하고 크로하가 1930년 소련을 방문하는 등, 특히 이 시기에 체코의 진보적 인사들과 독일 좌파 및 소련 간의 접촉이 집중적으로 이루어졌다. 이 모든 활동은 결국 1933년 크로하를 필두로 한 체코사회주의건축가연맹의 창립으로 이어졌다. 급진 정치를 펼친 크로하는 이듬해 공개적으로 공산주의에 공감을 표했다는 이유로 수감되었다. 1937년에는 교수직이 복권되었지만, 1938년 게슈타포에 다시 체포된 그는 그해 독일이 체코슬로바키아를 병합하자마자 강제수용소로 보내졌다.

17장

데 스테일: 신조형주의의 발전과 소멸 1917~1931

1. 낡은 시대의식과 새로운 시대의식이 있다. 낡은 것은 개인적인 것으로 향한다. 새로운 것은 보편적인 것을 향해 있다. 세계대전에서 그랬듯 개인적인 것과 보편적인 것의 갈등은 오늘날의 미술에도 반영되어 있다.

2. 전쟁은 구세계가 품고 있는 모든 것, 즉 모든 분야에서 개인적인 탁월함을 파괴하고 있다.

3. 새로운 미술은 보편적인 것과 개인적인 것의 동등한 균형이라는 새로운 시대의식의 실체를 드러내왔다.

4. 새로운 의식은 삶의 아주 일상적인 부분까지 포함하는 모든 것에 걸쳐 실현될 것이다.

5. 전통과 도그마와 개인적인 것(자연적인 것)의 우월성은 이것의 실현을 방해한다.

6. 따라서 신조형주의는 미술과 문화의 개혁을 믿는 모두에게 요구한다. 더 이상의 발전을 저해하는 것들은 파괴되어야 하며, 새로운 조형 미술에서 자연적 형태라는 제약은 제거되어야 한다. 순수 미술의 표현을 가로막는 것들을 제거해왔듯 말이다. 이는 모든 예술 개념에서 극히 중요하다.

   ― 데 스테일의 제1선언문(1918).[1]

14년 남짓 존속했던 네덜란드의 데 스테일 운동은 세 사람의 작업에 집중돼 있었다. 화가 피트 몬드리안, 테오 판 두스뷔르흐, 가구 제작

자이자 건축가 헤릿 릿펠트가 그들이다. 1917년 판 두스뷔르흐가 주
도했던 조직에 참여한 다른 미술가들, 화가 바르트 판 데르 렉, 조르
주 반통겔루, 빌모시 후슈자르, 그리고 건축가 오우트, 로베르트 판트
호프, 얀 빌스, 시인 안토니 코크 등은 얼마 안 가 운동의 주류에서 갖
가지 이유로 이탈했디. 판 데르 렉과 오우트를 제외한 나머지는 여덟
개 요점을 담은 선언문에 서명한 사람들이었다. 선언문은 1918년에
나온 잡지『데 스테일』2호에 실렸다. 데 스테일의 첫 번째 선언문은
개인적인 것과 보편적인 것 사이의 새로운 균형, 전통의 구속과 개성
에 대한 숭배로부터 예술을 해방할 것을 요구했다. 나고 자란 네덜란
드의 칼뱅주의만큼이나 스피노자 철학에 영향을 받은 데 스테일 미술
가들은 불변하는 법칙을 강조하고 개인의 비극을 초월힐 수 있는 문
화를 추구했다. 보편적이며 유토피아적인 이들의 갈망은 다음의 경구
로 간명하게 요약된다. "자연의 대상은 인간이고 인간의 대상은 양식
(style)이다."

　　데 스테일 운동은 1918년 즈음 수학자 마티외 스훈마에커스
의—신지학적이라고는 할 수 없어도—신플라톤적 철학에 많은 영향
을 받았다. 그의 주요 저서로는『새로운 세계의 이미지』(1915)와『조
형 수학의 원리』(1916)가 있다. 스훈마에커스의 형이상학적 세계관
은 베를라헤와 라이트에게서 직접 차용한 좀 더 구체적인 사유와 개
념으로 보완되었다. 라이트는 그의 작업이 수록된 유명한 두 권짜리
작품집『바스무스』가 각각 1910년, 1911년에 출간되면서 유럽에 이
미 이름을 알린 바 있었다. 반면 베를라헤는 사회문화 비평 영역에서
더 큰 영향력을 가졌으며, 데 스테일 미술가들은 그에게서 '양식'(De
Stijl)이라는 이름을 빌려왔다. 베를라헤는 이 말을 아마도 고트프리
트 젬퍼의 비평적 연구『양식』(1860)에서 따왔을 것이다.

　　대부분 끊어진 수평선과 수직선 들로 이루어진 몬드리안의 첫 번
째 포스트-큐비즘적 구성은, 1914년 7월 그가 파리에서 네덜란드로
돌아오고, 판 데르 렉과 함께 거의 날마다 라렌에서 스훈마에커스와

접촉하며 지냈던 때에 나왔다. 신조형주의라는 용어는 스훈마에커스가 만든 '신조형'(nieuwe beelding)에서 나왔으며, 원색만 쓰는 것도 마찬가지다. 스훈마에커스는 원색의 우주적 중요성에 대해 『새로운 세계의 이미지』에서 다음과 같이 썼다. "세 가지 주요한 색은 노랑, 파랑, 빨강이며, 유일하게 존재하는 색이다.… 노랑은 광선의 움직임(수직선)이고 … 파랑은 노랑에 대비되는 색이며(수평의 창공) … 빨강은 노랑과 파랑을 짝지은 것이다." 같은 책에서 그는 신조형을 직각 요소로만 표현하는 것으로 한정시킨 데 대해, "지구의 전부인, 완전히 상반되면서 근본적인 두 가지가 있다. 하나는 힘의 수평선이다. 수평선은 태양의 주위를 도는 지구의 궤적이다. 다른 하나는 수직선이다. 수직선은 태양의 중심에서 시작되는 광선의 완전히 공간적인 운동이다"라고 정당화한다.

형식에 미친 영향에도 불구하고 스훈마에커스는 데 스테일의 미학적 발전에는 직접적인 역할을 하지 않았다. 이는 판 데르 렉과 반통겔루의 몫이었다. 작가로서의 독립성 때문에 둘은 판 두스뷔르흐와 일찌감치 헤어졌지만, 그들이 없었다면 데 스테일의 독특한 미학이 그토록 명징하고 또 그렇게 단시간에 형식화될 수 있었을까. 가령 판 두스뷔르흐의 유명한 추상화 「젖소」(1916)는 판 데르 렉에게 상당히 빚지고 있다. 반통겔루의 조각 「매스의 상호관계」(1919)는 판 두스뷔르흐의 전반적인 매스감과 코르넬리스 판 에스테런의 1923년 주택 프로젝트들을 확실하게 예견한다. 판 두스뷔르흐에게 헌정된 『데 스테일』 마지막 호(1932)에서, 냉담한 몬드리안조차—1917년에 이미—강렬한 원색을 썼던 것은 판 데르 렉의 영향이었다고 인정했다.

1914~16년 라렌에서 몬드리안은 스훈마에커스와 자주 만났다. 이 시기에 몬드리안은 기본 이론에 관한 자신의 글 「회화에서의 신조형주의」를 썼고, 이는 1917년 『데 스테일』 창간호에 실렸다. 전쟁이 강요한 은둔과 명상이 몬드리안을 새로운 출발점으로 이끌었다. 그의 작업은 이제 부유하는 채색된 직사각형 면들로 채워졌다. 몬드리안과

판 데르 렉은 각자 완전히 새롭고 순수한 조형 질서라고 생각한 것에 도달했으며, 훨씬 젊었던 판 두스뷔르흐는 이들의 지도를 충실하게 따랐다. 그러나 몬드리안은 1917년 작 「흰 바탕 위에 색면 구성」에서 표현된 바와 같이 화면의 '얕은 공간' 안에 고정된 면을 구성한 반면, 판 데어 렉과 판 두스뷔르흐는 얇은 막대 모양의 색면을 사용해 흰 바탕에 새겨넣음으로써 화면 자체의 선적 구조성을 추구했다. 판 두스뷔르흐의 「젖소」와 「러시아 춤의 리듬」(1918)은 이 시기에 제작되었으며, 두 작업은 모두 판 데어 렉의 영향을 받았다.

데 스테일과 연관된 첫 건축 작업은 로베르트 판트 호프에게서 나왔다. 그는 전쟁 전 미국을 방문했을 때 라이트의 작업을 보았고, 1916년 위트레흐트 근교에 놀랍도록 설득력 있는 라이트풍의 빌라를 지었다. 하위스 테어 하이데에 있는 이 선구적인 강화 콘크리트 주택과 빌스가 지은 다수의 덜 우아한 라이트식 작업을 빼면 데 스테일 초기에는 건축 활동이랄 것이 없었다. 1918년 겨우 28세에 로테르담 시 건축가를 꿰찬 오우트는 데 스테일 운동에 완전히 마음을 주지 않았다. 1918년 데 스테일 선언에 동참하지 않은 그는 예술적 자립을 위해 고심했다. 오우트는 데 스테일의 '구조적' 관심과 스스로를 분리시킬 방도를 오스트리아 건축가 요제프 호프만의 구성에서 찾았던 듯하다. 딱 하나 예외가 있다면 1919년 퓌르머렌트 공장 프로젝트이다. 여기에서 신조형적 요소들은 특징 없는 매스의 조합에 꽤 소심하게 적용되었다. 사실상 신조형주의 건축은 릿펠트 작업에서 처음 나타난 1920년 이전에는 거의 없었다. 1915년 이전에 릿펠트는 건축가 피트 클라르하머르의 수업을 들었는데, 당시 클라르하머르는 데 스테일과는 관계가 없었지만 판 데어 렉과 협업하고 있었다.

1917년은 릿펠트가 그 유명한 적청 의자를 만든 해이다. 전통적인 접이식 취침용 의자에 기초한 이 단순한 가구는 신조형주의 미학이 삼차원으로 투영되는 계기를 제공했다. 형태 면에서 막대와 면으로 된 판 데어 렉의 구성은 이제 명료하게 표현되어 공간에 치환된 요소로서 실현되었다. 이외에 의자는 뼈대는 검정으로, 나머지는 원색으로 표현되었다는 특징이 있었다. 후에 회색과 흰색이 이 조합에 추가되어 데 스테일의 표준 색 체계를 구성했다. 의자의 구조는 릿펠트가 라이트의 영향에서 벗어나 열린 건축술적 조직화를 설명할 수 있게 해주었다. 여전히 총체예술의 개념을 담고 있었지만, 19세기 종합적 상징주의, 즉 아르누보의 생물학적 유추로부터 해방된 것이었다.

릿펠트의 동료들 중 1918~20년에 그가 디자인했던 소박한 가구들에서 잠재력을 발견한 이는 거의 없었다. 적청 의자를 발전시킨 찬장[127], 유모차, 외바퀴 손수레는 반듯한 목재 가로대와 면 들을 단순히 못으로 고정시켜 조립한 것이다. 그러나 이들 가구 중 어느 것도 1920년 마르센에 지어진 하르토흐 박사의 연구실 디자인에서 릿펠트가 시도한 건축 환경을 완전히 보여주지는 않았다. 연구실의 공중에 매단 조명을 비롯한 각 가구는 '요소화'된 것처럼 보였고, 몬드리안의 후기 회화처럼 우주 좌표가 무한히 연속되는 듯한 효과를 낳았다.

많은 점에서 판 두스뷔르흐는 데 스테일 운동을 몸소 체현했다. 그룹의 구성이 1921년에 근본적으로 바뀌었기 때문이다. 판 데르 렉, 반통겔루, 판트 호프, 오우트, 빌스, 코크가 그즈음 데 스테일과 스스

[127] 릿펠트, 찬장, 1919.

로를 분리해 생각했던 반면, 몬드리안은 파리에서 무명 예술가로서 자신을 재확립하고 있었다. 몬드리안의 망명으로 판 두스뷔르흐는 데 스테일을 외국에 전파해야 한다는 확신을 가졌다. 신선한 피를 수혈 해줄 회원들이 1922년 대거 가입했는데, 건축가 판 에스테런 한 사 람만 네덜란드 사람이었고, 나머지는 러시아 및 독일 출신 건축가, 시 각 디자이너 엘 리시츠키와 영화 제작자 한스 리히터였다. 이는 판 두 스뷔르흐의 국제 지향적 목표를 여실히 보여준다. 리히터의 초청으로 판 두스뷔르흐는 1920년 독일을 처음 방문한다. 이 방문은 이듬해에 바우하우스로 와달라는 그로피우스의 요청으로 이어졌다. 판 두스뷔 르흐가 바우하우스에 몸담은 기간은 짧았다. 하지만 바우하우스를 흔 들었고 여기에서 비롯된 반향은 후일 선설로 남았나. 그의 개념들이 학생과 교수진에 미친 영향은 그만큼 직접적이었고 확실했다. 이런 상황을 우려할 충분한 이유가 있었던 그로피우스조차 1923년 자신의 연구실에 허공에 떠 있는 듯한 조명—릿펠트가 하르토흐 연구실에 설치했던 것과 비슷한—을 디자인했다.

　　1925년까지 계속된 데 스테일 운동의 두 번째 단계는 판 두스 뷔르흐와 리시츠키의 만남을 빼놓고 이야기할 수 없다. 이 만남이 있 기 2년 전 리시츠키는 비테브스크의 절대주의 학교에서 카지미르 말 레비치와 함께 전개해온 요소주의 표현 형식을 발전시켰다. 러시아와 네덜란드의 요소주의는 서로 다른 기원—전자는 절대주의, 후자는 신조형주의—을 가지고 있었음에도 판 두스뷔르흐의 작업은 변해갔 다. 리시츠키의 프라운 구성의 영향을 받은 판 두스뷔르흐와 판 에스 테런은 1921년 이후 엑소노메트릭 드로잉으로 가상의 건축물들을 만 들기 시작했다. 볼륨 중심 주위로 떠 있는 분절된 편평한 요소들이 비 대칭 집합을 이루는 구성이었다. 판 두스뷔르흐는 리시츠키를 데 스 테일 회원으로 초청했다. 그리고 리시츠키의 추상적인 타이포그래피 로 된 우화「두 개의 정사각형 이야기」(1920)가 1922년『데 스테일』 에 실렸다. 이 호를 기점으로 잡지가 포맷을 바꾸었다는 사실은 중요

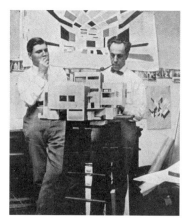

[128] 판 에스테런(왼쪽)과 판 두스뷔르흐,
파리에서 열릴 로젠베르 전시를 준비하는
모습, 1923. 예술가의 집 모형과 함께.

하다. 판 두스뷔르흐는 빌모시 후슈자르가 디자인한 목판 활자를 찍은 듯한 정면 구성을 비대칭의 요소주의적 레이아웃과 '구축주의적' 로고로 대체했다.

판 두스뷔르흐와 판 에스테런은 1923년 파리 레옹스 로젠베르 갤러리에서 가진 전시 '현대적 성과'에서 신조형주의 건축 양식을 구체화할 수 있었다. 전시는 성공이었고, 파리의 다른 화랑들뿐 아니라 낭시에서도 열렸다. 전시에서는 위에서 언급한 엑소노메트릭 습작들 외에 로젠베르 주택 프로젝트와 다른 두 개의 주요 작업, 대학교 홀 내부 습작과 예술가의 집 프로젝트[128]가 소개되었다.

네덜란드에서는 후슈자르와 릿펠트가 1923년 '위대한 베를린 미술전'의 일환으로 지어질 예정이었던 작은 방을 공동으로 설계했다. 후슈자르는 환경 디자인을, 릿펠트는 베를린 의자와 가구를 맡았다. 동시에 릿펠트는 위트레흐트에서 슈뢰더-슈레더 주택을 설계하고 세부 작업을 시작했다[129,130]. 19세기 말에 지은 테라스 하우스 맨 끝에 자리 잡은 이 집은 많은 점에서 판 두스뷔르흐가 집이 완성된 때에 출간한 그의 책 『조형 건축의 열여섯 가지 요점』에서 말한 바를 실현했다. 간단하고 경제적이고 기능적일 것, 비기념적이고 역동적일 것, 형태는 반입방체로, 색채는 반장식적으로 할 것 등 판 두스뷔르흐의 처방을 만족시킨 것이다. 꼭대기 층에 있는 생활 공간은 벽돌과 목재를 이용한 전통적인 구조임에도 개방적이고 '변형 가능한 평면'이었다. 내력벽이라는 방해물과 구멍 뚫리듯 난 개구부에 부과되는 제약에서 해방된 역동적인 건축에 대한 판 두스뷔르흐의 선결조건을 제시

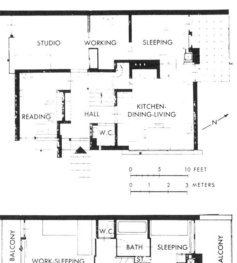

[129, 130] 릿펠트, 슈뢰더-슈레더 주택, 위트레흐트, 1924. 전경과 평면도.

한 셈이다. 판 두스뷔르흐의 열한 번째 요점은 슈뢰더-슈레더 주택을 이상화해 묘사한 것처럼 읽힌다.

> 새로운 건축은 반입방체여야 한다. 다른 기능의 공간 단위를 고정시키는 닫힌 큐브여서는 안 된다. 기능적인 공간 단위는 (돌출 면들, 발코니 볼륨과 마찬가지로) 큐브의 중심에서 바깥으로 내밀어져야 한다. 이렇게 높이, 폭, 깊이 그리고 시간(가상의 사차원적 실재)은 열린 공간에서 완전히 새로운 조형 표현에 다가간다. 이리하여 건축은 자연의 중력에 대항하면서 작동하는 유동하는 면을 획득하게 된다.[2]

1925~31년 동안 지속된 데 스테일 활동의 세 번째이자 마지막 단계는 판 두스뷔르흐가 1924년에 완성한 회화 연작 '반-구성들'에 사선을 도입하면서 예고되었는데, 그로 인해 그와 몬드리안의 사이는 급격히 나빠졌다. 판 두스뷔르흐가 신조형주의 규범을 제멋대로 수정한 만큼 그의 활동에는 논란이 끊이지 않았다. 데 스테일이 지녔던 애초의 통일성은 이제 사라지고 없었다. 리시츠키와 손잡은 판 두스뷔르흐는 사회 구조와 기술이 형태를 결정하는 주요 요소로 간주하게 되었다. 그가 그때까지 간직하고 있었을지도 모를 보편적 조화에 대한 데 스테일의 이상과는 아무런 상관이 없는 것이었다. 1920년대 중반에 이르러 그는 보편성이 그 자체로서 인위적으로 범위를 정한 문화만을 생산한다고 생각했다. 그리고 일상적인 사물에 반감을 가진 이 문화는 예술과 삶을 통합하려는 데 스테일의 애초의 관심, 몬드리안조차 데 스테일에 가입하게 만든 그 관심을 거스를 뿐이라는 사실을 깨달았다. 판 두스뷔르흐는 이 딜레마에 대한 리시츠키의 해법을 택한 것 같다. 리시츠키에 따르면 사물의 지위와 환경의 규모는 추상적인 개념에 부합하도록 사물이 어느 정도로 조작될 수 있는지를 결정해야 한다. 사회에 의해 생산된 가구와 설비는 레디-메이드 문화로

수용되어야 하는 반면, 건축 환경은 더 높은 질서를 따르도록 만들 수 있고 또 만들어져야 한다는 것이다.

판 두스뷔르흐와 판 에스테런은 1924년 출판된 에세이 「집단적 건설을 향하여」에서 이 같은 입장에 대한 이상적인 안을 내놓았다. 건축적 종합의 문제에 대한 더 객관적이고 기술적인 해법이었다.

> 우리는 삶과 예술이 더 이상 분리된 영역이 아니라는 점을 깨달아야 한다. 실제 삶에서 떨어진, '환영'으로서의 예술 개념이 사라져야 하는 이유이다. '예술'이라는 말은 이제 아무것도 의미하지 않는다. 우리는 그 자리에 고정된 원칙에 기초한 창조적 법칙에 맞는 환경을 건설할 것을 요구하는 바이다. 경제학, 수학, 기술, 위생 등의 원칙을 따르는 법칙이 우리를 새로운 조형적 통일로 이끌 것이다.[3]

「선언문」일곱 번째 요점에서도 이 정신의 본질이 드러난다. 그리고 이는 판 두스뷔르흐의 마지막 주요 작업인 카페 로베트(1928)에서 구현된다.

> 우리는 건축에서 색깔의 진짜 자리를 마련했으며, 건축적 구조가 없는 그림(이젤 페인팅)은 더 이상 존재할 이유가 없다고 선언하는 바이다.[4]

릿펠트는 1925년 이후 판 두스뷔르흐와 왕래가 없었다. 그럼에도 그의 작품은 판 두스뷔르흐와 비슷한 방향으로 발전해갔다. 슈뢰더-슈레더 주택에서 보여준 요소주의와 초기 직교 형태의 가구에서 벗어나 기술을 응용한 좀 더 '즉물적'(objective) 해법을 추구했다. 릿펠트는 의자의 앉는 부분과 등받이를 곡면으로 다시 디자인했는데, 더 편안할 뿐 아니라 구조적 강도가 훨씬 좋았다. 이는 자연히 집성재 제조 기술로 이어졌고, 여기서부터 합판 한 장으로 의자를 만드는 단계로 나아갔다. 신조형주의의 억압적인 미학은 일단 포기되었다.

1927년 위트레흐트에 지은 2층짜리 운전기사의 집은 이와 유사한 접근법의 산물이었다. 선진 기술을 썼음에도 불구하고, 오히려 그 때문에 원래의 데 스테일 미학은 거의 남아 있지 않았다. 원색 대신 노출 강철 프레임과 콘크리트 패널은 검정색으로 칠해졌고, 패널 표면은 흰색 정사각형 격자로 덧칠되었다. 판 두스뷔르흐의 『조형 건축의 열여섯 가지 요점』에서 제시되었던 반입방체 공간의 개념에서 벗어나, 그것은 보편적 형태를 향한 욕구보다도 기술에 의해 결정되었다.

스트라스부르에 있는 카페 로베트는 18세기의 외피 안에 자리한 커다란 홀 두 개와 보조 공간들로 구성되었으며, 한스 아르프와 소피 토이버-아르프, 판 두스뷔르흐가 1928년 공동으로 설계하고 지었다. 판 두스뷔르흐가 전체적인 주제를 통제하고 나머지는 자신이 맡은 방을 자유롭게 설계했다. 모든 방은 각 구성에 통합된 벽에 새긴 얕은 부조, 색, 조명, 설비에 의해 변화가 가해졌다. 아르프의 벽화 한 점만이 예외였다. 판 두스뷔르흐의 계획은[131], 부분적으로 직교하는 공간의 모든 면에 대각선의 요소주의적 구성을 고의로 부과한 1923년

[131] 판 두스뷔르흐, 카페 로베트, 스트라스부르, 1928~29.

대학교 홀 프로젝트의 재탕이었다. 카페 로베트의 실내는 내부 표면 전체를 비스듬하게 가로지르는 거대한 사선 부조 또는 '반-구성'의 선들에 의해 지배되고 왜곡되었다. 1923년 리시츠키가 프라우넨라움에서 보여준 접근법의 연장선에 있는, 부조를 통한 단편화는 어떤 요소주의적 요소도 없는 기구 설비로 보완되었다. 대신 표준 곡목 의자를 디자인하고 다른 부분에서 극도로 즉물적인 장식을 사용했다. 공간 전반에 쓴 튜브형 난간은 단순하게 용접되었고, 천장에 매달린 두 개의 금속 관에 고정된 백열전구가 주 조명이었다.

　　1929년에 완성된 카페 로베트는 의미 있는 마지막 신조형주의 건축 작업이다. 판 두스뷔르흐와 릿펠트뿐 아니라 데 스테일과 연결되어 있던 예술가들은 점점 더 신슉불수의 영향 아래, 그래서 국제적 사회주의의 문화 가치에 종속되었다. 1929년경 뫼동에 지은 판 두스뷔르흐 자신의 집은 그의 '열여섯 가지 요점' 중 어떤 것도 충족하지 못했다. 그 집은 치장 마감한 강화 콘크리트와 블록 구조의 실용적인 스튜디오였다. 얼핏 보기에는 1920년대에 르 코르뷔지에가 이미 제안했던 예술가 주거 유형과 닮아 보인다. 프랑스 표준의 창호를 썼고, 가구는 강관으로 만든 '즉물주의적' 의자를 자신의 방식으로 만들었다. 모든 예술을 통합하고 예술과 삶의 분리를 초월하려 했던 신조형주의의 이상은 1930년에 이르러 철회되었다. 그리고 추상 회화에서의 신조형의 기원으로, 판 두스뷔르흐의 뫼동 스튜디오 벽에 걸려 있는 그의 '반-구성들' 그림 같은 '구체 예술'(art concert)로 되돌아갔다. 보편 질서에 관한 판 두스뷔르흐의 의식적인 관심은 여전했다. 그는 마지막 논제 「구체 예술에 관한 선언문」(1930)에서 다음과 같이 쓰고 있다. "표현 수단들이 모든 특수성에서 해방된다면, 그것들은 보편적 언어의 실현이라는 예술의 궁극적인 목표와 조화를 이룰 것이다." 가구와 설비 등을 다루는 응용 미술은 어떻게 해방될 수 있는지 분명하게 밝히지 않았다. 1년 후 판 두스뷔르흐는 스위스 다보스에 있는 한 요양원에서 사망했다. 그의 나이 48세였다. 그리고 신조형주의의 동력도 함께 죽었다. 원래의 데 스테일 미술가 중 몬드리안만 이 운동의 엄격한 원칙들에, 그의 성숙기 작업의 주요 구성 요소인 직교와 원색에 남아 있었다. 이 요소들로 몬드리안은 실현 불가능한 유토피아적 조화를 꾸준히 표현했다. 그가 『조형 예술과 순수 조형 예술』(1937)에서 썼던 것처럼, "예술은 삶의 아름다움이 결핍되어 있을 때의 대용품일 뿐이다. 삶이 평형을 찾아가면 예술은 차차 사라질 것이다".

18장

르 코르뷔지에와 새로운 정신
1907~1931

당신은 돌과 나무, 콘크리트를 사용해 집과 궁전을 짓는다. 이것은
건설이다. 창의력이 발휘된다. 갑자기 당신이 나를 감동시키고 기분
좋게 한다. 나는 행복하다. 그래서 나는 "아름답다"고 말한다. 이것이
건축이다. 예술이 들어온 것이다. 나의 집은 실용석이나. 나는 철도
기사나 전화국 엔지니어에게 감사해 하듯 당신에게 감사한다. 그러나
당신은 아직 나를 감동시키지 못했다. 벽들이 하늘을 향해 치솟은
모습은 나를 감동시킨다. 나는 당신의 의도를 감지한다. 당신은
온화하고, 야성적이고, 매력적이며 또한 고상하다. 당신이 세워 놓은
돌이 내게 그렇게 말한다. 당신은 나를 그 장소에 머물게 하고 나의
시선은 그것을 향한다. 내 눈은 어떤 생각을 표현하는 무엇인가를 보고
있다. 생각은 아무 말도 없이, 아무 소리도 없이, 단지 다른 것과의 관계
속에 서 있는 형태를 통해 스스로를 드러낸다. 이들 형태는 빛 아래에서
그 모습이 분명해진다. 그들 사이의 연관성은 실제적이거나 묘사적인
것과 무관하다. 그것들은 우리 마음이 빚은 수학적 창조물이자 건축의
언어이다. 움직이지 않는 재료를 사용하고 다소 실용적인 조건에서
출발해 당신은 나를 감동시키는 어떤 관계를 만들어냈다. 바로 이것이
건축이다.
— 르 코르뷔지에,『건축을 향하여』(1923).[1]

20세기 건축의 발전에서 르 코르뷔지에가 해온 중심적이고 독창적인
역할은 그의 초기 발전을 들여다봐야 할 충분한 이유가 된다. 그가 이

룬 성취의 근본 의미는, 라쇼드퐁에 첫 주택을 지었던 1905년(그의 나이 18세였다)과 여기에서 마지막 작업을 한 1916년(1년 후 그는 파리로 떠났다) 사이의 10년 동안 그가 매여 있던 엄청나게 다양하고 강렬한 영향들과 비교할 때에만 분명해진다. 무엇보다 그의 배경을 언급할 필요가 있다. 그의 가족이 칼뱅주의였던 것과 달리 그는 알비파(Albigensian)였다(반쯤 잊힌 사실이다). 잠재된 마니교적 세계관은 아마 그의 변증법적 성향의 기원이 되었을 것이다. 그에게는 차 있음(solid)과 비어 있음(void), 명과 암, 아폴로와 메두사를 대조하는 등, 대립 명제들의 끊임없는 유희가 존재한다. 그것은 그의 건축에 침투해 있으며 이론 텍스트 대부분에서도 뚜렷하게 드러난다.

르 코르뷔지에는 프랑스 국경 근처 쥐라에 위치한, 스위스 시계 제작으로 유명한 소도시 라쇼드퐁에서 1887년 태어났다. 르 코르뷔지에가 태어나기 20여 년 전, 화재로 파괴된 후 재건된 라쇼드퐁은 고도로 이성적인 격자형 공업 도시로 그의 청소년기에 가장 중요한 이미지 중 하나였을 것이다. 샤를 에두아르 잔느레라는 이름을 쓰던 10대 후반, 르 코르뷔지에는 지역 미술공예학교에서 디자이너 겸 판화가 수업을 받으면서 미술공예운동의 끝자락을 경험했다. 첫 번째 주택 작업인 빌라 팔레(1905)의 유겐트슈틸 방식은 라쇼드퐁 응용미술학교 고등 과정 학장이었던 샤를 레플라트니에에게 배운 모든 것을 쏟아 부은 결정체였다. 레플라트니에 자신의 출발점은 오언 존스였다. 존스의 『장식의 문법』(1856)은 장식 미술에 관한 결정적인 개론서로 평가받는다. 레플라트니에는 쥐라 지방에 응용 미술과 건축을 가르치는 현지 학교를 건립하는 목표를 가지고 있었으며, 존스를 본받아 학생들에게 주변 자연환경에서 장식을 끌어내도록 가르쳤다. 빌라 팔레는 이런 점에서 모범적이었다. 전체 형태는 나무와 돌로 지은 쥐라 지방의 농가 주택을 변형한 것이었고, 장식 요소는 지역에서 자라는 꽃과 동물에서 따왔다.

오언 존스를 찬미해 마지않았지만, 부다페스트에서 공부한 레플라트니에는 유럽의 문화적 중심지는 빈이라고 생각했다. 그는 자신의 수제자가 요제프 호프만의 도제로 빈에서 교육받기를 간절히 원했다. 그렇게 르 코르뷔지에는 1907년 가을 빈으로 보내졌다. 환대를 받으며 입성했지만, 그는 호프만의 작업 제안은 물론 이제는 고전주의처럼 되어버린 유겐트슈틸의 궤변은 거부했던 듯하다. 확실한 것은 르 코르뷔지에가 빈에서 디자인해 1909년 라쇼드퐁에 지은 주택들에서 호프만의 영향은 거의 찾아볼 수 없다는 점이다. 쇠퇴해가는 유트겐슈틸에 대한 혐오는 1907년 겨울 리옹에서 토니 가르니에를 만나면서 더 커졌다. 가르니에는 '산업 도시'를 위한 1904년 프로젝트를 확장하고 있던 참이었다. 르 코르뷔지에가 유토피아 사회주의에 공감하고 건축을 유형학적으로—고전적이라고는 못해도—접근하는 감수성은 확실히 이 만남에서 시작되었다. 이에 관해 그는 다음과 같이 적고 있다. "이 사람(가르니에)은 임박해 있는 새로운 건축의 탄생이 사회 현상에 달려 있다는 점을 안다. 대단한 재능을 보인 그의 계획들은 100년간 지속돼온 프랑스 건축 발전의 결과물이었다."

1907년은 르 코르뷔지에 인생의 전환점이라고 할 수 있다. 그해에 그는 가르니에를 만났고, 결정적으로 토스카나 지방 에마에 있는 카르투지오회 수도원을 방문했기 때문이다. 르 코르뷔지에는 여기에서 난생 처음 살아 있는 코뮌을 경험했다. 카르투지오회 수도원은 레플라트니에와 가르니에에게서 조금씩 물려받은 유토피아 사회주의 개념을 스스로 재해석하기 위한 사회적·물리적 모형이 되어주었다. 후에 르 코르뷔지에는 카르투지오회 수도원을 "침묵, 고독 그리고 매일 이루어지는 사람들과의 접촉이라는 진정한 인간의 열망을 충족시켜준" 곳으로 묘사했다.

1908년 르 코르뷔지에는 파리에 있는 오귀스트 페레의 회사에 파트타임으로 들어갔다. 당시 페레는 1904년 프랑클랭 가 아파트 블록에서 철근 콘크리트 구조를 주거에 사용함으로써 이미 널리 알려져 있었다. 파리에서 보낸 14개월은 삶과 일에 대한 그의 인생관을 완전

히 바꿔놓았다. 강화 콘크리트 기술에 관한 기본 훈련을 받은 것 말고
도 수도 파리가 주는 선물이 있었다. 그는 파리의 미술관과 도서관에
서 열리는 강연을 쫓아다니며 프랑스 고전 문화에 대한 지식을 넓혔
다. 또한 레플라트니에의 상당한 불만에도 불구하고 페레와 왕래하면
서 철근 콘크리트가 미래의 재료가 될 것이라고 확신하게 되었다. 페
레는 어떤 형태로도 만들 수 있고 굳으면 한 덩어리가 되는 성질과 내
구성, 타고난 경제성 외에도 고딕의 구조적 진정성과 고전적 형태의
인본주의 가치 사이의 케케묵은 갈등을 해소해줄 매개체로서 콘크리
트 프레임을 높이 평가했다.

　　다양한 경험의 영향력과 효과는 르 코르뷔지에가 1909년 라쇼드
퐁으로 돌아와 모교를 위해 진행한 프로젝트에서 잘 드러난다. 강화
콘크리트로 만들겠다는 계획이 확실했던 이 건물은 세 단으로 된 스
튜디오들로 구성되었다. 스튜디오들은 각각 울타리를 두른 정원을 가
지고 있었고 건물 중앙에 위치한 공용 공간 주위에 배치되었다. 공용
공간에는 피라미드 모양의 유리 지붕을 씌웠다. 카르투지오회 수도원
이 내포하는 공동체성과 더불어 그것의 단위 형식(cell form)을 자유
롭게 채택한 것이었다. 이 미술학교는 또한 르 코르뷔지에가 전적으
로 새로운 프로그램 유형에 적응하기 위해 일반적으로 인정되는 유형
을 재해석한 첫 번째 사례였다. 공간적·이념적 참조점을 가진 유형학
적 변형은 그의 작업 방식의 본질적인 부분이 되었다. 이러한 종합 과
정이 정의상 비순수(impure)했다면, 그것은 그의 작업이 한꺼번에
수많은 서로 다른 선례에서 따온 참조들로 부득이 채워져야만 했기
때문이다. 이 과정은 얼마간 부지불식간에 이루어졌다. 어쨌든 라쇼드
퐁의 미술학교는 카르투지오회 수도원의 새로운 해석이었던 만큼이
나 1856년 고댕이 지은 파밀리스테르를 계승한 것으로 간주해야 한
다. 카르투지오회 수도원은 얼마든지 재해석될 수 있는 '조화'의 이미
지로 르 코르뷔지에의 머릿속 깊숙이 박혀 있었다. 처음에는 1922년
블록형 집합주택 프로젝트에서 대형 스케일로 나타났다. 그다음에는

가상 도시계획을 위해 이후 10년 내내 설계했던 주거 블록 유형에서 다소 덜 직접적으로 적용되었다.

1910년 르 코르뷔지에는 독일로 간다. 명분은 강화 콘크리트 기술 지식을 더 쌓기 위해서였지만, 장식 미술의 상황을 연구해달라는 라쇼드퐁 미술학교의 의뢰를 받고 건너간 것이었다. 책으로도 엮인 이 프로젝트는 그가 독일공작연맹의 중요 인물들, 특히 페터 베렌스와 하인리히 테세노를 만나도록 했다. 두 사람은 르 코르뷔지에가 라쇼드퐁에서 한 후기 작업, 빌라 잔느레 페르(1912)와 스칼라 영화관(1916)에 강한 영향을 미쳤다. 독일공작연맹과의 접촉으로 르 코르뷔지에는 현대적 생산공학, 선박, 자동차, 비행기 등의 성과를 의식하게 되었다. 이것들은 그의 논쟁적 에세이 「보지 못하는 눈」에서 자세히 다뤄진다.

베렌스의 사무실에서 5개월을 보내는 동안 그는 분명 거기서 일하고 있던 미스 반 데어 로에를 만났을 것이다. 그리고 그해, 그러니까 1910년 말 르 코르뷔지에는 레플라트니에가 제의한 라쇼드퐁 교수직을 수락하고 독일을 떠났다. 하지만 스위스로 들어가기 전에 발칸 지역과 소아시아를 돌아보는 긴 여행을 했고 그때부터 오스만 건축이 그의 작업에 약하지만 확실하게 영향을 미쳤다. 이는 이 여행에 대한 서정적인 기록 『동방 여행』에서 잘 드러난다.

1916년 이전의 5년이라는 세월이 르 코르뷔지에가 파리에서 활동할 미래의 방향을 결정지었다. 레플라트니에와 관계를 끊고, 1910~11년 출간된 『바스무스』 전집을 통해 알았음직한 프랭크 로이드 라이트를 거부함으로써 강화 콘크리트의 합리적 생산의 가능성을 열어젖혔다. 1913년 르 코르뷔지에는 라쇼드퐁에 철근 콘크리트 전문 건축사무소를 차렸다.

1915년에는 어릴 적 친구인 스위스 엔지니어 막스 뒤부아와 함께 두 가지 개념을 정립했다. 이는 1920년대 그의 작업에서 계속해서 소개된다. 하나는 1935년까지 르 코르뷔지에 주택 작업 대부분에서 구조적 토대가 되었던 '돔-이노 주택'(Maison Dom-Ino)으로, 이는 엔비크의 프레임을 재해석한 것이었다. 다른 하나는 '필로티 도시'(Villes Pilotis)이다. 말 그대로 말뚝(piles) 위에 짓는 계획 도시인데, 1910년 외젠 에나르의 '미래의 거리'에서 비롯된 것이 확실하며 일종의 '고가 도로' 개념이라고 할 수 있다.

1916년 빌라 슈보브는 라쇼드퐁에서 르 코르뷔지에가 이룬 최고의 성과였다. 이 집은 그가 경험해온 거의 모든 것의 비상한 종합이었다. 특히 엔비크 체계의 공간적 가능성을 정교하게 풀어냈다. 이로써 호프만과 페레, 테세노에게서 차용한 양식 요소를 적용한 뼈대 구조를 쓸 수 있게 되었다. 빌라 슈보브는 에로틱한 분위기가 감도는 이슬람 궁전을 연상시켜 '튀르키예 주택'이라는 별명으로 불렸고, 르 코르뷔지에가 '집'을 마치 '궁'처럼 격식 있는 용어로 생각하게 되는 계기를 마련해주기도 했다. 넓음-좁음이 교차하는 베이 체계, 평면의 대칭 구조가 팔라디오풍임은 부정할 수 없다. 쥘리앵 카롱은 1921년 『새로운 정신』에 이 같은 고전의 함축에 대해 다음과 같이 쓰고 있다.

> 르 코르뷔지에는 순수한 건축물, 즉 기본적인 기하학 형태인
> 정사각형과 원으로 된 매스로 디자인된 건물을 지을 때 생기는
> 까다로운 문제를 해결해야만 했다. 집 하나를 지으면서 이런 고민을
> 하는 이는 르네상스 시대를 제외하곤 거의 없었다.[2]

'규준선'(regulating lines)을 최초로 사용한 인물도 르 코르뷔지에다. 이 고전적 도구는 창문 배치마저 황금분할을 따른 데서 드러나듯 파사드의 비례를 통제하기 위해 쓰였다. 그 후 몇 년간 '주택-궁전' 주제는 두 개의 상이한 규모로 실행되었다. 둘은 상호 관련이 있으면서도 구분되는 사회문화적 의미를 띠는 작업이었다. 하나는 부르주아 단독 주택으로, 1920년대 말 훌륭한 주택들과 마찬가지로 팔라디오풍이었다. 다른 하나는 공동주택이었다. 바로크 궁전을 염두에 둔 이

건물의 셋백 평면은 팔랑스테르의 이념을 환기한다.

건축업에 본격적으로 뛰어들기 위해 1916년 10월 파리로 이주한 르 코르뷔지에는 오귀스트 페레의 소개로 화가 아메데 오장팡을 알게 되어 그와 순수주의 기계미학을 발전시켜갔다. 신플라톤주의에 기초한 순수주의는 살롱화부터 제품 디자인, 건축에 이르기까지 모든 조형적 표현을 아우르는 담론을 형성했다. 이는 기존의 모든 유형의 의식적 개선을 열렬히 옹호하는 포괄적인 문명 이론이나 다름없었다. 따라서 순수주의는 르 코르뷔지에와 오장팡이 회화에서 큐비즘이 부당하게 왜곡했다고 여긴 것에 적대적이었던 만큼(이들의 1918년 선언문 「큐비즘 이후」 참조), 토네트 곡목 가구나 카페의 표준 식기류 같은 '진화한' 완벽함에는 호의적이었다. 이 미학을 처음으로 완전하게 공식화한 에세이 「순수주의」는 1920년 『새로운 정신』 4호에 실렸다. 『새로운 정신』은 1925년까지 오장팡과 르 코르뷔지에가 시인 폴 데르메와 공동 편집한 문학-예술 잡지이다. 오장팡과 르 코르뷔지에의 협력은 『건축을 향하여』를 구상하던 시기에 정점을 찍었다. 1923년 출간되기 전, 이 책의 일부가 르 코르뷔지에-소니에(Le Corbusier-Saugnier)라는 이중 필명으로 『새로운 정신』에 실렸다.

이 텍스트는—단행본에서 르 코르뷔지에가 저작권을 전유한—그의 저작 나머지 부분에서도 주요하게 다뤄졌던 개념의 이중성을 명징하게 드러냈다. 개념적 이중성이란, 한편으로는 경험적 형태를 통한 기능적 요구를 만족시켜야 할 필요성과, 다른 한편으로는 지성의 자양분이자 감각의 자극제인 추상 요소를 활용하려는 충동이다. 형태에 관한 변증법적 관점은 「엔지니어의 미학과 건축」에 소개되었다. 그리고 이는 당대 가장 진보적인 공학 구조로 손꼽히는 에펠의 가라비 고가교(1884)와 자코모 마테 트루코의 피아트 공장(1915~20)에 의해 실증되었다.

엔지니어 미학의 다른 국면인 제품 디자인은 선박, 자동차, 비행기로 대표되었는데, 이에 관해서는 「보지 못하는 눈」에서 별개의 하위 섹션들로 나누어 설명하고 있다. 세 번째 섹션에서는 그것의 반명제인 고전 건축, 아테네 아크로폴리스의 명쾌한 시학에 다시 주목한다. 그리고 결론으로 가기 전 장인 「정신의 순수한 창조물」에서 아테네의 아크로폴리스를 더 살펴본다. 르 코르뷔지에는 파르테논의 측면이 마치 기계로 방금 연마된 것들과 비슷하다고 여길 정도로 기술공학의 정밀함을 찬미했다. 그는 다음과 같이 적고 있다. "대리석으로 실현된 이 조형적 기계 전체는 우리가 기계에나 적용되는 것으로 배워온 엄격함을 준수한다. 그것은 광택을 적나라하게 드러내는 강철의 인상을 자아냈다."

파리에서 치열하게 활동한 처음 5년 동안 르 코르뷔지에는 여유가 생길 때마다 그림을 그리고 책을 썼다. 낮에는 알포르빌에 있는 벽돌 및 건설 자재를 생산하는 공장 매니저로 일하며 생계를 유지했다. 1922년 사촌 피에르 잔느레와 건축업을 시작하면서 그는 이 일을 그만두었고, 제2차 세계대전이 발발할 때까지 잔느레와 함께했다. 개소초창기에 그는 '돔-이노'(Dom-Ino)[132, 133]와 '필로티 도시' 개념을 발전시키는 일을 맡았는데, 이는 제1차 세계대전 초기에 뒤부아와 처음 다루었던 '건설' 개념이었다.

'돔-이노'의 원형은 다양하게 해석될 여지가 있다. 생산을 위한 기술적 장치로 단순하게 해석될 수도, 도미노(domino)만큼 표준화된 하나의 집을 의미하는 특허받은 산업적 명칭으로서의 말 놀이로 읽힐 수도 있다. 평면도의 독립 기둥들을 도미노 게임 패의 점들(dots)로 보고, 돔-이노 주택들을 지그재그 패턴으로 모아놓은 모습이 도미노 게임 대형과 유사하다고 본다면 이 말장난은 설득력이 있다. 하지만 돔-이노 주택의 대칭적 배열은 푸리에의 팔랑스테르가 보여준 전형적인 바로크 궁전의 평면도를 닮았거나 1903년 외젠 에나르의 V자형 방비벽 형태로 건물을 배치한 대로(Boulevard à Redans)를 연상시킨다는 점에서 구체적 함의 또한 얻을 수 있었다. 르 코르뷔지에는 1920년 팔랑스테르 이미지와 자신의 반복도식 도로(anti-corridor

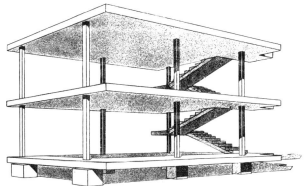

[132, 133] 르 코르뷔지에, 돔-이노 주택, 1915. (위) 가능한 조합을 보여주는 전경과 평면,
(아래) 돔-이노 주택 한 단위의 구조.

street) 주장을 결합했다. 동시에 돔-이노를 형태나 조립 방식 면에서
전형적인 제품 디자인처럼 그저 하나의 설비로 보기를 원했다. 르 코
르뷔지에는 그러한 요소들을 전형적인 필요에 맞춰 이미 세련되었던
'오브제-유형'으로 이해했다. 『건축을 향하여』에서 그는 다음과 같이
썼다.

집에 관한 모든 쓸모없는 개념은 지워버리고, 비판적이고 객관적인
눈으로 문제를 본다면 우리는 주택 기계(House Machine)에 도달할
것이다. 대량생산된 주택, 우리 생활에 딸린 작업 도구들이 아름다운 것
같이 건강하고 (도덕적으로도 마찬가지로 건강하고) 아름다운 주택.[3]

전후에 부아쟁 항공사는 조립라인에서 생산한 목조 주택으로 프랑스 주택 시장에 진입하려고 시도한 바 있었는데, 르 코르뷔지에는 『새로운 정신』 2호에서 이를 열광적으로 지지했다. 하지만 동시에 이런 생산 방식은 공장 여건에 따라 수준 높은 기량이 발휘될 때에만 가능하며, 당시 건설업계 내에는 이 같은 환경이 갖춰진 경우가 거의 없음을 그는 알고 있었다. 돔-이노 주택 제안들에서 르 코르뷔지에는 이러한 한계를 인정하고, 거푸집 공사와 철근 외에는 미숙련 노동력만으로 집을 지을 수 있게 설계했다. 1919년에는 일찍이 방금 말한 내용과 비슷한 '콜라주' 접근을 채택했었다. 모놀 주택의 콘크리트 볼트 지붕을 만들기 위해 영구적인 거푸집널 역할을 하는 골 슬레이트를 쓰자고 제안했던 것이다.

'돔-이노 주택'과 '필로티 도시' 개념은 시트로앙 주택과 '현대 도시'(Ville Contemporaine) 프로젝트에서 한층 더 발전되어 1922년 살롱 도톤에서 전시되었다. '현대 도시'는 적어도 단면도로 보면 에나르의 '미래의 거리'(1910)에서 발전돼 나왔다고 볼 수 있으며, 시트로앙 주택은 한쪽 끝은 열려 있는 긴 직선적 볼륨을 뽑아내려고 엔비크 프레임을 활용했다. 이는 지중해 지역의 전통 메가론(megaron) 형태와 비슷했다. 두 개의 연속된 버전으로 설계된 이 기본 유형에서 르 코르뷔지에는 중2층(mezzanine) 침실과 옥상에 아이들 침실을 갖춘 2층 주거 공간을 최초로 선보였다. 1920년 처음 창안한 이 유형은 그리스 토속 건축에 뿌리를 두고 있으며, 파리 바빌론 가에 있는 노동자 카페—그가 매일 사촌과 점심을 먹었던—에서도 유래된 것으로 보인다. 시트로앙 주택[134]의 단면과 기본 배치가 이 작은 식당에서 나왔다. 아이디어를 나열하면 다음과 같다. "광원은 단순하게, 양 끝에 베이 하나씩, 두 개의 측면 내력벽, 평지붕, 집으로 쓸 수 있는 진짜 상자."

필로티에 올려놓은 시트로앙 주택은 르 코르뷔지에가 1926년 공식화한 '새로운 건축의 5원칙'에 가까이 다가갔지만, 교외 개발 외

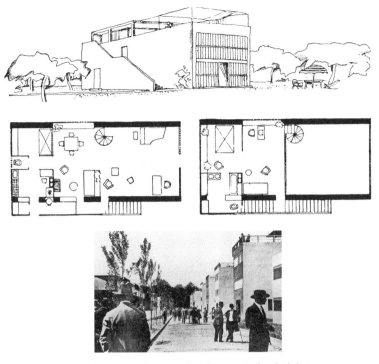

[134] 르 코르뷔지에, 시트로앙 주택, 1920. 투시도와 평면도.
[135] 르 코르뷔지에, 페삭 단지, 1926.

에는 거의 적용할 수 없었다. 그래서 교외 개발에 쓸 수 있도록 수정한 형태를 1926년 리에주와 페삭에 지은 전원도시 단지에 적용했다 [135]. 기업가 앙리 프뤼제스를 위해 페삭에 지은 강화 콘크리트 구조의 주택 130채 가운데 '고층' 유니트로 알려진 유형이 지배적이었다. 이는 시트로앙 주택과 같은 해 오뎅쿠르 '도시'를 위해 설계한 다닥다닥 붙인 유니트들을 합친 것이었다. 하지만 시트로앙 유형의 진정한 번안은 1927년 슈투트가르트 바이센호프지들룽 작업에서 비로소 등장한다. 유니트 유형의 혼합이 시사하는 바와 같이, 1920년대 초 표준화된 주택을 위한 여러 가지 디자인을 생산으로 연결하려는 계속된 시도는 페삭에서 최고조에 달했다. '시트로앙'이라는 이름은 프랑스의 당시 유명했던 자동차 이름[시트로엥(Citroën)]을 변주한 것으로, 집도 자동차처럼 표준화되어야 함을 제시하고 있다. 페삭은 순수주의의 색채를 건축으로 전치시켜 의식적으로 통합한 첫 사례였다. 페삭과 관련해 르 코르뷔지에는 다음과 같이 말했다.

> 페삭의 부지는 너무나 건조하다. 회색의 콘크리트 집들은 참을 수
> 없이 압축된 매스를 낳는다. 우리를 공간으로 인도하는 것은 색채다.
> 그래서 우리는 다음과 같은 변치 않는 요소를 정했다. 몇몇 파사드는
> 짙은 적갈색으로 칠했다. 선명한 군청색을 칠한 파사드는 다른 집들을
> 뒤로 물러나게 했다. 몇몇 구획은 옅은 녹색으로 칠한 파사드로 정원과
> 나무의 이파리와 헷갈리게 했다.[4]

당시 유럽의 동료였던 그로피우스[136]와 미스 반 데어 로에와 달리 르 코르뷔지에는 건축의 도시적 함의를 개발하는 데 몰두했다. 1922년까지의 작업을 놓고 보면, 300만 명이 살 수 있는 '현대 도시'는 바로 이 고민의 궁극적인 표현이었다. '현대 도시'는 미국의 격자형 마천루 도시와 타우트의 '도시 왕관' 이미지에서 많은 영향을 받았으며, 도시를 둘러싼 그린벨트 보호 구역 너머로 공업 지대와 노동자를 위한 전원도시가 있는 행정력과 통제력을 갖춘 엘리트 자본주의 도시로 계획되었다.

도시 자체는 오리엔탈 카펫 모양으로 짜여 있고 표면적은 맨해튼보다 네 배 넓다. 중심지에는 10~12층짜리 주거 블록들이 있고 60층짜리 사무실 타워가 스물네 개 있다. 도시 전체는 픽처레스크한 공원으로 둘러싸여 있는데, 이는 경사 제방(glacis)처럼 프롤레타리아 거주지인 교외와 엘리트 거주지인 도심을 구분 짓는다.

[136] 그로피우스(왼쪽), 그로피우스 부인, 르 코르뷔지에, 파리 카페에서.

십자형 사무실 타워들—이른바 데카르트적 마천루—의 톱니 모양은 계단식 구조를 가진 크메르 신전 또는 인도 신전의 프로필을 연상시킨다. 분명 전통 도시의 종교적 구조물을 세속 권력의 중심으로 대체하려는 의도였을 것이다. 형태에 부여된 권위는 도시 격자와의 비례적 관계에서도 암시된다. 건물의 형태는 도시 전체가 차지하는 이중 정사각형 안에서 평면상으로는 황금분할된 표면적을 차지한다.

공산당 기관지 『인류』(*L'Humanité*)는 앞에서 언급한 사실들을 놓치지 않았고, '현대 도시' 프로젝트를 반동으로 간주했다. 르 코르뷔지에가 생시몽적 관리와 통제를 지지한다고 느낀 그들의 직감은 1925년 출간된 『내일의 도시』에서 완전히 확인되었다. 『내일의 도시』의 마지막 도판은 루이 14세가 앵발리드 건설을 감독하는 모습을 묘사하고 있는데, 르 코르뷔지에 스스로도 당혹스러웠던지 도판 캡션 아래 이 이미지를 프랑스 파시스트당(Action Française)을 지지하는 것으로 이해해서는 안 된다고 덧붙였다.

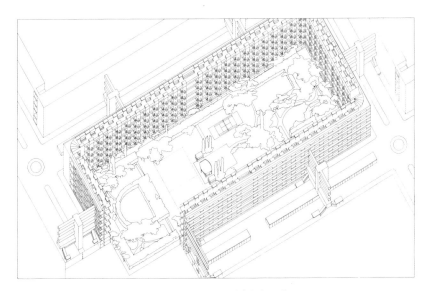

[137] 르 코르뷔지에와 잔느레, '현대 도시', 1922.
블록형 집합주택 유니트로 구성된 페리미터 블록.

'현대 도시'는 주거 구역의 세부 조직 면에서도 이념적이었다. 서로 다른 두 개의 블록 원형, 즉 페리미터 블록(perimeter block)[137]과 셋백 또는 톱니 구조로 이루어져 있는데 각각 의미하는 도시 개념이 달랐다. 전자는 도로로 둘러싸인 '성곽' 도시, 후자는 벽이 없는 '열린 도시'를 가정했다. '열린 도시'의 비전은 죽 펼쳐지는 공원 지표 위로 들어 올려진 고밀도 도시 '빛나는 도시'에서 마침내 달성되었다. 여기에 녹아 있던 '반도로'에 관한 입장은 1929년 생디칼리즘 신문 『비타협』(*L'Intransigeant*)에 썼던 도로에 관한 에세이에서 명백해졌다.

'열린 도시'는 햇빛과 신록이라는 본질적인 즐거움을 제공했다. 또한 기관차가 다니도록 했는데, '속도에 이바지하는 도시가 성공에 공헌한다'는 르 코르뷔지에의 사업가적 경구에 부합하는 조치였다. 이는 1925년 그가 파리에 제안한 '부아쟁 계획'[138]에 덧붙였던 수사학, '위대한 도시를 파괴한 자동차가 바로 그 도시를 구제하는 도구로 이용될 수 있다'라는 역설적 개념의 일부였다. 어쨌든 자동차-비행기 카르텔 기업이었던 부아쟁은 그들이 재정적으로 뒷받침한다고 하더라도, 시테 섬 바로 옆에 어마어마한 규모로 십자형 타워들을 짓는 일은 경제적으로나 정치적으로 불가능하다는 사실을 너무 잘 알고 있었다.

'현대 도시'는 블록형 집합주택을 창안하는 데 가장 크게 기여했다. 블록형 집합주택은 시트로앙 주택을 고층-고밀도 주거의 일반 유형에 맞게 개조한 것이다. 복층을 여섯 층으로 쌓아 올리고 각 세대마다 정원 테라스가 딸려 있는 배치로, 오늘날에도 가족 단위 고층 주택의 해법으로 적용할 수 있을 것으로 보인다. '현대 도시'의 소위 페리미터 블록에 있는 테라스 딸린 복층 아파트에서는 지층에서 정원으로 갈 수 있는데, 담을 두른 이 네모난 녹지에는 공용 오락시설이 있다. 또한 블록 안에 그리고 이 구역 외곽 주변에는 공용 공간이 미미하나마 추가로 공급되고 있고, 도시 전역에서 호텔 서비스가 계획적

으로 제공되고 있다. 이 제안은 '현대
도시' 프로젝트를 부르주아 아파트 블
록과 사회주의적 집단 거주지 사이 어
딘가에 위치하게 한다(팔랑스테르와
보리의 아에로드롬 참조). 블록형 집합
주택 유니트는 세부 작업을 마치고 하
나의 원형으로서, 1925년 파리에서 개
최된 장식미술박람회에서 '새로운 정
신' 전시관을 겸해 전시되었다. 불행히
도 이 유니트를 시장화하려는 시도—

[138] 르 코르뷔지에와 잔느레, 파리
부아쟁 계획, 1925. 손가락이 가리키는
곳이 도시의 새로운 사업 중심지이다.

도심에서는 자유 보유 복층(maisonette)주택으로, 교외에서는 독립
빌라로—는 성공하지 못했다. '새로운 정신' 전시관은 순수주의 감수
성을 응축한 것이었다. 전시관은 표면상 대량생산과 고밀도 집합체
를 위해 설계되어 기계주의에 대한 전망과 도시를 암시했다. 내부는
오브제-유형이라는 순수주의 규범에 맞는 설비가 이루어졌다. 영국식
클럽 암체어, 토네트 곡목 가구, 표준 파리식 주철 정원용 가구, 순수
주의 오브제-회화, 오리엔탈 러그와 라틴 아메리카 산 도자기가 놓였
다[139]. 민속, 수공예 및 기계 가공한 오브제들이 멋지게 균형을 이
루었던 이 가구들은 기질적으로는 아르데코 운동에 대항한다는 의미
에서 예술 장관의 후원으로 설치되었다.

　　1925년 르 코르뷔지에는 부르주아 주택의 주제로 다시 돌아갔
다. 이듬해 메종 쿡을 완성하면서 1926년 저서 『새로운 건축의 5원
칙』을 논증했다. 그다음 빌라 마이어 프로젝트는 빌라 가르슈(1927)
와 푸아시에 있는 빌라 사부아(1929)를 예견했다.

　　이들 주택 모두 표현에 있어 '5원칙' 문법에 의존했다. (1)지면에
서 매스를 떨어뜨려 올리는 '필로티', (2)공간을 나누는 벽에서 내력
기둥을 분리함으로써 가능한 '자유로운 평면', (3)자유로운 평면을 수
직면에 적용한 당연한 결과인 '자유로운 파사드', (4)수평으로 긴 슬

라이딩 창문 또는 '수평창', (5)집이 덮은 지면 공간을 복원하는 '옥상 정원'이 그것이다.

돔-이노 주택에서는 엔비크 프레임의 잠재력과 시트로앙 주택의 견고한 측벽이 꼭 같은 정도로 모든 주택의 기본 개념을 결정지었다. 독립 기둥, 연속창이 달린 파사드, 캔틸레버 슬래브 바닥을 자유롭게 사용한 것을 보라. 돔-이노 주택의 구조적 세분화(두 개의 넓은 베이와 좁고 계단이 있는 한 개의 베이로 구성된 AAB 공식)는 빌라 슈보브의 노골적인 팔라디아이즘을 빌라 가르슈의 억제된 팔라디오풍으로 연결한다. 콜린 로는 두 주택이 외관상 팔라디오의 ABABA 리듬으로 구성되었다고 언급한 바 있다. 팔라디오의 1560년 빌라 말콘텐타와 이로부터 약 350년 후에 설계된 르 코르뷔지에의 빌라 가르슈[140,141]는 똑같이 세로 방향으로 베이 두 개와 한 개가 번갈아가며 2:1:2:1:2 리듬을 만들어내고 있다. 콜린 로에 따르면 비슷한 당김음 효과가 다른 차원에 존재하고 있다.

> 두 경우에서 베이 한 개와 두 개가 리듬 있게 교차하면서 지지대를 가로지르는 여섯 개의 선이 설정된다. 하지만 캔틸레버 구조를 사용한 르 코르뷔지에의 경우 지지대의 평행선 리듬이 약간 달라진다. 빌라 가르슈는 ½:1½:1½:1½:½, 말콘텐타는 1½:2:2:1½이다. 따라서 르 코르뷔지에는 중심 베이를 압축해 처리하고 캔틸레버의 남은 반 단위로 늘어난 바깥쪽 베이로 관심을 돌리는 듯하다. 반면에 팔라디오는 중심부의 우세를 지키면서 관심의 대상인 포르티코 쪽으로 전진한다. 돌출 요소인 테라스(빌라 가르슈) 또는 포르티코(말콘텐타)는 1½ 단위만큼 깊이를 차지한다.[5]

로는 계속해서 빌라 말콘텐타의 집중화와 빌라 가르슈의 원심성을 대조한다.

[139] 르 코르뷔지에, '새로운 정신' 전시관, 장식미술박람회, 파리, 1925.
오브제-유형과 순수주의 회화로 꾸며진 내부.
[140] 르 코르뷔지에와 잔느레, 빌라 가르슈, 1927.
[141] 팔라디오의 빌라 말콘텐타, 1560(위)와 르 코르뷔지에의 빌라 가르슈, 1927. 비례 리듬의 분석.

가르슈에서는 중앙집중도가 일관되게 깨져 있으며, 어느 한 곳에
집중되면 곧 해체되고 주변으로 분산된다. 중심에서 분해된 파편은
사실상 평면의 주변부를 돌며 주의를 끄는 장치가 된다.[6]

로와 로버트 슬러츠키가 지적했던 정면화된 면들(frontalized
planes)을 공간에 겹쳐 놓은 순수주의 방식과 문자 그대로 경이로운
투명성과의 유희 등도 중요하지만, 빌라 가르슈는 로스가 처음 진지
하게 제기한 문제에 관한 해법이라는 점에서 의미가 크다. 로스의 질
문은, 미술공예운동에 입각한 설계의 비격식성과 편안함을 신고전주
의는 아니라도 기하학적 형태의 무뚝뚝함과 어떻게 결합시킬 것인가,
즉 어떻게 사적 영역의 현대적 편리함과 공적 파사드의 건축적 질서
를 화해시킬 것인가라는 것이었다. 르 코르뷔지에가 1929년 건축의
네 가지 구성법에서 말한 바와 같이 빌라 가르슈는 자유로운 평면의
발명으로 가능했던 전치(displacement)를 통해 이 조화를 로스에게
는 거부되었던 우아함으로 이룰 수 있었다. 말하자면 자유로운 파사
드를 생략해버리면, 복잡한 내부는 공적인 정면에서 떨어진 채 유지
될 수 있었다.

빌라 가르슈가 빌라 말콘텐타와 연관된다면, 로의 언급을 다시
빌리면, 빌라 사부아[142]는 팔라디오의 빌라 로톤다와 비교할 수 있
다. 타원형 지층과 중앙 경사로가 있는 거의 정방형의 빌라 사부아 평
면은, 두 개의 축이 있고 중앙집중식인
빌라 로톤다의 평면에 대한 복잡한 은유
로 읽을 수 있다. 그러나 유사성은 더 찾
아볼 수 없다. 팔라디오가 중앙집중을 고
집하고 있다면, 르 코르뷔지에는 스스로
가 부과한 정방형 안에서, 나선형의 비대
칭성, 순환, 주변으로의 분산을 강조하고
있다. 그럼에도 1930년 저서『건축과 도

[142] 르 코르뷔지에와 잔느레, 빌라
사부아, 푸아시, 1929~31. 옥상정원.

시계획의 현재』에서 빌라 사부아가 고전주의 목전까지 갔음을 분명
히 했다.

> 이 시골 풍경이 전원생활과 잘 어울리기 때문에 사람들은 이곳에
> 온다. 그들은 옥상정원에서 또는 사방으로 난 수평창으로 그들의 땅을
> 바라본다. 그들의 가정생활이 베르길리우스의 꿈으로 들어간 것이다.[7]

빌라 사부아는 르 코르뷔지에의 네 가지 구성법의 마지막 유형이
었다[143]. 첫 번째는 메종 라 로슈(1923)이었다. 그는 1929년에 이
주택을 '꽤 평이하며 픽처레스크하고 활기 있는 유형인' 고딕 리바이
벌 L-평면의 순수주의 번안으로 소개했다. 두 번째는 순수한 프리즘
형상으로, 세 번째와 네 번째는 앞의 두 가지를 화해시키는 대안적 전
략이었다. 빌라 가르슈가 첫 번째와 두 번째 구성의 미묘한 통합이라
면, 빌라 사부아는 직육면체로 첫 번째 구성을 에워싸는 방식이었다.

르 코르뷔지에와 피에르 잔느레
는 1927년 국제연맹 본부 국제 공모전
에 제출할 출품작을 설계하기 시작했
다[144]. 대형 공공 구조물로는 첫 작업
이었다. 그때까지 두 사람은 주택과 기
본적인 프리즘 형태에 수반되는 단순성
에 주의를 기울여왔다. 이제는 '궁전'을
하나의 유형으로서, 그 필연적 복잡성
을 다루는 데 집중해야 했다. 공모전에
서 요구한 건물은 사무국과 총회 건물이
었다. 이 같은 프로그램상의 이중성 때
문에 건축가들은 요소주의적으로, 즉 먼
저 구성 요소들을 설정하고 그다음 다수
의 대안적 배치가 나올 수 있게 조정하

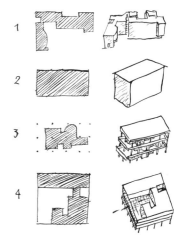

[143] 르 코르뷔지에, 1929년의 네 가지
구성법.
(1) 메종 라 로슈 (2) 빌라 가르슈
(3) 바이센호프지들룽 (4) 빌라 사부아.

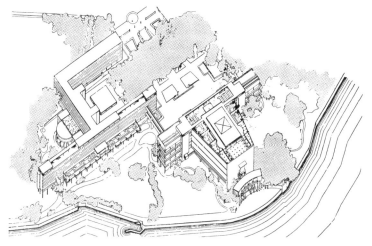

[144] 르 코르뷔지에와 잔느레, 국제연맹 본부 프로젝트, 제네바, 1927.
경쟁했던 마이어와 비트베르의 출품작은 도판 108 참조.

는 방식으로 접근할 수밖에 없었다. 19세기 말 보자르 스승이었던 쥘리앵 가데가 공언했던 요소주의가 그의 제자 가르니에와 페레를 거쳐 르 코르뷔지에에게까지 도달한 것이다. 대형 복합체를 다룰 때 르 코르뷔지에는 보통 이 접근법을 채택했다. 이는 1931년 소비에트 궁 프로젝트의 습작들에서도 입증된다[145]. 소비에트 궁의 여덟 가지 대안 아래 적힌 다음의 설명을 보자. "프로젝트의 여러 단계들로서, 그 안에서 서로를 구별하며 이미 독립적으로 설정된 기관들이 하나의 종합적인 해법에 도달하기 위해 자신들에 상당하는 자리를 차지해간다." 자신의 저서 『하나의 집, 하나의 궁전』(1928)에 쓴 국제연맹 프로젝트 대안 계획에 관한 부분에서도 유사한 언급을 발견할 수 있다. 그는 대칭적인 레이아웃(실행의 관점에서 볼 때 확실히 좀 더 이성적인)에 대해 "동일한 구성 요소를 쓴 대안적인 제안"이라고 썼다. 최종 선택된 비대칭 구성은 대칭적 배치의 순환성 논리(circulatory logic)와 주요 건물의 대표 파사드에 대한 축선상의 접근을 선호하는 고전주의 사이의 갈등을 암시한다.

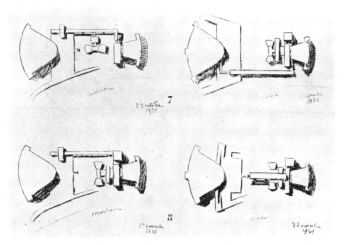

[145] 르 코르뷔지에와 잔느레, 소비에트 궁 프로젝트, 모스고비, 1931.
같은 요소를 사용한 다른 배치들.

국제연맹 프로젝트는 르 코르뷔지에 초기 경력의 정점이자 위기였다. (르 코르뷔지에의 말을 믿는다면) 그는 출품작을 적절한 도해 매체로 제출하지 않았다는 이유로 부적격 판정을 받아 당선되지 못했다. 한편, 이 프로젝트는 순수주의의 절정을 상징한다. 그의 회화에 도입된 형상적 요소와 후에 그가 '시적 감정을 불러일으키는 오브제'라고 칭한 것들과 거의 일치하기 때문이다. 이를 기점으로 그의 회화는 유기적이고 형상적으로 되어간 반면, 건축은 적어도 공공건물에서는 점점 더 대칭적이 되어갔다. 되돌아보면 국제연맹 출품작은 어떤 분수령으로 간주되어야 한다. 르 코르뷔지에의 작업 내에서, 그리고 르 코르뷔지에와 국제 근대 운동 내에서 그를 따르던 사람들, 특히 좌파였던 사람들이 분리된 지점이었다. 1927년 국제연맹 출품작이 보여준 요동치는 비대칭성과 기술 혁신, 필로티로 받친 사무국(리시츠키의 '구름 걸이'를 떠올리게 한다), 청소 시스템의 기계화, 공기 조화 기능을 갖춘 회의실(음향을 고려해 프로필이 결정되고 조율되었으며 채광이 좋다) 등의 구축주의와의 유사성은 정치적 신념에 상관없이 젊은 층의 열정적인 지지를 받았다. 그러나 부정할 수 없는 기념비성—각기 다른 계층의 사용자들을 강당 지정석으로 안내하는 출입 체계가 일곱 개의 문으로 위계적으로 표현되었고 건물 표면에 돌을 썼다—이 이념적 불신을 야기했던 것 같다.

엔지니어 미학과 건축 간의 이분법을 해소하고 유용성에 신화적 위계를 불어넣으려 한 르 코르뷔지에의 욕구는 1920년대 말 기능주의-사회주의 디자이너들과 갈등을 빚었다. 세계 사상의 중심으로서 1929년 제네바를 위해 설계한 '문다네움'(Mundaneum) 또는 '시테 몽디알'(Cité Mondiale)은 체코 출신 좌파 예술가이자 비평가 카렐 타이게의 반발을 초래했다. 그는 르 코르뷔지에를 찬미해 마지않던 인물이었다. 타이게는 '시테 몽디알'의 내용이 아니라 형태, 특히 세계 미술관의 나선형 지구라트에 반대했다. 1927년, 타이게는 국제연맹 출품작과 관련해 국제적인 논란이 일었을 때에도 르 코르뷔지에를 공공연히 지지했고, 다른 체코 예술가들에게 지지를 호소한 바 있다. 채 2년이 지나지 않아 그는 맹렬하게 르 코르뷔지에를 공격했다. 르 코르뷔지에는 서둘러 타이게가 편집하는 잡지 『구축』(*Stavba*)에 「건축의 변호」라는 제목의 에세이로 답변해야 했다. 타이게는 르 코르뷔지에를 공격하면서 하네스 마이어의 1928년 에세이 「건축」을 인용했는데, 그 내용은 다음과 같다.

세상 모든 것이 기능 곱하기 경제라는 공식의 산물이며, 어떤 것도 예술 작업이 아니다. 예술의 모든 것은 구성이며 따라서 특수한 목적에는 어울리지 않는다. 삶의 모든 것은 기능이기 때문에 예술적이지 않으며, 선착장 구성에 관한 개념을 운운하는 것은 우스갯소리에 지나지 않는다. 그렇다면 도시계획은 어떻게 세워지고 주택 평면은 어떻게 디자인되어야 할까? 경쟁인가, 기능인가? 예술인가, 삶인가?[8]

르 코르뷔지에는 이를 에세이 서두에 재인용함으로써 그의 반론이 타이게뿐 아니라 마이어를 겨냥하고 있음을 확실히 했다. 이어서 그는 다음과 같이 말했다.

오늘날 신즉물주의 아방가르드 가운데에서 두 개의 단어, '건축'과 '예술'이 죽었다. 대신 '짓다'(Bauen) 또는 '산다'(Leben)라고 한다. … 하네스 마이어 씨, 기계화가 우리를 어마어마한 생산으로 이끄는 오늘날, 건축은 (전쟁을 수행하는) 전함에, 또는 펜의 형태에, 또는 전화기에 있습니다. 건축이란 배치를 따르는 창조 현상입니다. 배치를 결정하는 누구든지 구성을 결정합니다.[9]

타이게의 공격이 있은 그해, 르 코르뷔지에는 『프레시지옹』에서 독일 건축계 좌파가 문다네움을 부정적으로 받아들였음을 인정했지만, 동시에 자신의 입장을 수정할 이유가 없다고 보고 다음과 같이 주장했다.

계획된 건물은 실용적이다. 특히 그토록 격렬하게 비판받는 나선형의 세계미술관이 그러하다. … '세계 도시' 계획은 진정한 기계인 건물에 장엄함을 부여한다. 몇몇은 여기에서 어떻게 해서든 고고학적 영감을 발견하고 싶어 할 것이다. 그러나 내가 볼 때 이러한 조화는 다른 면에서, 제대로 진술된 문제에 대한 단순한 반응에서 파생되는 것이다.[10]

그럼에도 그는 '세계 도시'의 배치가 빌라 가르슈에서 파사드를 통제할 때 채택했던 바와 같은 규준선의 그물망에 의해 결정되었음을 부정할 수 없었고, 또 하지도 않았다. 알다시피 빌라 가르슈의 파사드는 그렇게나 순수주의 기계미학의 규범을 따르는 데에도 그 구조가 유래된 팔라디오 평면만큼이나 고전적이다.

아르데코부터 인민전선까지: 양차 세계대전 사이의 프랑스 건축 1925~1945

장식 미술은 모든 인간 객체-부위들을 재현할 때 사용하는 모호하고
부정확한 용어다. 이런 것들은 확실히 객관적 수요에 어느 정도
정확하게 응답한다. 이러한 인체 부위의 확장물들은 인간 기능을
표준으로 하여 맞춰진다. 표준 수요, 표준 기능, 그에 따르는 표준 객체,
표준 가구. 인체 부위로서의 객체는 고분고분한 하인이다. 좋은 하인은
사려가 깊어서 그의 주인을 자유롭게 하고자 옆으로 비켜선다.

장식 미술은 도구, 아름다운 도구다.

— 르 코르뷔지에, 『오늘날의 장식 미술』(1925)[1]

오귀스트 페레의 프랑클랭 가 25번지의 가로변 입면에 적용된 해바
라기 문양은 아르누보의 결정체를 구현했고, 이는 추후 1925년 파리
에서 열린 현대 장식·산업미술 국제박람회에서 아르데코 운동으로 흡
수되었다. 원래 1915년에 열리기로 계획되었던 이 박람회는 제1차
세계대전의 발발로 10년이 지난 후 개최되었다. 페레가 장식에 반대
한 것은 결코 아니었지만(특히 그가 설계한 랭시의 노트르담 성당에
서와 같이 장식 미술이 텍토닉적 성격을 지닐 때), 그가 장식 미술이
라는 개념에 반대한 것은 명백하다. 그는 1925년 마리 도르무아와의
인터뷰에서 이 점을 분명히 했는데, 그때 그는 이렇게 주장했다. "장
식 미술은 금지해야 한다. 나는 누가 이 '미술'과 '장식'이라는 두 단어
를 합쳤는지 알고 싶다. 진정한 미술이 있는 곳에는 장식이 필요하지
않다."

장식 미술과 건축의 이러한 대립적 구성은 1925년 파리 박람회를 위해 설계된 파빌리온들에서도 역시 분명하게 나타났다. 이 파빌리온들은 르 프랭탕을 위한 앙리 소비지의 파빌리온처럼 파리 백화점이 의뢰한 거대한 보석 상자부터 페레의 구조적 고전주의가 반영된 장식미술박람회 극장까지 다양하게 설계되었는데, 후자는 이 박람회를 위해 표현적으로 지어진 가설구조물로서 일부 목재로 제작되었다. 이 박람회에서는 눈에 띄게 근대적인 또 다른 세 파빌리온을 찾아볼 수도 있었는데, 르 코르뷔지에의 순수주의적인 에스프리 누보관, 콘스탄틴 멜니코프의 구성주의적인 소련관, 로베르 말레-스티븐스의 입체주의적인 관광안내소가 그것이다. 이 셋 중에서 말레-스티븐스는 입체주의적 형태로 역동적인 조각 같은 건축을 만들어내는 방식을 보여주었다. 이 파빌리온을 짓는 데 금속공 장과 조엘 마르텔 같은 장식미술가들이 참여했음에도 불구하고, 전체적인 건물은 마치 한 사람이 설계한 것처럼 읽힐 수도 있을 것이다. 마지막으로 이루어진 장식적 손길은 마네킹에 소니아 들로네의 '시뮐타네'(Simultané) 컬렉션을 입힌 것이었는데, 이 마네킹들은 말레-스티븐스와 마르텔 형제가 앵발리드 광장에 설계한 추상적인 콘크리트 나무들[146]을 배경으로 파빌리온 앞에서 사진 촬영되었다.

말레-스티븐스는 이미 2년 전 예르에 노아이유 자작을 위한 저택을 설계하여 상류 부르주아지를 위한 건축가로 자리를 잡은 상태였다. 이어서 그는 역시 규모가 큰 일련의 고급 저택들을 설계해간 끝에 1932년 크루아에 완공된 장대한 외관의 벽돌 입면 주택에서 백미를 이루었다. 이런 작업뿐만 아니라 그는 대표적인 20세기 유형의 프로그램들에도 자신의 모더니즘 방식을 적용할 수 있었는데, 1927년 파리 마베프가에 완성한 알파-로메오 주차장이 그 예다. 같은 해 파리 오퇴유 지구에 그가 시민들을 위해 설계한 작업들도 완공되었다. 한 거리의 양편에서 밀고 당기는 운율로 이어지는 4~5층짜리 입체파적 연립주택들로, 이후 이 거리는 그의 이름으로 불리게 된다[147]. 메종

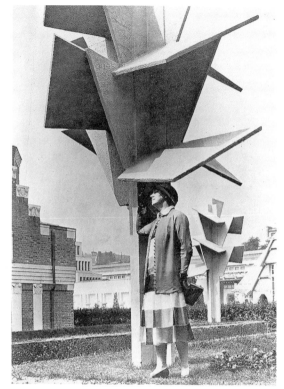

[146] 말레-스티븐스, 콘크리트 나무들.
이 나무들은 1925년 파리 장식미술박람회에서 마르텔 형제가 실현해냈다.
소니아 들로네가 디자인한 외투를 모델 폴레트 팍스가 입고 있는 전경.
[147] 말레-스티븐스 가, 거리의 한쪽 끝에서 본 모습.

쿡과 릿펠트 슈뢰더 주택의 상호 관입하는 공간들과 달리, 말레-스티븐스의 주택들은 비교적 정적이었다. 로스의 전형적인 라움플란에서와 같이 방들 자체는 거의 전형적이었으며, 나선형 계단이나 스플리트레벨(split level) 또는 2층 높이 공간이 간간이 배치되지 않았다면 그의 작품이 지닌 나소 고루한 입체직 성격 속에서 공간적 상호작용이 거의 일어나지 못했을 것이다. 이는 1928년 CIAM 회의의 프랑스 측 공식 대표로서 르 코르뷔지에가 자기 대신 말레-스티븐스를 제안했을 때 지크프리트 기디온이 그를 후보로 인정하길 꺼려했던 이유일 수도 있다.

앙드레 뤼르사는 비록 말레-스티븐스보다 20년 젊은데도 거의 같은 시기에 데뷔했다. 그래서 1926년 그가 32세가 되었을 때, 파리의 빌라 쇠라 지구에는 이미 그가 설계한 많은 예술가 주택이 완공된 상황이었고 그중에는 몽수리 공원이 내려다보이는 매력적인 형태의 메종 구겐뷜도 있었다. 뤼르사의 조숙한 설계 재능은 결국 1929년 코르시카의 칼비에 완공된 노르-쉬드 호텔에서 완전히 명백하게 나타났다. 성벽처럼 마감된 2층짜리 선형 건물 하나에 여덟 개의 스튜디오 객실을 수용한 이 호텔은 객실별로 바다에 면한 발코니를 갖춘 채 감각적으로 암석질 해안선에 통합되었다. 이 작업은 바다 쪽과 육지 쪽이 현격하게 차이 나는데, 육지 쪽은 긴 입면을 리듬 있게 분절하는 가느다란 수직 창들 외에는 온벽으로 남아 형태의 연속성을 유지했다.

뤼르사는 경력 초기에 1930년 카를 마르크스 학교[148] 설계경기에서 우승하여 이후 폴 바양-쿠튀리에 시장 시절 빌쥐프시에 건물을 실현했다. 그는 이 학교를 19세기의 전형적 선례와 정반대로 급진적으로 모던하게 설계했는데, 이는 분명 뤼르사가 파리에서 단명한 레옹 블룸의 인민전선 정부에 대한 건축적 옹호자라는 신화적 지위를 얻게 된 이유 중 하나였다. 학교만큼이나 시민을 위한 커뮤니티센터로도 계획된 이 건물은 긴 3층짜리 형태 속에 일광욕실, 수족관, 경기

[148] 뤼르사, 카를 마르크스 학교, 빌쥐프, 1931~33. 공중에서 본 모습.

장 등 평범하지 않은 프로그램과 바람이 잘 통하고 빛이 잘 드는 일련의 교실을 통합했다. 공산주의자였던 바양-쿠튀리에(훗날 르 코르뷔지에는 그를 기리는 기념물을 설계했다)는 이 학교를 '사회적 응축기'로 보았고, 따라서 1933년 이 학교의 개관식을 2만 명을 위한 사회주의적 축제로 준비했다. 1930년대에 이 학교는 프랑스 공산당이 제작한 일련의 사진과 영화를 통해 널리 알려졌다.

하지만 바로 그 1933년 프랑스 언론에서 뤼르사가 근대 건축에 대한 공격에 반응하면서 그의 지위에 근본적 변화가 일어났다. 공격을 가한 인물들은 부르주아 신문 『르 피가로』(Le Figaro)의 미술비평가 카미유 모클레르, 그리고 정치적 우파로 전향하며 1934년 지역주의·민족주의·원-파시스트 건축을 옹호한 에세이 「건축, 프랑스적인 것을 생각하다」의 저자 발데마르 조르주였다. 이러한 반동적 폭발이 일어난 시기가 독일에서 제3제국이 출현하고 스탈린 치하의 소련에서 아방가르드가 쇠퇴하던 시기와 일치한다는 사실이 중요하다. 이러한 프랑스 내 비판에 대한 반응으로, 뤼르사는 1934년 6월 자신의 스

튜디오를 집단으로 재조직하고 '혁명적 작가·예술가 연합'의 도움을
받아 소련을 방문했다. 소련을 찾은 그에게 작가 겸 비평가 레옹 무시
나크는 러시아 영화 및 연극 아방가르드의 주요 인사들을 소개해줬는
데, 그중에는 지가 베르토프, 프세볼로트 푸도프킨, 세르게이 예이젠
시테인, 그리고 생체역학 무대의 발명자인 프세볼로트 메이예르홀트
가 있었다. 이러한 친분이 있었음에도 뤼르사는 근대 건축을 향한 비
판적 노선을 채택했고, 그 비판의 대상에는 그가 명백히 빚진 프랑스
계 스위스 건축가 르 코르뷔지에의 근대 건축도 있었다. 하지만 코르
뷔지에의 획기적인 1923년작『건축을 향하여』가 뤼르사의 1929년
작『건축』에서 채택한 노선에 영향을 주었고, 코르뷔지에가 1926년
에 내세운 순수주의적인 '새로운 건축의 5원칙'도 뤼르사 자신의 스타
일에 명백한 영향을 준 바 있었다. 뤼르사는 소비에트건축가연맹 연
설에서 르 코르뷔지에가 계급투쟁에는 무관심한 채 합리화된 대량생
산을 강조했다며 그를 비난했다. 말하자면 르 코르뷔지에의 강조점
은 독일을 떠나 이때까지 소련에서 작업하던 마르크스주의 건축가들
과 똑같이 기술 관료적이었다는 이야기였다. 하지만 뤼르사는 보리스
이오판의 1931년 소비에트 궁전 최종 설계경기 우승작에서 나타나는
유사고전주의적 문법을 환영했음에도 자기 작업에서는 다양한 신-순
수주의(Neo-Purism) 버전을 이어갔다. 이런 방식은 1934년 모스크
바를 두 번째 방문해 그가 발표한 돔-코뮤나(dom-kommuna) 설계
안에서 명백히 나타난다. 그해 쓰인 그의 미출판 원고「신고전주의냐
구축주의냐」는 그가 여생에 관여하게 될 문화적 분열을 이미 약술하
고 있었다. 이를 위해 뤼르사는 모스크바 의과대학교 설계안에서 그
가 평생 존경한 건축가인 토니 가르니에의 고전적 합리주의와 비슷한
질서로 회귀했다.

1930년대 파리에서 활동하던 건축가 상당수가 외국인 출신이었
고, 그중에서도 잉글랜드계 아일랜드 건축가 아일린 그레이가 특출
했다. 그녀는 1929년 프랑스 남부 로크브륀카프마르탱에 자신의 휴

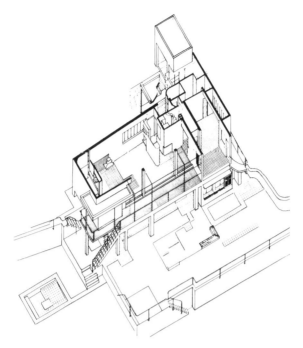

[149] 아일린 그레이, 메종 E-1027, 카프마르탱, 1929, 엑소노메트릭.

양 별장인 E-1027[149]을 완공시키며 전면에 부상했는데, 그녀와 함께 이 집을 설계한 루마니아 출신 건축가 장 바도비치는 성공적인 가구 디자이너였던 그녀에게 그러한 경력을 넘어 건축 분야에도 도전해보길 처음으로 독려한 인물이었다. 바도비치는 1923년 『아르시텍튀르 비방트』(*L'Architecture Vivante*) 지의 편집인으로 임명되었고, 이 잡지는 그가 재직한 1933년까지 유럽 근대 운동의 궁극적인 국제 기록물이 되었다. 이 집의 이름인 E-1027에서 두 사람 간의 뭔가 수수께끼 같은 관계를 도출할 수도 있다. 이 이름은 항공기 등록번호를 연상시키는 재치 이상으로 그들의 이름을 코드화한 것인데, 'E'는 아일린(Eileen), '10'과 '2'는 각각 열 번째와 두 번째 알파벳인 'J'와 'B'(따라서 장 바도비치[Jean Badovici]), 그리고 '7'은 그레이(Gray)의 'G'를 나타낸다.

E-1027에서는 그레이가 1920년대에 만들었던 래커 칠한 스크린과 카펫이 회전하는 크롬 도금 강관 설비와 미묘하게 통합된다. 전반적인 인테리어는 근대 세계의 낭만적 방랑벽을 암시한다. 그레이의 '트랜샛'(Transat) 의자라는 이름은 대서양 횡단(transatlantic) 원양선을 지칭하며, 그녀의 '비벤덤'(Bibendum) 의자가 취한 형태는 일견 타이어 회사 미슐랭(미쉐린)의 마스코트 트레이드마크에 기초한 모양이었다. 동시에 이 집은 지중해 기후의 극심한 변동에 응수할 수 있게 설계되었다.

E-1027 이후 1930년대 초에는 폴란드에서 이주한 두 건축가 얀 긴스베르크와 브뤼노 엘쿠켄이 뛰어난 작업을 선보였다. 긴스베르크는 말레-스티븐스와 함께 공부한 뒤 베르사유 대로변의 8층짜리 틈새 아파트 건물[150]로 파리 건축계에 데뷔했다. 이 건물은 젊은 러시아 출신 건축가 베르톨트 루베트킨과 함께 설계한 작품이었다. 이 작품에서 가장 독창적인 부분은 르 코르뷔지에가 내세운 '5원칙'의 영향으로 그의 '가로로 긴 창'(fenêtre en longueur)을 섀시로 구현했다는 점인데, 이는 한여름

[150] 긴스베르크와 루베트킨, 아파트 건물, 베르사유 대로 25번지, 파리, 1931~32. 대로변 입면.

에 모든 세대의 거주자가 정면을 개방할 수 있게 하려는 분명한 의도에 따른 것이었다. 엘쿠켄이 1937년 미국으로 이주하기 전 파리에 설계한 우아한 아파트 건물 네 채 중 가장 인상적인 작품은 500석 규모 영화관의 양측에 두 개 층 높이의 예술가 스튜디오들을 7층 높이로 쌓아 쌍으로 구성한 아파트였다. 전체적으로 '스튜디오 라스파이'라고 불리는 이 건물은 1933년 라스파이 대로에 실현되었다.

1927년 국제연맹 공모전이 개최되고 그에 이어 라 사라즈에서 근대건축국제회의(CIAM)가 결성되었고, 이듬해에는 가구 디자이너 르네 에릅스트의 주도하에 파리에서 근대예술가연맹(UAM)이 결성되었다. 비교적 통합된 건축 전선이었던 CIAM과 달리, UAM은 아르데코 운동과 프랑스 학계의 고전주의에 모두 반대한 것 말고는 서로 공통점이 거의 없는 지극히 다양한 범위의 응용 미술가들로 구성되었다. 예컨대 에릅스트부터 피에르 샤로, 조제프 사키, 소니아 들로네, 아일린 그레이, 프랑시스 주르댕, 로베르 말레-스티븐스, 샤를로트 페리앙, 장 프루베, 장 퓌포르카에 이르는 다양한 인물들이 창립 회원이었고, 나머지는 완전히 새로운 실내 공간 개념과 확실히 차별화된 오브제 문화를 발전시키기 위해 당시 전능한 권력을 누리던 장식미술가협회를 약화시키겠다는 목적만으로 뭉친 화가와 장식가, 철공, 가구 디자이너 들로 채워졌을 정도다.

근대예술가연맹이 1934년 선언을 발표했을 때 비교적 더 창조적이었던 회원들, 특히 들로네와 그레이는 이미 이 연맹을 떠난 상태였다. 아마도 근대예술가연맹의 궁극적인 미적 노선은 근대 세계 안에서 금속과 유리 사용을 늘리는 데 있었을 텐데, 샤로의 1932년작 메종 드 베르[151]가 이런 노선의 대표적인 예라고 봐야 한다. 네덜란드 건축가 베르나르트 베이부트 및 철공 루이 달베르와 협업하여 실현된 이 유리 주택은 재료의 물성을 소거한 구축주의의 완벽한 예였다. 이때까지 샤로의 경력은 거의 가구 디자인과 상류 부르주아지를 위한 인테리어 디자인에 치중해왔는데, 이는 확실히 메종 드 베르가 지

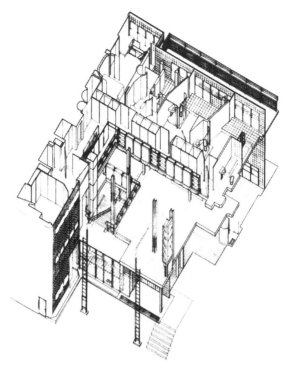

[151] 샤로, 메종 드 베르, 상-기욤 가, 파리, 1932. 엑소노메트릭.

극히 혼합적인 성격을 띠는 이유를 어느 정도 설명해준다. 샤로의 의
뢰인이었던 장 달자스 박사와 그의 부인 안은 대지상에 있던 기존의
18세기 3층짜리 연립주택을 철거하고 그 자리에 새로운 주거를 건립
하려 했지만, 이러한 계획은 기존 건물의 최상층에 살던 노년 여성이
떠나길 거부하면서 불가능해졌다. 그래서 샤로와 베이부트에게 남은
대안이라곤 아래의 두 층을 철거하고 가용한 용적 내에서 3층짜리 주
거를 신축할 수 있도록 철골을 삽입하는 것밖에 없었다. 깊은 공간까
지 충분히 빛이 들 수 있게 앞마당과 정원의 입면 전체를 반투명 유리
렌즈들로 마감했고, 예외적으로 앞마당과 면한 곳에는 전면 유리로
된 출입 홀을 두었으며 주택 반대편 정원으로는 간간이 창문이나 출
입문이 열리게 만들었다. 그 결과 물속에 빛이 스며드는 듯한 분위기

의 실내가 조성되었고, 2층에 위치한 두 개 층 높이의 살롱이 내려다 보이는 3층 침실 높이에는 검은색 래커 칠한 창고 캐비닛들이 자유롭게 배치되어 더욱 이국적인 실내 분위기를 연출했다. 주택의 양측 외피를 이루는 반투명 유리 렌즈들은 얇은 금속 틀로 고정되었는데, 이러한 틀은 살롱의 2층짜리 노출 강철 기둥들처럼 표준적인 적색 산화물 페인트로 칠해져 실내에 뚜렷하게 일본적인 특성을 부여했다. 이와 관련하여 집 전체에 분산된 지나치게 많은 수의 비데는 분명 이 집이 여성의학과 전문의의 주거지이자 개인 병원이라는 사실을 감안한 일종의 무의식적 아이러니를 드러낸 것이리라. 그에 못지않은 또 하나의 아이러니는 이 집이 표면상 대량 도매가 가능한 산업용 조립식 주택의 원형으로 착상되었는데도 실제로는 대부분 수작업으로 지어졌고 모든 부품 하나하나가 공들여 조립되어야 했다는 사실이다.

당시 어디에나 널리 영향을 미치던 르 코르뷔지에가 이 집의 공사 현장을 방문했다고 하는데, 그의 영향을 받은 샤로와 베이부트는 이 집을 변형 가능한 주거 기계(machine à habiter, '살기 위한 기계')로 개념화하면서 '자유로운 평면' 개념을 활용했다. 이는 공간을 분할하는 격벽과 대개 독립적인 노출 철골 지지대를 차별화하기 위해서일 뿐만 아니라, E-1027에서 활용된 치수 조절 부재들처럼 회전문을 조작하여 다양한 실내 공간이 집의 나머지 부분을 향해 열리거나 닫힐 수 있게 서로 연결하는 방식이기도 했다. 1932년 이 집이 완공된 이후 독일 출신 비평가 율리우스 포제너는 쥘리앵 르파주라는 필명으로 글을 쓰면서 이 집이 전반적으로 철과 유리 부재들을 광범위하게 사용했음에도 시적인 기능주의를 보여준다고 칭찬했다.

내부만큼 외부에서도 당황스럽게 내향적인 이 걸작을 샤로나 베이부트가 재해석한 적은 한 번도 없었다. 비록 베이부트가 네덜란드로 돌아온 뒤 1936년 힐베르쉼에 완공시킨 호일란트 호텔에 변형 가능한 인테리어를 적용한 적은 있지만 말이다. 유행하는 상류 부르주아지 취향과 (1889년 빅토르 콩타맹의 기계 전시장에서 시작된) 프

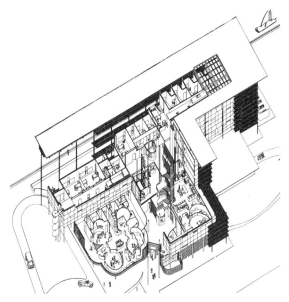

[152] 넬슨, 수에즈 운하 회사를 위한 병원, 이스마일리아, 1936. 외과병동 엑소노메트릭.

랑스 철-유리 전통의 있을 법하지 않은 조합은 제2차 세계대전 이전까지 계승자가 나타나지 않았지만, 망명자였던 건축가 폴 넬슨만은 예외였다. 이 집이 완공되자마자 방문하여 영감을 받은 그는 1936년 중요한 프로젝트 두 건을 발전시켰는데 하나는 다소 초현실주의적인 '매달린 집'(Maison Suspendue)이었고, 다른 하나는 이집트 이스마일리아의 수에즈 운하 회사를 위한 병원 계획안[152]이었다. 이 병원은 차양을 폭넓게 설치하고 캐노피를 매달았으며 유리블록 벽체 뒤에 수술실 네 개를 배치했다. 넬슨은 이후 1948년부터 56년까지 생로에 지어진 프랑스-미국 기념 병원에서 이 프로젝트의 몇몇 측면을 다시 적용했다.

　　1930년대 프랑스에서는 르 코르뷔지에와 피에르 잔느레의 아틀리에 말고도 각자의 색깔이 분명한 세 사무소가 꾸준히 활동했다. 첫 번째는 오귀스트 페레의 아틀리에였다. 페레는 장식미술박람회장을 실현한 뒤 고전주의적 구조의 파리 국립 공공사업박물관을 설계했는데, 이 박물관은 1936년부터 39년까지 공사가 이루어졌지만 1945년 이후에야 완공되었다. 두 번째는 보다 근대화된 고전적 방식을 보여준 미셸 루-스피츠의 사무소였다. 가르니에의 제자였던 그는 1920년 로마대상을 수상했고 로마의 빌라 메디치에서 의무 연구 기간을 마친 후 자신의 사무소를 개설하면서 수주한 틈새 아파트 건물 작업[155]을 1925년 파리 기느메르 가에 기발하게 완공시켰다. 루-스피츠는 빽빽이 들어선 고전적 형식의 틈새 아파트 건물들에 자동차 회전반이 있는 주차장과 영리하게 설치된 미니멀한 주방 같은 근대적 설비를 통합하는 데 특히 능숙했으며, 이런 작업을 파리의 다른 곳에서도 반복했다. 그는 주거 작업을 할 때 르 코르뷔지에의 '가로로 긴 창'보다 긴스베르크 식의 '가로로 긴 섀시 창'을 선호하는 경향을 보여주었다. 1932년부터 그는 베르사유 국립 도서관 신관을 시작으로 프랑스 정부의 의뢰를 직접 받게 되었다.

1930년대에 가장 생산적인 작업을 한 사무소 중 세 번째는 외젠 보두앵과 마르셀 로드의 사무소로, 이들은 디자이너 겸 제작자 장 프루베 그리고 러시아에서 이주해온 블라디미르 보디안스키와 협업했다. 이 팀은 경량 금속으로 이동형 조립식 건물을 만들었는데, 이 작업은 샤로의 메종 드 베르에 비견할 만하지만 전혀 다른 사회 계급을 위해 고안된 것이었다. '민중의 집'이란 이름의 이 특별한 건물[153, 154]은 1939년 파리 교외의 노동계급 주거지인 클리시에 완공되었다. 평·단면 모두 전체적인 변형이 가능한 이 건물은 낮에는 실내 시장으로 기능하고 밤에는 700석 규모의 영화관이나 2,000명을 수용하는 영빈관으로 기능하도록 설계되었다. 일차적으로 가능한 변형은 두 개 층 높이의 실내 시장 공간을 영화관으로 변형하는 것으로, 평상시 공중 지지대에 나란히 쌓여 있는 금속 패널 일곱 개를 제자리로 끌어내려 변형하는 방식이다. 이 영화 상영 공간은 전 층을 아우르는 미닫이 접이식 경량 금속 벽체 패널 시스템이 설치되어 더 향상된 기능을 제공한다. 한여름에는 철-유리 지붕을 옆으로 밀어 노천극장을 만들

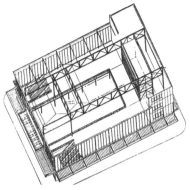

[153, 154] 보두앵과 로드, 프루베, 보디안스키, 민중의 집, 클리시, 1939.
시장 위로 높인 바닥과 개방된 외주부 파티션이 보이는 홀의 전경

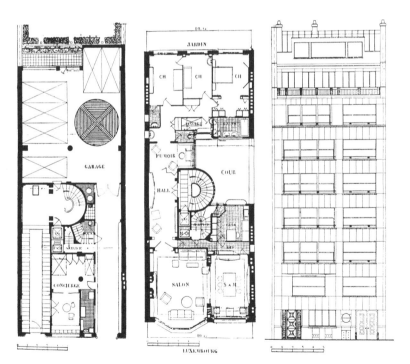

[155] 루-스피츠, 아파트 건물, 기느메르 가, 파리, 1925.
1층, 상층부 기준층 평면도, 가로 입면.

315

수 있는데, 이는 이 건물을 말 그대로 더욱 기계에 가깝게 개념화한 장치다.

보두앵과 로드의 팀 작업과 가장 거리가 멀었던 경향은 같은 기간 오귀스트 페레가 선보인 건축일 것이다. 왜냐면 페레의 구조적 고전주의는 처음부터 단일 재료, 즉 강화 콘크리트의 보편성에 입각했기 때문이다. 이에 대해 레오나르도 베네볼로는 1960년에 다음과 같이 썼다.

> 프랑스 전통은 … 고전적 규칙과 건설 실무의 일치를 기반으로 했다. … 이 전통에 깊숙이 뿌리박은 페레는 자연스럽게 콘크리트 골조를 … 건물 외부에 나타나는 골조와 동일시하는 방향으로 나아갔다. … 아마도 그는 전통적 작업을 실현하는 데 가장 적합한 구조 시스템을 발견했다고 믿었을 것이다. 그 요소들의 통일성이 사실 돌덩어리 일곱 개로 구성된 고전적 질서에서만큼 명백하지 않았기 때문이다.[2]

[156] 페레, 르 아브르 재건 프로젝트, 1950년대 전경.
앞쪽에 포쉬대로, 뒤쪽에 조제프 교회가 보인다.

페레의 아틀리에는 1945년 이후 완전히 폭파된 도시이자 당시에
도 여전히 프랑스의 주된 대서양 연안항이었던 르 아브르의 재건 설
계를 의뢰받았을 때에도 여전히 이런 기풍을 유지하고 있었다. 한 도
시를 처음부터 완전히 새롭게 재건해야 했던 이 작업[156]은 파리시
청사와 르 아브르 힝을 잇는 포쉬 대로의 주축을 중심으로 완공되었
다. 주변 도시 조직에서는 주로 잔다듬 처리한 현장 타설 콘크리트 골
조와 조립식 콘크리트 창틀 및 그 사이를 채우는 벽체 패널이 다소 어
색한 상호작용을 보여주었는데, 이 창문들이 페레의 '출입 창문'(la
porte fenêtre) 개념에 부합한 것임은 두말할 필요도 없다. 그는 20세
기 초부터 자신의 경력 기간을 통틀어, 이 개념이 바닥에서 천장까지
이어지는 전통적인 프랑스 창의 이중문 앞에 선 인간이 개구부로 틀
지어지며 얻는 존재감을 직설적으로 재현한다고 보았다.

20장

미스 반 데어 로에와 사실의 의미
1921~1933

건축의 임무가 형태를 발명하는 것이 아니라는 사실이 그때 나에게
분명해졌다. 나는 건축의 임무를 이해하려고 애썼다. 페터 베렌스에게
물었으나 그는 답하지 못했다. 그는 그런 질문을 하지 않았다. 다른
이들이 말했다. "우리가 짓고 있는 것이 건축이다"라고. 그러나 우리는
이것으로 만족하지 못했다. … 그것은 진리를 찾는 문제였고, 그래서
우리는 진짜 진리가 무엇인지 알아내려고 노력했다. 우리는 진리에
관한 성 토마스 아퀴나스의 정의를 발견하고 매우 기뻐했다. "대상과
인식의 일치." 또는 어느 현대 철학가가 요즘 언어로 표현했듯, "진리는
사실의 의미다."

　베를라헤는 가짜는 어떤 것도 용납할 수 없었던 매우 진지한
사람이었고 구축이 불분명하면 짓지 말아야 한다고 말했다. 그리고
그는 정확히 그렇게 했다. 베를라헤가 지은 암스테르담의 증권거래소는
중세의 것이 아니면서 중세의 성격을 지니고 있다. 중세 사람들이 했던
방식대로 벽돌을 썼기 때문이다. 나는 여기서 어떤 명료한 구축이라는
개념을 얻었다. 우리가 받아들여야 하는 근본 원칙 중 하나로 말이다.
말하기는 쉽지만 그렇게 하기는 결코 쉽지 않다. 기본적인 구축을
고수하기도 어렵거니와 그것을 구조(structure)로 승격시키기도
어렵다. 당신들은 영어로 모든 것을 구조라고 부른다. 유럽에서 우리는
그렇게 하지 않는다. 우리는 판잣집은 판잣집이라고 부르지 구조라고
하지 않는다. 우리는 구조를 통해 철학을 한다. 구조는 맨 위에서
바닥까지, 마지막 세부까지를 이르는 전체이다. 이것이 바로 우리가

구조라고 부르는 것이다.

— 미스 반 데어 로에, 『건축 디자인』(1961. 3.), 피터 카터의 인용.[1]

앞의 인용이 적시하는 것처럼 루트비히 미스—그는 나중에 모친의 이름 반 데어 로에를 덧붙였디—는 네덜란드 건축가 베를라헤로부터 많은 영감을 받았다. 미스가 프로이센 신고전주의의 적자로서 그 영향을 받은 만큼 말이다. 동시대인 르 코르뷔지에와 달리 미스는 유겐트슈틸의 미술공예 정신 테두리 안에서 교육받지 않았다. 14세에 아버지가 하던 석공업을 거들었고, 상업학교를 2년 다니고 지방 건설업자를 위해 스투코 디자이너로 일하다 1905년 고향 아헨을 떠나 베를린으로 갔다. 베를린에서는 목재 건설을 전문으로 하는 건축가로 일했다. 또한 가구 디자이너 브루노 파울의 도제를 지냈고 1907년에는 잠깐 동안 집을 짓는 일에 과감히 도전했다. 독일공작연맹 건축가 헤르만 무테지우스의 작업을 상기시키는 절제된 영국식 집이었다. 이듬해 그는 페터 베렌스에게 합류했다. 당시 베렌스는 베를린에 사무실을 새롭게 개소해 AEG에 맞는 총괄적인 주택 양식을 발전시키려던 참이었다.

베렌스 사무실에서 3년을 지낸 미스는 싱켈 학파를 알게 되었다. 싱켈 학파는 신고전주의와 닿아 있었으며, 우아한 기술 그리고 철학적 사유의 하나로 건축예술(Baukunst)을 바라보았다. 미스는 창고 같은 세부 장식에 벽돌 외장을 한 싱켈의 건축 아카데미와 섬세히 분절된 구축물인 베를라헤의 암스테르담 증권거래소—1912년 네덜란드 방문 시 처음 본—를 나중에 비교하게 된다.

베렌스의 상트페테르부르크 주재 프로이센 대사관 현장 건축가로도 잠시 일했던 미스는 1911년 베렌스를 떠난다. 그해 베를린-첼렌도르프의 펠스 주택 일을 맡으면서 자기 사무실을 열었다. 제1차 세계대전 발발 직후 미스가 설계한 일련의 신싱켈적 주택 다섯 채 중 첫 번째였다. 1912년 그는 크뢸러-뮐러 컬렉션을 소장할 갤러리와 주택을 헤이그에 두길 원한 크륄러 부인의 전속 건축가로서 베렌스를 계승했다. 캔버스와 나무로 실물 크기 모형까지 제작했지만 납득할 수 없는 이유로 중단되었다. 같은 해 미스는 불레를 연상시키는 비스마르크 기념비를 만들었는데, 전쟁 전에 한 작업 중에서는 마지막 중요한 프로젝트였다.

제1차 세계대전 말 군사와 산업에서 초강대국이었던 독일의 패배와 붕괴는 경제적·정치적 혼란을 불러왔다. 참전했던 다른 건축가들과 마찬가지로 미스는 싱켈 전통의 규범을 따르는 독재 정권이 허용했던 것보다 더 유기적인 건축을 창조하려고 했다. 1919년 그는 독일 전역에서 예술의 활성화에 헌신하던 '11월 그룹'의 건축 부문 총괄을 담당했다. '11월 그룹'은 독일 11월 혁명에서 이름을 따온 급진적인 예술가 모임이었다. 여기에 합류하면서 그는 예술노동자협의회와 타우트의 유리사슬(13장 참조) 개념을 접했다. 1920년 그의 첫 마천루 프로젝트가 파울 셰르바르트가 1914년 발표한 「유리 건축」에 대

[157] 미스 반 데어 로에,
프리드리히슈트라세 오피스 빌딩 프로젝트,
베를린, 1919~21. 첫 번째 계획안.

한 반응이었음은 당연하다. 똑같이 잘게 면을 깎은 수정 모양 마천루라는 주제는 1921년 프리드리히슈트라세 공모전 출품작에서도 나타난다[157]. 두 프로젝트는 타우트의 잡지 『여명』 마지막 호에 소개되었는데, 이는 전후 미스와 표현주의와의 관계를 확인해 준다. 미스는 두 건물에서 빛의 영향으로 끊임없이 변화하는 복잡한 반사면으로서의 유리를 표현하고자 했다. 이는 프리드리히슈트라세 프로젝트에 관한 첫 출판물에 쓴 그의 묘사에서 잘 드러난다.

베를린 프리드리히슈트라세 역에 지을 고층 건물을 계획할 때 나는
프리즘 형태를 썼다. 그것이 삼각형 부지에 가장 잘 어울린다고
판단했기 때문이다. 지나치게 커다란 유리면이 초래할 단조로움을
우려해 유리벽에 각도를 약간 주어 배치했다. 나는 유리 모형을 실제로
만들어 연구하면서 보통 건물에서 빛과 그림자의 효과를 중시하는 것과
달리 반사의 움직임이 중요함을 발견했다.

　　이 실험의 결과가 여기에 출판된 두 번째 안이다. 얼핏 보면 평면의
곡선들이 제멋대로인 것 같지만, 세 가지 사실에 기초해 결정되었다.
충분한 실내 채광, 도로에서 본 건물의 매스감, 마지막으로 반사
작용이다. 나는 전체가 유리로 된 건물을 설계하는 데 빛과 그림자를
계산하는 것은 도움이 되지 않음을 유리 모형을 통해 증명했다.[2]

이 맥락에서 미스와 후고 헤링의 출품작을 비교해보는 일은 꽤
유익할 것 같다. 하나는 일렁이는 듯 볼록한 삼각형이라면, 다른 하나
는 깎아낸 오목한 삼각형이다. 두 해법은 비슷하게 표현적이다. 헤링
이 1920년대 초반 동안 미스와 작업실을 함께 썼다는 사실이 이 우연
의 일치를 얼마간은 설명해줄 터이다.

미스 반 데어 로에의 이른바 'G' 시기는 한스 리히터, 베르너
그라프, 엘 리시츠키가 편집했던 잡지 『G』의 창간호에 참여했던
1923년에 시작되었다. 『G』의 부제는 '요소적 형태를 위한 재료'였다.
미스의 1922년 유리 마천루들은 반투명한 형태의 표면 위에 비친 빛
의 반사로서 구축주의적 객관성과 우연으로 향한 다다이스트의 감
성을 결합해온 『G』의 감성이라고 할 만한 무엇인가를 예견했다. 하
지만 『G』 창간호에 발표한 미스의 7층 오피스 빌딩은 다른 지형에
서 있었다. 이제 최고의 표현 재료는 유리가 아니라 콘크리트였다. 강
화 콘크리트로 된 뼈대에서 캔틸레버 공법으로 콘크리트 쟁반을 뻗
어 나오게 한 형태가 계획되었다. 프랭크 로이드 라이트의 라킨 빌딩
(1904)처럼, 이들 '쟁반'의 허리벽(upstands)은 우묵한 고창 아래로

서류 캐비닛을 설치할 수 있을 만큼 높았다. 이 프로젝트로 미스는 형식주의와 미학적 공상에 반대한다는 입장을 선언하면서, 헤겔적 뉘앙스로 "건축은 공간의 표현으로 시대의 의지이다. 살아 있고 변화하며 새로운 것이다"라고 썼다. 이어서 다음과 같이 말했다. "오피스 빌딩은 일을 하는 집이다.… 조직적이고 투명하며 경제적이다. 밝고 넓은 작업실이 있고, 업무가 나뉘지 않는 한 한데 모여 있어 감독이 용이하다. 최소 비용으로 최대 효과를 내며, 콘크리트, 철, 유리로 지어진다."

미스는 르 코르뷔지에의 돔-이노 제안을 상기시키는 '거죽과 뼈대'뿐인 건축을 옹호했지만, 건물 모퉁이를 강화하려고 양 끝 베이를 넓게 잡는 계획은 아카데미의 흔적을 보여준다. 하지만 이것이 싱켈의 신고전주의 원칙의 마지막 참조점이었다. 그가 10년 후 1933년 '새로운 기념비성'을 선보인 1933년 제국은행 프로젝트 전까지는 말이다.

언제나 있었던 신고전주의 성향과는 별개로, 1923년 이후의 미스의 작업에서는 정도 차이는 있지만 세 가지 영향이 두드러진다. (1)베를라헤의 벽돌 전통과 그의 경구 '명확하게 구축되지 않았다면 짓지 말 것', (2)데 스테일 그룹에서 걸러진 프랭크 로이드 라이트의 1910년 이전 작업. 이 영향은 1923년 벽돌 컨트리 하우스의 전경으로 확장되는 수평적 프로필에서 확연하다[158], (3)리시츠키의 작품을 통해 해석된 카지미르 말레비치의 절대주의. 라이트의 미학은 싱켈 학파의 건축 전통—유럽 최고 수준의 석조를 따르는—안에 쉬이 흡수될 수 있었던 반면, 절대주의는 자유로운 평면을 발전시키도록 북돋았다. 미스의 건축 이상이 1926년에 완성된 벽돌로 지어진 두 구조물, '카를 리프크네히트와 로자 룩셈부르크 기념비'와 볼프 주택에서 달성된 한편, 자유로운 평면은 1929년 바르셀로나 전시관에서 훨씬 강화된 모습으로 나타났다[159].

다양하고도 강렬했던 영향이 있었음에도 미스는 '11월 그룹' 시기의 표현주의 미학을 포기하기 어려웠던 것 같다. 다소 러시아적 색

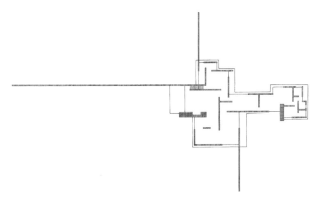

[158] 미스 반 데어 로에, 벽돌 컨트리 하우스 프로젝트, 1923.

채에 감화된 듯한 감수성은 1927년 베를린 실크 산업 박람회장에도 배어 있다. 이 작업은 원래 패션 디자이너로 훈련받은 릴리 라이히와 공동 설계했는데, 전시장에 쓴 검정색, 주황색, 빨간색 벨벳과 금색, 은색, 검정색, 레몬색 실크는 라이히의 취향임이 확실하다. 투겐타트 주택의 거실 가구에 쓴 쨍한 녹색 소가죽 덮개처럼 말이다. 표현주의의 느낌은 같은 해 슈투트가르트에서 열린 바이센호프지들룽 국제 주택 전시에서도 감지된다. 각각의 주문을 독립된 하나의 오브제로 여겼던 경향에도 불구하고 미스는 애초부터 전시를 중세 도시처럼 연속된 도시 형태를 계획했다. 종국엔 단념해야 했지만 심지어 '도시 왕관'의 흔적, 의사-타우트적 제스처가 있기도 했다. 설계를 최종 수정하면서 미스는 부지를 직선의 작은 구획들로 나누었다. 그 위에 여러 독일공작연맹 건축가들—발터 그로피우스와 한스 샤로운이 포함되었다—이 디자인한 독립된 전시용 주택이 세워졌다. 르 코르뷔지에, 빅토르 부르주아, 오우트, 스탐 등 외국 건축가도 다수 참여했다.

　바이센호프지들룽은 처음에는 1901년 다름슈타트에서 열린 독창적인 전시 '독일 예술의 기록'의 정신을 잇는 것이었다. 하지만 바이센호프지들룽은 백색의, 프리즘의, 평지붕 방식을 최초로 국제적으로 표명했고, 이것이 1932년 국제양식(International style)으로 알려졌다. 미스는 전시 계획의 중심 뼈대나 다름없었던 아파트 주택을 설계해 전시 양식과 내용 모두에 기여했다. 5층 구조의 이 아파트는 당시 발전 중이던 연립주택 블록과 유사했지만, 다종다양한 아파트 형태와 규모에 쉽게 적용할 수 있다는 점에서 전형적인 테라스 하우스와는 또 달랐다. 그 해법과 관련해 1927년 미스는 다음과 같이 썼다.

> 경제적 요인은 오늘날 임대 주택에서 합리성과 표준화를 피할 수 없게 한다. 하지만 우리 요구는 더 복잡해져서 탄력성을 필요로 한다. 미래는 이 모두를 다 무시할 수 없다. 골격 구조는 이 목적에 가장 적합한 체계이다. 이로써 건설법이 합리화되고 실내는 더 자유롭게 나눌 수 있게 된다. 배수시설이 필요한 부엌과 욕실은 고정시키고 다른 공간은 이동식 벽으로 분할할 수 있다. 내 생각에 이것으로 보통의 요구사항은 충족될 것이다.[3]

미스의 초기 경력의 절정은 바이센호프지들룽을 끝내고 연이어 설계한 세 걸작과 함께 왔다. 1929년 바르셀로나 세계박람회의 독일 전시관, 1930년 체코슬로바키아 브르노에 지은 투겐타트 주택 그리고 1931년 베를린 건축 박람회에 지은 모형 주택이 그것이다. 세 작업 모두에서 공간은 수평적·원심적으로 배치되었고 독립해 있는 면과 기둥에 의해 나뉘고 분절되었다. 1922년과 1923년 컨트리 하우스 프로젝트에서 이미 보였듯, 이 미학의 기본에는 라이트가 있다. 이것은 G 그룹의 감각과 데 스테일의 형이상학적 공간 개념을 통해 재해석된 라이트이다. 알프레드 바의 관찰에 따르면, 미스의 벽돌 컨트리 하우스의 내력벽들은 판 두스뷔르흐의 그림 「러시아 춤의 리듬」(1917)의 군집 요소처럼 바람개비 모양으로 배치되었다.

십자 기둥을 규칙적으로 쓰고 전통 재료들을 너그럽게 사용하는 등 고전적 연관성이 있음에도 바르셀로나 전시관은 두말할 것 없이 절대주의적·요소주의적 구성을 보여주었다(말레비치의 「지구인을 위

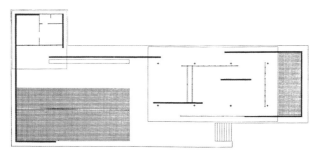

[159, 160] 미스 반 데어 로에, 독일 전시관, 바르셀로나 세계박람회, 1929.

한 미래 행성」과 그의 제자 이반 레오니도프의 작업을 참조할 것). 당
시 사진 자료들이 전시관의 공간적·물질적 형태의 양가적이면서 말
로 표현하기 힘든 성질을 잘 보여준다[160]. 이 기록에서 우리는 전시
관의 볼륨에서 어떤 전치가 일어났음을 알 수 있다. 이는 공간을 한정
하는 주요 면이 거울이나 다름없도록 하려고 녹색 유리 스크린을 사
용해 환시적인 표면을 연출한 결과이다. 광택 있는 티니안 산 녹색 대
리석으로 외장한 이 면들은 유리를 잡아주는 크롬 수직 창살의 반짝
이는 부분을 반사한다. 실내 한가운데에 있는 광택 나는 오닉스 면(라

이트가 중앙에 굴뚝을 배치한 것처럼)과 커다란 반사 풀(reflecting pool)이 있는 주 테라스와 나란히 있는 긴 트래버틴 대리석 벽 사의의 대비는 질감과 색감 면에서 이에 필적하는 연출이다.

트래버틴 벽과 접하고 바람에 요동치면서 부서지는 연못의 표면은 건물의 거울 이미지를 왜곡한다. 이와는 대조적으로 기둥과 멀리언(mullion)으로 조절된 전시관 내부는 반사 풀을 품고 있는 안마당에서 끝이 난다. 풀을 따라 검정 유리가 설치되어 있으며 안마당은 벽으로 막혀 있다. 바꿀 수 없는 완전무결한 거울 위로, 그리고 그 안에 게오르크 콜베의 조각 「새벽」이 경직된 형태로 또는 이미지로 서 있다. 이 모든 섬세한 미학적 대비에도 불구하고 건물 구조는 십자 기둥 여덟 개가 평지붕을 받치는 단순한 것이었다. 구조의 규칙성과 광택 없는 트래버틴을 기본으로 하는 견고함은 미스가 복귀하게 될 싱켈 학파의 전통을 보여준다.

바르셀로나 전시관은 이제는 고전이 된 가구를 하나 남겼다. 이름하여 바르셀로나 의자다. 이 의자는 미스가 1920~30년에 디자인한 신싱켈적 가구 다섯 개—나머지 네 개는 바르셀로나 스툴과 테이블, 투겐타트 안락의자와 단추 달린 가죽 소파—중 하나였다. 바르셀로나 의자는 크롬 도금한 막대강을 용접한 프레임에 단추 박은 송아지 가죽을 이용해 제작되었으며, 베를린 박람회에 전시되었던 릿펠트의 적청 의자가 그랬듯이 전시관 전체 디자인에 녹아들었다.

체코슬로바키아 브르노 시를 내려다보는 가파른 경사 대지에 지어진 투겐타트 주택(1930)은 바르셀로나 전시관의 공간 개념을 주택에 적용시킨 예이다[161]. 다르게 보면, 층층이 구획한 플랜인 라이트의 로비 주택—서비스 블록이 주요 거주 볼륨 뒤로 빠져 있다—과 전형적인 로지아 형태인 싱켈의 이탈리아풍 빌라의 결합을 시도한 것으로도 볼 수 있다. 어쨌든 자유로운 평면은 수평으로 된 거주 볼륨에만 적용되었다. 이 볼륨을 다시 한 번 크롬 도금한 십자 기둥으로 조절해, 긴 면은 도시 전경 쪽으로, 짧은 면은 거대한 판유리로 된 온실

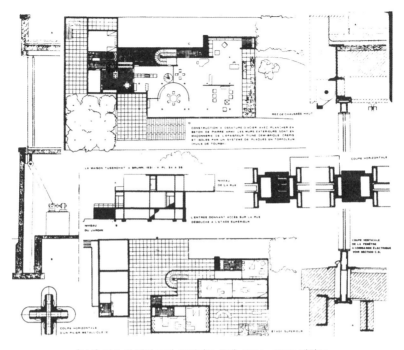

[161] 미스 반 데어 로에, 투겐타트 주택, 브르노, 1930. 배치도.

쪽으로 개방되어 있다. 기계로 내려가는 긴 유리벽은 거실을 전망대로 탈바꿈시킨다. 온실은 자연의 식물과 화석화된 오닉스 사이를 중재한다는 상징 전략 안에서 집을 포장하는 자연으로 기능한다. 흑단베니어 합판으로 표면 마감한 다이닝 알코브는 건강한 삶을 유지하려 했던 이 별장의 쓰임새를 환기시킨다. 또한 집의 거주 볼륨을 나누는 직선 오닉스 면은 양편에 있는 거실과 서재의 '세속성'을 그것의 표면에 비추어 보여준다. 이러한 수사는 1층에서나 발견되며, 주 출입구가 있는 층의 침실은 그저 폐쇄된 볼륨으로 처리되었다.

　1931년 베를린 건축 박람회 주택으로 미스는 자유로운 평면을 침실까지 연장하는 가능성을 보여주었고, 다음 4년간 그는 이 접근법을—안타깝게도 실제로 지어지지는 않았지만— 우아함의 극치를 달리는 코트 하우스들에서 더욱 정교하게 발전시켰다.

미스 반 데어 로에의 이상주의와 독일의 낭만적 자연주의에 대한 친밀감은 신즉물주의가 지향한 대량생산 접근법으로부터 그를 멀어지게 했다. 각 경우마다 객관성의 의미가 분명히 달랐다. 신즉물주의와 관련한 한, 1930년 하네스 마이어의 후임자로 바우하우스 교장직을 받아들이면서 미스는 비정치적 입장을 확실히 했다. 부임했을 때 쓴 에세이 「새로운 시대」에서 그는 다소 양가적이었던 입장을 선명하게 정리하려 애썼다. 그리고 하네스 마이어의 유물론적 에세이 「건축」에 대한 반응으로 다음과 같이 썼다.

> 새로운 시대는 하나의 사실이다. 우리가 "예"라고 하든 "아니오"라고
> 하든 상관없이 존재한다. 다른 시대보다 더 낫지도 그렇다고
> 더 나쁘지도 않다. 그 자체로서는 가치를 품지 않은 순수한
> 자료(datum)이다. 그래서 나는 그것을 정의하거나 기본 구조를 밝히려
> 하지 않을 것이다.
>
> 기계화와 표준화를 지나치게 중시하지 말자.
> 변화한 경제, 사회 조건을 하나의 사실로 받아들이자.
> 이 모든 것은 맹목적이고 숙명적인 과정을 따른다.
> 결정적인 한 가지는 어쩔 수 없는 흐름 앞에 우리는 스스로를
> 어떻게 주장할 것인가이다.
>
> 여기서 정신의 문제가 시작된다. '무엇'이 아니라 '어떻게'를
> 묻는 것이 중요하다. 우리가 생산하는 상품 또는 우리가 쓰는 도구는
> 정신적으로 가치 있는 문제가 아니다.
>
> 고층 건물 대 낮은 건물 문제를 어떻게 결정할지, 유리로 지을지
> 아니면 강철로 지을지는 정신의 관점에서는 중요치 않다.
>
> 도시계획을 중앙집중적으로 할지 탈집중화할지는 실제적인
> 질문이지 가치에 관한 문제가 아니다.
>
> 가치에 관한 질문만이 결정적이다.
> 우리는 표준을 정립하기 위해 새로운 가치를 설정하고 궁극의

목표를 확고히 해야 한다.

새로운 시대뿐 아니라 어느 시대에나 올바르고 중요한 방향은 다음이다. 즉, 정신에 실존의 기회를 주어야 한다.[4]

정신적 가치에 관한 신고전주의적 관심은 1933년 제국은행의 이상화된 기념비성으로 그를 이끌었다. 제국은행은 국가사회당 집권 당시 미스가 공모전에 출품한 작업이다. 이때까지 그를 지탱했던 반고전적 충동—미스만의 자유로운 평면에 영향을 준 절대주의-요소주의—은 이제 관료주의적 권위를 이상화하는 것 말고는 아무 의도도 없는 냉정한 기념비성에 자리를 내주었다. 제국은행 외피의 중립성은 논외로 하자. 절대주의 감수성은 미스가 미국으로 이수하고 시카고 일리노이 공과대학교 캠퍼스 작업을 맡아 한 첫 스케치들에서 잠시 재등장하는 1933년까지 억제된 상태로 남아 있었다.

21장

새로운 집합체:
소련의 미술과 건축
1918~1932

국제주의라는 단순하고 고전적인 개념은 즉각적인 세계 혁명에 대한
소망이 사그라들고 '일국사회주의 건설'이라는 좀 더 독재적인 단계가
시작된 1920년대 말경에 상당한 변화를 겪었다. 동시에 기술에 대한
열광적이고 낭만적인 이해는 냉정한 현실 인식에 자리를 내주었다.
러시아에서 기술이란 소작농 경제를 현대 산업 조직체로 전환하는 무척
어려운 투쟁을 의미했다.

이러한 변화의 중요성을 이해하고 적응하는 데 실패한
전문가들은一형식주의자의에게 일찍이 일어났던 바와 같이一완전히
무기력해졌다.

과거의 건축 전통을 전부 거부하면서 스스로를 무장 해제한
전문인들은 건축 자체와 사회적 목적에 대한 모든 자신감과 신뢰를
점점 상실해갔다. 스스로에게 가장 솔직했던 건축가들은 엔지니어를
숭배하고 모든 건축 전통을 부정하면서, 건물 기술자, 관리자 또는
(도시)계획가가 되기 위해 실제로 자신의 전문성을 포기했다.

과잉된 기술에 대한 환상과 원시적이고 후진적인 건설 산업의
현실 사이의 간극一이상화된 기술은 점점 더 수준 낮고 평범한 재주에
밀려나야만 했다一은 다른 이들을 공허하고 진지하지 못한 미학주의로
이끌었다. 그들이 대체하려고 한 형식주의자의 작업과 구분되지 않는
것이었다. 선진 기술의 실질적 매개체는 부재한 상황에서 그것을 나쁜
형태로 재생산하도록 강요받았기 때문이다.

기능주의자들은 자신의 신조를 자신만만하게 선언했지만 교리의

황폐함과 실행의 빈곤을 감추지는 못했다. 이 시기 건물 중 남아 있는 것이 별로 없다는 것이 이에 대한 증거다.

— 베르톨트 루베트킨, 「소련의 건축: 1917~32년의 발전에 관한 기록」, 『건축협회 저널』(1956).[1]

1861년 농노 해방 이후 일어난 러시아의 범슬라브 문화운동은 널리 퍼져 있던 친슬라브적 미술과 공예의 부활로 표명되었다. 이 운동은 모스크바 외곽 아브람체보 지구에서 1870년대 초에 제일 먼저 나타났는데, 철도업의 거물이었던 사바 마몬토프가 그곳에 인민주의 또는 나로드니키 화가들을 위한 은거처이자 별장을 설립했다. 스스로를 '방랑자'라고 불렀던 이 화가들은 그들의 '예술'을 인민에게 선하며 떠도는 미술가가 되기 위해 1863년 상트페테르부르크 아카데미에서 탈퇴했다.

이 운동은 전통 슬라브족의 공예를 부활시키려는 목적으로 테니세바의 공주가 1890년 스몰렌스크에 설립한 가내공업 단지에서 더 실용도가 높은 형식을 갖게 되었다. 인텔리겐차였던 마몬토프의 업적은 바스네초프의 아브람체보 예배당(1882)에서 예시된 중세 복고주의(구러시아 양식)에서 림스키-코르사코프의 오페라 「백설 공주」(1883)의 첫 프로덕션을 위한 레오니드 파스테르나크의 디자인에 이르기까지 폭넓었던 반면, 테니세바 단지의 작업은 좀 더 검소한 규모로 단순하고 밝은 무늬가 있는 집, 가구와 가정용 식기였다. 상당수의 기본 형태는 전통적인 목구조에서, 그리고 장식 요소 대부분은 루복(lubok)이라 알려진 전통 목판 이야기 미술(narrative art)과 같은 소작농의 공예품에서 따온 것이었다. 아브람체보 서클의 인민적 표현주의 회화가 알렉세이 크루쵸니흐의 다다이스트적인 자움(Zaum) 시와 마추신의 무조음악의 전조가 되는 20세기 초 급진적인 러시아 예술을 향한 최초의 실험적인 한 걸음에 속했다면, 테니세바의 공예품은 구축주의 목판과 혁명 이후의 프롤레트쿨트 운동의 스텐실 타이포

그래피를 예견했다.

　예술에서 범슬라브 운동이 열광적인 활력을 띤 것과는 대조적으로, 러시아 건축은 1870년 이후 막대한 생산에도 불구하고 상트페테르부르크 체제의 고전 기준들과 완만하게 전개되는 민족적 낭만주의 운동 사이에서 양식적으로 분리되어 있었다(특히 모스크비에서는). 콘스탄틴 톤의 네오비잔틴 양식의 크렘린 궁전으로 1838년 시작된 민족낭만주의는 세기 마지막 10년 동안 바스네초프, 슈세프, 왈코트, 그리고 누구보다도 세흐텔과 같은 이른바 네오러시아 디자이너들을 탄생시켰다. 세흐텔의 랴부신스키 주택(1900)은 경력의 정점에 있었던 아우구스트 엔델에 비교해도 꽤 좋을 법하다. 아르누보와 밀접했으며 보이지, 타운센드, 리처드슨 등을 참조했다. 표현의 특징은 다양해서, 슈세프의 매우 절충적이지만 궁극적으로 시대에 뒤떨어진 카잔 역(1913년에 시작된)부터, 절충주의에도 불구하고 올브리히의 1901년 에른스트 루트비히 주택에 비교할 만한 바스네초프의 탁월한 트레티야코프 미술관(1900~05)에 이른다. 이 모든 것은 기술공학 영역에서의 발전, 특히 모스크바의 포메란체프의 신무역회사(1889~93)의 유리 지붕을 설계하고, 1926년 모스크바에 지어진 꼭지가 잘린 피라미드 형태의 경량 무선방송탑의 엔지니어였던 주코프의 작업과는 크게 관계가 없었다.

　혁명 후 건축에 더 중요한 점은 친슬라브 운동이 민중 문화의 동력으로 바뀌었다는 점이다. 이는 대체로 경제학자 알렉산드르 말리노프스키의 '과학적' 문화 이론에 의해 고무되었다. 말리노프스키는 스스로를 '신에게서 받은 천부적 재능'이라는 뜻의 보그다노프(Bog-danov)라고 불렀다. 1903년 혁명의 위기에서 볼셰비키의 사회민주당을 포기한 보그다노프는 1906년 프롤레타리아 문화를 위한 조직 프롤레트쿨트를 창립했다. 이 운동은 과학, 산업, 예술의 새로운 통합을 통한 문화 개혁에 전념했다. 보그다노프는 '조직체계론'(tectology)에서 말하는 초-과학(super-science)이 전통문화와 더 높은 차원의 통일된 질서에 중요한 생산을 고양하는 자연스러운 수단을 제공한다고 보았다. 제임스 빌링턴은 이에 관해 다음과 같이 썼다.

> 보그다노프는 마르크스보다는 생시몽에 입각해 사유하면서 과거의 파괴적 갈등은 실증적인 새로운 종교 없이는 결코 해소되지 않는다고 주장했다. 신전과 종교적 신앙이 한때 했던 사회를 통합하는 역할은 이제 프롤레타리아의 살아 있는 신전과 사회적으로 '경험일원론' 철학을 지향하는 실용주의가 담당해야 한다.[2]

보그다노프는 '일반 조직론'이라 할 수 있는 '조직체계론'에 관한 논저의 1회분을 1913년 발표했다. 크루쵸니흐의 미래수의 연극「태양에 대한 승리」가 마추신의 음악과 카시미르 말레비치의 의상 및 무대장치로 상트페테르부르크에서 초연된 바로 그해였다. 이 묵시록적 연극을 위한 말레비치의 무대막은 절대주의의 핵심 아이콘이 된 검정 정사각형 모티프를 최초로 공개했다.

제1차 세계대전 발발 바로 전, 아방가르드 러시아 문화는 두 개의 구별되지만 연관된 추진력으로 발전했다. 비실용적인 종합예술 형식을 띤 첫 번째는 매일의 삶을 크루쵸니흐와 말레비치의 시가 노래하는 천년왕국의 미래로 바꿔준다고 약속했다. 보그다노프가 제안한 두 번째는 일종의 포스트-나로드니크 가설로, 공동체적 삶과 공동 생산의 물질적·문화적 위기에서 벗어나 새로운 문화적 통일성의 구축을 추구했다. 1917년 10월 이후 새롭게 수립된 소비에트 정부의 혁명의 현실은 이 두 입장—'묵시록'적인 것과 '종합적'인 것—의 갈등을 초래했고, 말레비치의 '묵시록'적이고 고도로 추상적인 미술을 자칭 절대주의-요소주의의 실용적 목표에 적용했던 리시츠키의 번안과 같은 사회주의 문화의 혼종적인 형태를 낳았다.

1920년 모스크바에 창설된 인쿡(INKhUK)과 브후테마스는 미술, 건축, 디자인 종합 교육을 위한 연구소였다. 두 기관은 공적인 토론이 벌어지는 무대였다. 말레비치, 바실리 칸딘스키 같은 신비적 이상주의자와 페브스너 형제 같은 객관적 미술가들은 블라디미르 타틀린, 알렉산드르 로드첸코, 알렉세이 간 등의 이른바 생산주의자와 대립했다. 1920년 순수 예술 진영의 도전은 나움 가보에 의해 가장 유창하게 공식화되었다. 그는 훗날 타틀린의 제3인터내셔널 기념탑을 비판하기도 했다.

> 나는 그들에게 에펠탑 사진을 보여주면서 말했다. "당신이 새롭다고 생각하는 것은 이미 만들어졌다. 기능적인 집과 다리를 짓든가 아니면 순수 예술을 창조하든가 아니면 둘 다를 하든가. 하나를 다른 것과 혼동하지는 말아라. 그러한 예술은 순수하게 건설적인 예술이 아니며 단지 기계의 모방일 뿐이다."

이런 수사의 설득력 있는 논리에도 불구하고, 가보, 칸딘스키 같은 이상주의자들은 소련을 떠날 수밖에 없다고 느꼈다. 비록 말레비치는 비텝스크에 은둔해 자기 입장을 고수하고, 1919년 직후 그곳에 절대주의 학교 우노비스(Unovis)를 설립했다. 이 학교의 영향을 크게 받은 리시츠키는 표현주의 시각 디자인에 종말을 고하고 절대주의 디자이너로서의 경력을 시작했다.

그러는 동안 엄밀하게 프롤레타리아적인 문화는 혁명에 대해 알려야 필요성에서 자발적으로 출현했다. 당시 실제 상황은 물론이고 아직 기본적으로 사는 곳도 마땅치 않고 제대로 먹지도 못하고 무엇보다 일자무식인 주민들의 실질적 필요와는 거리가 멀었을지도 모르는 문화 형식에 활력을 불어넣어주었다. 혁명의 메시지를 파급하는 데 현저한 역할을 한 시각 예술은 대형 거리 미술 형태로 프롤레트쿨트 예술가들이 만든 선전-선동 기차[162]와 선박에 그리고 혁명 직후 당국이 착수한 '기념비적 선전 계획'에 내걸렸다. 선동 슬로건과 암시적인 도해(iconography)로 가능한 모든 표면을 뒤덮을 목적이었다.

[162] 선전-선동 기차, 1919.

프롤레트쿨트의 중심 임무는 연극 제작과 영화, 계도적인 그림을 통한 공식적인 정보의 전파였으며, 그 형태는 반드시 이동과 분해가 가능해야 했다. 모든 것이 쉽게 수송될 수 있어야 했기 때문에 제작은 가장 단순한 수준에서 이루어졌다. 선전 활동과는 별도로 타틀린과 로드첸코 등 생산주의 미술가는 가볍고 접을 수 있는 가구와 노동자를 위한 견고한 의류 제작에 본격 착수했다. 타틀린은 최소한의 연료로 최대한의 열을 내는 것으로 추정되는 난로를 디자인했다. 이러한 '유목적' 충동은 보편적이었다. 1920년대 말, 미스 반 데어 로에, 르 코르뷔지에, 마르트 스탐, 하네스 마이어와 마르셀 브로이어 등이 디자인한 경량의 가구들은 실제로는 분해할 수 없어도 개념적으로 '조립식'이었다. 브로이어는 이러한 영향에 특히 민감했다. 그가 1926년 제작한 바실리 의자는 같은 시기에 거의 동일한 캔버스 천과 관으로 브후테마스에서 만든 의자와 똑같았다. 최근에 발견된 모호이너지와 로드첸코 사이의 서한 덕에, 1923년 이후의 바우하우스가 브후테마스의 직접적인 영향에 종속되어 있었다는 사실이 분명해졌다.

1920년 초에 프롤레트쿨트는 가장 종합적인 표현을 연극을 통해 달성했는데, 가장 주목할 만한 것이 니콜라이 예브레이노프의 '일상의 극화'다. 그는 겨울 궁전을 습격했던 장면을 매년 재연하기 위해 분열 행진(tattoo) 포맷을 이용했다. 좀 덜 중요한 행사는 길거리 퍼레이드로 조직되었는데, 변함없이 10월 혁명이나 자본주의라는 적을 표상하는 구축주의적 인체 모형이 대중 집회를 위한 주목도 높은 표상으로 사용되었다. 똑같이 논쟁적인 의도가 메이예르홀트의 '10월 연극'의 선포를 자극했다. '선전-선동' 거리 활동을 선동 무대로 옮기려는 시도였다. 메이예르홀트의 1920년 '10월' 성명은 다음 요소와 원칙으로 구성된 연극을 규정했다. (1)관객과 배우를 통합하기 위한 항상 조명이 비추는 아레나 무대, (2)메이예르홀트의 '신체-기계적' 무대—무대는 서커스와 분명한 친연성이 있다—에 이상적인 아크로바틱 배우를 주연으로 하는 기계화한 제작의 반자연주의 방식, (3)환상의 제거 그리고 스타니슬랍스키의 모스크바 예술 극장이 예시한 부르주아 연극에 고질적으로 남아 있는 상징주의의 철폐 등이 그것이다. 비슷한 규정을 1924년 에르빈 피스카토르의 베를린 프롤레타리아 극장의 창설에서 찾아볼 수 있다.

레닌은 사회주의로 가는 길에는 경제적·정치적·문화적인 길 세 개가 있다는 보그다노프의 과격한 주장을 우려하진 않았지만 의심했다. 하지만 1920년 보그다노프가 공식 부인했고 이어서 프롤레트쿨트를 인민교육위원회에 복속시켰음에도 선전-선동 문화의 정신은 특히 메이예르홀트의 연극에서 존속했다. 그것은 또한 구스타프 클루치스와 로드첸코 같은 생산주의 예술가가 디자인한 키오스크, 연단, 기타 정보 안내 구조물과 관련된 프로젝트 상당수에서 계속 표현되었다. 이들 프로젝트는 건축의 비전문적인 사회주의 양식을 공식화한 최초의 시도였다. 의도적으로 실현할 수 없게 했음에도 리시츠키가 1920년 프라운으로서 기획하고 디자인한 레닌 연단은 그러한 건축의 한 가지 대안이었다. 리시츠키는 회화와 건축 사이 어디엔가 놓인 전대미문의 창조적 영역을 제시하기 위하여 '새로운 예술 학파를 위한'이라는 뜻의 '프로-우노비스'로부터 '프라운'이라는 용어를 만들어 냈다.

  그러한 선구적인 작업들 중 최고는 타틀린이 1919~20년에 디자인한 400미터 높이의 제3인터내셔널 기념비였다[163]. 격자 나선 두 개를 엮어 짠 이 탑 안에 매달린 커다란 유리 구조물 네 개는 각각 1년에 한 번, 한 달에 한 번, 매일 한 번 그리고 추측건대 매시간 회전한다. 각각 법률 제정, 행정, 정보 그리고 영화 상영에 바쳐진 것이다. 어떤 면에서 타틀린 탑은 소비에트 정부의 구조와 기능에 관한 기념

[163] 타틀린, 제3인터내셔널 기념탑, 1919~20. 손에 파이프를 들고 선 사람이 타틀린이다.

비이고, 다른 면에서는 색채, 선, 점, 면과 같은 '지성적인 재료'와 철, 유리, 나무와 같은 '물리적인 재료'를 주제적으로 동등한 요소로 간주하는 생산주의/구축주의적 프로그램을 예시했다. 이런 점에서 탑을 순수하게 공리적인 오브제로 간주할 수는 없다. 1920년 '생산주의 그룹 프로그램'의 반예술·반종교 슬로건에도 불구하고 탑은 새로운 사회적 질서의 조화를 위한 기념비적 은유로 남아 있다. 그것은 처음에 '엔지니어가 새로운 형태를 창조한다'라는 슬로건이 쓰인 현수막 아래 전시되었다. 탑의 형태와 재료 둘 다에서 천년왕국을 지향하는 상징주의는 추측건대 타틀린 자신의 말을 의역한 듯한 당대의 묘사에서 뚜렷이 나타난다.

> 진동수와 파장의 산물이 소리의 공간적 척도이듯 유리와 철의 비율은
> 재료의 리듬의 척도이다. 굉장히 중요한 이들 재료의 결합으로
> 치밀하고 인상적인 단순성과 관계성이 표현된다. 불로써 생명을 얻는
> 이 두 재료가 현대 예술의 기본 원리이기 때문이다.[3]

나선형 주제의 사용에서, 점점 작아지는 일련의 정다면체를 에워싼 것에서 그리고 철과 유리의 수사학적인 전시와 기계화한 움직임에서 천년왕국 바로 그 자체인 타틀린 탑은 러시아 아방가르드 건축의 독특한 두 가지 경향이 이룬 성과를 예견했다. 그중 하나가 브후테마스 안에 니콜라이 라돕스키가 가르쳤던 1학년과 2학년 과정의 일부로 설립된 학교였다. 구조주의적인, 더 정확히는 형식주의적인 이 학교는 표면상 인간 지각 법칙에 기초한 전적으로 새로운 조형 형식 체계를 발전시키려고 했다. 다른 하나는 훨씬 더 유물론적이고 계획에 따른 접근법으로서 건축가 모이세이 긴즈부르크의 주도하에 1925년 출현했다.

1921년 라돕스키는 형태 지각의 체계적인 연구를 위한 연구소를 브후테마스에 설치해야 한다고 촉구했다. 그의 감독 아래 수행된

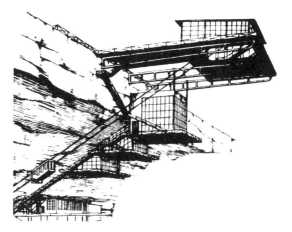

[164] 라돕스키의 브후테마스 아틀리에에서 심비르체프, 매달린 레스토랑을 위한 계획, 1922~23년 무렵.

브후테마스 기초 디자인은 순수한 형태 표면의 리드미컬한 묘사 또는 수열 법칙에 따라 커지고 작아지는 동적인 형태에 관한 연구가 특징 이었다. 이들 브후테마스 실습은 크기와 위치를 변화시키면서 기하학 적으로 전진하는 볼륨들로 특징지어졌다. 간헐적으로 습작들은 심비 르체프가 1923년경 설계한 부유하는 레스토랑처럼 실제 건물을 위한 디자인으로 제안되었다[164]. 완전한 투명도와 기발한 접근 체계는 생산주의자의 표현적 실용주의를 되풀이한 것이었다. 또한 환상적인 구조는 당시 소비에트 엔지니어링의 역량을 명백히 넘어선 것이었다. 한편 층고 변화가 많은 점은 확실히 레스토랑으로서의 활용도를 제한 했을 것이다.

　　라돕스키의 이른바 '합리주의'는 결코 프로그램에 따르지 않았 다. 루베트킨이 관찰했듯, 그는 궁극적으로 라루스 유형의 보편성을 추구했기 때문이다. 18세기 말의 신고전주의 예술가처럼 그는 구 또 는 입방체 같은 기하학적 실체의 사용을 선호했다. 1923년 라돕스키 는 그의 관점을 브후테마스에 거점을 둔 전문가 그룹인 신건축가협 회(ASNOVA)를 창립해 파급하고자 했다. 이 조직의 영향이 가장 컸

던 1925년경에는 리시츠키와 건축가 콘스탄틴 멜니코프 모두 여기에
관련돼 있었다. 1924년 그가 디자인한 분해할 수 있는 목재 상품 진
열대처럼[165], 1925년 파리 장식미술박람회를 위한 멜니코프의 소
련 전시관[166]은 그때까지 소비에트 건축의 진보적인 면을 종합한
것이었다. 겹이음을 한 목재 버팀목과 널빤지를 상상력을 발휘해 활
용한 소련 전시관은 스텝 지역의 전통적인 토속성뿐 아니라 1923년
의 전 러시아 농업과 공예 박람회를 위해 설계된 전시관들을 상기시
켰다. 여기에는 엑스터, 글라드코프와 스텐버그 같은 미술가들이 디
자인한 이즈베스티야(*Izvestia*)의 키오스크와 멜니코프 자신의 마호
르카 전시관 등이 있었다. 기본 개념에서 멜니코프의 전시관은 라돕
스키 학교의 율동적인 형식주의를 반영했다. 직사각형 구성은 지층을
동일한 삼각형 두 개로 분할하는 대각선으로 가로지르는 계단 덕분에
생동감이 넘친다. 십자로 교차하는 면을 만들면서 개방된 목구조를
통해 올라갔다 내려가는 이 계단은 구조의 상층으로만 접근을 허용했
다. 엇갈려 가로지르는 지붕 형태는 곧 러시아 아방가르드 사이에 타
틀린 탑의 로그 곡선 같은(Iogarithmic) 나선형과 함께 '진보한 기하
학적' 장치로 유행했다. 멜니코프의 역동적인 목구조는 이상적인 노
동자 클럽을 위한 로드첸코의 인테리어로 보완되었다. 실내는 테이블
하나와 의자 두 개에, 변증법적으로 빨강색과 검정색으로 칠한 체스
게임 세트가 있는 전형적이고 가벼운 생산주의적 가구가 갖추어졌다.

신건축가협회는 좀 더 과학적인 미학을 달성하기 위해서, 또 새
로운 사회주의 국가의 조건을 충족시키며 표현할 수 있는 새로운 건
물 형태를 고안해내기 위해 노력했다. 그래서 새로운 '사회적 응축
기'(social condenser)로서 기능하도록 디자인된 노동자들의 클럽과
오락시설에 몰두했다. 새로운 형태를 발명하기 위한 욕구는 미국의
마천루를 사회주의 형식으로 재구성하려 한 리시츠키의 1924년 '구
름 걸이' 프로젝트에서 잘 드러난다. 모스크바 중심지를 에워싸는 주
변 도로상에 높이 올려진 고대 신전 입구처럼 고안된 것이다. 다소 기

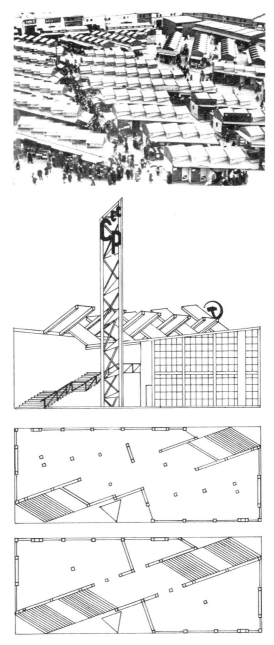

[165] 멜니코프, 수하레프 시장, 모스크바, 1924~25.

[166] 멜니코프, 소련 전시관, 장식미술박람회, 파리, 아래부터 지층 평면, 1층 평면, 입면.

이하게 보일지 몰라도 이 작업은 자본주의의 마천루와 고전적인 입구 둘 다에 대한 비판적인 반명제로서 의도되었다.

멜니코프의 초기 생산주의 작업은 소련과의 협력으로 외국 자본을 끌어들이는 방안의 하나로 1921년 3월 내전 이후 도입된 레닌의 신경제 정책에 힘입어 비교적 경제가 안정된 시기에 이루어졌다. 1924년 1월 레닌의 죽음으로 신경제 정책 문화는 끝장났고, 당은 그의 무덤에 어울리는 적절한 양식을 찾아야 하는 아이러니한 과제를 떠안았다. 생산주의 양식은 장식미술박람회에서 소련을 대표하기에는 적절할지 몰라도 최초의 사회주의 국가를 건설할 인물을 모시기에는 너무 실체가 없었다. 신고전주의는 관념주의적인 함축성 때문에 마찬가지로 부적절했다. 이 불확실성이 레닌의 대영묘를 위해 슈세프가 제작했던 디자인들에 반영되어 있다. 첫 번째 안은 임시 목구조였는데 대칭성에도 불구하고 생산주의 미학과 비슷했다. 두 번째 석조로 된 영구적인 버전은 중앙아시아의 타타르 족 무덤 형태를 재현하려는 시도였다.

레닌의 죽음과 함께 혁명의 영웅적 시기는 끝났다. 내전에서 백군에 힘겹게 승리하고 당에 대적한 크론시타트 반란을 비극적으로 진압한 것을 끝으로 이제 혁명은 프롤레타리아 국가 내에 국가자본주의적 신경제 정책을 수립하는 최종 장에 다다랐다. 레닌의 카리스마가 사라지고 난 직후에는 문제 해결이 아닌 갈등이 있으리라 예상되었다. 당내 승계 다툼, 산업 및 농업의 현대화, 문맹 퇴치 캠페인, 주거와 식량 공급을 위한 매일매일의 고투, 국가 전기화(electrify) 사업, 산업 종사자이자 도시 거주자인 프롤레타리아와 흩어져 흔적만 남은 봉건 영세 농민 사회 간의 실질적 연결고리 형성 등이 도사리고 있었다. 무엇보다도 신경제 정책에 따른 유인책을 고집스럽게 거부한 완강하고 소외된 농촌으로부터 신경제 정책을 수용한 도시를 위한 충분한 식량을 뽑아내는 전쟁을 매년 치러야 했다.

건축의 관점에서 볼 때 가장 고질적인 문제는 분명히 주거였다.

제1차 세계대전 발발 이래로 아무것도 지어지지 않았고, 전쟁 전에 쌓아둔 재고가 얼마나 못 쓰게 되었는지는 1924년 13차 당 총회 의사록에 반영되어 있다. 당 총회는 주거는 '노동자의 물질적 삶의 가장 중요한 과제'로 인식했다. 이 결핍과 대결하는 임무에 직면한 몇몇 젊은 건축가는, 아직도 라돕스기의 영향 아래 있었던 브후테마스파의 형식주의적 편향을 더는 탐닉할 수 없다고 느꼈다.

이 반응의 결과로 현대건축가협회(OSA)가 긴즈부르크의 주도로 새롭게 발족했다. 협회의 창립 회원으로는 바르슈, 부로프, 코마로바, 코른펠트, 오키토비치, 파스테르나크, 베그만, 블라디미로프와 베스닌 형제가 있었다[167]. 창립 직후 현대건축가협회는 연계 분야인 사회학과 공학 분야 회원을 받아들이기 시작했다. 현대건축가협회 쁘로그램의 기본 방침은 라돕스키의 지각적 미학주의에 대해서나 마찬가지로 프롤레트쿨트의 생산주의 문화에 대한 반감이었다. 처음부터 협회는 건축가의 작업 방식에 손을 댔다. 전통적으로 장인이 고객과 맺는

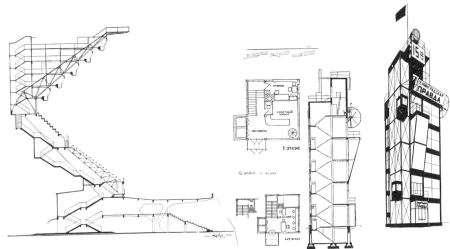

[167] 1920년대의 전형적인 구축주의 작업들.
(왼쪽) 코르셰프, 스파르타키아다 경기장의 스탠드 단면, 모스크바, 1926;
(오른쪽) 베스닌, 프라우다 빌딩의 평면도·단면도·투시도, 모스크바, 1923.

관계를 고수하지 않고, 첫째로 사회학자이며 둘째로 정치가이자 셋째로 기술자인 새로운 유형의 전문가로 변화시키려 했다.

1926년 현대건축가협회는 과학적인 방법을 건축의 실무에 결합시키는 데 집중한 기관지『현대 건축』(*Sovremennaya Arkhitektura*)에서 이러한 관점을 파급시키기 시작했다. 4호에서 협회는 평지붕 건설에 관한 국제적인 조사를 실시했고, 타우트와 베렌스, 오우트, 르 코르뷔지에에게 평지붕의 기술적 실행 가능성과 이점에 관해 논평해 달라고 요청했다. 현대건축가협회는 또한 부상하는 사회주의 사회를 위해 필수적인 프로그램과 유형 형태를 명확히 규정하는 임무에 착수했고 동시에 에너지 분배와 인구 분산이라는 폭넓은 의제에도 관심을 가졌다. 요약하자면 이들의 주요 관심은 첫째, 공동 주거 문제 해결과 적절한 사회적 단위 제안, 둘째, 모든 형태의 운송을 포함한 분배 과정이었다.

우선 현대건축가협회는 1927년『현대 건축』에서 새로운 공동체 주거 또는 돔-코뮤나(dom-kommuna)의 적절한 형식에 관한 두 번째 조사를 착수시켰다. 조사 결과는 푸리에의 팔랑스테르의 계보를 잇는 새로운 주거의 원형을 다듬고 발전시키기 위한 우애적인 공모전의 기초로 활용되었다[168]. 출품작 대부분이 내부 중복도, 즉 오르내리는 듀플렉스 아파트들을 서로 맞물려 형성한 볼륨에 상징과 운영 면에서의 중요성을 부여했다. 이 단면의 변형이 1932년 이후 르 코르뷔지에의 '빛나는 도시'의 전형적인 블록의 '크로스-오버'(cross-over) 단면으로 채택된다.

정부는 긴즈부르크가 주재하는 주택 표준화 연구 그룹을 서둘러 설치하도록 했다. 이 그룹의 작업은 일련의 스트로이켐(Stroikem, 대량생산을 목적으로 한 아파트 빌딩의 표준) 유니트의 발전을 이끌었고[169], 그중 하나는 긴즈부르크에 의해 1929년 모스크바에 지어진 나르콤핀 아파트 블록에 채택되었다. 나르콤핀의 내부 도로 또는 데크 체계는 매점, 체육관, 도서관, 탁아소와 옥상정원이 있는 옆 블록

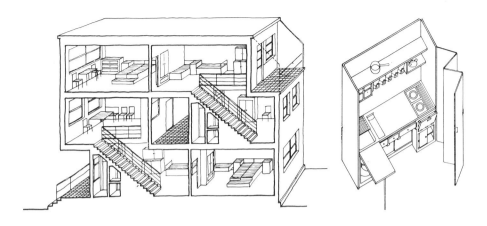

[168] 이바노프와 라빈스키, 중복도가 있는 상호교차 듀플렉스 아파트,
현대건축가협회 공모전, 1927.
[169] 소련 경제부 건설 위원회가 제시한 가림막을 갖춘 콤팩트 부엌 모듈 설계, 1928.

으로의 직접적인 접근을 허용했다. 그러나 긴즈부르크는 이 암묵적인
집합체(collectivity)가 건물 형태만으로 주민에게 강요될 수는 없음
을 예리하게 인지하고 있었다. 당시에 그는 다음과 같이 적었다.

우리가 과거에 시도했지만 대체로 부정적인 결과를 빚어낸 바와 같이
더 이상 특정 건물의 거주자들이 집합적으로 살기를 강요할 수 없다.
우리는 많은 다른 영역에서 공동 이용으로 점증적이고 자연적으로
전환할 수 있는 가능성을 제공해야만 한다. 그것이 우리가 각 유니트를
다음 유니트와 분리하려고 노력하는 이유이자, 언제라도 구내식당
급식을 도입할 수 있도록 아파트에서 완전히 제거할 수 있는 최소
크기의 표준 요소로 부엌 알코브를 디자인해야 하는 이유이다. 우리는
사회적으로 최상인 삶의 방식으로의 전환을 자극할 분명한 특징을
반드시 결합해야 한다고 생각한다. 자극하지만 명령하지는 않는
것이다.[4]

전해에 현대건축가협회는 또 다른 유형의 '사회적 응축기'인 노동자 클럽을 디자인하는 데로 주의를 돌렸다. 아나톨 코프는 말했다.

1928년은 클럽 건축의 변화를 목격한 해였다. 모든 혁신에도 불구하고 현존하는 클럽은, 멜니코프와 골로소프가 디자인한 것처럼 가장 현대적인 것조차도 무대 중심적이며 전문 극장과 관련돼 있다고 심하게 비판받았다.[5]

긴즈부르크의 수제자인 이반 레오니도프는 교육기관과 운동시설에 초점을 둔 완전히 다른 유형의 클럽을 안출했다. 1928년 그는 1년 전 제안했던 레닌 연구소의 여러 가지 디자인을 내놓았다. 레닌 연구소의 부지는 모스크바 외곽의 레닌 언덕(원래 명칭은 '참새 언덕')이었다. 이 고등 연구소 디자인은 두 개의 유리로 된 기본 형태로 구성되었다. 직선의 도서관 탑과 일점 지지로 지탱되는 구체 강당이다. 케이블 밧줄로 고정시켜 매달린 채 부유하는 전체 시설은 모노레일로 도시와 연결된다. 말레비치의 작업에서 분명히 영향을 받은 절대주의적 메가스트럭처로서 레오니도프의 공상과학적 클럽 개념은 1930년 문화 궁전 계획에서 정점에 달했다[170]. 유리로 된 강당, 천문관, 실험실과 윈터 가든이 전통적인 조경을 거의 따르지 않는 격자형 직선 매트릭스 위에 배치되었다. 풍성한 식물 덤불과 속이 비치는 프리즘 덕분에 거의 형이상학적인 외관이 완화되었다. 프리즘의 실내는 훤히 들여다보이지만 기능은 결정되어 있지 않았다. 구성에 포함된 비행선과 이를 정박시키는 계류 기둥은 평범한 건물에서 사용된 것과 같은 경량 기술을 적용했음을 예시하려는 의도가 분명했다. 또한 건물들의 스페이스 프레임(space-frame) 구조는 콘라트 바흐스만과 버크민스터 풀러 같은 디자이너의 세기 중반 작업을 예견했다.

레오니도프는 이런 복합시설에서 운동, 학술 대회, 정치 회의, 영화, 식물 전시, 집회, 비행, 글라이딩, 자동차 경주, 군사 훈련 등 교육

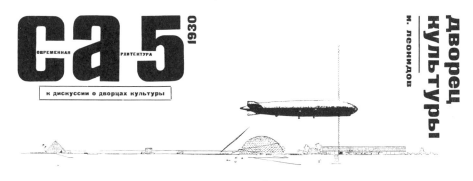

[170] 레오니도프, 문화 궁전 계획,『현대 건축』표지, 1930.
왼쪽에서 오른쪽으로 체육 관련 구역, 집회장, 집단 활동 구역.

과 오락이 연속 과정으로 이루어지리라고 보았다. 바로 이 같은 유토
피아적 면모 때문에 친스탈린 성향의 소비에트 건축가연합(VOPRA)
으로부터 공허한 이상주의를 표방한 도식일 뿐이라는 공격을 받았다.

1932년 4월 칙령 시행으로 건축 관련 당 노선이 결국 소비에트
아방가르드 건축의 놀라운 다양성을 억압하기 전에, 현대건축가협회
는 지역개발 수준에서 훨씬 대규모의 '사회적 응축기'라는 과제에 관
여하게 되었다. 지역개발은 당시 응용 과학으로서는 초보 단계에 머
물러 있었다. 현대건축가협회 주요 도시계획 이론가인 오키토비치에
게 소련의 전기화 계획은 모든 형태의 지역개발 계획을 위한 기반시
설 모델을 제공했다. 문자 그대로 전력망과 도로망을 따라 수행될 그
의 비도시화 전략은 당시 도시화의 주요 이론가인 삽소비치가 제안한
집합주택과 콤비나트(kombinat)를 향한 비판적 입장을 시사했다. 오
히토비치는 1930년 다음과 같이 썼다.

> 회랑과 난방된 복도가 노동자의 생활공간을 빼앗는 소위 '코뮌'의
> 환상이 깨지는 순간이 왔다. 노동자는 집에서 자는 것 말고 할 게 없는
> 준-코뮌, 주거 공간과 개인적 편의(바깥에 있는 욕실과 외투 보관실,
> 줄을 서야 하는 구내식당) 둘 다를 빼앗는 준-코뮌이 대중적 불안을

유발하기 시작했다.[6]

사람들이 썩 달가워하지 않은데다 그 거대한 스케일은 복잡한 기술과 빈약한 자원이란 문제를 수반했기 때문에 거대-집단 코뮌의 평판은 나빠졌다. 잠시 동안이지만 오히토비치와 밀류틴의 비도시화 제안은 관변 측에서 호의적인 반응을 얻었다. 이론으로야 받아들이기 어렵지 않지만 전 국토에 일반적으로 적용할 수 있는 경제성 있는 정주 패턴을 고안해내기란 힘든 일이었다. 그래서 현대 건축가협회 내부에서도 이를 잘 달성할 수 있는 방안을 두고 의견이 엇갈렸다. 소리아 이 마타의 선형도시 체계를 좇아 마침내 리본처럼 생긴 정주지를 제안했다. 풍부한 상상력이 동원됐는지는 몰라도 구체적인 구성은 꽤나 자의적이었다. 이런 제안의 전형은 1930년 출판된 바르슈와 긴즈부르크의 모스크바 확장을 위한 녹색도시계획이었다. 다소 별난 이 프로젝트는 지지 기둥 위에 올린 '독신자' 유니트가 크랭크축처럼 연속되는 '척추'로 구성되었는데, 주거시설의 제공 말고도 도시의 존재감을 보여주려는 의도가 다분했다. 척추의 양쪽으로는 공동체시설이 500미터 간격으로 자리 잡았다. 이들 건물은 보통 운동장과 수영장을 측면에 끼고 있었고, 죽 이어지는 공원 안에 자리 잡았다. 중심 척추 양편에 있는 공원의 녹색 띠는 그 폭이 다양했는데, 전체 시스템에 접근하는 일방통행로의 진출입에 따라 정해졌다. 긴즈부르크의 개략적인 전략은 모스크바 인구를 점진적으로 옮기기 위해 이러한 동맥을 이용하자는 것이었다. 그리고 황폐해진 옛 수도를 중요한 기념비들이 과거 문화의 유산으로 남아 있는 반(半)-전원적인 거대한 공원으로 천천히 되돌리자는 것이었다.

그때까지 가장 추상적이고 이론적으로 일관성 있는 제안은 밀류틴이 발전시킨 선형-도시 원칙이었다. 그는 1930년 여섯 개의 병렬된 좁고 긴 부지 또는 구역으로 이루어진 연속된 도시를 주장했다. 구역은 다음의 순서로 배열된다. (1) 철도 구역, (2) 생산과 더불어 교육

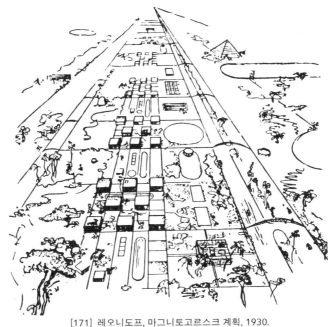

[171] 레오니도프, 마그니토고르스크 계획, 1930.
산업시설과 농업 코뮌은 32킬로미터 도로로 연결시켰다.

및 연구 센터가 있는 산업 구역, (3)고속도로를 끼고 있는 녹색 구역,
(4)공동체시설, 집, 학교와 유치원이 있는 어린이 구역으로 세분되는
주거 구역, (5)스포츠시설을 갖춘 공원 구역, (6)농업 구역이다.

구체적인 정치적·경제적 의도가 이 배치에 담겨 있다. 산업과 농
업 노동자는 같은 주거 구역에 통합되어 있으며, 잉여 생산물은 직접
철도나 녹색 구역에 위치한 창고로 이동되어 저장되었다가 후에 나라
전체에 재분배되도록 했다. 동일한 '생물학적' 모형에 따라 주거 구역
에서 나오는 고형 폐기물은 식량 생산에 재활용하기 위해 농업 구역
으로 바로 보내지도록 했다. 1848년 『공산당 선언』에 규정된 원칙을
따라 모든 부차적이고 기술적인 교육은 작업장에서 수행하기로 했고,
이렇게 이론과 실천의 통합을 보장했다. 이 생물학적 체계에 관해 밀
류틴은 말한다.

이 여섯 구역의 순서에서 벗어나서는 안 된다. 그렇지 않으면 전체 계획이 망가질 뿐더러 각 개별 단위의 발전과 확장이 불가능해진다. 이는 불건강한 생활 조건을 낳고 선형 체계가 구현하는 생산과 관련된 중요한 이점을 완전히 무효화한다.[7]

1929년 1월, 소비에트 정부는 철 광상(iron deposit) 개발을 위해 동쪽 우랄 산맥에 마그니토고르스크 시를 세울 것을 선언했고, 밀류틴과 긴즈부르크, 레오니도프 등 현대건축가협회 건축가들도 신도시계획안을 제출했다[171]. 정부 당국은 다양한 추상적 계획을 거절하고, 독일 건축가 에른스트 마이와 그의 프랑크푸르트 팀에 도시의 공식 계획을 맡기기로 했다. 러시아 건축 아방가르드의 끝없는 이론 논쟁, 즉 '도시주의자'와 '비도시주의자'의 복잡한 주장과 반론은 결국 소비에트 당국이 당파적 쟁점은 교묘히 피하면서 좀 더 실용적이고 경험 있는 바이마르 공화국의 좌파 건축가를 초대하게 만들었다. 바이마르 건축가들의 규범적인 계획과 제작 방법(그들의 연립주택 배치와 합리적인 건설 방법)은 5개년 계획의 첫 번째 건물을 실현하는 데 적용되었다.

현대건축가협회는 대규모 도시계획을 위한 구체적 제안을 발전시키지도 못했고, 사면초가에 빠진 사회주의 국가의 절박함과 자원에 적합한 주거 건물 유형을 개발하지도 못했다. 이 실패는 스탈린 정권의 검열과 통제가 야기한 편집증적 경향과 더불어 소련에서 '현대' 건축이 힘을 잃는 결과를 가져왔다. 프롤레타리아 문화는 '자본주의의 굴레 아래에서 인류가 축적해온 지식의 유기적 발전'에 기초해야 한다는 레닌의 변명에도 불구하고, 1920년 10월에 레닌이 프롤레트쿨트를 탄압한 것은 다른 방향으로 가는 첫 행보였음이 분명하다. 이는 혁명이 방출한 놀라운 창조적 힘을 통제하려는 최초의 시도였다. 참여적 공산주의라는 한계를 분명히 설정했다는 점에서 레닌의 신경제정책 프로그램은 확실히 그 두 번째 단계였다. 경제적 타협이었던 신경제 정책은 부르주아 시대의 '정치적으로 신뢰할 수 없는' 전문가들을 소환했고 고용하게 했다. 슈세프에게 레닌의 대영묘 디자인을 의뢰한 것을 보라. 유효한 선택이었을지언정, 정부 감독 아래 부르주아 전문가가 선임되었다는 사실은 혁명 원칙을 침해하고 집단 문화의 발전을 억제한 뿌리 깊은 타협 근심과 관련이 있었다. 반면에 역사적 상황은 국민의 상당수가 사회주의 인텔리겐차가 설정한 삶의 방식을 채택할 수 없을 정도로 나빴다. 게다가 건축 아방가르드가 그러한 삶을 위한 이상적인 제안을 충분한 수준의 기술로 실행하지 못함으로써 당국의 신용을 상실했다. 마지막으로, 국제 사회주의 문화를 향한 그들의 호소는 스탈린이 '일국사회주의' 결정을 발표한 1925년 이후의 소비에트 정책에 확실히 반대되는 것이었다. 스탈린이 엘리트 국제주의의 어떤 것도 필요로 하지 않았다는 점은 1932년 아나톨 루나차르스키의 민족주의적이고 대중주의적 문화 슬로건, '인민을 위한 기둥'으로 공식 확인되었다. 이는 소비에트 건축을 이제 곧 출현할 역사주의의 억압적인 형식에 사실상 헌신하게 했다.

22장

르 코르뷔지에와 빛나는 도시
1928~1946

심하게 기어가 풀린 사회라는 기계는 역사적 의미가 있는 개선과 파멸
사이를 오간다. 인간의 원시적 본능은 자신의 피난처를 확보하고자
한다. 오늘날 사회의 다양한 노동자 계층은 더 이상 그들의 필요에
맞춘 거처를 갖고 있지 못하며 장인과 지식인 또한 마찬가지다. 오늘날
사회 불안의 근간에는 건설의 문제가 자리하고 있다. 건축이냐 또는
혁명이냐.

— 르 코르뷔지에,『건축을 향하여』(1923).[1]

1927년 국제연맹 공모전 이후 엔지니어의 미학과 건축은 르 코르뷔
지에의 이념 속에서 종합할 수 있는 대립항이 아니라 점차 분열로 나
타났다. 이 분열은 1928년에 이르러 시테 몽디알의 부정할 수 없는
웅장함과 샤를로트 페리앙과 함께 디자인한 섬세한 경량 강관 가구와
의 대비에서 가장 명백해진다. 가구는 1929년 살롱도톤에서 전시된
흔들의자, 커다란 안락의자, 침대의자, 비행기용 튜브로 제작한 테이
블과 회전의자였다. 접근법의 이 같은 차이의 합리화는 이미 순수주
의 미학이론에서 예견되었다. 순수주의 미학이론은 인간과 오브제의
관계가 친밀할수록 오브제는 인간 형체의 윤곽을 반영해야 한다고,
즉 엔지니어 미학의 인체공학적 등가물에 근접해야 한다고 주장했다.
반대로 둘의 관계가 멀수록 오브제는 추상으로, 즉 건축으로 나아가
는 경향을 띤다고 주장했다.

　건축과 관련되는 한 근접성과 용도에 따른 형태 결정은 대규모

생산의 요구에 의해 복잡해졌다. 또한 주거의 전면적 공급을 위한 합리적인 생산 방식의 사용에서 생기는 이점과 유일한(one-off) 기념비의 창조를 분리해야 할 필요성 때문에도 복잡해졌다. 이러한 구분이 르 코르뷔지에가 아파트형 빌라로 알려진 블록형 집합주택을 포기하는 이유가 되었던 것 같다. 대신 대량생산에 더 적합한 건물 형태, 다시 말해서 같은 높이 주택들의 연속적인 띠로서 계획된 보루형(redent)의 '빛나는 도시'를 더 선호하게 되었다. 외젠 에나르의 1903년 V자형 보루형 대로에 기초한 르 코르뷔지에의 보루 형태는 연속하는 테라스로 구성되었는데[보루(redan)와 대로(boulevard)는 축성 용어에서 온 단어다], 건물 전면이 규칙적으로 번갈아가며 셋백하거나 도로 바깥 경계선과 나란하게 놓였다.

두 유형에서 거주 유니트를 구성하는 차이는 외부 형태의 차이와 마찬가지로 중요하다. 블록형 집합주택은 (그 이름이 암시하듯) 하나의 자립적인 유니트인 '매달려 있는 정원'이 있는 질 높은 주택 공급에 기초를 둔 데 반해, '빛나는 도시' 유형은 더 경제적인 기준, 즉 대량생산의 '양적' 기준에 맞춘 듯하다. 블록형 집합주택에는 충분한 정원 테라스와 가족 규모와는 무관하게 고정된 크기의 2층 높이 주거 공간이 있는 데 비해, 빛나는 도시 유니트는 2층 높이의 듀플렉스 단면보다 더 경제적인, 그러나 크기를 달리해 탄력성 있는 단일층 아파트였다[172]. 빛나는 도시 유니트에서는 주어진 공간을 최대한 활용해야 했기에 칸막이가 소음을 다 막지 못할 정도로 두께가 얇아졌다. 유사한 목적으로 서비스 공간인 부엌과 욕실도 최소한으로 줄어들었다. 더욱이 각 아파트는 미닫이 칸막이로 밤낮의 용도를 바꿀 수가 있었다. 닫으면 취침용 공간이, 열어두면 거실과 연결되는 어린이 놀이 공간이 되었다. 이런 장치를 통해 '빛나는 도시'의 전형적인 아파트는 침대차의 취침용 객실처럼 인체공학적인 면에서 효율적으로 설계되었다. 동일한 공간 규격을 르 코르뷔지에는 여러 번 사용했다. 이는 공기 조화기, 밀폐된 파사드와 함께 기계시대 문명의 규범적인 설비를 제공하려는 시도가 확실했다. 제품 디자인에 가까운 그리고 전통적인 의미의 건축에서는 멀어진 '빛나는 도시' 블록은 시테 몽디알의 정신과 더 멀어지지 않을 수 없었다.

가구별로 필요한 시설을 갖춘 페리미터 블록에서 연속적인 주거 테라스로, '빌라'의 부르주아 표준에서 산업화된 규범으로의 이동은 CIAM의 좌파—르 코르뷔지에가 1928년 CIAM 창립(249쪽 참조) 시 처음 만났을 독일과 체코의 신즉물주의 건축가들—에 속하는 기술관료의 도전에 대한 대응이었을 것이다. 이 '유물론' 디자이너들은 1929년 프랑크푸르트에서 다시금 르 코르뷔지에에게 도전했다. '최저 생활'이라는 표제 아래 최소 주거 표준을 위한 최적의 기준을 결정하는 데 몰두한 CIAM의 첫 번째 실무회의 때였다. 에른스트 마이와 하네스 마이어 같은 건축가의 환원주의적 접근을 거부하면서 르 코르뷔지에는 '최대한의 주택'의 공간 기준을 수사적으로 공표했다. 그것은 그가 전해에 피에르 잔느레와 디자인한 경제적인 차의 이름 '최대한의 자동차'(voiture maximum)를 빗댄 언어 유희였다[173]. 결국에 그들이 옳았다고 증명되었다. 최대한의 자동차는 제2차 세계대전 후 유럽에서 대량으로 생산된 경차의 원형이 되었기 때문이다.

신즉물주의와의 만남과 1928~30년 세 번의 러시아 방문이 불러온 국제 좌파와의 밀접한 접촉은 극우 비평가 알렉상드르 드 상제가 이내 그를 볼셰비즘의 트로이 목마가 되었다고 고발할 정도였다. 어쨌거나 러시아 현대건축가협회의 1927년 주택 원형인 서로 맞물린 듀플렉스

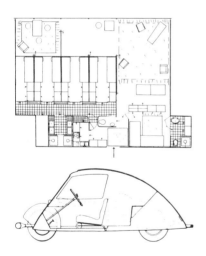

[172] 르 코르뷔지에와 잔느레, 빛나는 도시, 1931. 침실이 다섯 개인 유니트.
[173] 르 코르뷔지에와 잔느레, 최대한의 자동차, 1928.

유니트와 더 나중에 접한 밀류틴의 선형-도시 개념을 직접 경험한 사실은 르 코르뷔지에가 후일 자신의 작업을 발전시키는 데 큰 영향을 미쳤다. 두 개념은 곧 르 코르뷔지에의 1932년 '크로스-오버' 듀플렉스 단면도와 1935년 '선형-공업' 도시에서 나타났다. 일단 자기 것으로 흡수한 후 그는 이를 1940년대 중반 재공식회했다. 전자는 위니테 다비타시옹의 원형 단면도로, 후자는 「세 가지 인간 거류지」란 제목의 지역 도시 개발 논문의 핵심이었던 공업 도시로 나타났다. 일종의 답례로 그는 소련에 유리 커튼월을 소개하려 했다. 1929년 모스크바에 지은 첸트로소유즈 빌딩에 적용했는데, 기술만 보면 '진보적'이었으나 말썽이 많았던 건물이다. 이 건물의 이중 유리벽(스위스 쥐라의 표준 기술이며 그가 빌라 슈보브에서 사용한)은 결국 러시아 겨울의 혹독함을 견뎌낼 수 없었다. 어쨌든 1930년 '모스크바 해법'이라는 설문지에 답하면서 그는 기술 요소 중 하나로 유리벽을 여전히 포함시켰다. 이 답변서를 위해 '빛나는 도시'의 도판이 특별히 준비되었던 것으로 보인다.

1922년의 위계적인 '현대 도시'에서 1930년의 계급 차별 없는 '빛나는 도시'로 르 코르뷔지에의 도시 원형이 바뀐 것은 기계시대 도시의 이해와 관련해 의미심장한 변화가 있었음을 뜻한다. 그중 가장 중요한 변화는 중앙집중식 도시 모형에서 벗어나 이론적으로 한계가 없는 개념으로 이동한 것이다. 밀류틴의 선형-도시처럼 평행한 띠 안에서 구획 짓는 방식이다. 빛나는 도시에서 이 띠는 다음과 같은 용도에 할당된다[174]. (1)교육용 위성도시, (2)사업 지구, (3)여객 열차와 비행기 수송을 포함한 운송 지구, (4)호텔과 대사관 지구, (5)주거 지구, (6)녹색 지구, (7)경공업 지구, (8)화물 철도가 연결된 창고 지구, (9)중공업 지구. 인문주의적·인류학적 은유가 이 모형에 삽입돼 있다는 점은 모순적이다. 어쨌거나 당시 그의 설명적 스케치가, 주거 지구의 두 반쪽은 '허파', 그 사이에 위치한 문화센터는 '심장', 다시 이위쪽에 따로 떨어져 있는 열여섯 채의 십자형 마천루는 '머리'를 의미

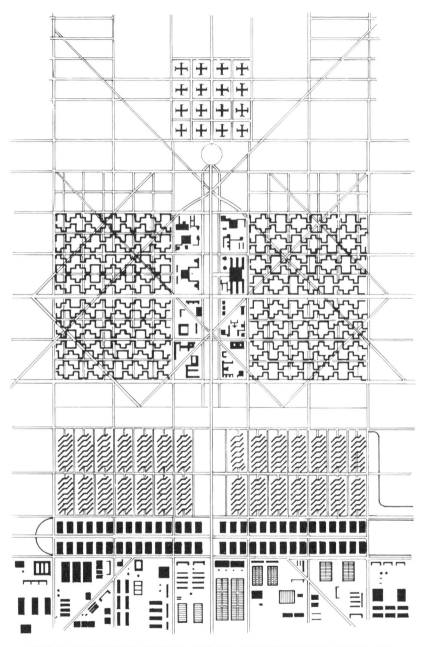

[174] 르 코르뷔지에와 잔느레, '빛나는 도시', 1931. 평행 띠에 따른 조닝을 보여주는 평면.
위에서부터 사무 지구, 주거 지구, 산업 지구이다.

하고 있는 것만은 확실하다. 이런 생물학적 은유가 일으킨 왜곡을 제쳐놓고 보면, 선형 모형은 엄격히 지켜졌고 그에 따라 덜 위계적인 지구들은 독립적으로 확장할 수 있었다.

'빛나는 도시'는 '현대 도시'의 열린 도시 개념을 논리적 귀결점으로 이끌었다. 도시 전체를 관통하는 기준 단면도를 보면 차고와 접근로를 포함하는 모든 구조가 지면에서 떨어진 채 들어 올려져 있다. 모든 것을 필로티 위에 올림으로써 지표면은 보행자가 자유롭게 산책할 수 있는 연속적인 공원이 될 수 있었다. 빛나는 도시 블록의 기준 횡단면과 블록 외피에 해당하는 유리 커튼월 또는 '유리 벽'은 '햇볕', '공간', '녹지'라는 '본질적인 기쁨'을 공급하는 데 똑같이 중요했다. 녹지는 공원뿐 아니라 연속적인 요철형 블록의 꼭대기를 따라 달리는 옥상 정원에 의해서도 보장되었다.

1929년, '빛나는 도시' 계획을 끝내기 전에 르 코르뷔지에는 남미를 방문했다. 선구적인 비행사들인 메르모즈와 생텍쥐페리가 조종하는 비행기에서 그는 하늘에서 열대 풍경을 내려다보는 자극적인 경험을 했다. 한쪽은 바다, 한쪽은 화산암석의 가파른 절벽 가 도로를 따라 좁은 리본처럼 자리 잡은 자연적인 선형 도시인 리우데자네이루를 하늘에서 조망한 그는 깊은 인상을 받았다. 이 같은 도시 지형은 고가교 도시 개념을 자연스럽게 떠올리게 했다. 르 코르뷔지에는 곧장 리우를 해변 고속도로 형태로 확장하는 스케치를 그렸다[175]. 길이 약 6킬로미터 길이, 지상에서 100미터 높은 고속도로 아래로 15층 높이 주거용 '인공 대지'를 층층이 쌓은 형태였다. 이에 따른 메가스트럭처는 단면상에서 도시의 평균 스카이라인보다 더 높이 솟아 있었다.

이렇게 고무된 제안은 1930~33년 동안 발전된 알제 계획으로 직접 연결된다. 첫 번째는 그 자체로 장관인 절벽 해안도로 전체 길이를 차지하는 고속도로형 메가스트럭처였다. 포탄 궤도를 닮은 만을 오목하게 에워싼 형태 때문에 '포탄'(Obus)이라는 암호명이 붙었다[176]. (군사 용어의 전유에 다시 주목해야 한다.) 도로 면 아래에

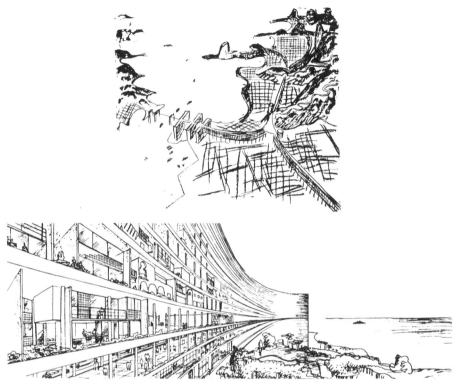

[175] 르 코르뷔지에, 리우데자네이루를 위한 절벽 도로, 1930.
[176] 르 코르뷔지에와 잔느레, 알제 '포탄 계획', 1930.

6층, 위에 12층이 있는 이 계획으로 '고가교 도시' 개념은 명성을 얻었다. 약 5미터 간격을 두고 배치된 각 층은 인공적인 대지를 구성했고, 여기에 개별 소유주들이 '자신이 알맞다고 여긴 양식으로' 2층 유니트를 세우도록 했다. 개인이 전용할 수 있는 공공적이나 다원적인 시설의 공급은 제2차 세계대전 이후의 무정부주의적 건축 아방가르드 사이에서 상당히 유행했다(요나 프리드만과 니콜라스 하브라컨이 제안한 도시시설을 예로 들 수 있다).

리우데자네이루와 알제의 '에로틱'한 평면도 형태는 르 코르뷔지에 회화의 표현 구조 변화와 관련이 있는 듯하다. 1926년 이후 그의 회화는 순수주의 추상에서 이른바 '시적 반응에 의한 오브제'(objects à réaction poétique)가 특징인 감각적이고 조형적인 구성으로 이동해가기 시작했다. 이때 처음으로 여성 인물이 등장했고 여기서 표현된 감각적이고 강렬한 양식은 들라크루아처럼 알제의 사창가 토착민 구역에서 여성의 아름다움의 본질을 재발견했다는 주장에 확실한 실체를 제공했다.

르 코르뷔지에의 1930년 알제 계획은 압도적인 장대함을 지닌 그의 마지막 도시 제안이었다. 가우디의 구엘 공원의 감각적인 정신을 상기시키는 그의 무아경에 빠진 열정은 여기서 지중해 자연의 아름다움에 바친 정열적인 시로 화했다. 이후부터 그는 도시계획에 더욱 실용적으로 접근했고 도시 건물 유형은 점차 널 이상화된 형태를 띠었다. 데카르트적인 십자형 마천루는 건물 전체 표면에 더 효과적으로 일조량을 분배할 수 있는 Y-자 모양 사무실 블록에 자리를 내주었다. 그리고 전형적인 '빛나는 도시'의 요철 블록은 '포탄' 계획에서 아라베스크 형태로 일그러졌고 그런 다음 완전히 사라졌다. 그의 기본 주거 유형인 자립적 슬래브(1952년의 위니테 슬래브 참조)를 채택하도록 한 이 마지막 수정은 북아프리카의 네무르와 체코슬로바키아의 즐린 마을을 위한 1935년 제안에서 도출되었다[177]. 두 계획은

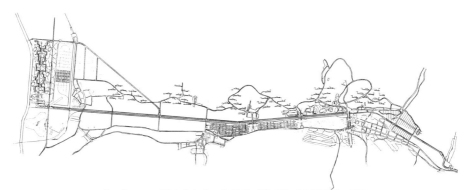

[177] 르 코르뷔지에와 잔느레, 즐린 계획, 체코슬로바키아, 1935.
평행한 띠의 선형 도시로 조직되어 있다.

가파르게 경사진 대지를 위한 것이었다. (이러한 대지에 자립적 슬래브가 매우 적합했다.) 한편, 비탈진 대지에 적절하게 놓인 바둑판식 배열은 곧이어 지형과는 상관없이 어디서나 적용되는 하나의 공식이 되었다. 고밀도 주거지에 관한 전형적인 르 코르뷔지에식 해법으로, 이후 상당수의 도시 개발에서 불길한 결과를 낳으며 모방되었다. 전후 대형 주거 단지 그랑 앙상블에 나타난 소외된 환경은 확실히 이 모형의 영향에 힘입은 바가 크다.

이런 맥락과 별개로, 위니테의 슬래브 형태의 발전에는 즐린이 중요하다. 제화업자 바타를 위한 즐린 계획은 밀류틴의 선형-도시 제안을 특정 장소에 독창적으로 적용한 것이기 때문이다. 구시가지와 계곡 아래 있는 즐린의 제작센터를 고원에 위치한 공무집행용 비행장과 연결시키면서 도로와 선로는 계곡과 나란히 놓여졌다. 계곡의 한 쪽에는 새로운 산업이, 다른 쪽에는 사택이 자리 잡았다. 그리하여 즐린은 르 코르뷔지에가 소비에트 모형을 따른 선형 도시를 최초로 공식화한 예가 되었다. 그는 훗날 이 유형을 세 가지 생산 단위 중 하나(인간 거류지)로 지정했다. 다른 두 개는 전통적인 방사형 도시와 농업협동조합이다.

「세 가지 인간 거류지」(1945)에서 내세운 주장은 대체로 독일의 지리학자 발터 크리스탈러와 스페인의 선형도시 이론가 소리아 이 마타가 이미 발전시킨 바 있는 지역 개발 계획론을 재해석한 것이다. 르 코르뷔지에는 자신의 지역 모형을 크리스탈러의 도시 개발 법칙에서 빌려왔다. 크리스탈러는 다른 요소가 똑같다면 독일의 도시 주거지는 언제나 삼각형이나 육각형 격자의 교차점에서 생겨났다고 주장했다. 소리아 이 마타의 선형식 교외 개념을 이용하면서 르 코르뷔지에는 크리스탈러의 분석을 단순히 보완해, 기존의 방사형 구심 (radio-concentric) 도시 사이에 모든 연결점은 선형식-산업 거주지로 발전되어야 한다고 제안했다. 그는 계속해서 격자 내의 틈은 농업협동조합으로 개발될 수 있음을 보여주었다. 이러한 종합적인 지역적 접근에서 커진 스케일에 준하는 새로운 유형학을 발전시키는 것은 필수였다. 즐린은 일명 '선형식-산업 도시'로서 쓸모가 있었고, 생디칼리스트 농업 노동자인 노베르 브자르를 위해 1933년 설계한 '빛나는 농가'와 '빛나는 마을'은 새로운 농업협동조합 주택의 구성 요소로 자리하게 되었다.

르 코르뷔지에에 따르면, '세 가지 인간 거류지'는 시골과 도시 모두를 도시화할 수 있었다. 「세 가지 인간 거류지」는 1920년대 말 러시아 도시계획자들을 가차없이 갈라놓았던 비도시주의자와 도시주의자 사이의 대립을 해소하기 위한 것이었다. 비도시주의자는 소련 전역의 기존 인구를 재분배하고자 했고, 도시주의자는 기존 도시를 유지한 채 도심을 추가할 것을 주장했다.

'빛나는 도시'는 실현되지 않았지만 유럽과 그 밖의 지역에서 전후 도시 개발에 관한 진화된 모형으로서 광범한 영향력을 발휘했다. 수많은 주택 체계뿐 아니라 새로운 수도 두 곳의 구체적인 구성은 확실히 빛나는 도시에서 구현된 개념에 빛을 지고 있었다. 1950년 르 코르뷔지에의 찬디가르를 위한 마스터플랜과 1957년 루시우 코스타의 브라질리아를 위한 평면도가 그것이다. 같은 해에 미국 도시계획가 앨버트 메이어가 한 찬디가르 전원도시계획을 르 코르뷔지에가 기본적으로 받아들였다는 사실은 그가 중요한 형태를 지닌 유한한 도시를 창조하겠다는 생각을 실질적으로 단념했음을 의미한다. 또한 지역적 스케일로 동적 성장을 촉진하는 모델로 접근법을 바꾸었다는 뜻이다. 메이어의 계획을 대거 수정했음에도 불구하고 그의 '이상 도시'는 1950년 찬디가르 국회의사당 하나로 축소되었다. 이런 현실주의 전략은 1946년 생디에를 위한 평면도에서 이미 예견되었다. 이때부터 그는 마치 르네상스 시대의 대가처럼 웅장한 규모로 하나의 상징적 요소를 투영함으로써 실현 불가능한 전체를 만회할 준비가 되어 있었던 것 같다.

1930년대 초반 내내 기념비화하려는 잠재적 경향은 '기계시대'

[178] 르 코르뷔지에, 포르트 몰리토 아파트, 파리, 1933.

문명을 갖추려는 르 코르뷔지에의 관심을 결코 약화시키지 않았다. 그는 계속해서 기업가들과 관계했고 새로운 시대의 설비에 기본이라고 여긴 대규모 오브제-유형을 설계하려는 자신의 능력이 어디서든지 가능하도록 주의를 기울였다. 그가 1932~33년에 실현한 주요 건물 네 개, 즉 제네바에 있는 메종 클라르테 아파트, 파리 국제 기숙사 내 스위스관, 구세군 빌딩과 자신의 포르트 몰리토 아파트가 그 예다 [178]. 후자 세 개는 전부 파리에 지어졌다. 모두에 적용된 모뒬로르 (modulor), 유리와 철, 유리벽 파사드는 '기계시대' 미학을 나타내려는 의도였다. 1920년대 빌라에서 사용되었던 콘크리트 뼈대와 매끈하게 한 블록 작업과의 단절이기도 했다. 엔지니어의 미학에 대한 숭배는 기계시대의 예견된 승리에 대한 그의 신념이 약해지기 시작한 바로 그 순간에 역설적으로 나타났다. 하지만 1933년 이후, 현대 기술에 대한 환멸 때문인지 아니면 경제 공황과 정치 반동에 의해 분열된 세상을 눈앞에 둔 절망 때문인지 알 수 없지만, 그는 주거 기계(machine à habiter)라는 합리화한 생산에 대항하기 시작했다. 최근 로버트 피시먼이 지적했듯, 르 코르뷔지에는 테일러주의적 대량생산의 약속과 관련해 항상 양가적인 자세를 유지했다.

> 1930년대 르 코르뷔지에의 권위에 대한 추구는 산업화에 대한
> 그의 심하게 양가적인 태도를 반영한다. 그의 사회 사상과 건축은
> 산업사회가 진실되고 즐거운 질서를 위해 타고난 역량을 가지고 있다는
> 신념에 근거를 두었다. 그러나 그 이면에는 왜곡되고 통제되지 않은
> 산업화가 문명을 파괴할 수 있다는 두려움이 항상 도사리고 있었다.
> 젊은 시절 그는 대량생산된 보기 흉한 독일산 시계가 라쇼드퐁의 시계
> 장인의 기술을 거의 전멸시키는 것을 보았다. 그 교훈은 잊히지 않았다.[2]

이유가 무엇이든 1930년 이후부터 원시적인 기술 요소는 줄어들고 표현의 자유가 그의 작업에 나타나기 시작했다. 먼저 1930년 칠레에 나무와 돌로 짓고 경사지붕을 얹은 에라주리즈 주택[179], 1931년 툴롱 근교에 잡석으로 벽을 해 지은 드 망드로 부인 저택, 1935년 파리 근교에 콘크리트로 짓고 볼트를 한 주말 주택과 1937년 파리 만국 박람회에 캔버스 천으로 가볍게 만든 신시대 전시관이 그 예다. 주말 주택의 지붕은 그가 지은 1919년 모놀 주택과 더 깊이 들어가면 지중해 지방의 전통 배럴 볼트를 상기시키며, 신시대 전시관은 유목민의 천막과 『건축을 향하여』에서 규준선의 예로 들며 도해한 폐허 위에 세워진 헤브라이 신전을 환기한다. 이 일련의 작업으로 표현의 부담은 이제 추상 형태에서 시공 수단 자체로 넘어갔다. 르 코르뷔지에가 주말 주택에 관해 언급했던 바와 같이, "그러한 주택 계획은 극도

FRRAZURIZ   2562

LE CORBUSIER ET P. JEANNERET
MAISON EN AMÉRIQUE DU SUD, 1930
VUE GÉNÉRALE

[179] 르 코르뷔지에와 잔느레, 에라주리즈 주택, 칠레, 1930.

의 주의를 요구했고 시공 부재들이 유일한 건축적 수단이었다." 원시적이고 토착적인 참조점에도 불구하고 주말 주택과 신시대 전시관은 여전히 진보적인 기술 요소를 이용했다. 주말 주택은 콘크리트, 합판과 유리 렌즈를 효과적으로 사용했으며, 전시관은 당시 항공의 영역에서만 사용되었던 접합 기술을 연상시키는 방식으로 강철 현수 케이블을 화려하게 과시해 보였다. 마지막으로 두 작업은 필요와 자원에 따라 원시적인 기술과 진보한 기술을 자유롭게 섞을 수 있는 덜 교조적인 미래를 위한 세련된 은유였던 것 같다(27장 참조).

사회정치적인 견지에서 어떻게 해야 자원이 잘 분배될 수 있을 것인가 하는 문제는 르 코르뷔지에가 1931년 1월부터 생디칼리스트 월간지 『계획』(Plan)에 기고한 글에서 최초로 명백하게 공식화된다. 이 잡지는 필립 라무르, 위베르 라가르델, 프랑수아 피에르푀와 피에르 빈테르가 편집했다. 1931년 12월 「결정」이라는 에세이에서 그는 자신의 도시 개념이 달성될 수 있는 정치적 전제 조건을 분명히 했다. 도시의 토지는 국가가 강제로 징발해야 한다는 권고는 이미 그를 변장한 볼셰비키로 보려 한 반동 세력에게는 공격할 구실이 되었고, 정부는 쓸모없는 소비 상품의 생산을 법으로 금해야만 한다는 그의 요구는 그렇지 않았다면 그를 자신들의 이해를 대변하는 사람으로 간주했을 기술관료 우파를 불안하게 했다.

1932년 르 코르뷔지에는 라무르와 절교했고, 지방주의자와 생디칼리스트 행동 위원회 회원이자 위베르 라가르델이 편집했던 위원회의 저널 『서막』(Prélude)의 기고 편집자가 되었다. 소렐의 애제자로서 라가르델은 이탈리아 파시스트 진영의 좌파와 긴밀한 관계를 가졌고 그래서 조심스럽지만 파시스트에 우호적이었다. 1933년 책으로 발행된 『빛나는 도시』의 텍스트는 생디칼리즘이라는 권위적인 표식(sign) 아래 처음에는 『계획』에, 이어 1932년 이후에는 『서막』에 연재되어 소개된 바 있다. 쥐라 지방의 강력한 생디칼리스트 전통들에서 영향을 받은 르 코르뷔지에는 동료 생디칼리스트들과 마찬가지로 생시몽의 권위주의적 유토피아 사회주의와 푸리에의 저작들에 잠재해 있는 무정부적-사회주의 경향 사이에서 동요했다. 『빛나는 도시』에서 르 코르뷔지에는 생디칼리스트 노선을 따라 직업(직인 길드 또는 조합)을 통한 직접적인 통치 체계를 지지했지만, 편집진 동료들이 그랬듯 어떻게 이 직업에 의한 통치가 확립될 수 있을지에 대해서는 매우 모호한 개념만 가지고 있었던 것으로 보인다.

권력으로 향하는 유일한 통로인 총파업을 암묵적으로 받아들이면서도 줄곧 뒤로 미루어온 1930년대의 프랑스 생디칼리스트는 혁명보다는 개혁을, 정부의 폐지보다는 정부의 합리화를 지지했다. 친기업가적이고 진보적이었지만 그들은 산업화 이전의 조화를 그리워했고, 반자본주의자이면서 기술관료 엘리트의 후원자였으며, 볼셰비키 정부의 과두정치에 반대했지만 기술관료제 국가의 권위를 옹호했다. 대단히 일관되게 그들은 국제주의를 지향하는 평화주의자였으며 무기 생산 폐기물과 자유 방임 소비를 적대시했다. 이 목적에 따라 1938년 르 코르뷔지에는 그의 가장 논쟁적인 책 『대포, 탄약? 감사합니다! 숙

[180] 르 코르뷔지에,『대포, 탄약? 감사합니다! 숙소 … 제발요』의 표지, 1938.

소 … 제발요』를 쓴다[180]. 모순적이면서 예언적인 제목이 아닐 수 없다. 하지만 이 모든 것에도 불구하고 생디칼리스트는 대중적 기반을 확립하지는 못했다. 복지국가를 향한 준비와 수준 높은 대중문화의 가능성 사이의 격차를 르 코르뷔지에는 놓치지 않았으며, 그는 특유의 초연함으로 1929년 루아 루세르가 제공하기로 한 대중 친화적 주택을 반대했다.

23장

프랭크 로이드 라이트와
사라지는 도시
1929~1963

> 언론 보도에 따르면 헨리 포드는 모든 결혼한 노동자와 고용인들은
> 여가 시간에 자기 정원에서 포드가 고용한 전문가의 상세한 지시에
> 따라 채소를 재배하라고 지시를 내렸다. 필수품의 상당 부분을
> 자급자족할 수 있게 하려는 생각이었다. 필요한 정원 토지는 원하는
> 대로 배치될 예정이었다. 헨리 포드는 말했다. "스스로를 돕는 것은
> 경제 공황을 싸워 이기는 유일한 방법이다. 경작을 거부하는 사람은
> 누구라도 해고될 것이다."
> ―『주택』제10호(1931).[1]

라이트 경력의 두 번째 중요한 단계는 1929년 오클라호마 털사에서
마지막 콘크리트 블록식 주택을 완성하고, 철근 콘크리트의 캔틸레버
구조를 한계치까지 적용한 첫 번째 프로젝트인 엘리자베스 노블 아파
트로 시작된다. 이 아파트에 적용된 수정처럼 투명한 미학은 1924년
시카고의 내셔널 생명보험 사옥 프로젝트에 이미 예견되어 있었다
[181]. 시카고 프로젝트에서 동과 유리로 반짝이는 파사드는 '질감이
있는 콘크리트 블록' 미학이 유리에 그대로 적용된 결과였다.

　대공황과 포드 자동차의 경제적인 대량생산의 충격이 라이트를
각성시켰던 것 같다. 라이트는 당시 남부캘리포니아의 호화로운 언덕
지대로 옮겨 간 돈 많은 예술 애호가들을 위해 건설한 마야식 주택의
'인스턴트' 문화와 엘도라도를 향한 꿈에 빠져 있던 터였다. 당시 신즉
물주의가 유럽에 미쳤던 역할에 자극받은 라이트는 미국 사회 질서를

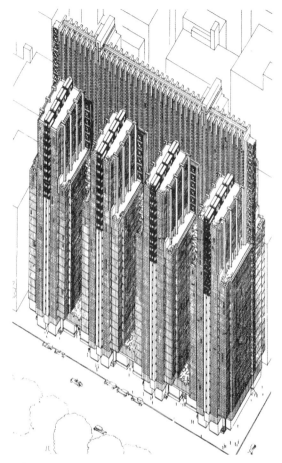

[181] 라이트, 내셔널 생명보험 사옥 계획안, 시카고, 1924.

재구축하는 데 건축의 역할을 새롭게 만들고자 했다.

라이트는 1901년 '기계의 예술과 공예'라는 제목의 강연 이래로 기계가 인류 문명의 성격에 본질적인 변화를 가져올 것이라고 생각했다. 1916년까지 지속된 라이트의 첫 반응은 높은 수준의 수공예 창작에 기계를 적응시키는 것, 즉 프레리 양식의 직접적인 형성에 기계를 이용하는 것이었다. 라이트의 '기계'라는 표현에는 언제나 캔틸레버 구조의 수사적 사용[로비 주택(1909)이 전형적인 예이다]과 연관된 듯 보이는 것이 사실이었음에도, 그는 여전히 전통 재료와 방식의 궁극적인 권위를 고집했다. 쿤리 주택(1908)과 미드웨이 가든(1914)에서 예견되긴 했지만, 라이트는 1920년대 중반에 가서야 대량생산된 합성 요소들, 예를 들면 캘리포니아 주택의 콘크리트 블록 모자이크나 단일한 콘크리트 구조물을 감싸기 위헤 그가 고안한 모듈화된 커튼월 시스템처럼 요소들로 전체 구조를 조립하는 것을 고려하기 시작했다.

전통 재료와 구조의 경제적 한계를 인정한 라이트는 프레리 양식 같이 땅과 밀착된 구조의 건축적 문법을 포기하고, 철근 콘크리트와 유리의 결합을 통해서 프리즘처럼 변화가 풍부하고 다면적인 건축을 창조했다. 유리 외피는 부유하는 면들의 보강재에 받져져 무중력 상태의 환영을 나타냈다. 라이트는, 그에 앞서 셰어바르트가 그랬듯, 유리의 표현적인 특질에 사로잡힌 듯하다. 유리의 수정 같은 반투명성은 기둥 없는 평면의 자유로운 속성에 의해 가장 잘 보완되었다. 조적조의 대가였던 라이트는 1930년 프린스턴 대학에서 있었던 유명한 칸 강연에서 처음으로 유리를 탁월한 현대적인 재료로 칭송했다. 그는 두 번째 강연 '산업에서의 양식'에서 다음과 같이 언급했다.

> 유리는 이제 완벽한 시각성을 갖게 되었습니다. 결정화된 얇은
> 공기층은 실내외 공기의 흐름을 유지시켜줍니다. 유리 표면 역시
> 완벽에 가까운 가시성을 제공하리만치 정교화될 것입니다. 전통 속에는
> 완벽한 시각성을 제공하는 수단인 유리라는 재료가 없습니다. 이
> 때문에 크리스털로서의 유리는 아직 시로서(as poetry) 건축의 의미의
> 일부가 되지 못했습니다. 다른 재료에서 가능한 물질성과 색채는 이제
> 영영 중요하지 않게 되겠죠. 그림자는 고대 건축가의 화법입니다. 현대
> 건축가는 그림자를 필요로 하지 않으며, 빛 그 자체인 빛, 분산된 빛,
> 반사된 빛으로 작업합니다. 이 희귀하고 새로운 유리가 내포하고 있는
> 가능성을 현대적으로 만든 것은 바로 기계입니다.[2]

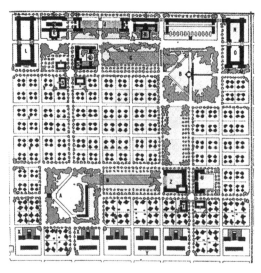

[182] 라이트, 표준 필지 분할에 따른 평면, 시카고, 1913.

1928년 라이트는 미국에서 자생적으로 등장한 평등주의 문화를 의미하는 '유소니아'(Usonia)라는 용어를 만들었다. 이 신조어는 일반 서민의 개인주의뿐만 아니라 자동차 자가 소유의 대중화 등 새롭게 확산된 문명 형태에 관한 인식을 뜻하고자 했던 것 같다. 민주적인 이동 수단인 자동차는 라이트의 브로드에이커 시티의 개념인 반도시 모델의 '데우스엑스마키나'(deus ex machina)였다. 브로드에이커 시티는 19세기 도시의 밀도가 지방 농경지의 그리드 위로 재분산하는 개념이었다(이것은 1913년에 있었던 시카고 교외의 토지 분할 구역을 위한 시티 클럽 현상공모 출품작에서 이미 예견되었다[182]). 칸 강연의 마지막에 라이트는 처음으로 전통적인 도시에 반대하며 다음과 같이 말했다. "도시는 결국 모든 도시가 최후에 맞닥뜨릴 수밖에 없는 사회적 병폐의 영속적인 형태인가?" '토지에 대한 인구의 좀 더 균등한 분배로 도시와 전원 사이의 구분을 점증적으로 폐지해야 한다'는 주장을 담은 브로드에이커 시티가 다른 어떤 급진적인 도시론보다 1848년 『공산당 선언』의 핵심 규정에 가깝게 부합했다는 사실

[183] 라이트, 케피털 저널 빌딩 프로젝트, 세일럼, 오리건 주, 1913. 단면도.

은 20세기의 아이러니 가운데 하나이다.

　　그럼에도 불구하고 새로운 유소니아 문화를 위한 라이트의 첫 번째 빌딩 프로젝트였던 1931년 세인트 마크 아파트먼트 타워와 캐피털 저널 빌딩은 전원적이기보다는 도시적이었다[183]. 그리고 마침내 수정 같은 막을 덮은 철근 콘크리트 캔틸레버 시스템으로 구성된 두 개의 프로젝트, 오클라호마 바틀즈빌의 프라이스 타워(1952~55)와 위스콘신 라신의 존슨 왁스 빌딩(1936~39)이 완성되었다. 상징적 차원에서 두 프로젝트는 1904년 마틴 주택과 라킨 빌딩 이래 라이트의 작업에 구현되어온 본질적인 양극성—주거 건물은 자연의 작용에 그리고 사무실은 성례(聖禮) 개념에 근본적으로 결부시킨 데에서 오는—을 품고 있다. 이러한 양극성의 대립은 라이트의 유소니아 시기에 비길 데 없는 풍요로움과 대범함이 녹아 있는 두 걸작, 1936년 펜실베이니아 베어런(현 밀런)에 지은 '낙수장'(Falling Water)으로 더 잘 알려진 카우프만 주말 주택과 같은 해에 시작된 존슨 왁스에서 탁월하게 공식화되었다.

　　라이트에게 '유기적'(1908년 건축에 최초로 적용했던)이라는 말은 콘크리트의 캔틸레버 구조를 자연적인 것, 그러니까 마치 나무 형태처럼 사용하는 것을 의미했다. 설리번의 생기론적 은유인 '씨앗의 씨눈'(seed germ)을 그대로 확대한 형태를 생각했던 것으로 보이며, 장식만이 아니라 구조 전체를 망라하는 것으로 확대했다. 라이트는 사망하기 직전 구겐하임 미술관 로비의 외음부 모양의 연못에 관해 다음과 같이 썼다. "이 건물의 디테일의 전형적이고 상징적인 형상은

[184] 라이트, 존슨 왁스 빌딩, 라신, 위스콘신 주, 1936~39. 실내.

구형의 유니트들을 담고 있는 타원형의 꼬투리(seed pod)이다.”

　존슨 왁스 빌딩에서는 기단부로 갈수록 좁아지는 가늘고 긴 버섯 모양 기둥에서 유기체적 은유가 드러났다. 이 기둥은 층고가 9미터에 냉난방 장치가 있는 오픈 플랜으로 짜인 사무 공간의 주요 지지대였다[184]. 이들 기둥은 지붕 높이에서는 둥글넓적한 콘크리트 수련 잎이 되는데, 이 사이사이에 관 모양 파이렉스 유리를 연결한 막이 짜여 있다. 기둥이 우아하게 받치고 있는 수평 천창은 기둥 자체(비어 있는 기둥관은 빗물용 선홈통으로 사용되고 힌지로 된 주초는 동으로 된 기둥 맨 아랫부분과 핀 이음으로 접합돼 있다)와 함께 라이트의 기술적 상상력이 절정에 이르렀음을 상징한다. 이것은 유소니아 표현의 숙명이며, 전통적인 요소들을 대담하게 도치시킴으로써 탄생한 경이로운 기술의 시학이다. 그리하여 솔리드(지붕)를 기대했던 곳에서 빛을 발견하고 빛(벽)을 기대했던 곳에서 솔리드를 발견하게 된다. 이러한 도치에 관해 라이트는 다음과 같이 썼다.

벽돌처럼 쌓아 올린 유리관들은 빛을 발하는 표면을 만들어낸다.
코니스 부분이었던 곳에서 빛이 들어온다. 건물 내부의 상자 같은
구조는 완전히 사라졌다. 유리 리브(glass ribbing)를 지탱하는 벽은
붉은색의 카소타 사암과 단단하고 붉은 벽돌로 되어 있다. 전체 구조는
닝간 압연된 철망으로 강화된 철근 콘크리트다.[3]

　

이 콘크리트로 된 버섯 모양의 구조물을 통해서 라이트는 최초
로 둥근 모서리프로필과 반투명한 유리관을 통해 빛을 들이고 단단하
고 정밀한 재료로 만들어낸 탁월한 곡선의 언어를 발전시켰다. 이는
구조에 세월이 지나도 탈색되지 않는 근대적 곡선의 아우라를 선사했
다. 동시에 공상과학적인 분위기가 존슨 왁스 빌딩을 사기 충족적인
수도원 같은 작업 공간으로 만들었다. 헨리-러셀 히치콕은 "수족관 바
닥에서 하늘을 올려다본 것 같았다"고 소감을 밝혔다. 여기서 다시금
그는 라킨 빌딩에서처럼 밀폐된 환경을 창조했다. 외부 세계의 물리
적 배제는 특별히 디자인된 사무 집기의 모양과 색깔에 의해 강화되
었다.

존슨 왁스 빌딩이 신성한 작업장으로 재해석되었다면, 낙수장은
자연과 융합된 생활 공간이라는 라이트의 이상을 구현했다. 다시 한
번 철근 콘크리트는 출발점을 제공했다. 단지 이곳에서 취한 캔틸레
버의 표현은 존슨 왁스에서 버섯 모양 구조물이 만들어내고 있는 엄
숙하고 고요한 분위기와는 대조되게 장식적인 폴리에 이를 만큼 화려
하다. 낙수장은 작은 폭포 위에 자유롭게 떠 있는 플랫폼처럼 건물의
기반인 자연 암석으로부터 돌출되어 있다[185]. 단 하루 만에 디자인
된 이 극적인 형태의 구조적 제스처는 낭만적인 표현의 극치이다. 프
레리 양식의 길게 뻗어나가는 지면의 선으로부터 더 이상 제약받지
않는 테라스들은 울창하게 수풀이 우거진 계곡의 나무들 위로 다양한
높이로 놓여 있는데, 허공에 다소 신기하게 매달려 있는 면들의 집합
처럼 보인다. 테라스의 철근 콘크리트 역보(upstand beam)들로 절

[185] 라이트, 낙수장, 베어런, 펜실베이니아 주, 1936.

벽의 사면에 단단하게 고정된 낙수장은 사진으로는 다 표현할 수가 없다. 낙수장은 주변 자연에 총체적으로 결합되어 있기 때문에 수평 창을 광범하게 사용했는데도 불구하고 자연은 어디에서나 구조에 스며든다. 실내는 전통적인 의미의 집이라기보다는 가구가 비치된 동굴 분위기를 자아낸다. 거친 돌로 된 벽과 포석이 깔린 바닥은 대지에 대한 일종의 원초적인 경의를 표하고자 한 것으로, 이는 바닥을 지나 아래 있는 폭포로 내려가도록 이끌지만 개울의 표면에 좀 더 가까이 다가가게 하는 것 외에는 다른 아무 기능이 없는 거실 계단들에서 드러난다. 기술에 대한 라이트의 끊임없는 양가적 감정은 이 주택에서 가장 특징적으로 표현되고 있다. 디자인을 실현할 수 있었던 것이 콘크리트 때문이었는데도 라이트는 콘크리트를 여전히 '그 자체로서는 아무런 질적 가치가 없는' 하나의 '덩어리'인 정통성 없는 재료라고 생각했기 때문이다. 라이트는 애초에 낙수장의 콘크리트를 금박으로 덮으려 했지만 고객의 신중함 때문에 이 키치적 제스처를 포기했다. 그는 결국 살구색 페인트로 한 마감에 만족했다!

　놀랍도록 실용적인 유소니아 주택을 제외하고, 그의 후기 렌더링들의 이국적인 양식으로 판단하건대 라이트는 어떤 외계 종족을 위한 거주지처럼 보이는 기이한 종류의 공상과학 건축을 계속 발전시켜 나갔던 것 같다. 그의 이 자의적인 이국적 정서는 캘리포니아의 마린 카운티 청사에서 극단적인 수준의 키치로 전락했다. 청사는 1957년에 의뢰를 받아 라이트가 사망하고 4년이 지난 1963년에 완성되었다. 라이트는 1928년에 쓴 글에서 환상적인 것을 향한 강박을 인정했다. "유소니아가 로맨스와 감성을 원했던 것은 사실이다. 그것을 얻는 데 실패한 것보다 추구되었다는 사실이 더 중요하다."

　1930년대 중반 그의 걸작들에서 최초로 구체화된 유소니아 비전은 1943년에 착공한 뉴욕 구겐하임 미술관에서 완성을 보았다[186]. 미술관의 구조에 대한 발상과 파르티는 1925년 고든 스트롱 플라네타륨을 위한 그의 스케치로 거슬러 올라간다. 그것은 탁월한 공상과학적 제안이었으며, '자연을 숭배하는' 여행자들이 거의 종교적인 수준의 만족감을 얻을 수 있도록 한 '지구라트'였다. 구겐하임 미술관에서 그는 플라네타륨의 점점 좁아지는 나선의 안팎을, 위아래를 뒤집었다. 플라네타륨의 자동차 경사로를 실내로 들여 나선형 갤러리, 즉

[186] 라이트, 뉴욕 구겐하임 미술관 프로젝트 초안, 1943.

후에 라이트가 '끊이지 않는 물결'이라고 말한 삼차원 나선으로 바꾸었다. 구겐하임 미술관은 낙수장의 구조와 공간 원리를 존슨 왁스 빌딩 천창의 밀폐 기술과 결합했다는 점에서 라이트 후기 작업의 절정으로 간주되어야 한다. 라이트는 미술관은 세속적인 오피스 빌딩이나 주택의 구조를 가지기보다 공원에 있는 신전 같아야 한다고 주장했다. 이는 프로젝트의 기원에 관한 반어적인 언급으로 이해될 수 있다.

라이트는 브로드에이커 시티 연구가 완성된 1932년에 도시계획에 관한 최초의 저서 『사라지는 도시』(초고 제목은 '산업혁명의 탈주')를 출간했다[187]. 여기에서 미래의 도시는 어디에나 있으면서 아무 데도 없을 것이며, '고대의 도시 또는 오늘날의 여느 도시와도 매우 달라서 아마도 우리는 그것이 도시라고 전혀 인지할 수 없는 도시일 것'이라고 주장했다. 다른 부분에서는 "미국은 브로드에이커 시티를 건설하기 위해서 어떤 도움도 필요하지 않다. 그것은 스스로 우연히 계획 없이 건설될 것이다"라고 언급했다. 라이트는 이 논쟁이 내포하는 모순에 대해서 어떤 만족할 만한 해법을 추구하거나 찾지 않았다.

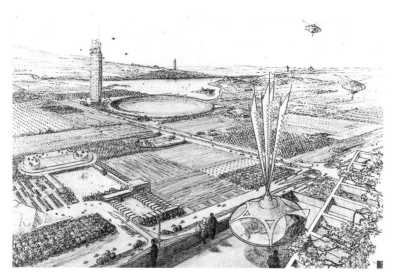

[187] 라이트, 브로드에이커 시티 프로젝트, 1934~58.

그는 정의상 반도시적인 새로운 체계의 분산된 정착지를 의식적으로 자리 잡게 해야 한다고 주장하면서도, 이러한 일은 자발적으로 일어날 것이기 때문에 애써 할 필요가 없다고 했다!

그의 역사 결정론에서 라이트는 기계를 건축가가 받아들이는 것 말고는 선택의 여지가 없다고 보았다. 그러나 오랜 딜레마가 남아 있었다. 어떻게 비인간적이지 않게 그렇게 할 것인가? 이 딜레마는 그의 오랜 경력 내내 탐구의 대상이었다. 『살아 있는 도시』(1958)에서 그는 다음과 같이 쓰고 있다. "우리의 '치고 빠지는'(hit and run) 문화와 아무 관련이 없는 기술 발명의 기적은 오용에도 불구하고 토착 문화와 함께 새로운 동력이 된다." 그는 증기력과 철도 시스템을 즉시 잊어버린 반면, (그와 동시대의 소비에트 비도시주의자와 같이) 전기는 소음 없는 동력원이며 자동차는 무한한 움직임을 주는 제공자로서 환영했다. 그는 서구 문명의 기반 전체를 바꾸는 새로운 힘을 다음과 같은 것으로 정의했다. (1)전기화, 통신에 의한 거리의 소멸과 거처에 대한 항시적 조명, (2)이동의 기계화, 비행기와 자동차의 발명으로 접촉 가능해진 인간 관계망의 엄청난 광범화, (3)유기적 건축 등이다. 비록 정확한 정의를 내리는 데 늘 실패하지만, 유기적 건축이란 결국 라이트에게 자연의 원칙에 부합하는 형태와 공간의 경제적 창조를 의미했다. 그는 철근 콘크리트 구조를 적용함으로써 이를 드러낼 수 있다고 생각한 듯하다. 또 다른 곳에서 라이트는 브로드에이커 시티를 확실하게 형성해갈 수 있는 자원으로 자동차, 라디오, 전화기, 전보 그리고 무엇보다도 표준화된 기계 공장 생산을 꼽았다.

라이트에게 유소니아 문화와 브로드에이커 시티는 분리할 수 없는 개념이다. 유소니아는 브로드에이커 시티의 건축적 실체인 모든 건축물에 기본 개념을 제공한다. 아마도 브로드에이커 시티에는 낙수장과 존슨 왁스 빌딩에 지정된 장소가 틀림없이 있었을 것이다. 하지만 라이트는 유소니아로 일반적으로 꽤나 소박한 어떤 것, 즉 편리하고 경제적이며 안락하게 디자인된 열린 평면의 따뜻하고 작은 집을 생각하고 있었다. 유소니아 주택의 핵심은 '작업 시간과 작업 동작과의 상관관계'를 고려한 주방, 거실과 분리되어 개방적으로 계획된 알코브의 작업 공간이었고, 이것은 헨리-러셀 히치콕이 말한 것처럼 미국의 가정집 계획에서 중대한 공헌이었다. 마찬가지로 현대 인테리어에도 큰 기여를 했다. 이 시기에 라이트는 작은 집의 공간을 최대화하려고 벽을 따라가며 죽 배열된 좌석을 제안했다. 단일 가족을 위한 유소니아 가정집은 브로드에이커 시티의 주택 공급용으로 계획되었을 뿐 아니라, 1939년 필라델피아 근교에 바람개비 형태로 배치된 유명한 4인 가족용의 선톱 주택 등 1932~60년 라이트가 설계하고 건설한 수많은 교외 주택에서 실제로 실현되었다.

이때까지 라이트의 이상 도시를 위해 디자인된 가장 중요한 건물 유형은 주택이 아니라 1932년 계획되었던 월터 데이비슨 시범 농가였다. 모든 사람이 태어날 때 예약되어 적정한 나이가 되면 그 자신의 처분에 맡겨질 1에이커(약 4,000m²)의 토지에서 직접 식량을 재배하도록 한 브로드에이커 시티 경제의 중요한 유니트였으며, 가정과 토지 둘 다 경제적으로 관리할 수 있도록 계획되어 있었다.

경제공황 시기에 인기 있었던 구제책인 단일한 세금 체계나 사회적 신용 같은 대표적인 사회 방안들과는 별개로, 브로드에이커 시티는 1898년 표트르 크로폿킨이 그의 『공장, 밭, 작업장』에서 최초로 주창했던 소규모 농지 중심의 가내공업 경제를 새롭게 한 것이었다. 그러한 제안을 되살리는 데 있어 헨리 포드가 그랬듯 라이트도 고집스럽게 인식하기를 거부했던 다루기 힘든 모순이 있었다. 바로 개인주의적인 준농업 경제는 산업화된 사회에 그것의 생존이나 대량생산의 이익을 반드시 보장해줄 수 없다는 사실이었다. 산업화된 사회는 자동화에도 불구하고 여전히 집약된 노동과 자원을 요구하기 때문이다. 크로폿킨조차도 중공업 공정에 노동과 자원이 집중될 필요가 있다고 인정했다. 파트타임 소작농들이 중고 T형 포드 자동차를 타고 작업장과 시골 공장으로 가는 라이트의 도시 비전은 이주노동자, '노동 제공형 가옥 소유 제도'(Sweat equity)에 의한 노동력이 브로드에 이커 시티의 경제 성공에 필수적이라는 것을 제시하고 있다.

당시 마이어 샤피로가 지적한 것처럼 라이트는 임대료와 이윤을 끊임없이 공격하고, 도시의 해체를 예견하는 그의 통찰에도 불구하 고 브로드에이커의 개념에 기본적이었던 권력의 시급한 문제와 대면 하는 데에는 실패했다. 이때쯤 이미 활동하고 있던 버크민스터 풀러 와 마찬가지로 라이트는 건축과 도시계획이 필연적으로 계급투쟁에 나서야 한다는 사실을 인정해야 하는 것이 내키지 않았다. 샤피로는 1938년 글에서 라이트의 유토피아 사상을 정확하게 요약하고 있다.

> 라이트는 자유와 안정적인 삶을 결정하는 경제적인 조건들은 대체로
> 무시했다. 노동자가 자신의 주택을 수입에 따라 일부분씩 차례차례로
> 욕실과 부엌에서 시작하여, 공장 노동으로 수입이 생길 때마다
> 하나하나 다른 방들을 추가하면서 조립해야 한다고 규정했을 때,
> 라이트는 실제로 이 새로운 봉건 정착지의 빈곤을 예상하고 있었다.
> 소유와 관련된 문제와 국가에 대한 무관심, 땅과 바다 모두에서 일하는
> 이 목가적인 세계에 허용된 중고 포드 자동차와 민간 기업에 대한
> 인정은 그것의 반동적인 성격을 드러내고 있다. 이미 나폴레옹 3세의
> 독재 정권 아래에서 국영 농장—오랜 유토피아에서 부분적으로 영감을
> 받은—은 실업에 관한 공식적인 해결책이었다. 민주적인 라이트가
> 평등주의에 입각해 임대료와 이자수익을 공격하긴 했지만 단일한
> 세금에 관해서 지나가면서 몇 마디 한 것을 제외하고, 그는 권력과
> 계급의 문제를 회피하고 있다.[4]

알바 알토와 북유럽의 전통: 민족적 낭만주의와 도리스적 감수성 1895~1957

카렐리아 건축의 첫 번째 흥미로운 특징은 동일성이다. 유럽에는 비교할 만한 예가 거의 없다. 재료와 접합 방법 모두에 거의 나무가 쓰이는 순수한 숲속 정착지용 건축이다. 육중한 장선 구조의 지붕에서 움직이는 빌딩 부속들까지 나무는 도색이 주는 탈물질화 효과 없이 노출되어 있다. 게다가 종종 최대한 자연 그대로의 비율을 살려 사용되었다. 황폐한 카렐리아 마을은 어쨌거나 겉보기에는 그리스 폐허와 비슷하다. 그리스 역시 재료를 균일하게 썼다는 것이 주된 특징이지 않은가. 물론 나무가 아니라 대리석을 썼지만. … 중요한 또 다른 특징은 카렐리아 주택이 생겨난 방식, 즉 역사적 발전 과정과 건축법에 있다. 민족지학적으로 더 파고들지 않더라도 우리는 구축의 내부 체계가 상황에 규칙적으로 적응한 결과라고 결론지을 수 있다. 카렐리아 주택은 단일한 작은 방 또는 불완전한 태아 같은 건물로, 사람과 동물의 은신처로 시작해 해가 지날수록 자라는 건물인 것이다. '확장된 카렐리아 주택'은 생물학적 세포의 형성에 비유될 수 있다. 크고 좀 더 완전한 건축의 가능성은 언제나 열려 있다.

　　성장하며 적응하는 이 훌륭한 능력은 카렐리아 건물의 주요 건축 원리, 지붕의 각도가 일정하지 않다는 사실에 가장 잘 반영돼 있다.

— 알바 알토, 『카렐리아의 건축』(1941).[1]

핀란드 동부의 토속적 농가에 관한 이 통찰력 있는 에세이에서 알토 는 우연히도 19세기 후반의 두드러진 건축 양식 두 가지, 낭만적 고전주의와 고딕 리바이벌을 환기한다. 지붕 물매의 변형을 강조하는 토속적인 농가의 형태를 다루고 있는 알토의 설명이 중세의 주거 건축 양식을 부활시키기 위해서 퓨진이 한 일과 거의 일치하는 것이라면, 쇠퇴한 카렐리아 마을을 석조가 아닌 목조로 된 그리스 폐허로 그리는 그의 묘사는 파르테논의 메토프(metope)가 목재의 잔재라는 슈아지를 뒤집어놓은 듯하다. 이 구절은 알토의 고전 의식과 원시적 토속성에 대한 관심을 알려주는 것 말고도 북유럽의 전통 양식 두 가지를 소개하고 있다. 1895년부터 시작된 민족적 낭만주의와 1910년경 스칸디나비아에서 출현한 도리스적 감수성이다. 긴 세월을 이어온 뛰어난 알토의 경력은 이 두 주제들과의 분명한 관계 속에서 인식되어야 한다. 그는 어느 쪽에도 열성적이지 않았지만 그의 작업은 민족적 낭만주의의 촉각적 감성이나 도리스적 형태의 엄격함에 끊임없이 빚지고 있음을 드러내고 있기 때문이다.

이들 양식의 기원이 중요한데, 하나는 헨리 홉슨 리처드슨의 미국 싱글 양식(Shingle style)을 거친 고딕 리바이벌에서, 다른 하나는 싱켈의 낭만적 고전주의에서 유래되었다. 에른스트룀의 직교 격자 구조를 기반으로 1817년 핀란드의 수도로 건설된 헬싱키는 특히 낭만적 고전주의의 영향에 쉽게 노출되어 있었다. 싱켈의 동급생이었던 카를 루트비히 엥겔의 설계에 따라 1818년 이후에 건설된 상원의사당과 대학교, 대성당 같은 대표적인 고전주의 건물이 빚어내는 틀 주위로 계획되었기 때문이다. 낭만적 고전주의에 대해 말하자면, 이것의 기원과 목표를 먼저 조사하지 않고는 알토의 후기 작업을 제대로 이해하기조차 어려울 만큼 알토는 이 운동에 크게 빚지고 있다.

민족적 낭만주의는 핀란드에서만큼이나 스웨덴에서도 유행했는데 특히 1890년 예블레 소방서로 리처드슨의 작업을 스칸디나비아에 소개한 구스타프 페르디난드 보베리의 작업에서 두드러졌다. 그러나 스웨덴 건축가 대부분은 이 신로마네스크 양식을 설득력 있는 국가적 양식으로 탈바꿈하지 못했다. 덴마크의 사정은 스웨덴보다 더했다. 덴마크에서 대중적인 찬사를 받은 마틴 뉘로프의 신중세 양식의 코펜하겐 시청(1892)은 리처드슨의 대담한 사례들이 보여주고 있는 확신에 전혀 영향 받지 않았고, 성공적이긴 했지만 안일하게도 극도로 절충적인 역사주의에 뿌리를 두고 있었다. 스웨덴이나 덴마크 건축가들은 민족주의 문화운동의 중요한 추진력이 이미 소진된 후에야 겨우 민족 고유의 복고 양식을 성취할 수 있었다. 이 가운데 가장 주목할 만한 것은 고성처럼 생긴 라그나르 외스트베리의 스톡홀름 시청(1909~13)과 1913년 코펜하겐에 설계되었지만 1921~26년까지 실현되지 않았던 옌센 클린트의 최초의 표현주의 건축 그룬트비 교회다.

핀란드의 민족적 낭만주의는 일군의 예술가들이 동시에 이념적·예술적 성숙기에 다다랐던 1895년 무렵 이미 중요한 흐름이 되었는데, 작곡가 장 시벨리우스, 화가 악셀리 갈렌-칼레라와 건축가 엘리엘 사리넨, 헤르만 게셀리우스, 아르마스 린드그렌, 좀 거리가 있지만 라르스 손크가 여기에 속했다. 이들의 작업 이면에는 기본적으로 19세기 초 엘리아스 뢴로트가 수집하고 기록한 핀란드의 민속 서사인 '칼레발라'(Kalevala)의 영향이 깔려 있다.

핀란드에서 민족적 낭만주의가 추동된 이유에는 적어도 부분적으로는 러시아의 후원 아래 낭만적 신고전주의 양식으로 건설된 헬싱키의 제국주의풍과는 다른 국가 양식을 찾을 필요가 있었다. 핀란드가 리처드슨 계열의 건축을 발 빠르게 수용하면서 특정한 형식을 만든 또 다른 이유는 풍부한 지역 화강암을 활용하자는 요구에 있다. 1890년대 초 화강암을 재료로 하는 스코틀랜드의 건축법을 연구하려고 애버딘으로 사절단을 파견하기도 했다. 화강암을 이용한 최초의 민족적 낭만주의 건축가는 손크였고, 그가 1895년 투르쿠에 건설한 네오고딕 양식의 성 미카엘 교회는 휑하고 장식이 빈약한 실내와는 대조적으로 외부는 정교하게 다듬은 화강암 기둥과 장식으로 풍부하게 표현되어 있다. 10년 후 빈에 건설된 오토 바그너의 슈타인호프 교회 표면에서는 성 미카엘 교회 실내에 새겨진 선들과 같은 표현을 보이는데, 이는 아마도 손크의 세대가 핀란드 공과대학교에서 기술관료이지만 고전 교육을 받은 칼 구스타브 뉘스트룀의 가르침을 받았다는 사실로 일부 설명될 수 있을 것이다. 화강암 공법의 선구자였던 뉘스트룀은 1890년 국립 기록원 건물로 바그너 계통의 기술관료로 자리잡았다. 나중에 그는 1906년 엥겔의 대학교 도서관 뒤편에 철과 콘크리트로 된 서가를 증축하면서 구조 합리주의자로 두각을 나타냈다.

탐페레 대성당(1902)[188]과 헬싱키에 있는 텔레폰 빌딩(1905) 등 손크의 주요 건물은, 아스코 살로코르피가 조적술의 체계가 핀란드의 중세 전통과 유사하다고 지적한 리처드슨의 작업에서 영향을 받은 것이 분명했다. 리처드슨 계열의 양식은 곧 엘리엘 사리넨과 아르마스 린드그렌이 1900년 파리 박람회를 위해 설계한 동양적인 신로마네스크 양식의 핀란드 전시관에 채택되었고, 주택 부문에서는 1902년에 게셀리우스와 공동 작업한 굉장히 아름다운 빌라 비트레

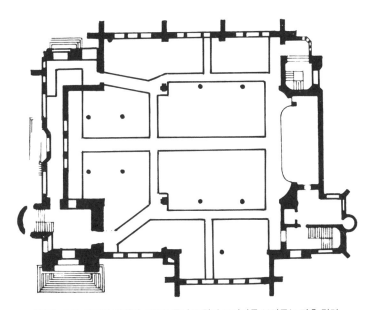

[188] 손크, 탐페레 대성당, 1902. 통나무 헛간 모서리를 보여주는 지층 평면.

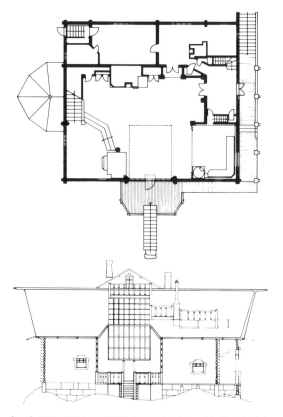

[189] 갈렌-칼레라, 루오베시 스튜디오, 1893. 지층 평면과 입면.

스크 디자인에 적용되었다[190]. 그러나 비트레스크 내부는 리처드 슨풍이라기보다 많은 점에서 1893년 루오베시에 지어진 갈렌-칼레라의 통나무 오두막 스튜디오의 재작업이었다[189]. 핀란드의 토착적인 목구조에 대한 재기 넘치는 해석은 차치하고서라도 비트레스크의 실내장식은 피노우그리아계(Finno-Ugric) 문화의 잃어버린 형태와 이미지를 빚어내려 한 갈렌-칼레라의 시도를 되풀이한 것이다. 라이트의 등장을 예견하고 비트레스크에서 같이 작업했을 뿐 아니라 함께 살기까지 했던 사리넨과 게셀리우스와 린드그렌의 목가적 '길드'는 2년 후인 1904년 갑작스럽게 끝이 났다. 이것은 사리넨이 헬싱키 기

[190] 사리넨, 린드그렌, 게셀리우스, 빌라 비트레스크, 헬싱키 근교, 1902.

차역 공모전에 단독으로 줄품하고 수상하면서 일어났는데, 이때 그의
건축적 창안은 호프만의 1905년 브뤼셀 팔레 스토클레와 올브리히의
1908년 다름슈타트 결혼기념탑과 같이 '구체화된' 유겐트슈틸을 반
영한 것이었다. 사리넨만이 유겐트슈틸의 후기 양식을 받아들인 유일
한 핀란드 건축가는 아니었다. 온니 타리안네의 바그너파는 사리넨의
양식에 필적할 만했고 많은 면에서 오히려 능가했는데, 그의 1903년
타카하류 요양원은 특히 뛰어났다. (타리안네의 탁월함은 그가 불과
5년 전에 민족적 낭만주의적인 리처드슨 양식으로 헬싱키에 핀란드
국립 극장을 설계했다는 사실에서 가늠할 수 있다.) 핀란드 유겐트슈
틸의 마지막 성과는 헬싱키의 1908년 수빌하티 발전소와 1910년 빌
라 엔시에서 전형화된 호프만 양식을 극도로 섬세하게 다듬은 셀림
린드키비스트에게서 나왔다.

처음에는 스웨덴, 그다음에는 러시아 제국의 식민지였던 핀란드
의 오랜 역사를 감안하면, 스칸디나비아에서 낭만적 고전주의, 소위
도리스식 감성이 덴마크에서 부활한 것은 아주 자연스럽다. 덴마크에
서 낭만적 고전주의는 1907년 신고전주의에 관한 최초의 글을 쓴 빌
헬름 반셰르와 1908년에 『1800년경』을 출간한 독일인 파울 메베스
와 같은 작가의 영향 아래에서 나왔다. 캄프만과 톰센 등은 원초적 건

385

축 요소—고전주의도 토속주의도 아닌—에 기초한 비역사주의적인 도리스의 근원적 단순성에 관심을 기울였다. 이들은 덴마크의 낭만적 고전주의 학파인 고틀리브 빈데스뵐(1800~56)과 크리스티안 프레데릭 한센(1756~1845)의 작업에 주목했다. 이 모든 예술적 감성은 1910년에 구체화되었는데 카를스베르 양조장이 한센의 프라우엔 교회에 첨탑을 추가해줄 것을 공식적으로 요구한 후였다. 건축가 카를 페테르센은 그들의 무례한 태도에 대응하여 한센의 드로잉 전시를 기획했다. 이듬해 일군의 화가들도 낭만적 고전주의 리바이벌 최초의 건물로 간주되는 포보르 미술관의 디자인을 페터센에게 맡기는 것으로 대응했다.

낭만적 고전주의가 스웨덴으로 전해지기까지는 시간이 좀 걸렸다. 그 충동은 일부는 민족적 낭만주의, 일부는 고전주의 느낌이 나는 카를 베스트만의 1915년 작업 스톡홀름 법원 건물에서 겨우 식별할 수 있는 정도였다. 이것이 이바르 텡봄의 신고전주의적 작업 스톡홀름 콘서트 홀(1920~26)과 군나르 아스플룬드의 스톡홀름 공공 도서관(1920~28)으로 이어졌고, 핀란드에서 시렌의 국회의사당 빌딩(1926~31)으로 절정에 이른 후 급격히 사라졌다. 스웨덴에서 낭만적 고전주의의 부흥은 규범적이거나 즉물적인 것과는 거리가 멀었고, 외스트베리의 민족적 낭만주의에 기초한 평면 계획과 도상처럼 지역적 은유에 대한 강박관념과 평면의 변형을 추구하는 경향으로 기울어졌다. 이것은 지형과 그 장소성에 언제나 암시되어 있는 억제되고 종합적인 표현 형식이었다. 외스트베리와 텡봄의 영향을 받았던 아스플룬드의 비틀림을 향한 욕구는 클라라 학교에 깊이 배어 있었다. 그는 이따금 토착적인 것과 고전적인 것을 원시적이면서 진정성 있는 표현 형태로 융합함으로써 '양식 싸움'을 초월하려고 노력했다. 이것을 시도할 첫 기회는 1915년 시그루드 레베렌츠와 함께 공모한 스톡홀름 남부 공동묘지에 있는 우드랜드 화장장(1918~20) 현상설계였다. 기본적으로 고전주의적 디자인에 기초해 토스카나식 열주랑 위에 너와

[191] 아스플룬드, 스톡홀름 공공 도서관, 1920~28.

지붕을 얹은 이 작고 단일한 구조체는 사실 아스플룬느가 리셸룬의 한 정원에서 우연히 본 '원시 오두막'에서 나온 것이다. 1928~33년 '기능주의자'로 활약한 이 기간에 내놓은 그의 작업은 다양하면서도 시대와 좀 동떨어진, 가령 프랑스 신고전주의자인 요제프 호프만과 누구보다도 빈데스뵐의 영향 아래 놓여 있었던 것같다. 특히 빈데스뵐의 1848년 코펜하겐 토르발센 미술관은 아스플룬드의 1920년대 작업, 1915년 예테보리 카를 요한 학교, 1921년 스톡홀름 스칸디아 시네마 그리고 마지막으로 1928년 스톡홀름 공공 도서관[191]에서 반복되는 이집트적이고 신고전주의적인 모티프를 제공했다.

스승 우스코 뉘스트룀이 알토에게 미친 바그너파의 영향에도 불구하고 알바 알토의 초기 경력에 자극제가 된 것은 아스플룬드였다. 1922년 자신의 사무소를 열었을 때 알토는 이전의 아스플룬드와 마찬가지로 여러 방향으로 나아갈 것처럼 보였다. 그해에 탐페레에서 열린 산업박람회를 위해 그가 설계했던 건물 네 채는 확실히 완전히 다른 층위의 문화 발전 단계를 암시했다. 알토 후기 경력의 수사적 다양성에도 불구하고, 어떤 대비도 그의 박람회 작업에서 발견되는 만큼 표현적이지는 않다. 가령 오토 바그너의 카를스플라츠 역(1899)을 좇아 모듈화된 패널로 지은 고전주의적 산업 전시관과 핀란드 수

[192] 알토, 비푸리 도서관 계획안, 1927.

공예품 전시를 위해 설계한 토착적 초가지붕을 얹은 키오스크처럼 말이다.

　1923~27년 위배스퀼래에서 이루어진 알토의 초기 작업은 매우 다양하다. 여기에는 1924년에 건설된 노동자 아파트, 노동자 클럽과 놀랍도록 많은 수의 교회와 교회 개조 작업, 그리고 세이내요키와 위배스퀼래에 지어진 민간경비병 숙소 두 개가 포함되어 있다. 모호한 도리스 양식을 띠는 이 작업들은 아스플룬드의 영향 아래 수행되었는데, 부분적으로 지역의 토착적 목재 구조와 혼합되어 있고 동시에 호프만의 간결한 선과 싱켈의 이탈리아적 방식에 빚을 지고 있다. 알토는 1927년 작업인 비니카 교회와 비푸리 도서관 공모전 출품작[192]에서 확실히 낭만적 고전주의로 옮겨 갔다. 아스플룬드의 영향을 받은 비푸리 도서관(수정된 형태가 1935년 실현되었다)의 형태는 스톡홀름 공공 도서관의 요소들을 직접 차용하고 있다. 스톡홀름 도서관의 '왕의 계단'(scala regia)이 있는 신고전적인 평면도, 비텍토닉적 파사드와 프리즈, 거대한 이집트식 문은 아스플룬드 자신이 빈 데스빌에게서 차용한 것이다. 알토의 1928년 파이미오 요양원 현상설계 당선작은 그의 첫 번째 성숙기(1927~34)의 특징인 기능주의 양식을 공고히 했다.

　아스플룬드 외에 알토의 초기 발전기에 중요한 인물은 그보다 조금 앞선 세대인 핀란드 건축가 에릭 브뤼그만이었다. 브뤼그만은 알토가 1927년 부인 아이노와 함께 핀란드 남부에서 투르쿠 시로 옮겨

간 뒤 잠시 작업을 함께한 사이였다. 당시 투르쿠 시는 떠오르는 도시였다. 알토는 곧 1928년에 투르쿠에서 건설된 그 자신의 아스플룬드적 감성이 남아 있는 남서농업협동조합 건물에서 브뤼그만의 아트리움 아파트(1925)의 불필요한 장식이 제거된 고전주의를 넘어섰다. 건물 내 극장에시 짙은 청색 강당을 회색과 분홍색의 플러시(plush) 천 덮개와 대비시킨 색채 체계는 외부 코니스 아래의 프리즈와 더불어 아스플룬드의 스칸디아 시네마 건물에서 따온 것이 분명했다. 브뤼그만과의 협업의 성과는 처음에는 바사 시내의 오피스 빌딩 프로젝트와 1929년 투르쿠 시 창건 700주년 기념을 축하하는 전시에서 나왔다. 아스플룬드의 스톡홀름 박람회를 위한 1928년 스케치에서와 같이 노출된 캔틸레버 구조의 경량 트러스와 공중에 매달린 광고판 그리고 선동적인 그래픽이 그려진 이 의뢰 작업에서 브뤼그만과 알토는 건축적 수사 면에서는 소비에트의 선동 선전 방식을 따랐다.

　　1928년 투르쿠에서 구축주의의 영향을 받은 투룬-사노마트 신문사 사옥[베스닌의 1923년 프라우다(구소련 공산당 기관지) 사옥 프로젝트가 연상되는]을 실현한 후, 알토는 근대 건축과 건설에 관한 국제 컨퍼런스들에 참석해 점점 커지고 있는 자신의 명성을 이용할 수 있게 되었다. 1928년 파리에서 열린 철근 콘크리트에 관한 컨퍼런스에서 알토는 다위커의 작업(248, 249쪽 참조)을 알게 되었다. 다위커의 철근 콘크리트 건물 존네스트랄 요양원은 1929년 1월 파이미오 요양원 공모에 출품한 설계의 출발점이 되었다. 확실히 이때부터 알토는 네델란드와 러시아 구축주의, 특히 다위커의 작업과 라돕스키의 신건축가협회, 도시건축가협회(ARU)의 도시 프로젝트가 명시하고 있던 것의 영향 아래 놓이게 되었다. 라돕스키의 1926년 모스크바 코스티노 구역 계획 같은, ARU가 여러 차례 제안한 연속적이고 기하학적인 체계는 파이미오 요양원의 출입구 동선과 죽 이어지는 조경 배치의 분명한 출처였다. 파이미오는 ARU의 도시에 대한 접근법을 반영했을 뿐 아니라 디테일에서 구축주의적 인용이 가득해지는 전환점이 되었다.

알토는 국제적인 논쟁과 거리를 두었지만, 이 시기의 그는 1929년 '최저 생활'에 관해 논한 프랑크푸르트 CIAM에서 독일 신즉물주의 건축가들이 취한 경제적인 입장에 놀랍도록 근접해 있었다. 그러한 관심은 1930년 핀란드 미술공예 협회 아파트 디자인과 1932년의 북유럽 건축 컨퍼런스를 위해 디자인된 그의 원형적인 최소 주거 모형에 반영되어 있다.

그즈음 있었던 해리와 마이레 굴릭센과의 만남은 알토의 작업을 산업 생산에 개방하는 계기가 되었다. 목재, 제지, 셀룰로오스 회사 알스트룀의 상속자였던 굴릭센 부인은 헬싱키의 한 상점에서 알토의 초기 가구들을 보았고, 대량생산을 위한 가구 디자인을 위해 알토를 초빙했다. 1935년 알토의 가구를 유통시키기 위한 아르텍 가구 회사가 설립되었고 1935~39년 코트카에 알토의 수닐라 펄프 공장과 노동자 주택이 설계되고 실현되었다. 다행스럽게도 알토의 가구는 대량 생산에 잘 맞았다. 그는 1926년이라는 이른 시기에 이미 합판 가구를 디자인하기 시작했다. 그해 위배스퀼래 경비병 숙소에 놓을 겹쳐 쌓을 수 있는 의자를 생산했다. 이 성공을 파이미오 요양원에 비치할 합판으로 된 암체어로 이어갔고, 1933년 견본이 마침내 생산에 들어갔다. 흥미롭게도 알토는 오토 코르호넨이 1920년대 말 제작한 표준적인 곡목 의자에서 디자인 기술을 취했다.

알토를 내내 후원했던 알스트룀과 엔소-굿세이트 같은 핀란드 목재 산업 후원자들은 알토로 하여금 주요 표현 재료로 콘크리트보다 목재의 가치를 재평가하게 만들었다. 이렇게 알토는 사리넨, 갈렌-칼레라, 손크의 작업 같은 핀란드의 민족적 낭만주의 운동의 질감이 풍부한 건축 양식으로 점차 되돌아갔던 것 같다. 국제적인 구축주의에서 멀어지려는 첫 번째 징후는 1936년 헬싱키 문키니에미에 지은 자택에서 나타났다. 노출된 벽돌과 홈이 파인 널빤지로 콜라주처럼 표현된 조적조의 다소 불규칙한 L자형의 건물은 1937년 파리 만국박람회의 핀란드 전시관을 위한 수상 출품작으로 이어졌다[193]. 전시관은 의미심장하게도 '나무가 움직인다'라는 제목이 붙여진 목재 구조였다. 전시는 목재 구조의 수사적 표명이었고, 다양한 구조 부재가 나무의 특징을 잘 드러냈다. 나무 널로 만든 메인 홀과 목재 골조로 만든 주변 전시관은 다양한 목재 접합법을 매우 근사하게 소개했다. 이 구축적 독창성에도 불구하고 핀란드 전시관은 알토의 후기 경력의 대지 계획 원칙을 체계적으로 정립하는 데 중요한 역할을 했다. 이 원칙에 따르면, 대지 안의 주어진 건물은 두 개의 독특한 요소로 나뉘어야 하며 사이 공간은 사람들이 다니는 공간이어야 했다(397쪽 이하의 빌라 마이레아, 새위낫샬로 시청 참조). 알토는 자신의 논문집에서 전시관에 대해 다음과 같이 말했다.

> 가장 어려운 건축적 문제들 가운데 하나는 건물의 환경을 휴먼
> 스케일로 구성하는 것이다. 합리적인 구조체와 매스가 대지를
> 지배하고자 위협하는 현대 건축에서는 종종 대지의 남겨진 부분에서
> 건축적 공백이 생겨나곤 한다. 이 공백을 장식적인 정원으로 채우는
> 대신, 인간과 건축 사이에 긴밀한 관계 형성을 위해 배치의 구성에
> 사람들의 유기적인 움직임을 결합할 수 있다면 좋을 것이다. 다행히
> 파리 전시관의 경우 이 문제가 해결될 수 있었다.[2]

후반기 작업에서 알토는 철근 콘크리트에서 나무와 자연 재료를 이용한 표현으로 전환하는 것이 자신의 건축적 발전을 위해서 무엇보다 중요하다고 생각했다. 그는 합판 가구가 직관적이고 직접적이며 더 비판적인 디자인적 접근을 실증한다고 생각했다. 선적 논리가 대개 보장하는 환경보다 더 즉각적으로 활용되는 환경을 성취할 수 있다고 여겼다. 따라서 1946년 취리히에서 열린 자신의 가구 전시에서 알토는 다음과 같은 말을 남겼다.

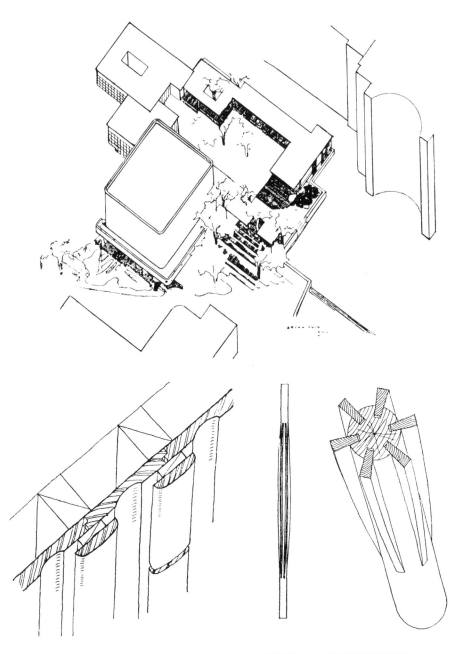

[193] 알토, 핀란드 전시관, 파리 만국박람회, 1937. 디테일을 보면, (아래 그림 왼쪽에서 오른쪽으로) 판자 사이딩, 로지아 기둥의 강화 목재와 강화용 지느러미가 돌출된 기둥.

건축의 실질적인 목표와 효과적인 미학적 형태를 얻기 위해 언제나
합리적이고 기술적인 입장에서 시작할 수는 없다. 결코 없을지도
모른다. 인간의 상상력은 나래를 펼칠 여지가 남아 있어야 한다. 나무를
재료로 하는 내 실험의 경우에는 늘 그렇다. 실제적인 기능은 전혀 없이
순수하게 재미있는 형태는 몇몇 경우에 10년이 지나 실질적인 형태가
된다. … 절단 기술을 사용하지 않고 나무 덩어리로부터 유기적인
형태를 만들려는 최초의 시도는 10년쯤 뒤에 목재의 섬유 조직 방향을
고려하는 삼각해법을 탄생시켰다. 가구 형태의 수직 지지부는 건축
기둥의 여동생격이다.[3]

디자인에 관한 유기적인 접근법은 이미 비푸리 도서관과 피이미
오 요양원의 세부 작업에 숨겨져 있다. 1920년대 말기의 걸작인 두
건물은 철근 콘크리트로 건설되었지만 여전히 알토가 물리적·심리적
요구를 최대한 충족시키는 기능주의적 교훈을 확장하는 계기를 마련
해주었다(노이트라의 '생물학적' 접근과 비교해보라). 공간 전반의 분
위기와 열과 빛과 소리를 세밀하게 여과하고 조절하는 방법에 관한
알토의 필생의 관심은 이 작업들에서 처음으로 완전히 공식화되었다.
파이미오 요양원의 2인용 병동은 환경 통제를 고려하고 정체성과 프
라이버시에 관한 그리고 직사광선과 라디에이터의 더운 공기가 환자
의 머리 쪽에 쏟아지지 않길 원하는 환자의 요구에 대처하도록 주의
깊게 배치되었다. 또한 눈부심을 줄이기 위해서 천장에 색을 칠하고
세면기는 소음 없이 기능하도록 디자인되었다. 이와 유사하게 비푸리
도서관의 주 열람실[194,195]에는 간접조명 방식을 적용했다. 낮에는
원뿔대 모양의 천창을 통해서, 밤에는 반대편 벽에서 빛이 반사되어
돌아오게 하는 접이식 스포트라이트로 실내를 밝혔다. 알토는 도서관
의 음향에도 똑같이 주의를 기울였다. 교통 소음으로부터 열람실을
분리시키고, 직사각형 강당은 길이 방향 전체에 천장 반사판을 물결
모양으로 설치했다. 도서관과 요양원에서 채택된 자유로운 평면 원칙

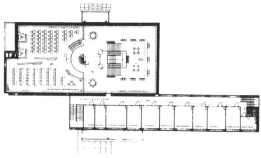

[194, 195] 알토, 비푸리 도서관, 1927~35. (위) 대출실과 상층 열람실, (아래) 1층 평면.

이 건축에 대한 알토의 유기적 접근법을 확고히 했다. 이 접근법에 내재된 자유로움에도 불구하고 통제되지 않음으로써 발생하는 손해는 거의 없었다. 자연스러운 환경 조정과 장소의 본질적인 특성에 관한 그의 관심은 1920년대 말 기능주의적 시기부터 1950년대 초에 시작된 더 표현주의적인 시기에 이르기까지 그의 작업에 독특한 연속성을 부여했다. 그는 1960년에 자신의 반기계주의적 태도에 대해 다음과 같이 썼다.

394

더 좋은 건축이란 더 인간다운 건축이다. 더 인간다운 건축이란 단순히
기술적인 것보다 훨씬 더 큰 의미의 기능주의를 의미한다. 이 목표는
인간에게 가장 조화로운 삶을 제공하는 것과 같은 방식으로 서로 다른
기술적인 것들을 창조하고 결합하는 건축 방법에 의해서만 성취될 수
있다.[4]

1938년에 알토는 그의 전전(戰前) 경력의 걸작, 마이레 굴릭센
을 위한 여름 주택으로 노마르쿠에 건설된 빌라 마이레아를 완성했
다[196~198]. 이 L자형 건물을 위한 최초의 스케치에는 민족적 낭만
주의의 경향이 선명하다. 주요 거실 홀의 평면은 1893년 갈렌-칼레라

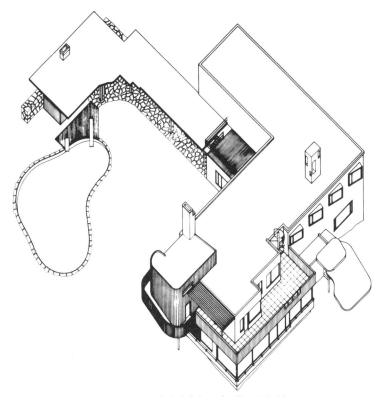

[196] 알토, 빌라 마이레아, 노마르쿠, 1938~39.

[197, 198] 알토, 빌라 마이레아, 노마르쿠, 1938~39. 거실 쪽을 본 모습과 외관.

의 루오베시 스튜디오의 평면을 직접적으로 참조한 것이다. 두 곳 모
두 툭 튀어나와 있으며 회반죽을 바른 조각적인 벽난로와 계단으로
연결되는 중2층 거실 레벨이 특징이다. 문키니에미 주택과 마찬가지
로 빌라 마이레아는 목재 사이딩과 치장 마감을 한 석조, 벽돌 작업의
혼합으로 구성되어 있다.

　빌라 마이레아는 알바 알토와 아이노가 전쟁 전에 만든 다른 어
떤 작업보다도 더 민족적 낭만주의 운동의 유산과 20세기 합리적-구
축주의적 전통 사이에 개념적인 연관성이 있음을 표명한다. 주요 공

간인 식당과 거실은 둥그스름한 삼림 개척지 안에 비바람이 들이치지 않게 가려진 정원 뜰과 맞닿아 있다. 주택의 줄무늬 매스와 사우나 풀의 불규칙한 윤곽선은 자연의 형태와 인위적인 형태 사이에 은유적인 대립을 암시하며, 주택 전체에서 이 이중성의 원칙이 구현되고 있다. 굴릭센 부인의 스튜디오가 뱃머리인 양 '머리' 부분에 있고 그 반대편 '꼬리' 부분에는 사우나 풀이 있다. 또한 공적 공간은 목재 사이딩을, 사적 영역은 흰색 마감을 해 강한 대조를 이루고 있다. 이와 유사하게 복잡한 형식상의 조작이 여기저기에 가해졌다. 입구 캐노피에 사용된 '환유법'이 한 예로, 목재 스크린의 불규칙한 리듬이 숲속 소나무들의 일정치 않은 간격을 연상시키는데 이러한 장치는 실내 계단의 난간에서 다시 한 번 반복된다. 또한 같은 병변 형태가 반복되는 스튜디오외 현관 캐노피와 사우나 풀은 구불구불한 핀란드 호수의 전형적인 경계선을 상기시킨다. 지층의 마감은 실내 조경같이 코드화되어 있다. 타일에서 널빤지 또는 거친 포석으로의 변화는 사람의 움직임에 따라, 다시 말해 벽난로에서 거실과 온실로 이동할 때 미묘하게 변하는 분위기나 상황을 나타낸다. 마지막으로 구조 자체는 기원에 대한 상징으로 사용되고 있다. 빌라 비트레스크에서처럼, 토착 문화를 상징하는 사우나는 주택의 주요부에서 멀리 뻗어나가는 거친 석재벽을 통해 연결되어 있으며, 잔디로 지붕을 덮은 벽널 구조이다. 그리고 빌라 자체의 세련된 축조와는 반대로 핀란드 고유의 목조 건물 규범에 따라 건설되었다.

수사적 풍부함으로 가득한 1939년 뉴욕 국제 박람회 전시관과 다소 미해결된 디자인인 1947년 매사추세츠 캠브리지에 있는 MIT의 베이커 기숙사 이후 알토의 작업은 1949년 새위낫샐로 시청[199]에서 그의 경력의 두 번째 시기가 결정적인 형태를 취하게 될 때까지 표현적으로 불확실한 면이 있었다. 빌라 마이레아의 유기적 구성의 표현이 목재 외장에 의존했던 반면 새위낫샐로에서 형태의 리듬감은 창문의 리드미컬한 배치와 벽돌 작업의 미묘한 입체감에 기대고 있다.

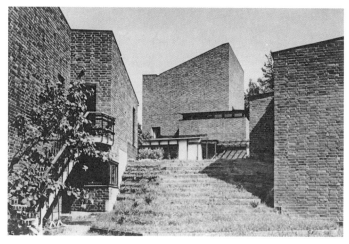

[199] 알토, 새위낫샐로 시청, 1949~52.

이런 차이점에도 불구하고 두 작업 모두 아트리움 주변을 두 부분으로 그룹지어 나누는 동일한 개념을 기반으로 하고 있다. 빌라 마이레아에서 사우나 풀과 L자형 주택의 형태를 취했던 이것은 새위낫샐로 시청에서 U자형 행정동과 독립해 서 있는 도서관 블록으로 나타나며, 두 매스는 도로보다 높은 중정을 에워싸고 있다. 헬싱키에 있는 국민연금협회에서 다시 이용된 이 파르티는 알토가 1941년경 처음 언급했던 카렐리아 전통 농가와 마을 집합체에서 유래한 것 같다. 이 구성적인 이중성은 한편으로 건축적인 창조 과정에 대한 알토의 독특한 관점에 기인하는 것 같은데, 그는 『송어와 숲속 개울』(1947)에 다음과 같이 적고 있다.

나는 건축과 그 디테일이 어떤 점에서는 생물학과 연관된다고 덧붙이고 싶다. 이것들은 거대한 연어나 송어 같다. 그것들은 다 자란 채로 태어나지도 않고, 심지어 보통 때 서식하는 바다나 물가에서 태어나지도 않는다. 그것들은 적당한 서식 환경에서 수백 마일 떨어진 곳에서 태어난다. 강이 개울에 불과한 곳, 산기슭 사이에 작게 빛나는

물을 뿜어내는 그런 개울에서 … 인간의 정신적인 삶과 본능이 일상의
일에서 멀어진 것같이 그렇게 그것들의 일상적인 환경에서 멀리
떨어져서. 그리고 물고기의 알이 성숙한 유기체로 발달하기 위해서
시간을 요하는 것처럼 우리 사상의 세계가 발전하고 구체화되기
위해서는 마찬가지로 시간이 요구된다. 건축은 다른 어떤 예술
작업보다 훨씬 더 많은 시간을 필요로 한다.[5]

이들 건물은 건축적 창조의 이중성을 상징하는 듯하다. 주요 매
스를 에워싸는 L자 또는 U자 형태인 '물고기' 요소는 인접한 '알'의 독
립된 형태와 대비를 이룬다. 빌라 마이레아와 새위낫샐로 시청에서
물고기 형태의 앞부분에는 가장 중요한 공적 공간인 주택의 스튜디오
와 시청의 대회의실이 자리 잡고 있다.

이러한 위계적인 분화는 재료와 구조의 변화를 통해서 완성된다.
새위낫샐로 시청에서 벽돌 포장한 '세속적인' 복도와 계단은 그 위에
위치한 목재 바닥의 '신성한' 의사당에서 끝난다. 이러한 위상의 변화
는 중세 건축을 참조한 것이 틀림없는 의사당실 지붕 트러스의 정교
한 디테일에서 확실해진다. 상징적 내용에서 유사한 전환이 '알'의 요
소에서도 나타난다. 빌라 마이레아에서 '알'은 신체 재활의 매개체라
할 수 있는 사우나 풀이고 새위낫샐로 시청에서는 지성의 자양분의
저장소인 도서관이다. 더욱이 아트리움의 디테일은 특히 새위낫샐로
시청과 국민연금협회에서 비슷한 신화적 의미를 반영한다. 두 경우
모두 '아크로폴리스'를 지나는 통로는 과다하게 문명화된 도시적 우아
함과 자연의 소박함 사이에 놓인 통과의례처럼 처리되었다. 각 경우
에 공간은 물이 있음으로 해서 더욱 풍성해지는데 이는 탄생과 재생
의 과정을 다시 한 번 암시한다.

1948년 현상공모로 설계되고 1952~56년 헬싱키에 건설된 국민
연금협회[200]를 통해서 알토는 전후 현대 건축의 대가들 가운데 하
나가 되었다. 마지막 경력 25년 동안의 다른 작업에서처럼 이 관청 건

[200] 알토, 국민연금협회, 헬싱키, 1952~56. 남쪽 면 중앙부.

물은 그 자신의 말을 빌리자면 '삶에 좀 더 민감한 구조'를 더한 건축임을 증명했다. 로비에 있는 의자에서 방문객의 코트걸이까지 그리고 조명 설비에서 붙박이 난방 장치까지, 가장 작은 디테일에까지 미치고 있는 편리함과 온기에서 드러나는 명백한 의도는 무엇보다도 천창이 있는 홀 아래 열 지어 배치된 섬세한 스케일의 창구에서 확연하게 드러난다. 흑백의 대리석이 깔린 홀은 건물 전체에 격식을 부여하는 비결이다. 각 공간은 색채를 통해서, 주 출입구는 흰색과 진한 청색의 벽 타일, 직원 식당은 갈색, 흰색 그리고 베이지색 등을 써 위상의 변화를 암시한다.

보통 사람들에게 기여하려 한 알토의 해법은 1955년 베를린 한자 지구 국제 건축 전시회를 위해 건설된 다층 아파트 블록 디자인에 아트리움의 개념을 적용하면서 재현되었다. 이 독창적인 디자인 [201]은 제2차 세계대전 종전 이후에 고안됐던 아파트 가운데 가장 중요한 유형이다. 가족 주택으로 유명한 르 코르뷔지에의 위니테 다비타시옹(전 세계적으로 저비용 주택에서 널리 모방되었던)조차 알토의 아파트보다 못하다. 알토의 아파트 유형의 중요한 장점은 한정

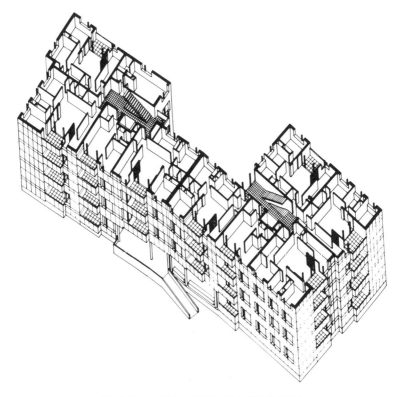

[201] 알토, 한자 지구 아파트 블록, 베를린, 1955.

된 작은 아파트 안에서 단독주택의 특징을 제공한다는 것이다. U자형 구성에서 널찍한 아트리움 테라스 옆으로는 거실과 식당이 배치되어 있고, 건물 전체의 양 측면은 침실과 욕실 같은 사적 공간들로 둘러싸여 있다. 각 세대는 자연 채광 방식의 계단실을 중심으로 '클러스터'를 형성하고 있기 때문에 블록 내 세대들의 배치 조건은 똑같이 양호하며, 단일한 다층 구조 속에 하나의 유형을 무한히 쌓아 올린 '모노타입'(monotype) 아파트가 주는 느낌을 피할 수 있었다.

사회적이고 심리적인 기준들을 만족시키고자 했던 알토의 일생의 노력은 그의 주요 작업이 처음 설계될 때 이미 한자리를 차지하고 있던 1920년대 교조주의적 기능주의로부터 그를 실질적으로 분리시켜준다. 소비에트 구축주의의 동적 형태에 대한 그의 초기 반응에도 불구하고, 알토는 항상 인간의 행복에 이바지할 수 있는 환경을 창조하는 데 관심을 기울였다. 1928년의 투룬-사노마트 사옥처럼 가장 기능주의적인 그의 작업조차도 빛에 대한 여전한 섬세함이 반영돼 있다. 구조를 끊임없이 풍성하게 해주는 빛이 아니었더라면 건물은 극도로 교조적이고 금욕적으로 보였을 것이다.

일관된 유기적 접근법은 알토가 브루노 타우트의 유리사슬과 특히 한스 샤로운과 후고 헤링의 사상에 개념적으로 가까워지게 만들었다. 따라서 알토는 건물이 억압적이기보다는 생명을 주는 것이어야 한다고 생각한 북유럽의 표현주의 건축가 그룹에 속한다고 봐야 할 것이다. 이는 직각 격자가 지배적 규범으로 묶인 곳에서 대지나 프로그램의 특수성에 의해 격자가 언제든 파열되고 굴절될 수 있음을 의미한다. 1960년 레오나르도 베네볼로는 다음과 같은 관점에서 알토의 업적을 훌륭하게 요약했다.

> 최초의 근대 건축에서 직각의 항상성은 모든 요소 사이의 기하학적인
> 관계를 선험적으로 설정하는 구성 과정을 보편화하기 위해
> 주로 사용되었고, 그것은 모든 상충과 대립이 선과 표면과 볼륨
> 사이의 균형을 통해서 기하학적으로 해결될 수 있음을 의미했다.
> 파이미오에서와 같은 사선의 사용은 그 역의 과정, 즉 형태를 좀
> 더 개별적이고 엄밀하게 하는 과정을 향한 길을 제시했고, 그래서
> 불균형과 긴장감이 실존하며 물리적으로 일관성 있는 요소들과 주위
> 환경에 의해 균형을 이루도록 하는 것이다. 그러한 건축은 교조적인
> 엄격성은 상실하지만 따뜻함과 풍성함과 감성을 얻고 궁극적으로는
> 건축 행위의 영역을 확장한다. 왜냐하면 개별화의 과정은 일반화
> 방식을 이미 인정했고 실제로 그것을 전제로 한 것에 근거하고 있기
> 때문이다.[6]

전성기에 이것은 신중하면서도 고도로 민감한 건축 방식이었다. 또한 외스트베리의 1909년 보니어 빌라에서 알토가 사망하기 약 4년 전인 1976년 헬싱키에서 완성된 그의 핀란디아 콘서트 홀에 이르기까지 50여 년간 끊임없는 발전을 통해 지역의 토착적 언어와 고전적인 양식, 득이한 것과 규범적인 것을 융합함으로써 북유럽 고유의 전통을 이어간 방식이었다.

25장

주세페 테라니와
이탈리아 합리주의 건축
1926~1943

우리는 더 이상 우리 자신이 대성당과 고대식 공회당의 인류가 아니라
대형 호텔, 철도역, 대로, 거대한 항구, 지붕 덮인 시장들, 번쩍이는
아케이드, 재건된 구역들과 건전한 슬럼 정비 구역의 인류라고 느낀다.
— 안토니오 산텔리아, 「메시지」, 『신도시』(1914).¹

우리의 과거와 현재는 양립할 수 있다. 우리는 전통 유산을 무시하기를
바라지 않는다. 전통은 스스로를 변형시키고 소수에게만 인식될 수
있는 새로운 양상을 취한다.
— 그룹 7, 「노트」, 『이탈리아 리뷰』(1926. 12.).²

제1차 세계대전이 끝난 후 이탈리아에서는 고전적이고 몽환적인 표현이 등장했다. 시작은 조르조 데 키리코가 이끌었던 고도로 형이상학적인 조형적 가치를 추구한 회화 운동에서, 그다음은 건축에서 조반니 무치오가 시작한 노베첸토(Novecento) 운동에서 그러했다. 이는 전전의 미래주의 논쟁의 유산이 그랬듯 이탈리아 합리주의의 발전의 상당히 복잡한 시발점이었다.

밀라노 공과대학교를 졸업한 후 『이탈리아 리뷰』(*Rassegna Italiana*)에서 처음 자신들을 합리주의자 '그룹 7'(gruppo 7)으로 선언한 이들은 건축가 세바스티아노 라르코, 구이도 프레테, 카를로 엔리코 라바, 아달베르토 리베라, 루이지 피지니, 지노 폴리니, 주세페 테라니로 구성되어 있었다. 이들은 모두 이탈리아 고전주의의 민족적

가치와 기계시대의 논리적 구조 사이에 새롭고 좀 더 합리적인 통합을 이뤄내고자 했다. 1926년의 「노트」에서 이들은 '노베첸토'의 난해한 언어—가장 영향력 있는 사례는 1923년 밀라노에 건설된 무치오의 카브루타 아파트 블록이다—와 미래주의자의 유산인 산업 형태의 역동적인 인어 사이의 중간 지점을 찾기로 했다. 또한 '그룹 7'은 독일 공작연맹과 러시아 구축주의 작업에 어느 정도 동조하고 있었다. '그룹 7'은 기계시대에 열광했지만 현대성보다는 전통의 재해석에 더 무게를 두었다. 따라서 1926년에는 미래주의에 대해 비판적으로 언급한다.

> 이전의 아방가르드의 특징은 부자연스러운 충동이었고 좋은
> 요소와 나쁜 요소가 섞여 있는 허황되고 파괴적인 분노였다. 오늘날
> 젊은이들의 특징은 명료한 정신과 지혜를 향한 욕망이다. ⋯ 분명하게
> 해야 할 것은 ⋯ 우리는 전통과의 단절을 의도하지 않는다는
> 것이다. ⋯ 새로운 건축, 진정한 건축은 논리와 합리성이 밀접하게
> 연관된 결과여야만 한다.[3]

전통에 대한 신념의 표명에도 불구하고 합리주의자의 초기 작업, 특히 주세페 테라니의 계획은 산업적 테마에 기초한 구성을 선호했음을 드러낸다. 1927년 제3회 몬자 비엔날레에 전시된 테라니의 가스 공장과 강관 공장 프로젝트는 건축보다는 엔지니어의 미학에 더 가까웠다. 이는 1923년에 출판된 직후 합리주의자들에게 커다란 영향을 미친 르 코르뷔지에의 책 『건축을 향하여』의 양극성을 활용한 것이었다. 이 영향에 대한 초기의 순진한 반응은 1926년 코모에 건설된 피에트로 린제리의 보트 하우스에서 확인할 수 있다. 조선공학적 은유를 담고 있는 이 집은 르 코르뷔지에의 작업에 대한 경의를 다소 단순화한 형태로 표현하고 있다.

무치오에게 좀 더 영향을 받은 테라니는 1928년 코모에서 노

보코문 아파트를 완성하면서 자리를 잡았다. '트란스아틀란티
코'(Transatlantico)로 알려져 있는 대칭 구성의 5층 건물로, 매스의
수사적 치환에 관한 합리주의자 특유의 관심이 잘 드러나 있다. 고전
적 규범에 따라 강화했어야 하는 건물의 모퉁이는 유리로 된 원통을
노출하기 위해서 극적으로 잘려나갔고, 최상층을 돌출시켜 덮은 유리
원통은 2층의 매스와 3층 발코니와 묶여 있다. 이러한 해법은 확실히
순수주의보다는 러시아 구축주의에 빚을 지고 있는 것으로 1928년
모스크바에 완공된 '주예프 노동자 클럽'을 위한 일리야 골로소프의
최초 계획안이 이것의 가장 확실한 선례이다.

이탈리아 합리주의 운동은 로마에 있는 바르디 아트 갤러리에
서 '그룹 7'이 세 번째 전시회를 열기 1년 전인 1930년에 창립된 '합
리적 건축을 위한 이탈리아 운동'(MIAR)에서 공식 단체임을 자처했
다. 하지만 곧 문화적 반동 세력에게 침식당하면서 단명했으며, 합리
주의 초기 작업은 보수적인 건축가 그룹에 그다지 영향을 미치지 못
했다. 반면 그 전시에는 미술평론가 피에트로 마리아 바르디가 작성
한「건축에 관해 무솔리니에게 올리는 보고」라는 제목의 선동적인 평
론이 뒤따랐다. 바르디는 합리주의 건축이 파시스트의 혁명 원칙에
관한 유일하고 진실한 표현이라고 단언했다. MIAR 역시 마찬가지로
기회주의적인 주장을 펼쳤다. "우리 운동은 냉엄한 분위기가 만연한
가운데 파시스트 혁명에 봉사하는 것 외에는 어떤 다른 도덕적 목표
도 가지고 있지 않다. 우리가 이를 성취해낼 수 있게 무솔리니의 선의
(good faith)를 청하는 바이다."

무솔리니는 전시를 허가했다. 하지만 그의 신뢰가 고전주의자였
던 마르첼로 피아첸티니의 영향 아래 있던 전국건축가연맹의 적대
적 반응을 잠재울 수는 없었다. 전시가 개막된 지 3주가 지나고 전국
건축가연맹은 합리주의 건축은 파시즘의 수사적인 요구와 조화를 이
룰 수 없다고 공식 입장을 밝히고, 이전에는 자신들이 후원했던 바
로 그 작업과 절연했다. 노베첸토의 형이상학적인 전통주의와 합리주

의자들의 아방가르디즘 사이를 조절하면서 매우 절충적이었던 '관료주의 양식'(Lictorial Style)을 공식적인 당의 양식으로 제안하는 일이 피아첸티니에게 남겨졌다. '혁명의 탑'에서 처음으로 공식화되었고 1932년 그의 실계로 브레시아에서 완성된 당의 양식은 최종적으로 1932년 밀라노에서 시작된 피아첸티니의 대법원 건물로 안착되었다.

피아첸티니의 지위는 '파시스트 현대 건축가 그룹'을 창립함으로써 강화되었고, 그룹은 노베첸토주의나 합리주의와 같이 단정적인 분류에 의한 비난을 피하면서 관료주의 양식의 퇴행적인 고전주의를 지지했다. 1932년 로마 대학교 신축 설계[202]에서 피아첸티니가 자신과 함께 공동 작업했넌 긴축가 아홉 명에게 제시한 가이드라인은 공식적인 파시스트 방식의 기본 원리인 단순한 요소의 반복을 통해 설정되었다. 거의 언제나 원시적 단계의 코니스를 얹고, 사각형 개구부를 단위 삼아 4층의 석조 또는 벽돌조로 표현하는 대단히 일관된 양식이었다. 일부 불규칙하고 비대칭적인 것은 세부적인 계획에서만 허용되었고, 상징적인 표현 대부분은 입구에 국한되었으며 열주, 부조, 문자가 새겨진 프리즈 등 고전적인 형태를 취했다. '그룹 7'의 누구도

[202] 피아첸티니 팀, 로마 대학교, 1932. 대학평의회 건물 개관식 모습.

로마 대학교 신축 작업에 참여하지 않았으나 피아첸티니 팀의 세 건물, 즉 조 폰티의 수학대학, 조반니 미켈루치의 광물학과 건물, 무엇보다도 주세페 파가노의 우아하게 벽돌 외장을 두른 물리학 연구소는 합리주의와의 유사성을 얼마간 드러냈다.

파가노는 1932년에 일어난 적절한 국가 양식의 발전을 둘러싼 논쟁에 이미 한 발을 담근 셈이었는데, 1930년 토리노의 미술평론가이자 디자이너 에도아르도 페르시코와 공동으로 잡지 『카사벨라』(*Casabella*) 편집을 시작했기 때문이다. 이들은 논설을 통해 입장을 정하지 못한 노베첸토의 회원들에게 피아첸티니의 관료주의 양식을 버리고 테라니의 합리주의를 따를 것을 설득하는 데 진력했다. 1934년 페르시코는 곤경에 처한 합리주의에 대해 다음과 같이 썼다. "오늘날 예술가들은 이탈리아 삶의 가장 곤란한 문제, 특정 이념에 대한 확고한 신념과 대다수의 '반모더니스트'의 주장에 맞서는 투쟁 의지와 씨름해야만 한다."

1932년 테라니는 이탈리아 합리주의 운동의 정전과도 같은 규범적 작업인 파시스트 당사[Casa del Fascio, 현 카사 델 포폴로(Casa del Popolo)]를 코모에서 완성했다. 완벽한 정사각형 안에 폭 33미터, 높이는 폭의 절반으로 계획된 파시스트 당사의 반(半)입방체는 합리주의적 절대성에 기초한다[203]. 볼륨 안에서 기둥과 보로 구조의 논리뿐 아니라 중층으로 겹쳐진 파사드의 입체적 조형 뒤에 내재한 '합리주의' 코드를 드러내고 있다. 사방에 있는 (주요 계단에 역점을 둔 남동쪽 입면도를 제외한) 창문들과 바깥쪽 표면은 안쪽에 있는 아트리움의 존재를 표현할 수 있도록 교묘하게 조정되어 있다. 초기 습작들에는 테라니의 다른 작업과 마찬가지로 (가령 1936년의 산텔리아 유치원과 같이) 전통적인 팔라초(palazzo)를 모델로 개방된 안마당 주변을 둘러싸려고 했던 원래의 계획이 엿보인다. 이후에 계속된 설계에서 안마당은 유리로 덮인 콘크리트 지붕을 통해 천장으로 빛이 들어오고 사방이 회랑과 사무실과 회의실로 둘러싸인 2층 높이의 중

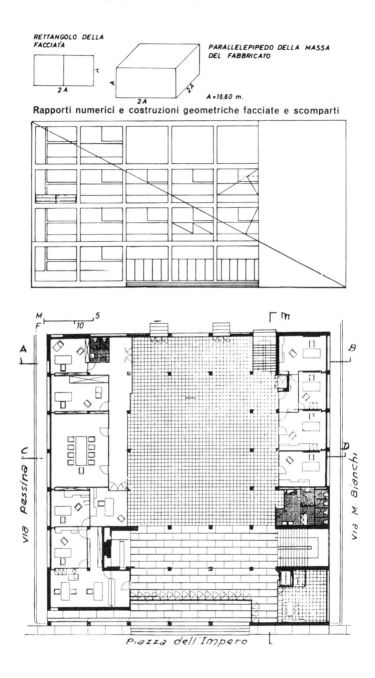

[203] 테라니, 파시스트 당사, 코모, 1932~36. 파사드 비례 시스템과 지층 평면.

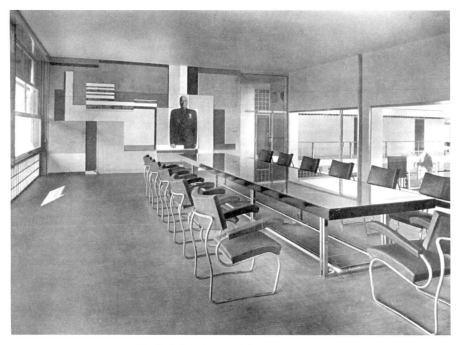

[204] 테라니, 파시스트 당사, 코모, 1932~36.
중앙 회의실. 한쪽 벽은 라디체가 작업했으며 무솔리니 초상화가 있다.

앙 회의장으로 수정되었다. 미스 반 데 로에의 1929년 바르셀로나 전
시관에서처럼, 전체 구조의 기념비적인 위상은 테라니가 '들어 올려진
바닥'(piano rialzato, 영어로는 raised floor)라고 지칭한 석조 기단
위에 살짝 들어 올린 입면으로 완성되었다. 구조체 본래의 정치적인
목적은 입구 로비를 광장과 분리하는 한 벌의 유리문 장치를 통해서
거의 직설적인 방식으로 표현되었다. 문들이 전동 장치로 동시에 열
릴 때면 안마당 내부의 아고라는 광장 쪽으로 통합되고 그렇게 해서
대규모 시위대의 흐름이 거리에서 내부까지 중단되지 않고 흐를 수
있도록 했다(도판 24). 이것은 마리오 라디체의 포토몽타주로 된 부
조가 새겨진 중앙 회의실과 파시스트 운동 전사자들을 기념하는 전당
의 정치적인 함의와 비슷하다[204]. 이러한 이데올로기적 고려를 초

월하는 측면도 물론 있다. 건물은 그 자체로 형이상학적 공간 효과를 창출하는 것과 관련되어 있어, 상하좌우 따위의 특정한 방향이 없는 연속하는 공간 매트릭스인 양 다루어진다. 예를 들어, 유리의 거울 효과를 이용해 실제로는 아주 다르게 자리 잡고 있는 기둥과 보 구조가 볼륨 인에서 무한히 존재하는 듯한 환상을 불러일으키기 위해서 로비 천장 내벽에는 유리가 사용되었다. 마찬가지로 유리블록과 볼티치노 대리석으로 처리된 외장은 기념비적 공간이라는 표식이었다. 여기에 역사적 도시 중심에 건물을 교묘하게 이식한 듯한 효과가 결합되어 텍토닉하고 세심한 기념비적 건물이 완성되었다.

파시즘의 이상에 대한 상징물이 이것만은 아니었다. 파시스트 운동에 대한 또 다른 수사적 제안은 1940년대 중반 힙리주의자들이 돌이킬 수 없는 환멸에 빠지기 전에 제작되었다. 이 가운데 로마 진군 10회 기념일을 기해 1932년 로마에서 열린 '파시스트 혁명 전시'를 위해 제작된 건물이 언급되어야만 한다. 레오니도프의 작업을 강하게 암시하는 이 임시 구조물은 리베라와 데 렌치의 설계로 건설되었고, 다른 연출 소품과 함께 테라니가 디자인한 '1922 룸'을 기념하는 역동적인 벽 부조를 포함하고 있었다. 부조에는 1930년 드레스덴에서 열린 리시츠키의 소비에트 국제 위생 박람회를 연상시키는 방식으로 조각, 그래픽과 사진 등의 요소가 결합되어 있었다.

1930년대 중반까지 실질적인 합리주의 건축은 고도로 지적이었던 테라니의 작업에서부터 단명한 코마스코 그룹의 단조로운 국제 양식에 이르기까지 매우 다양했다. 코마스코 그룹의 예술가의 집은 1933년 제5회 밀라노 트리엔날레에 전시되기도 했다. 테라니는 여덟 명으로 구성된 코마스코 그룹의 회원으로 참여했지만 작업의 질에 별 영향을 미치지는 못했던 것 같다. 초기의 강렬함이 사라지고 없음을 1930년 밀라노 트리엔날레를 위해 건설된 피지니와 폴리니 최초의 작업인 카사 엘레트리카를 1933년 트리엔날레에 제출된 '예술가의 집'과 비교했을 때 알 수 있다. 그리고 확실히 제5회 트리엔날레 즈음에 이탈리아 합리주의는 이미 한편으로는 통속적 모더니즘과 다른 한편으로는 반동적 역사주의와 타협하여 손상되었다는 점이 지적되어야 할 것이다.

페르시코와 마르첼로 니촐리는 1934년 밀라노에서 열린 이탈리아 항공 쇼에서 유명한 금메달실을 설계했다[205]. 바닥에서 꽤 높이 들어 올려져 시각 디자인이미지와 사진이 걸린 판을 받치고 있는 흰색 나무 격자의 우아한 미로는 공간 속에 부유하며 홀 전체의 깊이 속으로 물러나기도 전진하기도 하는 것처럼 보인다. 이처럼 공간 속에 떠 있는 구조는 제2차 세계대전 이후 오랫동안 강력한 영향력을 행사한 전시 디자인의 새로운 기준을 정립했다. 페르시코와 니촐리의 비범한 작업과 같은 몇몇 걸작을 제외하면 이탈리아 합리주의는 이즈음 쇠락의 길로 접어든다. 이는 페르시코의 이후 작업에서 더욱 분명해

[205] 페르시코와 니촐리, 금메달실, 제1회 이탈리아 항공 쇼, 밀라노, 1934.

진다. 그는 2년 사이에 생기발랄하고 세련된 디자인에서 1936년 니촐리, 팔란티, 폰타나와 함께 트리엔날레를 위해 설계한 명예의 전당처럼 차갑게 식어 있고 비텍토닉한 기념비적 성격의 디자인으로 옮겨갔다. 오직 피에트로 린제리와 체사레 카타네오와 함께 일하던 테라니만이 개념과 구조와 상징적 형태의 완전한 통합에 관심을 기울이면서 합리주의적 접근법의 지적 관심을 유지해나갔다.

페르시코가 1936년 갑자기 사망하자 합리주의자들의 정치적·문화적 어려움은 더욱 커져갔다. 관료 서클과 항상 가깝게 지내던 파가노는 1942년 로마 외곽에서 열릴 예정이던 로마 세계박람회를 위한 계획안에서 피아첸티니와 협력함으로써 굴욕적으로 타협해갔다. 무솔리니는 리토리아, 사바우디아, 카르보니아, 폰티니아 등의 피시스트 마을처럼(마지막은 폰티네 습지에 세워졌다) 로마 세계박람회의 영구적인 건축물인 박물관과 기념탑과 궁전들로 제3의 로마(the 3rd Rome) 중심가를 형성하도록 지시했다. 파가노의 지적인 영혼조차도 신고전주의적 형태의 가장 진부한 집합으로 전락해가는 이 과장된 이념적 제스처를 막을 수 없었다. 그것의 주요 세트인 구에리니, 파둘라, 로마노가 설계한 '팔라초 델라치빌타 이탈리아나'는 발로리 플라스티치 운동이 도달한 통속화의 극치였다. 텅 빈 아치 형태의 입방체는 데 키리코 자신이라면 모를까 어느 누구에게도 즐거움이 될 수 없었을 것이다. 로마를 오스망식으로 도시화(고대의 폐허에서 중세 도시 조직을 대규모로 들어내는 제안)하고자 했던 무솔리니의 1931년 계획과 같은 이상으로 계획된 피아첸티니의 EUR'42는 합리주의자들을 포함해 다양한 건축가들의 파벌 싸움과 마찬가지로 현대 문명을 창조하려는 후기 미래주의의 충동과 로마 제국의 영예로운 업적에 호소함으로써 문명의 정통성을 세우려 한 요구 사이에 놓이게 되었다. 그래서 EUR 복합체의 중심 축은 에트루리아 해안을 향했고 기념비적인 건물 가운데 하나에는 "제3의 로마는 신성한 [티베르] 강변의 여러 언덕을 넘어 해안가로까지 확산될 것이다"라는 비문이 새겨졌다. 이와 같은 파우스트적 사업에 대한 합리주의자의 개입에 관해 레오나르도 베네볼로는 다음과 같이 썼다.

> 파가노가 타협한 시도는 따라서 불안정한 것이었다. 로마 시대로까지 거슬러 올라가는 '이상적인 연결고리'를 따라가면 건축가들은 체제 순응적 신고전주의자라는 단 하나의 결과만 얻을 수 있을 뿐이다. 브라시니의 응용 고고학과 포스키니의 정연한 단순화 사이의, 젊은 로마 건축가의 세련된 우아함과 젊은 밀라노 건축가의 계획된 리듬 사이의 기질상의 차이는 평면 계획에서 중요했던 것 같지만 실제 건설되면서 완전히 사라져버렸다. 독일과 러시아 그리고 프랑스에서 벌어졌던 일이 여기에서도 반복되었다. 이것은 겉멋만 부리는 진부한 공식주의자들(pompiers)의 국제전이었다.[4]

1930년대 중반 이탈리아 건축과 정치에 퍼져 있던 반동적인 풍토는 생시몽주의의 열망을 가진 한 사람, 아드리아노 올리베티에 의해서 부분적으로 상쇄되었다. 그는 1932년에 부친으로부터 유명한 사무기기 회사의 대표직을 이어받았다. 아드리아노가 1934년 산업의 번영에 기여할 수 있는 모던 디자인에 대한 관심을 나타내기 시작하며 이브레아에 있는 올리베티 사 빌딩 전체 디자인을 피지니와 폴리니에게 잇따라 의뢰했다. 처음 1935년에는 새로운 행정동을, 1939~42년에는 노동자 주택과 공동시설 설계를 의뢰했다. 1937년 아드리아노의 후원은 지역 개발 계획으로 확대되었고, 아오스타 계곡 계획을 준비하기 위해서 피지니와 폴리니 그리고 BBPR[반피(Banfi), 벨조요소(Belgiojoso), 페레수티(Peressutti), 로제르스(Rogers)]에게 요청했다.

그러는 사이에 테라니가 카타네오와 린제리와 공동으로 설계해 공모전에 출품한 카사 리토리아(1937)와 EUR 회의장 건물(1938)을 포함해 서로 밀접한 연관성을 보이는 일군의 디자인이 테라니의 스튜

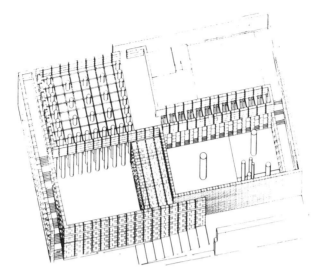

[206] 테라니, 단테움 프로젝트, 로마, 1938.

디오에서 연달아 쏟아져 나왔다. 거의 같은 시기에 테라니는 그의 전 경력을 통틀어 가장 형이상학적인 작업인 단테움을 만들었다[206]. 1938년에 제안된 단테움은 무솔리니가 고대 도시를 관통해 만든 델 임페로 가에 놓인 기념비적 장식물이었다. 직사각형의 공간에 점점 헐겁게 배열된 블록들이 하나의 미로로서 배열되어 지옥과 연옥과 천국의 각 단계를 상징화한 이 프로젝트는 많은 점에서 EUR 건물에 사용된 파르티를 추상화한 것이다.

거리를 집 안으로 투사하는 미래주의 프로그램을 승화시킨 '투명한' 건축에 대한 테라니의 집착은 파시스트 당사에서 처음 제시되었다. 이후로 그 집착은 1934년에 콜 데켈레에 건설된 사르파티 기념비에서 EUR 회의장 건물을 위한 마지막 설계에 이르기까지 그의 모든 공공 작업 전반에 걸쳐 반복적으로 나타났다. 단테움의 '천국' 공간에서 서른세 개의 유리 기둥과 유리 천장으로 '투명성'의 최종 단계에 다다랐다면, 밀라노에 있는 7층짜리 아파트 블록인 카사 루스티치 (1936~37)에서는 기본적인 장치 두 개를 독창적으로 융합해 개념상의 투명성을 감각적으로 성취했다. 그 장치들은 (1)이중성의 활용으로, 1931년 코모에서 완성한 전쟁 기념비의 형태에 따라 일반적으로 두 개의 평행하는 직선의 매스와 그 사이 공간으로 구성되며, (2)이는 카사 루스티치와 카사 리토리아에서 찾아볼 수 있다. 전자에서는 공중에 매달린 발코니와 다리에서, 후자에서는 지층 레벨의 부수적인 숙박시설, 강당 등의 영역을 설정하면서 연속적으로 후퇴하는 공간의 층위를 만들어낸, 광택 나게 마감한 사무실 바닥에서다.

채워진 볼륨과 그렇지 않은 볼륨이 교대하는 정면화의 형식은 EUR을 위한 계획안에서 그리고 테라니의 마지막 건물로 1940년 코모에서 완성된 4층짜리 줄리아니 프리제리오 아파트에서는 압축적인 형식으로 비대칭적으로 번갈아가며 배치되었다. 파시스트 당사에서처럼 주요 파사드와 또 다른 파사드가 서로 90도로 자리 잡게 배치함으로써 직각 프리즘의 방향성에 변화를 가하려는 의도였던 것 같다. 이와 비슷하게 순환하는 큐비즘적 구성은 이미 테라니의 초기 주택에서 나타났고 동일한 포맷이 카타네오에 의해서 1938년 체르노비오에 건설된 공동주택에 채택되었다.

테라니는 관여하지 않은 이 시리즈의 마지막 작업은 1938~43년 코모에 있는 파시스트 당사 바로 옆 부지에 공사가 진행되었던 파시스트 노동조합 빌딩이다[207]. 이 건물은 테라니의 수제자 카타네오가 린제리, 아우구스토 마냐니, 오리고니, 마리오 테라니와 공동 설계해 건설되었다. 한쪽 방향은 팔라디오식의 ABABABABA 격자로, 다른 한쪽 방향은 규칙적이지만 부분적으로 중략을 사용한 공간 단위를 기초로 한 격자형으로 구성된 이 직각의 가구식 구조는 많은 점에서 코모의 이상주의자들이 창시한 구성적이고 유형학적인 주제에 대한 가장 숭고한 해답이다. 이런 면에서 이 건물은 지난 세대에 걸쳐 산출된 이탈리아 경향의 이른바 '자율적 건축'에 중요한 영감이 되는 건물로 손꼽힐 정도다(조르조 그라시가 모네스티롤리, 콘티, 과초니와 함께 디자인한 키에티의 학생 기숙사 참조). 파시스트 노동조합 빌딩은

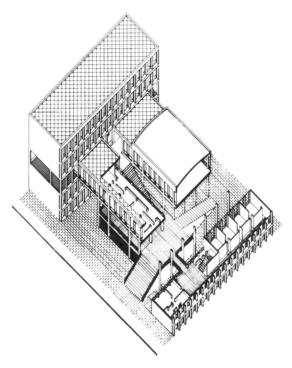

[207] 카타네오, 린제리, 마냐니, 오리고니, 테라니, 노동조합 빌딩, 코모, 1938~43.
내부가 보이는 엑소노메트릭 뷰.

2층의 부수적인 블록이 허공에 걸려 있고 입구 기단과 사무국 그리고 500석의 강당을 포함하는 안마당에 의해 분리된 두 개의 5층짜리 슬래브로 이루어져 있다.

　　1943년에 건물의 완성과 동시에 테라니와 카타네오 두 사람 모두 너무 이르고 다소 불가사의한 죽음을 맞이했다. 이들의 죽음은 합리주의 운동의 돌연한 중단을 초래했지만 이들의 작업은 문화적인 계급 차별 없이 합리적으로 조직된 이상적인 환경의 사회를 실현하고자 했던 노력을 여전히 입증하고 있다. 이 이상이 사회 전반에서가 아니라 그들 건축의 '투명한' 논리에서 실행되었다는 사실은 실비아 다네시가 1977년 이 두 사람에 대해 쓴 글에서 언급되고 있다.

중산층의 선도적 역할과 사회계약의 주축으로서 중산층이 행정 면에서
조직적 역량을 발휘하리라는 완전한 믿음은 두 사람에게서 발견되는
특징이다. 그들은 자기 세대를 포함하는 위기를 감지하지 못했다.
본인들도 속해 있던 그 계층이 위임한 임무를 완벽하게 수행할 수
있으리라고만 생각했다. 그들은 지방의 산업 중산층이 자신의 거점을
새로운 지배 계층인 부르주아에게 뺏기고 있음을 미처 깨닫지 못했다.
새로운 부르주아 계층은 1929년 경제 공황에서 힘을 얻어(은행 국유화,
이탈리아 국영공사 설립 등) 형성되어 오늘날에도 우리를 지배하고
있다. 이 계층은 어마어마한 규모의 자본 이익으로 잘 지냈으며
전체주의 체제 역시 편안하게 여겼다.[5]

26장

건축과 국가: 이데올로기와 재현
1914~1943

길은 곡선을 그리며 보일락 말락 비탈로 접어든다. 갑자기 오른쪽으로 수평선에서 솟아오른 탑과 돔에 햇빛이 비쳐 분홍색과 크림색이 푸른 하늘을 배경으로 일렁인다. 한 컵의 우유처럼 신선하며 로마인 양 장대하다. 하얀색 아치가 손에 잡힐 듯 눈앞에 나타난다.

자동차가 간선도로에서 벗어나 거대한 기념비의 낮은 붉은색 바닥의 끄트머리를 달리다 멈춘다. 여행객은 숨을 크게 쉰다. 그의 눈앞에는 위로 오르는 완만한 경사가 이어진다. 점점 작아지는 유리가 사이에 있는 것처럼 자갈길이 무한한 원근감을 가지고 내달린다. 그 끝에 있는 초록 나무 꼭대기 위로 우뚝 솟은 관청 소재지인 여덟 번째 델리가 언덕 위 네 개 광장을 차지한 채 반짝이고 있다. 돔, 탑, 돔, 탑, 돔, 탑, 빨강, 분홍, 크림색 그리고 희게 벗겨진 황금색이 아침 햇살에 눈부시게 빛난다.

— 로버트 바이런, 「뉴델리」, 『아키텍처럴 리뷰』(1931).[1]

모든 형태를 추상으로 환원하려는 모더니스트의 경향은 국가의 권력과 이데올로기를 재현하고자 하는 데에는 만족스럽지 못한 방식이었다. 이 도상학적인 부적합이 20세기 후반 건물에 역사주의적 접근법이 남아 있는 이유를 대체로 설명할 수 있다. 역사학자 헨리-러셀 히치콕은 오래전부터 여전히 지속되는 전통의 흔적을 인정해야 할 필요를 느꼈다. 그러나 근대 건축의 선구적인 작업으로부터 어떤 보수적인 경향을 구분하기 위해서 그가 1929년에 고안한 '신전통'(New

Tradition)이라는 용어는 시간이라는 시험대를 견뎌내지 못했다. 그가 새로운 전통에 적용했던 성격과 연대기는 너무 모호해서 보편적 동의를 얻을 수 없었다. 그럼에도 재현 또는 재현의 결여로 제기된 문제를 다뤄야 할 필요성은 해가 가면서 감소하기보다 점점 증대해왔고, 넓은 의미의 사회적 리얼리즘 문화를 더 이상 비평적 관찰에서 제외할 수 없게 되었다. 일반적인 의미에서 사회적 리얼리즘이라는 용어는 추상적 형태의 소통의 실패에 대한 증거로 사용될 수 있다. 이러한 사실에도 불구하고 히치콕은 1958년에 다음과 같이 썼다. "역사학자는 스톡홀름 시청이나 울워스 빌딩 등에 대해 어떤 식으로든 반드시 설명하려고 해야 한다."

신전통은 근대 운동의 주류 밖에서 1900~14년 사이에 출현한 의식적으로 근대화를 추구한 역사주의 양식에서 기원을 찾을 수 있다. 우선, 체제의 일반적인 양식, 다시 말해 고딕 리바이벌과 네오바로크 사이를 오가며 갈팡질팡했던 19세기 말의 공식적인 양식은 정확한 정의를 상실하기 시작했다. 이러한 건축은 특히 영국과 독일에서 절충적인 방식으로 퇴보했고 결국 설득력 있는 건축적 표현을 찾을 수 없었다. 동시에 유럽 고전주의의 주류인 보자르는 1900년 파리 만국박람회에서 진부하고 겉멋만 부리는 '공식주의자'로 막다른 길에 다다랐다. 예를 들어 그랑 팔레의 재기 넘치지만 지나치게 과장되어 있던 수사로 산업화 사회의 진보적인 이데올로기를 재현하는 것은 확실히 뭔가 맞지 않았다. 도대체 무엇이 석조 무대장치에 감금된 그랑 팔레의 철과 유리로 된 실내보다 더 억압의 상징이 될 수 있을까? 석조 형태를 향한 영원한 편애에 아르누보에서 따온 우아한 곡선을 가진 꽃 모티프들로 새로운 활기를 불어넣으려 했던 이후의 시도들은 르 코르뷔지에가 그토록 경멸했던 부왈로의 루테샤 호텔(1911) 같은 상징주의적 뉘앙스를 강하게 풍기는 경직된 고전주의를 띠는 음울한 사례들을 낳았다.

반면에 반체제적인 영국 자유 양식이나 유럽 대륙에서 이것을 좀 더 급진화해 이어받은 소위 아르누보는 이때에 이르러 매우 엄격하고 전형화된 표현 형태로 전락해 있었다. 게다가 앙리 반 데 벨데가 1908년에 깨달았듯이 '총체예술'이라는 바로 그 개념이 문제적인 작업의 사회문화적 의미를 사유화하는 불운한 결과를 가져왔다. 농업에 기조한 상인 경세로 복귀하자는 라파엘전파의 신화도, 아르누보의 세련된 이국주의도 의회민주주의나 자유롭고 진보적인 사회에 대한 이념적인 열망을 표현하는 데 이용되지 못했다. 1910년경, 현대 산업 국가(막스 베버의 권력 국가)는 아닐지라도 기업연합의 표현을 위해 특별히 고안된 새로운 규범 양식의 문턱에 서 있던 페터 베렌스조차 1914년 독일공작연맹 전시회 즈음에는 창조적인 기운을 상실했고, 독일공작연맹 연회장에서 보여준 안전한 신고전주의적 양식으로 도피했다.

라그나르 외스트베리가 영국 자유 양식의 원칙을 공공기관의 표현에 독특하게 적용한 것은 1909~23년 스톡홀름 시청에서 이루어졌다. 이 도상학적 업적은 산업 국가보다 전통적인 소도시 항구를 재현했다는 사실에서 거둔 성공에 빚지고 있는 듯하다. 그런 점에서 특정한 이데올로기적 목적을 위해 일정한 양식을 지정해두었던 제3제국의 건축 정책을 암시하고 있다.

제1차 세계대전 발발 직전, 전체 개념에서는 역사적으로 결정된 것과는 거리가 먼 역사주의적 건물, 즉 신전통을 대표하는 작업이 많아졌다. 따라서 캐스 길버트의 뉴욕의 울워스 빌딩(1913)의 단호한 구성과 이국적인 외관이 제2차 세계대전 이후 프랭크 로이드 라이트와 레이먼드 후드의 마천루의 발전을 예견하고 있다는 사실에 견주면 건물이 취한 고딕 양식의 디테일 처리는 오히려 부차적이다.

유럽에서 신전통의 발흥은 더 자의식적이었고 용인된 공공 양식인 네오바로크와 독자적으로 단절하고, 형태에서는 아닐지라도 정신에서 고대 로마의 엄숙함과 명징성으로 복귀한 작업들로 특징지어졌다. 1913~27년에 건설된 파울 보나츠의 슈투트가르트 기차역과

1912년에 의뢰됐지만 1931년까지도 마지막 모습을 드러내지 못하고 있던 에드윈 러티언스의 뉴델리 등이 전형적인 예이다.

조지 5세가 그를 위해 열린 야외 행렬이나 공식 접견에서 뉴델리의 수도 설립을 선포한 것은 1911년 인도의 수도를 캘커타에서 델리로 이전한 영국의 의도 뒤에 숨겨진 얄팍한 속임수를 가리려고 고안된 이데올로기적 제스처에 지나지 않았다. 확실히 영국은 제국의 심장부에서 라(Raj)의 이름으로 무굴 왕궁의 화려한 행사를 부활시킴으로써 식민경제를 유지하면서 자치를 환영하는 듯한 모순적인 정책을 계속 추진할 수 있기를 원했다. 왕이 코끼리가 아니라 말을 타고 도시에 입성했기 때문에 왕국의 위신이 실추되었다는 사실은 어떤 의미가 있다. 관대한 타협으로 이끌었던 외교 노력은 전통적인 관례를 알아볼 수 없을 정도로 바꾸었고 왕은 대중의 눈에 띄지 않게 델리의 성문을 통과했다. 뉴델리 건설은 이렇게 취약한 이데올로기적 제스처의 물화였다. 이는 관련된 모두가 만족할 만한 설득력 있는 영국식-인도(Anglo-Indian) 양식을 정립하려 한 1913~18년의 오랜 노력에서 명백해진다. 이 양식은 무엇보다 러티언스의 확신이 있어야 했는데, 그는 파테푸르 시크리(Fatehpur Sikri)의 무굴 도시만이 인본주의적 전통에 효과적으로 통합될 수 있는 유일한 건축을 보여주리라고 생각했다. 인본주의, 다시 말해 고전주의는 처음에는 쇼와 러티언스의 건축에서, 다음에는 1914년에 출판된 제프리 스콧의 『인본주의 건축』에서 이론적인 수준으로 다듬어지면서 20세기 이후 영국의 건축 문화에서 성급하게 재확인되었다.

러티언스는 인본주의 규범을 옹호하면서 영향력 있는 이국 문화를 흡수할 필요성을 느꼈다. 이것은 그가 이전에는 결코 도달하지 못한, 단지 제1차 세계대전 전사자 기념비들인 1920년 제막된 런던 기념비와 1924년 티에팔 추모 기념탑(도판 30)에서 겨우 비슷한 수준으로만 성취할 수 있었던 추상적인 명확성과 조화의 수준으로 그를 이끌었다. 러티언스는 1923~31년 건설 중이던 뉴델리 총독 저

[208] 러티언스, 총독 저택, 뉴델리, 1923~31.

택[208]에서 자신의 교외 주택의 무기력한 역사주의를 초월해 라이트
와 마찬가지로 개척 문화의 가능성을, 결코 지지 않는 태양으로서의
초대국을 상정했다. 뉴델리는 영국인이 그때까지 건설했던 것 가운데
가장 기념비적인 복합체지만 역사는 영국의 지배를 이후 15년밖에 허
락하지 않았다. 실내장식은 전통을 따랐으나 총독 저택은 그 자체로
베르사유에 비견할 만했다.

베르사유에서와 같이 1912년 뉴델리의 주문은 건축이 다시 한번
국가의 대의에 이용되는 건설의 시대를 열었다. 처음에는 제1차 세계
대전의 대격변으로부터 새롭게 출현한 독립 민주주의 국가를 재현하
기 위해서, 그리고 1917~33년에 다양한 모습으로 나타난 혁명의 '세
기'를 축하하기 위해서, 처음에는 소련에서, 그리고 1922년 파시스트
의 이탈리아에서, 마지막으로 제3제국에서 건축이 이용되었다. 좀 더
일반적인 의미에서, 건축은 1929년 주식 시장의 붕괴 직전과 직후 모
두에서 독점자본의 부활과 명백한 운명을 재현하기 위해서 호출되

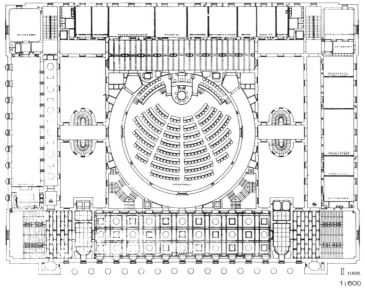

[209] 시렌, 핀란드 국회의사당, 헬싱키, 1926~31. 주요 층 평면.

었다.

이 시기 공직에 있던 건축가들에게는 이념적 임무가 주어졌다. 보자르까지는 아니어도 고전주의 배경을 가졌던 관련 건축가 대부분이 근대 운동의 진보적 열망에서 전체 발전을 분리시키는 데 복무했다. 대부분의 경우 이러한 분리가 의식적으로 추구되었다. 1926~31년에 새로이 독립한 국가를 위해 헬싱키에 세워진 시렌의 핀란드 국회의사당은 신전통의 신-신고전주의 규범을 확립했다[209]. 탁월한 계획의 국회의사당은 스칸디나비아의 복고된 신고전주의의 직접적인 산물로, 1920~28년 아스플룬드의 스톡홀름 공공 도서관과 밀접한 관련이 있다. 그러나 시렌의 작업은 아스플룬드의 것에 비하면 거의 연극적으로 보인다. 그의 얇은 열주 양식은 긴밀하게 조직된 건물 위에 부조로 새긴 장치일 뿐이다. 그마저 없었더라면 정교한 축조적 볼륨은 밋밋했을 것이다.

근대 운동과 신전통 사이의 노골적인 대결은 1927년 국제연맹 공모전에서 일어났다. 보자르의 아카데미 진영에서 존 버넷, 샤를 르 마레스키에, 카를로스 가토가, 아르누보 진영에서 호프만, 오르타, 베를라헤가 심사위원으로 위촉되었다. 이들은 당대의 세 가지 기본 접근법을 대표하는 스물일곱 개의 설계를 선별했다. 수상작 중 아홉 개가 보자르에 해딩했고, 르 코르뷔지에와 하네스 마이어의 유명한 계획안(도판 144, 108)을 포함한 여덟 개 작업이 근대 운동으로 인식되었다. 마지막으로 부알로와 파울 보나츠, 마르첼로 피아첸티니의 출품작을 포함한 열 개 작업이 신전통에 속했다. 이 중 보자르적 출품작 세 점과 신전통을 대표한 주세페 바고의 계획안이 결선에 올랐는데, 바고의 것은 러시아 사회적 리얼리즘의 장식 없는 고전주의에 놀랍도록 가까웠다.

소비에트 연방
1931~38

근대 운동과 신전통 사이의 투쟁은 러시아가 국제연맹 건물에 대한 맞대응으로 계획적으로 개최한 1931년 소비에트 궁 공모전에서 또다시 벌어졌다. 소련 건축에 미친 이 공모전의 영향은 결정적이었다. 르 코르뷔지에, 페레, 그로피우스, 묄치히와 루베트킨 등 전 세계에서 출품작들을 끌어 모았을 뿐 아니라 수많은 개별 디자이너들을 포함해 신건축가협회, 현대건축가협회, 프롤레타리아건축가협회 등 소련 내 주요 건축 분파도 모두 출품했기 때문이다.

　르 코르뷔지에의 계획안(도판 145)은 노출된 지붕 구조를 가진 강당과 완벽하게 투명한 외피에서 명백하게 보이듯 그의 전 경력을 통틀어 가장 구축주의적이었다. 하지만 이러한 요소들의 환원적인 성격에도 불구하고 프로젝트의 상징주의는 연사의 연단에서 매우 분명하게 나타난다. 연단은 공화국 포디움을 내려다보며 더 큰 강당의 후면 도서관 블록 끝에 놓여 있다. 극소수의 출품작만이 상징적 가치를

425

다양한 요소의 기능에 매우 직설적으로 부합시켰고, 여기에서 우리는 이보다 4년 앞서 피스카토르를 위해 그로피우스가 설계한 극장에서처럼 하나의 작업이 그 구성과 형태를 통해서 교훈으로서 인식될 수 있음을 알 수 있다. 그러나 심사위원단은 르 코르뷔지에의 출품작이 '기계주의와 심미화에 대해 너무나 강렬한 숭배에 빠져 있다'고 평가했다.

이는 러시아 출품작들에도 해당되는 말이었다. 새롭게 산업화된 사회주의 국가에 대한 은유로서 제안된 기술적 수사가 정교하게 들어간 습작 이상은 아니었기 때문이다. 이 공모전의 역설 중 하나는 극좌파였던 프롤레트쿨트나 프롤레타리아건축가협회의 출품작이 1932년 4월 당 중앙위원회가 공식 채택한 기념비적인 사회적 리얼리즘의 경향을 대표하지 않았다는 점이다. 오히려 사회적 리얼리즘 양식은 보리스 이오판의 수상작에서 처음 시험적으로 시도되었다. 구축주의적 강당은 고전주의 양식의 앞마당인 사각형 공간을 한정하는 반원형 양끝 건물에서 찾아볼 수 있다. 그 위로는 한가운데 노동자 형상이 있는 고전주의 파일론을 올렸다. 이 인물상은 자유의 여신상을 의식적으로 참조했던 것으로 보이며 들어 올린 팔은 자유의 빛이라기보다 혁명의 빛을 가리키고 있다. 1933년 이후의 디자인에서 아카데미파인 겔프레이흐와 슈코와 공동 작업한 이오판의 설계는 한층 더 수사적이 되었다. 1934년에 이르면 원안의 두 개의 강당은 단을 이루는 열주랑의 웨딩 케이크 안으로 흡수되고 450미터 높이에서 손을 우주를 향해 내밀고 있는 초대형 레닌 동상이 꼭대기에 설치되었다[210]. 3년 후 전체적인 형태는 남아 있었지만 전체 매스는 작아졌고 열주랑은 아르데코 기둥의 일부가 되었다.

혁명 이전에 자리를 잡았지만 납작하게 엎드려 숨죽이고 있던 알렉세이 슈세프(그의 절충적인 민족적 낭만주의 건물인 모스크바 카잔역이 1913년까지 건설 중에 있었다) 같은 아카데미파는 1932년 이후에 유사-신고전주의 건물을 하나씩 연이어 건설하기 시작했다. 슈

[210] 이오판, 소비에트 궁 계획안, 모스코바, 1934.

코의 1938년 레닌 국립 도서관은 비대칭 불륨에 장식을 제거한 기둥과 잡다한 고전 에피소드의 조각들로 채운 잡종 양식의 전형이다. 소련에서 신전통의 부상은 몇 가지 요소에 기인한다. 첫째로 프롤레타리아만이 프롤레타리아 문화를 창조할 수 있다고 주장한 프롤레타리아건축가협회가 구축주의 지식인에 대해 제기한 교조적이고 반박할 수 없는 도전이 있었다. 다음으로 구축주의에 반감을 품고 있었던 전전의 아카데미파가 복권되었다. 기술적으로 그들이 건설 프로그램에 없어서는 안 되었기 때문이다. 마지막으로 당 스스로 인민들이 근대 건축의 추상 미학에 반응할 수 없다는 사실을 감지하기 시작했다. 1932년 선동된 당의 사회적 사실주의 계통의 이데올로기적 편의주의는 다음 해 있었던 아나톨 루나차르스키의 사회적 리얼리즘에 대한 과도한 옹호, 즉 헬레니즘 문화의 요원함을 인정하면서도 '이 문명

과 예술의 요람'이 여전히 소련의 건축을 위한 하나의 모형으로 쓰일
수 있다는 주장을 설명해준다. 40년 이상 일관된 정책으로 유지된 이
국가 문화의 성공을 베르톨트 루베트킨보다 더 정확하게 평가한 이는
아마 없을 것이다. 그는 1956년에 다음과 같이 썼다.

> 연극적인 가장자리에 장식을 잔뜩 하고 기념비용 석공 목록에서 아무런
> 연관성도 없이 가져온 석조로 마무리되어 있는 소련의 몇몇 건물은
> (결코 전부는 아닐지라도) 오픈 스페이스와 숨 막히게 커다란 스케일을
> 비범하게 활용함으로써 고안된 레이아웃 덕분에 장대하고 질서 있는
> 건축의 조화를 형성할 수 있었다. 그 건물이 주는 충격은 픽처레스크의
> 단편과 '혼합(mixed) 개발' 시대의 서구 건축가들에게 쉬이 잊히지
> 않을 것이다.[2]

파시스트 이탈리아
1931~42

모더니티와 전통 간의 유사한 갈등이 이탈리아 파시스트 운동의 건
축적 이데올로기를 특징지었다. 이는 무솔리니가 로마 진군을 한
1922년 10월과, 정부가 후원하는 건축가 연맹이 새롭게 창설된
MIAR로부터 지지를 철회하고 마르첼로 피아첸티니의 주도 아래 경
쟁 파벌들을 '이탈리아 현대건축가연합'이라는 단일 이념체로 화해시
키기 위해 결집한 해인 1931년 사이에 일어났다.

전후 파시스트 이데올로기는 전전 미래주의 운동에서 뚜렷이 구
분되는 두 가지 측면에서 뻗어나와 발전했다. 하나는 사회를 재구조
화하려는 미래주의의 혁명적 관심이었고, 다른 하나는 전쟁 예찬과
기계에 대한 숭배였다. 둘 모두 파시스트 수사에 효과적으로 통합될
수 있는 요소들을 제공했지만, 전쟁과 그 여파는 미래주의에도 파괴
적인 재앙이었고 '기계문화'에 대한 태도는 대중적인 수준에서뿐 아니

라 지성인 사이에서도 급격하게 회의적으로 바뀌었다.

미래주의에 반대하는 문화적 반동 세력은 미래주의가 완전히 부상하기도 전에 이미 공식화되었다. 처음에는 예술 형식의 독점적인 영역을 주장한 베네데토 크로체의 『정신과학으로서의 철학』(1908~17)에서, 다음에는 쏟아지는 햇빛 아래 서 있는 아치형의 열주랑을 묘사한 조르조 데 키리코의 그림 「시간의 수수께끼」(1912)였다. 사실 데 키리코 그림의 너무나 인상적인 형이상학적 이미지는 이탈리아 신전통의 형식과 분위기를 직접적으로 예시하는 듯 보인다.

데 키리코와 노베첸토 운동의 형이상학적인 화가들 그리고 모더니티를 인지하고 있었지만 현혹되지는 않았던 이들에게서 받은 영향으로 조반니 무치오를 수장으로 한 밀라노의 선축적 아방가르드는 미래주의의 기계 숭배를 의식한 반명제로 지중해 연안의 고전적 형태들을 재해석하기 시작했다. 이 운동은 무치오의 1923년 밀라노의 모스크바 기리에 건설된 카브루타 아파트에서 시작됐는데, 이것은 1932년 피아첸티니의 지휘로 시작되어 로마 대학교에서 출현했던 피아첸티니의 관료주의 양식에 영향을 주었을 뿐 아니라 이탈리아 합리주의 작업의 출발점이기도 했다. 1931년 집필됐던 무치오의 고전 전통에 대한 변론은 자신만의 스타일로 피라네시의 자만을 뛰어넘은 신전통의 보편성에 관한 자각을 나타냈다. 그는 노베첸토 운동이 반미래주의 신념의 실존이라고 썼다. 그는 과거의 고전적 체계가 언제나 적용될 수 있다고 주장하고, 이어서 다음과 같이 물었다. "우리는 머뭇거리고 있지만 널리 퍼진 징후들로 유럽 전역에 알려지게 될 한 운동의 임박한 탄생을 필경 예견하고 있지 않았던가?"

이탈리아에서 모더니티와 전통 사이의 갈등은 젊은 합리주의자들이 고전 전통의 재해석에 무치오나 피아첸티니만큼이나 헌신적이었기 때문에 특히 미묘한 형태를 띠었다. 그러나 합리주의 건축가들의 접근법은 매우 지적이었고 그들의 금욕적인 작업은 쉽게 이해될 수 있는 도해적 상징성이 결여되어 있었다. 미래주의가 더 이상 국

[211] 로마 세계박람회 포스터, 1942.
현장(the site)과 미래를 잇는 아치를 위한 리베라의 계획이 전시되었다.

[212] 데 키리코, 「시간의 수수께끼」, 1912.
[213] 구에리니, 라파둘라, 로미노, 팔라초 델라치빌타 이탈리아나, 로마 세계박람회, 1942.

가의 이데올로기를 재현할 수 없다는 것을 깨달은 파시스트 세력은 1931년 단순화해 복제가 용이한 고전주의 양식을 선택했고 그 양식은 1942년 불운했던 로마 세계박람회에서 정점을 맞았다[211]. '영원한 도시' 로마 바깥에 새로운 수도를 이식하고자 했던 바람은 그 열망만 놓고 보면 뉴델리만큼이나 유토피아적이고 반동적이었다. 그것은 사회 현실과 완전히 동떨어진 기념비성을 상정했다. 데 키리코의 「시간의 수수께끼」[212]는 대지의 주축의 끝을 장식한 아치로 가득 채워진 6층짜리 프리즘인 '팔라초 델라치빌타 이탈리아나'[213]에서 거의 그대로 실현되었다.

제3제국
1929~41

1933년 1월 국가사회당이 권력을 장악한 후에 근대 운동의 합리적 경향이 즉시 퇴색되어버린 독일에서는 합리주의와 역사주의 사이의 투쟁은 일어나지 않았다. 근대 건축은 효율적인 산업 생산과 기능주의적 접근법이 요구된 공장 복지의 경우를 제외하고는 세계주의적이고 타락했다는 이유로 기각되었다. 하지만 히틀러의 '사회적 혁명'에 적절한 양식에 관한 질문에는 이탈리아나 러시아와 다른 해답을 내놓았다. 거의 모든 경우에 적용하도록 예정된 하나의 단일한 양식을 채택하지는 않은 것이다. 제3제국의 복잡 미묘한 이념적 정책들은 그렇게 포괄적인 해결책에 불리했다.

나치는 국가사회주의를 독일 운명의 영웅적 성취로 재현하려고 노력하면서, 마음의 안정을 줄 수 있는 건축에 대한 대중의 욕망을 만족시키고 산업화된 전쟁, 인플레이션, 정치 변동이 전통 사회를 침식해버린 상황을 보상할 수 있길 바랐다. 초기의 이러한 양식상의 이분법은 뒤틀린 형태로 근대 운동의 역사에 스며들었던 이념적 분열을 반영한다. 이러한 분열은 산업 생산품의 실용적이고 보편적인 표준(신고전주의 형태로 물화된)과 농업을 기반으로 하는 장인 경제의 '뿌리 깊은' 가치들로 되돌아가려는 기독교적 욕구 사이의 대립으로 1830년대 퓨진에 의해서 처음으로 확인되었다. 나치는 전자를 위해 헤겔의 철학과 싱켈의 건축으로 표현된 프로이센식 권위주의 국가의 계몽된 문화에 기대야 했고, 후자를 위해서 그들은 1806년 프로이센의 애국자 얀이 최초로 주창한 반서구적 숭배 사상인 독일 민중 신화로 되돌아갈 수 있었다.

얀의 철학으로 쇄신한 국가사회주의는 1929년 출간된 리하르트 발터 다레의 책 『북유럽인종의 삶의 원천으로서의 소작농』과 함께 왔다. 책은 땅으로의 복귀를 옹호하며 '피와 땅'의 문화 개념을 최초로 주장했다. 농업경제학자로 이력을 시작한 다레는 국가사회주의의 반도시적이고 인종차별적인 이데올로기를 발전시키는 데 핵심 역할을 했다. 비록 그의 견해를 나치 엘리트가 완전히 수용하지는 않았지만 1933년 이후 당의 원조 아래 건설된 '향토 양식' 또는 토속적 주택의 근거가 되었다.

제3제국 내에서 충돌하는 이데올로기들은 양 극단에 놓인 양식

[214] '기쁨을 통한 힘' 포스터, 1936. 폭스바겐은 이 운동의 정수였다.
[215] 림플, 하인켈 노동자 주택(위)과 공장, 오라니엔부르크, 1936.

으로는 충분히 표현될 수 없었고 다른 유형이 제시되어야만 했다. 당
의 정치학교인 오르덴스부르겐은 중세를 모방한 성곽 양식으로 건
설됐고, 로베르트 레이의 '기쁨을 통한 힘'(Kraft durch Freude) 운
동[214]의 다양한 오락시설들은 현실도피적 환경을 요구했다. 대중적
으로 인기 있는 로코코 양식을 본뜬 장식이 극장, 선박 그리고 가벼
운 오락을 위한 건물에 무분별하게 적용되었다. 이 양식적인 분열증
은 동일한 개발에서 부분들이 완전히 제각각 처리되는 결과를 빈번하
게 낳았다. 마치 1936년 오라니엔부르크에 세워진 헤르베르트 림플
의 하인켈 공장[215]이 행정동의 신고전주의적 입구에서부터 노동자
주택의 '향토 양식', 공장의 기능주의에 걸쳐 다양하게 표현된 것처럼
말이다.
　　바이마르 공화국의 평지붕 입방체에서 제3제국의 가파른 경사
지붕 형태로 국가가 지원하는 주택 양식이 급격히 전환된 것을 건축

가 파울 슐체-나움부르크는 열렬히 지지했다. 그는 스스로도 간결한 양식을 썼지만 기능주의 건축에는 반발했다. 하얗게 회칠하고 가파른 경사지붕을 가진 '향토 양식'을 하인리히 테세노와 함께 창조했던 슐체-나움부르크는 1920년대 중반이라는 이른 시기에 근대적 삶의 국제주의와 기계주의를 저지하는 데 발 벗고 나섰다. 그의 반이성주의적 수사는 테세노와 헤링, 샤로운이 다 같이 지지한 단순하고 세속적이며 유기적인 형태에 관한 후기 미술공예운동의 관심에서 파생된 것이었다. 그러나 슐체-나움부르크에게 형태는 정치적 함의의 문제였다. 바이마르 공화국의 신즉물주의 건축에 반대한 그는 인종차별주의는 아니더라도 우익적인 태도를 취했고, 곧 당의 반동적 이데올로기에 쉽게 동화되었다. 1930년 슐체-나움부르크가 마침내 알프레트 로젠베르크의 문화 전선인 '독일문화투쟁동맹'에 가담했을 때 다레는 이미 산업 도시화와 소농가의 파괴에 반대하는 통렬한 비난으로 근대 문화 전반을 공격할 기반을 닦아놓은 상태였다. 그에게 농업 정착지는 애국주의의 요새였으며 순수 북유럽인종의 가상의 서식지였다.

슐체-나움부르크는 1932년 투쟁동맹 저서 『예술을 위한 투쟁』에서 고향 땅이라는 개념을 잃어버린 도시 유목민을 혹평하면서 비슷한 입장을 취했다. 그 밖에 다른 곳에서 그는 거의 다레를 의역하면서 기초를 땅속 깊숙이 박은 경사지붕의 독일 주택을 뿌리를 상실한 사람들의 평지붕 건축과 대조하면서 찬양했다. 그는 1926년 평지붕이 "다른 하늘 아래에서 태어난 다른 혈통의 자식임을 바로 알아차리게 하는 것"이라고 쓰고는 관점을 공표했다. 이 논평이 슈투트가르트 바이센호프지들룽을 베두인족과 낙타가 지나다니는 아랍 마을로 바꾸어놓은 냉소적인 포토몽타주에 영감을 준 듯하다. 슐체-나움부르크의 인종적 편견은 독일의 문화적 퇴폐가 생물학에 기원을 두고 있음을 증명하려 했던 그의 책 『예술과 인종』에 뚜렷하게 드러난다. 그의 두 번째 이론 작업인 1929년의 『독일 주택의 얼굴』에서 그는 독일의 주거에 대해 다음과 같이 썼다.

마치 자연의 산물처럼, 뿌리가 땅속 깊이 뻗어 내려가 흙과 하나가 되는 나무처럼 땅에서 자라나고 있는 느낌을 준다. 이것은 바로 고향에 관한, 피와 흙과의 유대감에 대한 이해를 제공하며 어떤 사람들에게는 이것이 삶의 조건이자 존재의 의미이다.[3]

대중 주택에 얼마나 적절했는지는 몰라도 '피와 땅'의 '향토 양식'은 천년 제국의 신화를 상징하기엔 역부족이었다. 그래서 당은 길리와 랑한스, 싱켈의 고전주의 유산을 이용했다. 파울 루트비히 트루스트와 1933~40년대 중반까지 히틀러의 건축가를 지낸 알베르트 슈페어는 싱켈 학파의 전통을 간소화한 버전으로 국가를 대표하는 양식의 실질적 기반을 설정했다. 트루스트가 한 '당의 수도' 뮌헨 장식, 나치 전성기에 열린 1937년 뉘른베르크 전당대회를 위해 슈페어가 지은 초대형 세트인 체펠린펠트 스타디움, 이듬해 완공한 베를린 신총통 관저까지 모두 간소한 고전주의가 지배했다.

트루스트가 토스카나식 오더를 감흥 없이 번안한 것에서 슈페어는 장식 없는 또는 플루팅된 사각기둥을 선호하는 것으로 나아가면서 싱켈의 균형 잡힌 섬세함은 새 시대라는 미명 아래 의식적으로 아주 약간 제거되었다. 낭만적 고전주의―광적인 정확성으로 지어진―는 이렇게 숨이 꺼져갔고 대중 집회를 위한 거대한 세트로 활용될 때 겨우 활기를 띠었다. 1935년 베를린 템펠호프 전당대회를 위해 슈페어가 전조등과 깃대를 이용해 만든 가상의 기둥들, 이른바 '얼음 성당'은 최초로 체계화된 야외극 양식이었다. 이러한 무대는 괴벨스의 지휘하에 현장에서뿐 아니라 제국 전역에서 나치 이데올로기를 설득하는 장치로 기능했고, '하나의 예술 작품으로서의 국가'가 라디오와 영화 등 대중매체로 송출되었다. 레니 리펜슈탈의 1934년 뉘른베르크 전당대회 다큐멘터리 영화「의지의 승리」는 건축이 슈페어의 임시 무대장치 형태로 영화 선전에 이용된 첫 사례였다. 이후 슈페어의 뉘른베르크 전당대회를 위한 설계는 건축적 규준뿐 아니라 카메라 앵

[216] 크라이스, 전쟁 기념비 계획안, 쿠트노, 1942.

글에 따라 결정되었다. 건축의 영화적인 이용은 체펠린펠트의 미래를
지고의 폐허로 보호하기 위해서 하중을 받치는 데 석조를 사용해야
한다고 고집한 슈페어의 주장과 완전히 모순되는 것이었다. 보강재로
금속 사용을 금하는 이 특이한 '폐허의 법칙'은 계몽주의에 대한 향수
어린 참조였고(예를 들면 그는 피라네시의 파에스툼 동판화를 생각했
다), 신고전주의가 독일 대지의 정신, 민중의 토속성(Heimat)에 대한
숭배를 표현한다는 빌헬름 크라이스의 주장 또한 마찬가지다.

　　신전통의 국가사회주의적 버전은 '공공성이 드러나는 공간'을 집
단 히스테리로 환원한 것 이상이 될 수 없었다. 모든 실제적 관계를
영화의 허상에 또는 국민 집회장의 연극적인 의식에 종속시켰다. 국
민 집회장은 자연 숭배와 게르만 민족 특유의 의례를 위해 1934년 이
후 건설된 야외 무대였다. 낭만적 고전주의 언어는 계몽사상의 이미

지와 신념이 송두리째 벗겨지고 이제 무대 배경으로 축소되었다. 악명 높은 베르너 마르히의 1936년 올림픽 경기장과 같은 시기에 건설된 보나츠의 아우토반 다리를 제외하고 무의미한 과대망상으로 퇴락한 신전통은 1941년 이후 크라이스의 토텐부르겐(Totenburgen)에서 종말을 맞았다. 크라이스가 탁월하게 고안한 '불레'풍의 이 '죽은 자의 성'은 전사자들의 유골을 불멸화하기 위해서 기회가 있을 때마다 동유럽 전역에 걸쳐 건설되었다[216].

미국의 모더니즘적 양식
1923−32

1930년대에 권력이 긍정적이고 진보적으로 표현되기를 원했던 곳이면 어디에서나 장식을 제거한 고전주의 양식의 형태를 취한 신전통이 지배적인 취향으로 등장했다. 1937년 파리 만국박람회의 소련 전시관은 슈페어가 설계한 독일 전시관과 거의 동일하게 유사-고전주의 체계를 이용했다. 슈페어가 주목한 것처럼 신고전주의적 기념비성에 대한 취향은 전체주의 국가에만 국한되지 않았다[217]. 1937년 완성

[217] 파리 만국박람회, 1937.
왼쪽은 슈페어의 제3제국 전시관, 오른쪽은 이오판의 소련 전시관.

된 장-클로드 동델의 현대미술관과 오귀스트 페레의 국립 공공사업박물관 등 파리에서도 관찰되었다. 미국에서 이것은 1893년 시카고 만국박람회에서 제1차 세계대전까지 미국의 공식적인 양식이었던 보자르의 신고전주의에서 서서히 등장했다. 헨리 베이컨의 1917년 링컨 기념관과 같은 워싱턴의 신고전주의적 장식을 한 건물에서 판단할 수 있듯이 연방 정부는 신전통의 후원자가 되기에는 너무 보수적이었다. 대학들은 세기 전환 이후 진부한 고딕에 매달렸다. 좀 더 모험적인 절충주의를 지원할 수 있었던 유일한 후원자는 철도회사였던 것 같다. 제1차 세계대전이 일어나기 10년 전에 건설된 뉴욕 터미널, 워런 앤드 웨트모어의 그랜드 센트럴 역(1903~13), 매킴, 미드 앤드 화이트가 작업한 절충적인 로마풍의 펜실베이니아 역(1906~10), 펠하이머 앤드 와그너가 1929년 설계한 신시내티 유니언 역 등의 근대적인 작업을 보라.

고층 오피스 빌딩 개발 역시 근대적인 표현을 밀어준 또 다른 후원처였다. 1913년 캐스 길버트의 울워스 빌딩에서부터 신전통은 마천루에 관한 한 고딕 애호를 드러냈다. 이러한 경향은 1922년 시카고 트리뷴 사옥 현상설계 결과에서 더 두드러졌다. 국제 공모전에서 수상한 디자인들은 지배적 양식을 형성하는 데 또다시 결정적인 힘을 발휘했다. 엘리엘 사리넨의 2등상 출품작은 레이먼드 후드와 하월의 수상작 만큼이나 후드의 이후 경력에 중요한 영향을 미쳤다. 이는 1924년 검정과 황금색의 아메리칸 라디에이터 사옥에서 뉴욕의 록펠러 센터를 위해 1930년에 그린 초기 스케치에 이르기까지 후드의 '마천루 양식'의 발전에서 엿볼 수 있다. 1920년 자크 그레버가 주목했듯이 "장식이 제거된 고딕"은 건축가가 "수직성을 강조하는 굉장히 두드러지는 리브로 타워의 외관을 인상적이게 함으로써" 너무 많은 창문의 문제를 극복할 수 있게 했다.

미국의 아르데코의 종합 또는 모더니즘 양식은 세기 전환기에 역사주의가 그랬던 것처럼 근대 운동의 주류에 뿌리를 두었다. 무엇보다 독일 표현주의와 유사성이 있었다. 매켄지, 부어히스, 그멜린, 위커가 뉴욕에서 선보인 작업의 전개에서, 즉 이들의 첫 작업이었던 1923년 바클레이-베지 빌딩, 1928년 웨스턴 유니언 빌딩에서 이를 찾아볼 수 있다. 그러나 이 고도로 종합적인 양식은 하나의 기원만 둔 것이 아니었다. 신세계에서 민주주의와 자본주의의 승리를 축하하려는 자연스러운 욕망에서 자라난 것이기도 했다. 미국 입장에서 제1차 세계대전은 유리하게 끝났다. 미국은 채권국가로 부상했고 호황이 찾아왔다. 어떤 양식이 '진보'를 위한 열정을 표현할 수 있을까? 쇠퇴해 가는 유럽의 역사주의 양식은 분명 아니었고, 새로운 유럽의 아방가르드 풍조를 택할 수도 없었다. 포러스트 릴이 1933년 시카고의 '진보의 세기 박람회'에 관해 언급했듯이 그 출처는 더 개방석이고 절충적이어야 했다.

> 1925년 파리 박람회, 프랭크 로이드 라이트, 큐비즘, 기계 윤리,
> 마야의 형태, 푸에블로의 문양, 뒤독, 빈 분리파, 현대적인 실내장식,
> 조닝 법칙에 의한 셋백. 미국의 근본적인 근대성에 내재해 있는
> 손쉽게 찾아낼 수 있는 이 희미하게 연결된 수많은 출처들은,
> 지금의 유럽 아방가르드의 비개인적이고 환원적이며 배타적이며
> 좀 더 이상주의적이고 더욱 도덕적인 추진력과는 반대로, 이곳에서
> 근대 운동의 느슨하고 폭넓고 포괄적이며 덜 강렬하지만 다소
> 무계획적이어서 민주적인 범주를 제시하기 시작했다.[4]

모더니즘 양식 이면의 중요한 의도는 그것이 사용된 방식에서 입증될 수 있을 것이다. 가정집 인테리어 등은 차치하고서라도 그것은 사무실, 도심 내 아파트 블록, 호텔, 은행, 백화점 등 세속적인 세계에 제공됐고 방송, 신문, 출판, 전기통신 등을 위해 바쳐졌다[218]. 전적으로 도시의 양식이었다. 엘리 자크 칸과 레이먼드 후드 같은 근대 건축가의 개인 주택과 컨트리클럽 같은 교외 작업은 간헐적으로 식민지

[218] 밴 앨런, 크라이슬러 빌딩, 뉴욕, 1928~30.
크로스 앤드 크로스의 RCA 빅터(현 G. E.) 빌딩과 슐체 앤드 위버가 지은
발도르프 아스토리아 사이에 있다. 후자의 두 건물 모두 1930~31.

양식의 포르티코로 조절된 영국 자유 양식의 변주들로 완성되었다.
여기에는 사실 전체주의 국가에서는 '당의 노선'에 따라 획득한 정당
성에 필적하는 양식적 타당성이 있었다. 하나는 오피스 빌딩을 위해
서, 또 다른 하나는 한적한 교외를 위해서 그리고 또 다른 양식은 대
학의 전원을 위해서였다. 이 마지막은 종종 랠프 애덤스 크램의 중세
적 장인 솜씨로 만들어졌다.

모더니즘 양식이 그 시대의 이데올로기적·역사적 조직 안으로
짜여 들어간 정확한 방식은 아마도 뉴욕 록펠러 센터의 역사가 가장
잘 드러내고 있을 것이다. 록펠러 센터는 새로운 곳에 새로운 공연장

을 원했던 메트로폴리탄 오페라단이 계획한 대형 부동산 개발의 부분으로 시작되었다. 경제공황이 한창인 가운데에서 불확실하고 위험한 투기였다. 중요한 것은 새롭게 성장해 번창하던 통신 산업, 그러니까 RCA와 그 자회사 NBC, PKO가 주 고객이었고, 오페라단이 아닌 이들의 도움으로 긴물이 완성되었다는 점이다. 그래서 B.W. 모리스의 1928년 디자인처럼 아르데코 양식의 오페라 하우스 파사드 앞쪽에 놓인 '도시를 아름답게' 하는 선큰 플라자에 초점을 맞추는 대신, 이념적으로나 건축적으로나 '도시 속' 라디오 시티로 재해석되었다. 록펠러 센터 경영진은 경제공황으로 어려운 상황에서 대규모 개발이 주는 경제적 위협을 공공에 분명히 기여한다는 점을 보여줌으로써 완화하려고 했다. 그리하여 경영진은 건축가에게 보드빌과 라디오 유명 인사와 공연기획단 록시와의 협업을 요구하라고 건물의 주 의뢰인들을 부추겼다. 그리고 보드빌과 영화가 뒤섞인 혼성 오락을 상연하는 6,200석의 라디오 시티 뮤직홀과 센터 극장으로 알려진 3,500석 규모의 고급 영화관을 짓도록 했다. 환상과 오락의 도시인(록시는 '라디오 시티에서 보내는 하루가 전원에서 보내는 한 달보다 좋다'는 슬로건을 내놓았다) 라디오 시티의 대중적 성격은 선큰 플라자 내 상점 자리를 양쪽에 식당이 있는 야외 스케이트장으로 대체하면서 더욱 강화되었다.

라인하르트 앤드 호프마이스터, 코벳 해리슨 앤드 맥머리, 후드 앤드 푸일루 건축 사무실의 수석 디자이너로 오래도록 지속된 평판 덕에 후드는 전체 구성과 디테일뿐 아니라 수많은 프로그램을 통제할 수 있었다. 후드는 옥상 정원 아이디어를 처음 제시한 사람이었다. 그의 감독 아래 여덟 개 블록과 열네 개 건물이 세워졌고 대표적인 건물은 70층짜리 RCA와 플라자와 라디오시티 뮤직홀이었다. 이 모두는 1932년 말 오픈 행사에 맞춰 18개월 만에 완성되었다[219].

라디오 시티 뮤직홀 전속 무용단 '로켓'의 무대에 영화를 더한 록시의 방식은 센터 전체의 예술 프로그램처럼 즉흥적이고 과도기적이

[219] 라인하르트 앤드 호프마이스터, 코벳 해리슨 앤드 맥머리, 후드 앤드 푸일루, 록펠러
센터, 뉴욕, 주로 1932~39. 이 센터에서 가장 높은 건물은 RCA 빌딩.
그다음이 오른쪽에 있는 라디오 시티 뮤직홀. RCA 빌딩과 5번가(아래쪽) 사이에
프로메테우스 조각상이 있는 선큰 가든과 옥상 정원이 있는 낮은 건물 두 채가 있다.

었다. 하나의 예술 작품 뒤에는 또 다른 작품이 있었고 그것은 조각이기도 벽화이기도 했다. 이들 작품은 대체로 광선, 음향, 라디오, TV, 비행 그리고 진보와 같은 주제를 다루었고 전체 구성의 중심축 위에 있는 두 주요 장치에서 절정을 이루었다. 그것은 황도십이궁을 두른 채 선큰 플라자를 내려다보고 있는 폴 맨십의 금빛 동상 '프로메테우스'와 RCA 빌딩 입구 홀에 걸린 디에고 리베라의 불운한 벽화 「기로에 선 사람」이었다. 레닌의 이미지가 포함된 혁명적인 그림이었던 리베라의 벽화는 그의 후원자들을 곤란하게 만들었고, 그들은 정치적으로 벽화의 제거를 고집하는 것 말고는 선택의 여지가 없었다. 반세기가 흐른 지금 돌이켜보면, 공산주의 예술가에게 상징적 작업을 일부러 주문한 독점 자본의 모순된 혁신적 제스처는 이후『내일의 메트로폴리스』(1929)[220]에서 맨해튼을 마천루의 신전이 끊임없이 반복되는 곳으로 변형시킨 휴 페리스의 비전만큼이나 요원하고 허구적이다. 당시에 이미 완성되었거나 건설 중에 있던 아르데코의 고층 빌딩

[220] 페리스, 「비즈니스센터」, 1927, 『내일의 메트로폴리스』에서.

443

을 기록하면서 록펠러 센터의 신격화를 예견한 이 책은 배경화법적이고 극적인 양식만큼이나 타워의 도시에 대한 공상과학적 비전이었다. 그것은 1916년 뉴욕의 조닝 코드에 부과된 셋백 선과 토지 가치와 희열에서 태어난 신바빌론이었다.

새로운 기념비성
1943

소련을 제외하면 루즈벨트의 뉴딜 정책과 제2차 세계대전은 신전통을 돌연한 종말로 이끈 결과를 가져왔지만 오우트 같은 건축가들이 그 영향을 받았다(1938년 헤이그에 건설된 셸 빌딩 참조). 전쟁 이후 서구의 일반적인 이념 풍토는 어떤 종류의 기념비 작업에도 적대적이었다. 국제연맹의 신뢰도는 떨어졌고 영국은 인도의 독립을 승인했으며 신전통을 국가 정책의 도구로 삼았던 체제들은 저주의 대상이 되었다. 게다가 덜 영구적이지만 더 저렴해서 조작하기 쉬운 이점을 가진, 더 융통성 있고 더 침투가 용이한 이념적인 재현 방식이 건축의 효율성을 훨씬 능가하는 것으로 보였다. 제3제국이 선전에 라디오와 영화를 탁월하게 활용한 데에서, 그리고 경제공황 당시 RCA와 할리우드가 보여준 대량생산에서 예견되었듯 제2차 세계대전 이후 정부는 건축 형태보다는 미디어의 내용과 파급력에 지대한 관심을 기울였다. 미디어가 점점 더 수사적이고 강렬해졌던 반면 건축은 점점 더 추상적이고 도상적인 내용이 사라지고 있었다. 1956년 이후 주식회사 타임, 엑손, 맥그로 앤드 힐을 위해 6번가 서쪽으로 이루어진 록펠러 센터 증축은 이러한 환원적 과정을 입증했다.

그러나 1939년 모더니스트적 신전통이 쇠망해간 이유가 전적으로 이념에 있지는 않았다. 한 예로 윌리엄 밴 앨런의 뉴욕 크라이슬러 빌딩(1930) 같은 훌륭한 구조물을 실현하는 데 쉽게 이용할 수 있는 높은 수준의 장인 기술은 전쟁덕분에 널리 확산되었다. 게다가 근대 운동을 포용했던 미국 기득권층의 열정은 해마다 커졌다. 히치콕과 존슨의 1932년 '현대 건축' 전시 이후, 그리고 뉴딜이 그 정점에 있었던 1945년에 이르러 건축에서의 기능주의 경향은 거의 지배적인 양식이 되었다(레스카즈, 노이트라, 보우먼 형제 등을 참조).

신전통의 종말과 근대 운동의 성공이 운동 자체의 핵심에서 비롯된 기념비성에 대한 지지와 동시에 일어났다는 사실은 아이러니하다. 지크프리트 기디온은 1938~39년에 하버드 대학에서 한 찰스 엘리엇 노턴 강의(1941년 『공간, 시간, 건축』으로 출간) 이후 불과 5년 만에 논쟁적인 책 『기념비성에 관한 아홉 가지 요점』(1943)을 페르낭 레제, 조제프 류이스 세르트와 공동 집필했다. 이 글의 가장 중요한 조항은 다음과 같다.

1. 기념비는 인류가 이상과 목표를 위해 그리고 행위를 위한 상징으로 창조해온 인간의 역사적 건조물이다. 기념비는 그것이 발원된 시대를 넘어 존속하도록 의도되었고, 미래 세대를 위한 유산이 된다. 기념비는 과거와 미래의 연결고리이다.

2. 기념비는 인간의 가장 높은 문화적 요구의 표현이다. 그것은 집단의 힘을 상징으로 번안하려는 영원한 요구를 만족시켜야만 한다. 가장 생생한 기념비는 이러한 집단의 힘인 사람들의 감정과 사고를 표현하는 것이다.

4. 지난 100년 동안 기념비성은 평가 절하되었다. 기념비성에 기여하는 척하는 공식 기념비나 건축적 사례가 없었다는 말이 아니다. 최근의 기념비는 드문 경우를 제외하고는 소위 텅 빈 껍데기가 되었다는 뜻이다. 그것들은 어떤 식으로도 현대의 정신과 집단적 감정을 재현하지 못했다.

6. 새로운 단계가 우리 앞에 놓여 있다. 국가 전체 경제 구조에 있어서 전후의 변화는 지금까지 소홀히 해온 도시에서 공동체적 삶을 조직하는 변화를 함께 가져올 것이다.

7. 사람들은 단순히 기능상의 성취보다 사회와 공동체 삶을 상징하는
    건물을 원한다.[5]

　　1952년 제8회 CIAM의 약식교서가 된 이 성명서는 처음 쓰였
을 때나 지금이나 유효해 보이는 재현의 문제에 예리하고 식별력 있
게 접근하고 있다. 첫째, 신전통의 기념비성도 근대 운동의 기능주의
도 사람들의 집단적 열망을 재현할 수 없다는 사실에 대한 인식이 담
겨 있다. 둘째, 결코 노골적으로 언급하지는 않았지만 진정한 집단성
은 주(州) 또는 도시의 수준에서만 역사적 연속성과 그 가치의 적절
한 표현을 실현할 수 있으며, 중앙집중적 국가나 독재 국가에서는 사
람들의 희망과 욕구를 진정으로 재현할 수 없다. 1943년 이후 재현의
문제―건축에서 근본적인 의미상의 문제―는 계속 반복되었지만,
그것을 억압하거나 거부함으로써, 또는 소비 경제의 즉흥적이며 대중
적인 광고와 미디어 안으로 현실 도피하듯 자진해 물러남으로써만 이
에 대응해왔다. 건축의 실천은 이제 '침묵'했고(1973년 만프레도 타푸
리의 『건축과 유토피아: 디자인과 자본주의의 발달』 참조) 심지어는
평판이 나빠지기만 했다. 건축이 말해야 하는 주요 대상의 하나인 사
회의 운명이 건축을 계속해서 거부했기 때문이다. 불행하게도 이 특
정한 의미의 형태를 재구성할 수 있는 정치 기관들은 오늘날 건축 문
화만큼이나 허약하다.

27장

르 코르뷔지에와 토속성의 기념비화
1930~1960

지역 건설업자들이 시공한 이 건물은 철근 콘크리트 바닥 슬래브를
했으며, 바닥 슬래브는 지역의 유명한 돌로 쌓은 벽으로 지지된다.
평범하게 쌓았지만, 주택에서 일상적으로 활용해온 구상들은 여기에서
다시 발견된다. 바닥을 지탱하는 것으로 간주되는 내력벽과 남은 빈
공간을 채우는 유리로 된 칸막이 벽의 구분이 완벽하게 유지되고 있는
것이다.

공간 구성은 경관을 크게 고려했다. 이 주택은 툴롱 시 뒤의
평원—멋진 산의 실루엣 덕택에 경계가 선명하다—을 굽어보는 조금
높고 앞으로 나온 대지에 있다. 이 부지는 광활하게 펼쳐지는 풍경의
장관을 제공한다. 전경을 향해 벽으로 둘러싼 방을 배치하고, 매우
단순한 문을 계획해 예기치 않은 자연의 경관을 보존했다. 이 문을 열면
경관은 폭발하듯이 나타난다. 지면으로 이어지는 작은 계단을 내려가면
립시츠가 세운 커다란 상을 볼 수 있다. 이 상의 끝머리를 장식한
종려나무 잎이 산 너머 하늘을 배경으로 윤곽을 드러낸다.
— 르 코르뷔지에, 『전집 1929~34』(1935).[1]

르 코르뷔지에와 피에르 잔느레는 1920년대 말 그들의 주택 건축이
이미 자연환경과 견고하게 연결되어 있다고 생각했지만 이전에는 이
연결이 그렇게 기념비적인 규모로 발현되리라고 생각한 적이 없었다.
1931년 툴롱 외곽에 엘레느 드 망드로를 위해 설계되고 지어진 별장
과 칠레에서 멀리 떨어진 벽촌에 계획된 에라주리즈 주택으로, 이들

은 어마어마한 비율의 풍경을 가로질러 뻗어나가는 작업을 구상하기 시작했다. 지형에 예민하게 반응하는 것으로의 미묘한 전환은 '토속적' 공법을 하나의 표현 방식으로서 일견 자연스럽게 수용한 것과는 대비되었다. 이들은 이전에도 내력 교차벽을 사용하곤 했지만 거칠게 대충 마무리한 석조의 표현적 성격을 활용한 적은 결코 없었다.

순수주의의 교조적 미학과의 단절(이미 르 코르뷔지에의 1926년 회화에서 예견되었던)한 시점은 기계시대 문명의 '필연적으로' 유익한 작용에 대한 신념을 포기한 때와 일치한다. 이때부터 산업 현실에 환멸을 느끼고 점차 화가 페르낭 레제의 브루탈리즘의 영향을 받으면서 그의 양식은 동시에 반대되는 두 방향으로 나아갔다. 적어도 주택 작업에서는 토속성으로 되돌아간 한편 1929년 폴 오틀레의 '시테 몽디알을 위한 프로젝트'에서처럼 보자르는 아니더라도 고전적인 장대함이 풍기는 기념비성을 포용했다.

이러한 분열을 '건설'(building)과 '건축'(achitecture)의 표현 방식 사이의 단순한 차이로 간주한다면 당시의 실천의 문제를 지나치게 단순화하는 것이다. 1930~33년에 건설된 '커튼월' 구조로 판단할 때 내적 회의에도 불구하고 기계미학을 완전히 포기한 것도 아니었을 뿐더러 베스테기 펜트하우스 같은 작업에서는 초현실주의적 경향이 갑자기 드러났기 때문이다. 아돌프 로스가 지은 1926년 트리스탕 차라 하우스의 실내를 연상시키는 몽상적인 습작은 하나 이상의 미학적 분열을 보여준다. 주택 스케일에서 오브제의 낯섦을 강조하면서, 일광욕실(일광욕실의 잔디는 마치 살아 있는 카펫 같다!)의 가짜 벽난로와 담벼락의 인공적인 수평선 위에 놓인 개선문 아치의 형태적 유사성처럼 예상 밖의 도시적(지형학적) 연관을 환기시킨다. 이 초현실주의적 감성(마그리트와 피라네시를 참조)은 1931년 드 망드로 주택에서 1950년대 중반에 건설된 '롱샹 성당'까지 르 코르뷔지에가 토속성으로 돌아온 시기 전체에 잠재되어 있다.

롱샹 성당 이전에 쓴 토속성에 관한 여러 에세이에서 밝혔듯 장소의 궁벽함 자체가 건설 방식의 근거가 되어주었다. 보르도 근교 마트에 있는 매우 저렴한 주택(1935)이 극단적인 사례이다. 건축가가 대지를 방문하지도 않고 작성한 도면으로 건설된 것이다. 르 코르뷔지에는 다음과 같이 썼다.

> 건설 감독은 불가능했고, 마을에서 소규모 건설업자를 고용해야 할
> 필요가 평면 자체의 구상에 반영되었다. 집은 연속되어 있지만 세 개의
> 완전히 분리된 작업 단계를 가진다.
>   (a) 석조는 한 번에 할 것.
>   (b) 목공 작업도 한 번에 할 것.
>   (c) 창문, 문, 덧문, 찬장을 짜는 소목 일은 표준석이고 난일한 구조
> 원칙을 따르며, 따로 조립하여 유리, 합판, 석면 그리고 석면 시멘트 등
> 다양한 패널을 댈 것.[2]

에라주리즈 주택과 드 망드로 주택의 경우, 한정된 자원에 관한 타당한 이유가 제시되었지만 1935년 파리 교외에 건설된 주말 주택은 달랐다[221]. 여기에서 토속성은 재료의 표현과 순수주의의 추상적·환원적 성격을 풍부하게 만들기 위해서 일부러 채택되었다. 르 코르뷔지에는 다음과 같이 쓰고 있다.

> 그런 집을 설계하는 일은 시공 부재들이 곧 건축가의 수단이었기
> 때문에 극도의 주의를 요했다. 건축적 주제는 정원에 있는 작은
> 정자까지 영향을 미친 표준 베이와 관련해 설정되었다. 옥외에는
> 자연석, 실내에는 흰색을 입힌 노출된 석조 부분, 나무로 한 벽과 천장,
> 거친 벽돌로 만든 굴뚝, 흰색 자기 타일을 깐 바닥, 네바다 유리 블록
> 벽과 치폴리노 대리석 테이블을 이 집에서 볼 수 있다.[3]

요약하면 툴롱이나 마트에서처럼 표현주의적 브리콜라주를 여기

[221] 르 코르뷔지에와 잔느레, 주말 주택, 파리, 1935.

에서 경험하게 된다. 이 작업을 기점으로 대조되는 재료들의 병치는 표현적인 기법으로서뿐 아니라 건설의 한 수단으로서 르 코르뷔지에 양식의 기본 요소가 되었다.

　　자연 재료와 원시적인 방법으로의 전환은 기법이나 표면의 양식에서 단순한 변화 이상의 결과를 가져왔다. 무엇보다 그것은 가로지르는 벽으로 받친 한쪽 방향 경사지붕이든 배럴 볼트가 있는 메가론이든 간에 하나의 건축 요소의 표현적 힘에 기초한 건축을 위해 1920년대 말 주택에서 사용한 고전적 외장의 포기를 의미했다. (마트에서 예견됐던) 전자의 방식이 피난민 숙박시설로 1940년 제안된 메종 뮈롱뎅의 흙을 다져 굳힌 벽과 초가지붕에서 나타난다면, 후자는 1942년 북아프리카 셰르셸에 계획됐던 주말 주택과 농가 단지 구조의 기본 모듈이다. 제2차 세계대전 이후 르 코르뷔지에는 지중해 건축의 고전적 형태보다는 토속성에 몰두해 있었고, 이는 셰르셸 프로젝트로 시작되어 1949년 카프마르탱을 위해 디자인된 로크와 로브 계

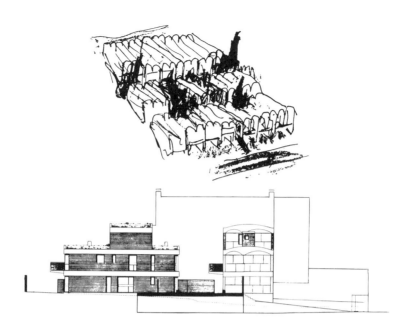

[222] 르 코르뷔지에, 로크와 로브 프로젝트, 카프마르탱, 1949.
주택 전형으로서의 주말 주택의 재해석.
[223] 르 코르뷔지에, 메종 자울, 파리, 1955. 북동면 입면도.

단식 테라스 주택[222]을 거쳐 1955년에 완성된 아마다바드의 사라
바이 주택과 파리의 메종 자울[223]까지 일련의 작업에서 입증된다.

　　제임스 스털링이 분명하게 밝혔듯이, 메종 자울의 디자인은 명확
하게 표현된 구조 프레임에 고정된 매끈하고 기계로 제작한 평평한
표면으로 근대 건축을 표명해야 한다는 신화에 기초해 길러진 감수성
에 대한 모욕이었다. 이 주택 단지를 '사다리와 망치와 못을 든 알제
리 노동자가 건설했다'는 것과 유리를 제외하고는 어떤 합성 재료도
사용되지 않았다는 사실을 발견하는 것은 불온한 일이다. 스털링에게
거의 중세 수준의 기술은 이 주택을 예술을 위한 예술의 영역으로 격
하시키기에 충분했다. 그리고 그는 지당하게도 그것을 근대 운동의
합리주의 전통에 정반대 되는 것으로 이해했다. 하지만 카탈루냐식

볼트 또는 노출된 벽돌 벽, 목재 거푸집을 그대로 떼어낸 콘크리트를 적용한 르 코르뷔지에의 비합리성은 편의주의적이지만 시대착오적이지 않았다. 콘크리트로 된 처마수로, 가로지르는 벽에 난 좁은 개구부들과 횡단변의 베이(이 마지막 요소는 대부분이 합판 패널로 채워졌다)의 조합은 외부 세계에 대해 의식적으로 적대적인 태도를 취한 인상을 자아낸다. 전형적인 창문은 이제 더 이상 내다보는 가로로 긴 창이 아니라 오히려 보여지기 위해 틀 지워지고 패널을 댄 부속물이었다. 스털링이 썼듯이, "두껍게 칠해진 표면에서 흥미로운 것을 찾으려는 눈은 빌라 가르슈에서처럼 면의 형태와 윤곽을 살핌으로써 질감 없는 딱딱한 마감에서 벗어나려 하지 않는다". 메종 자울은 순수주의 형태 대신에 1920년대 말의 유토피아적 비전으로부터 한참 물러난 촉각적인 실제를 제공했다. 그것은 레이너 배넘이 관찰한 바와 같이 교외풍 생활양식의 모순과 혼란을 포용할 준비가 된 실용주의이기도 했다.

메종 자울의 디자인은 지중해의 토속성을 기념비적으로 재해석한 것이었고 토속성의 효과는 크기와 자기성찰적인 엄숙함에서 기인했다. 이 초현실주의적 체계는 1947~52년에 마르세유에 건설된 18층의 위니테 다비타시옹[224]에서는 대부분 사용되지 못했다. 하지만 전쟁 전의 경량 기계 기술을 포기한 위니테 다비타시옹은 브루탈리즘적 방법에 똑같이 전념하고 있음을 보여주었다. 이것은 거친 목재 거푸집 공사로 된 콘크리트 상부구조의 주형에서 특히 뚜렷하며 르 코르뷔지에가 거의 실존주의적인 근거로 정당화하려 한 건설 과정을 의도적으로 드러낸 것이었다.

거친 콘크리트(béton brut) 외관은 그렇다 치고 위니테 다비타시옹은 '빛나는 도시'의 전형적인 블록 구성보다 훨씬 더 복잡했다. '빛나는 도시'의 콘크리트 슬래브가 밀폐된 유리 뒤로 계속 이어지는 수평의 볼륨이었다면, 위니테 다비타시옹은 주요 몸체에서 튀어나온 콘크리트로 된 차양 역할을 하는 발코니와 캐노피를 사용해 셀(cell)의 구조를 드러내고 있다. 차양은 측벽과 함께 블록의 폭을 따라 이어

[224, 225] 르 코르뷔지에, 위니테 다비타시옹, 마르세유, 1947~52.
단면투시도와 옥상에 있는 어린이용 풀장.

지는 2층으로 된 유니트의 볼륨을 강조했다. 이 유니트는 독립된 요소로 축조되어 마치 선반에 병을 고정시키는 것과 똑같은 방식으로 콘크리트 프레임에 매달린 메가론 형태였다. 각 층마다 나 있는 실내의 길은 서로 얽히며 교차하는 유니트들에 수평적으로 접근할 수 있게 한다.

이 셀의 형태가 자동적으로 집합화된 개인 주거지를 표현한다면 (로크와 로브 참조), 쇼핑 아케이드와 옥상의 공동체시설은 공동 영역을 구축하고 상징하기 위해서 제공되었다. 더 커다란 전체의 위엄은 지상에서 건물 하부를 받치고 있는 조심스럽게 성형된 기둥들로 표현되었다. 르 코르뷔지에의 모뒬로르에 따라 정확하게 비례를 맞춘 이 필로티들은 새로운 고전주의적 오더의 창조를 제시했다. 쇼핑 아케이드, 호텔과 지붕 데크, 달리기 트랙, 어린이용 풀장[225], 유치원과 체육관을 337세대와 결합한 위니테 다비타시옹은 소련의 1920년대 코

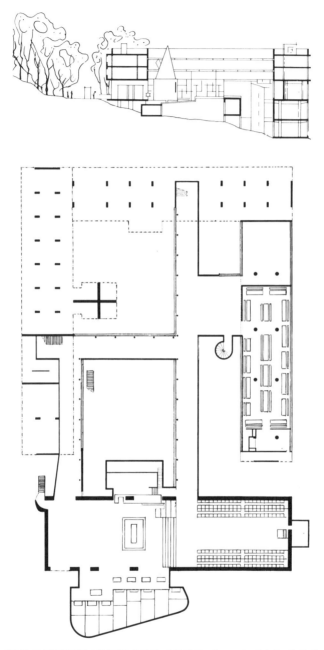

[226] 르 코르뷔지에, 라투레트 수도원, 리옹 인근, 1957~60. 단면과 2층 평면.

뮌 블록과 똑같은 하나의 '사회적 응축기'였다. 이러한 총체적인 공동체 서비스의 통합은 크기에서뿐 아니라 인접한 환경으로부터 고립된 면에서도 19세기 푸리에의 팔랑스테르를 상기시켰다. 푸리에가 보잘것없는 개별 주택을 몹시 싫어해 팔랑스테르의 기품 있는 영역에 보통 사람들의 거처를 두고자 한 것처럼 위니테 다비타시옹은 건축가가 가장 소박한 사적인 주거에 건축의 품위를 복원하려 한 결과물로 간주되었다.

1950년 처음 계획되었던 롱샹 성당과 1960년 리옹의 외곽 지역 에뷔에 건설된 라투레트 도미니크회 수도원[226]은 1950년대 내내 르 코르뷔지에가 몰두했던 두 가지 주요한 건물 유형, 신성한 건물과 은둔지를 상징한다. 두 유형을 실질적으로 결합함으로써 수도원은 그가 1907년 에마에 있는 카르투지오회 수도원을 처음 방문했을 때 인상 깊었던 '고독과 친교'의 패러다임을 상기시켰다. 라투레트는 공적인 교회와 사적인 수도원으로 구성된 이분화된 계획으로 에마의 이상적인 모델을 단순하게 재해석했다. 자리 잡고 있는 땅으로 테라스를 내지 않고 지면에서 들어 올림으로써 예배당의 수직적인 볼륨과 회랑의 수평 층 사이의 대비가 대지의 경사 때문에 극적으로 노출되었다. 콜린 로는 다음과 같이 쓰고 있다.

라투레트에서 대지는 모든 것이기도 하고 아무것도 아니기도 하다. 대지는 급격한 비탈과 일정치 않은 횡단경사를 이루고 있다. 그것은 미리 전제된 듯 보이는 전형적인 도미니크회 수도원의 설립을 정당화하는 장소적 조건이 결코 아니었다. 오히려 그것을 뒤집은 것이었다. 선명하게 구분되는 경험인 건축과 풍경은 점차 대립하면서 서로의 의미를 분명히 하려는 토론의 경합 상대들 같다.[4]

건물과 대지 사이에 형성된 이 친밀한 관계는 롱샹에서 가장 잘 드러난다. 롱샹 전체—부속 예배당, 제단, 거대한 괴물 석상(gar-

[227] 르 코르뷔지에와 잔느레, 새 시대의 전시관, 파리 만국박람회, 1937.

goyle)이 있는 곡면 지붕—를 이루는 갑각류 같은 형태는 굽이치는 풍경의 '시각적 음향'(visual acoustic)에 반응하도록 섬세히 조절되고 있다. 롱샹 성당은 르 코르뷔지에를 대지와 통합을 이룬 드 망드로 주택뿐 아니라 1937년 파리 박람회를 위해 지었던 '새 시대의 전시관'의 기본 형태가 있는 1930년대로 되돌아가게 했다[227,228]. 보이는 것과 달리, 케이블 현수 구조는 『건축을 향하여』에 도판이 실린 바 있는 폐허에 서 있는 유대교 신전의 재구성에서 영감을 얻었다는 점에서 롱샹 성당의 근본을 이루는 원형이다. 동일한 은유가 또 다르게 전치되어 적용되었다. 롱샹 성당의 특징적인 콘크리트 셸 지붕은 1937년 전시관의 캔버스와 케이블로 이루어진 현수선 모양의 지붕을 반복한 것이다. 찬디가르와 그 외 후기 작업에서 이러한 모양을 되풀이했던 것은 르 코르뷔지에가 르네상스 돔, 즉 신성한 것에 대한 기호의 20세기적 등가물로 이 형태를 설정하려고 했던 것 같다.

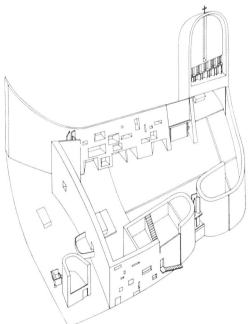

[228, 229] 르 코르뷔지에, 롱샹 성당, 벨포트 인근, 1950~55.

이것을 넘어서 롱샹 성당은 분석을 거부한다. 부분적으로는 몰타의 무덤, 부분적으로는 이스키아의 토속성이며, 반원통형인 부속 예배당, 고깔 모양에서 들어오는 빛, 태양의 궤도를 향해 있는 성당은 이 기독교적인 대지가 한때는 태양 신전의 자리였다는 것을 상기시켜준다. 안에 있는 철근 콘크리트 프레임을 둘러싸며 건설된 성당은 토속성을 기념비로 재해석했다기보다 그런 척한 것이다[229]. 빌라 가르슈에서처럼 거친 석조 충전재는 건식 모르타르로 덮었으나, 마감에서 원래 원했던 바는 순수주의의 기계적 정밀함이 아닌 지중해풍 민속건물의 반점 있는 회칠한 질감이었다.

1923년 르 코르뷔지에는 건물이 장소와 조각적으로 공명하는 관계에 대한 관심을 조직적으로 풀어냈다. 아크로폴리스와 프로필레아를 "황동으로 만든 트럼펫처럼 깨끗하고 애달픈 소리를 내는, 꽉 맞게 짜인 거친 요소 말고는 더 이상 가져갈 것도 남길 것도 없어진 시기"로 특징지은 바로 그해다. 분열되기 직전의 통일성을 향한 감정을 전하고 있는 아크로폴리스의 강렬한 이미지는 그의 생애를 통틀어 죽 이어져온 주제로서 그리고 마지막 경력에 이르러서는 심화된 파토스로서 다시 나타나곤 했다. 이런 이유로 롱샹 성당의 '시각적 음향' 이면의 원칙과 유니테의 지붕 데크에서 분출하고 있는 자그마한 화산형 형태들이 나왔다.

한층 이성적인 접근은 1951년 설립된 펀자브의 신행정수도 찬디가르의 설계에서 나타났다[230]. 지형이 평활했기 때문에 건물 배치는 비례의 균형을 맞추는 그리드를 이용해 결정되었다. 르 코르뷔지에는 이런 '규준선'을 1929년 시테 몽디알과 1945년 생디에 센터에서 이미 도시적 스케일로 사용한 바 있다. 르 코르뷔지에는 수도를 묘사하면서 이렇게 섬세하게 조율되면 거리와 무관하게 알아차릴 수 있다고 확신했다. "광활한 수도의 공원 구성은 오늘날 전체나 세부, 센티미터에 이르기까지 거의 모든 크기에 있어서 조절되었다. 그러한 것이 '비례법'의 방식이자 힘이며 목표이다." 에드윈 러티언스 경이 뉴델

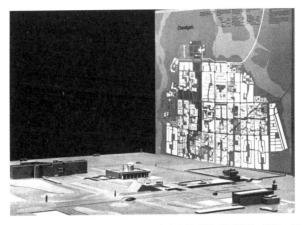

[230] 르 코르뷔지에, 쟈느레, 드루, 프라이 공동 작업, 찬디가르, 1951~65.
의회 건물(도면 맨 위)은 중요한 위치에 나무 보형으로 대표되며,
왼쪽에서 오른쪽으로 정부 청사, 의회, 총독 관저, 고등법원이 있다.

리를 디자인할 때 유사한 모듈 장치를 사용했다는 사실을 르 코르뷔
지에는 놓치지 않았다. 그러고는 신수도는 "극도의 신중함과 위대한
재능로 30여 년 전에 러티언스에 의해 건설되었으며, 진정한 성공작
이다. 평론가들은 폭언을 퍼부을지도 모르지만 그러한 프로젝트의 성
과는 존경받아 마땅하다"며 높이 평가했다.

　뉴델리나 시테 몽디알과 달리 찬디가르는 서구 고전주의의 전통
적인 어휘를 직접 참조하지 않고도 기념비성을 달성했다. 세 기념비
적 건물의 빼어난 외관은 혹독한 기후에 대한 직접적인 반응에서 나
왔다. 모굴 왕국 건축의 부차적 요소만을 이용했던 러티언스와 달리
르 코르뷔지에는 파테푸르 시크리의 전통적인 '파라솔' 개념을 하나의
구조부터 다음의 구조에까지 다양하게 코드화할 수 있는 기념비적 장
치로 전용했다. 셸 구조의 형태를 하나의 전주곡으로(의회 입구 캐노
피) 또는 항구적 요소로(고등법원의 볼트 지붕) 또는 지배적 요소로
(총독 관저의 최고의 파라솔) 사용함으로써 각 기관의 성격과 위상을
암시했다. 섬세한 셸 구조형 태의 미묘한 프로필은 어느 정도는 해당

지역의 가축과 풍경에서 추출한 것이다. 식민 과거를 연상시키는 그 어떤 것으로부터도 자유로워지려고 하는 현대 인도의 정체성을 상징하기 위한 것이었다.

동시에 찬디가르의 엄청난 규모는 1952년 허드스턴에서 열린 제 8회 CIAM에서 세르트가 '걸어갈 수 있는 거리와 인간의 가시각'에 기대고 있다고 본 '도시의 심장'의 공적인 속성을 허용치 않았다. 사무국에서 고등법원까지 걸어서 20분 넘게 걸리는 '캐피톨'(the Capitol)의 성역 안에서 사람의 존재는 실제적이기보다는 형이상학적이다(다시 한 번 데 키리코를 연상시킨다). 르 코르뷔지에의 신고전주의적 유산은 가공할 유형의 풍경을 환기하기 위해서 출현했다. 고등법원, 의회, 정부 청사 등 '삼권'을 표상하는 건물들은 아크로폴리스처럼 부지의 형태로 묶이지 않는다. 오히려 꽤 먼 거리를 가로지르면서 멀어지는 추상적인 시선으로 관계를 맺는다. 건물들은 점점 작아지는 듯 보이고 수평선에 걸친 산맥에 시선이 닿아야 비로소 끝난다.

추상적이고 잘못 자문됐던 계획인 찬디가르의 실현은 스타니슬라우스 폰 무스가 주장한 것처럼 독립 당시 인도의 정치적인 열망과 분리되기 어렵다. 찬디가르는 펀자브의 주도 이상이었다. 그것은 새로운 인도의 상징이었다. 찬디가르는 네루가 간디의 의지와는 정반대로 상상했던 유토피아, 즉 현대적 산업 국가에 대한 이상의 전형이었다. 그래서 찬디가르는 피에르 잔느레, 제인 드루, 맥스웰 프라이와 공동으로 르 코르뷔지에의 손에서 얼마간 직교의 도로망으로 성급하게 실현되기 이전에 이미 미국의 도시계획가 앨버트 메이어에 의해서 픽처레스크한 자동차 중심의 교외로 계획되었다. 최근 부상한 서구 계몽사상의 위기, 즉 기존의 문화를 성숙시키지도 그 자체의 고전적 형태의 의미를 유지하지도 못하는 무능함, 끝없는 기술 혁신과 최선의 경제 성장을 뛰어넘는 목표의 부재, 이 모든 것이 대다수 사람이 아직 자전거조차 소유하지 못하는 나라에 설계된 자동차 중심의 도시 찬디가르에 축약되어 있는 듯하다.

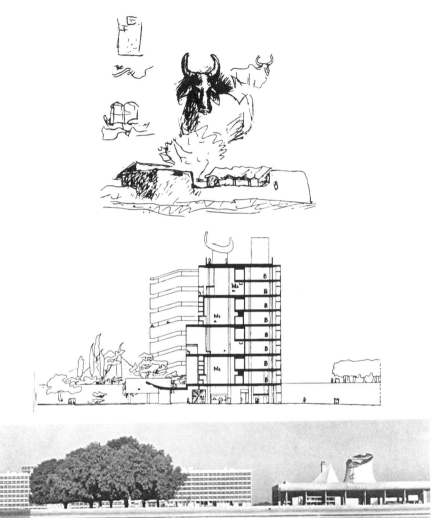

[231] 르 코르뷔지에, 찬디가르, 1951년경.
(위) 토속 건물과 소 스케치, (아래) 정부 청사 쪽 단면도.
[232] 르 코르뷔지에, 잔느레, 드루, 프라이 공동 작업, 찬디가르, 1957~65.
정부 청사(왼쪽)와 의회 건물.

28장

미스 반 데어 로에와
기술의 기념비화
1933~1967

건축에서 젊은 사람들까지도 지지할 수 있는 유일한 사람이 바로
미스 반 데어 로에다. 미스는 항상 정치로부터 자신을 지켜왔고
언제나 기능주의에 대항한 자신의 입장을 견지해왔다. 아무도 미스의
주택들을 공장 같이 보인다고 비난할 수 없다. 특히 미스를 새로운
건축가로 받아들일 수 있게 하는 두 가지 지점이 있다. 첫째, 미스는
보수주의자에게 존경받는다. 심지어 독일문화투쟁동맹도 미스에게
반대하지 않는다. 둘째, 미스는 방금 … 독일 제국은행의 신축 건물
공모전에서 수상했다. 심사위원단은 나이 든 건축가들과 은행
간부들이었다.

만일 미스가 이 건물을 짓는다면 (오래 걸리겠지만) 그것은
그의 지위를 공고히 할 것이다. 훌륭하며 현대적인 제국은행 건물은
기념비성에 대한 새로운 갈구를 충족시킬 테다. 그리고 무엇보다도
새로운 독일은 최근 지어진 모든 훌륭한 현대 미술을 파괴하는 데에
열중하지 않음을 독일의 지성인들과 외국에 증명해줄 것이다.

— 필립 존슨, 「제3제국에서의 건축」, 『하운드와 호른』(1933).[1]

1933년 독일 제국은행 공모전에 출품된 미스 반 데 로에의 작업은 그
의 작업에서 형식을 따르지 않는 비대칭성이 대칭적 기념비성으로 변
화하는 시작점이었다[233]. 기념비적인 것을 향한 이런 움직임은 결
과적으로 1950년대 미국의 건설 산업과 기업 고객이 폭넓게 채택한
고도로 합리화된 빌딩 체계의 발전에서 절정에 이르렀다. 독일 제국

[233] 미스 반 데어 로에, 독일 제국은행 계획안, 베를린, 1933.

은행 설계는 여러 방식으로 이 미래의 발전을 암시했다. 제국은행은 대칭성뿐 아니라 초기작들의 역동적인 공간 효과에서 벗어나는 경향이 있는 텍토닉에 대한 선호를 나타냈기 때문이다. 또한 미국에서 작업하는 내내 미스의 고객은 공공기관이었다.

독일 제국은행 디자인은 미스의 1920년대 초기작을 제외하고는 언제나 잠재적인 영향력이었던 싱켈로의 단순한 복귀가 아니었다. 오히려 1923년 잡지 『G』에 처음 실린 미스 자신의 콘크리트 오피스 빌딩에 담긴 텍토닉으로 복귀한 것이다. 두 프로젝트는 논리적으로 고안되고 엄격하게 실행되는 객관적인 건축 기술의 표현상 특징에 역점을 두었다. 1926년에 미스는 건축이란 '시대의 의지가 공간으로 번역된' 것이라고 했다. 헤겔적인 언어로 이 의지는 역사적으로 결정된 기술이자, 정신에 의해서만 세련되어질 수 있는 자명한 이치라고 미스는 생각했다. 그의 후기 작업들에 내재한 기념비성은 이러한 정련화에 기초하고 있다. 미스에게 기술은 현대인의 문화적 현상이었고 이런 점에서 독일 제국은행은 기술의 기념비성에 대한 그의 최초의 언술로 간주되어야만 한다. 이는 창고와 같은 외관, 중성적이고 거의 변화 없이 처리된 커튼월에 대한 근거이기도 하다.

1933~50년대 초 미스의 작업은 비대칭과 대칭, 기존 기술과 형태로서의 기술의 기념비화 사이를 계속 오갔다. 표현의 이런 변주는 한 건물에서 다음 건물까지에 걸쳐서뿐 아니라 단일 구조 내에서도 일어났다. 미스는 그가 기술에 부여했던 문화적 중요성을 1950년 일리노이 공과대학교 연설에서 다음과 같이 요약했다.

> 기술은 과거에 뿌리를 두고 있습니다. 그것은 오늘을 지배하고 있으며 미래도 지배할 것입니다. 그것은 진실로 역사적인 운동이며 시대를 형성하고 대표하는 위대한 운동 중의 하나입니다.
>
> 그것은 그리스의 개인으로서의 인간의 발견, 로마인의 권력에 대한 의지 그리고 중세의 종교 운동에만 비교될 수 있습니다.
>
> 기술은 하나의 방법론이라기보다는 훨씬 그 이상이며 그 자체가 하나의 세계입니다. 방법론으로서 기술은 거의 모든 점에서 월등하죠. 기술이 스스로의 영역을 확보하는 곳, 즉 엔지니어가 건설한 거대한 건축물에서만 기술은 자신의 진정한 모습을 드러낸다. ··· 기술이 진정한 실현을 이루면 언제든지 건축으로 초월해 옵니다. 건축이 사실에 의존하는 것은 맞지만 진짜 활동의 장은 의미의 영역에 있습니다.[2]

1930년대 중반 이후 미스 반 데 로에의 발전은 상반된 두 체계의 화해와 관계가 있다. 하나는 낭만적 고전주의의 유산이었다. 그것이 건축의 비물질화를 가리켰던 철골 프레임으로 옮겨졌을 때, 절대주의 이미지인 양 투명한 공간에 매달린 움직이는 면들로 건물 형태가 변형되었다. 다른 하나는 지붕, 보, 기둥, 벽이라는 확고한 요소들, 즉 고대에서 물려받은 가구식 건축의 권위였다. '공간'과 '구조' 사이에 붙잡힌 미스는 끊임없이 투명성과 물질성을 동시에 표현하려고 노력했다. 이러한 이분법은 반사된 표면이 등장하는 것에서 완전한 투명함으로 표면이 사라지는 것까지 빛에 따른 변화를 허용하는 방식으로 사용한 유리 처리에서 가장 탁월하게 드러났다. 한편으로는 아무것도 없음의 현시였고 다른 한편으로는 분명히 드러나는 구조체였다.

미국에 도착한 지 2년째 되는 1939년에 준비한 시카고 일리노이 공과대학교 캠퍼스 예비 계획안[234]은 확실히 바르셀로나 전시관만큼이나 절대주의적 감성이 엿보였다. 독일 제국은행 프로젝트에서처럼 평면도는 단일한 축을 중심으로 대칭적으로 배치되었다. 단순한 직육면체로 표현된 모든 건물은 4층 높이였고, 그래프 용지 같은 커튼월로 마감된 표면은 시시각각 변하는 하늘의 풍경을 반사했다. 벽들은 띄엄띄엄 있는 나무들 뒤로 미끄러지는 듯 보이고, 조적조 매스의 가장자리에 있는 담쟁이덩굴로 뒤덮인 튀어나온 벽돌 면으로 생략되는 듯 보인다. 벽돌 패널로 시각적으로 강화한 모서리는 그것의 신고전주의적 요소를 별 문제로 하면, 결과는 이반 레오니도프의 절대주의 미학, 특히 1930년 문화공원 프로젝트에 가깝다.

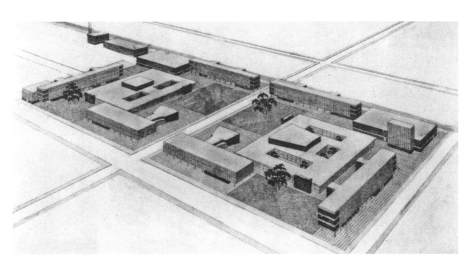

[234] 미스 반 데어 로에, 일리노이 공과대학교 예비 계획안, 시카고, 1939.

당시 미스는 벽에 대한 기둥의 본질적인 관계, 특히 벽 대부분이 유리로 된 곳에서의 관계에 대해 고심했던 것 같다. 일리노이 공과대학교 초안에 함축된 해법은 독일 제국은행 프로젝트에서처럼 유리 면으로부터 기둥들을 뒤로 물러나게 배치하는 것이었으나 1940년 최종안에서는 기둥이 벽 안으로 통합되었다. 이러한 전개는 일리노이 공과대학교 캠퍼스의 첫 번째 건물에서 분명해졌다. 기둥의 체계를 유리 면과 접합하는 구조 방식은 뒤이은 건물들에서 점점 더 이상화되고 웅장해져갔다.

이러한 점증적인 이상화는 미스 특유의 십자형 기둥단면을 1930년대 초 미국의 표준 I형강으로 대체함으로써 가능했다. 바르셀로나 전시관과 브르노에 있는 투겐타트 주택의 비대칭 바람개비형 평면은 미스가 1931년 베를린 건축 박람회에서 사용했던 점 지지(point supports)와 비슷하게 방향성 없는 기둥 형태를 요구했다. 반대로 독일 제국은행 이후부터 단일한 대칭축을 좋아했던 미스는 I형강의 길이 방향으로 파사드가 구성되는 것을 선호했다. 1942년 광물과 금속 연구소 건물[235]과 도서관에서 1945년 동창회관에 이르기까지, 일리노이 공과대학교 작업은 동창회관의 콘크리트를 입힌 정사각형의 강철 기둥에서 절정에 이른 I형강 기둥의 이상화를 향해 나아갔다.

도서관과 동창회관에서 미스는 후기 경력의 건축 유형학과 구조 체계의 문턱에 있었다. 일리노이 공과대학교 도서관에서 그는 기념비성이 건물의 거대한 크기에 의존하는 작업을 최초로 제안했고, 그러한 초대형화는 이후 시카고 건축업계를 사로잡았다(건축사무소 SOM의 디자이너 루이스 스키드모어, 너대니얼 오윙스, 존 메릴과 찰스 머피의 최근작을 참조). 미스는 5.5×3.7미터 유리 패널이 있는 폭 20미터짜리 안목 구조 스팬(clear structural span)과 91×61미터 평면의 단일한 3층짜리 볼륨을 대담하게 제안했다. 이 볼륨은 층고 높이의 서가에 의해서만 끊어지며, 사방이 둘러싸인 중정이 있고, 허공

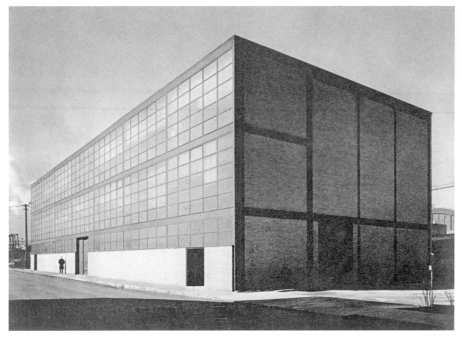

[235] 미스 반 데어 로에, 광물과 금속 연구소 건물, 일리노이 공과대학교, 시카고, 1942.

에 매달린 중2층을 포함하고 있다. 도서관이 명확한 스팬의 단일층 유형(1946년 드라이브인 레스토랑 계획에서 최초로 확실하게 정립된)의 후기작을 예견했다면 동창회관은 유리와 멀리언(mullion)과 외벽이 유기적으로 분절된 파사드를 형성하기 위해서 결합된 미스의 전형적인 다층 슬래브를 예견했다. 일리노이 대학교 도서관은 드라이브인 레스토랑을 거쳐 1953년 만하임 극장 프로젝트로 이어졌다. 만하임 극장은 일곱 개의 강철 트러스로 162×81미터에 이르는 거대한 평지붕을 떠받치고 있는 탁월한 기술공학적 건물이다. 동창회관의 세부작업은 미스가 860 레이크쇼어 드라이브 아파트를 짓기 위해 곧 사용하게 될 언어의 체계화였다.

　　1948~51년에 건설된 레이크쇼어 드라이브 아파트[236,237]는 미스의 1927년 바이센호프지들룽 아파트에서 주방, 욕실, 진입로(ac-

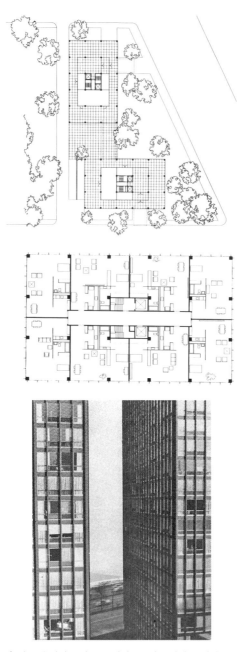

[236, 237] 미스 반 데어 로에, 860 레이크쇼어 드라이브, 시카고, 1948~51.
타워의 지층 평면 및 기준층 평면도와 외관.

468

cess core) 부분을 가져와 두터운 슬래브 중앙에 있는 두 개의 엘리베이터 주위로 촘촘하게 배치했다. 이런 배치로, 주방과 욕실로 이루어진 서비스 영역을 지나면 외벽 쪽으로 둘러진 생활공간으로 갈 수 있었다. 생활공간은 유니트의 크기와 유형에 따라 달랐다. 동창회관에서 처음 나타난 벽/기둥의 분절은 여기서 모듈에 따른 파사드에 정교하게 표현되었다. 두 블록을 바람개비처럼 병치한 파사드는 절대주의와 미묘한 관계를 맺는다. 이 연관성에 관해 피터 카터는 다음과 같이 썼다.

> 구조 프레임과 그 사이를 채우는 유리는 건축적으로 융화되어 새로운 건축적 실재를 성립하면서 각각은 특유의 성제성을 소금 잃는다. 멀리언은 이러한 변화의 일종의 촉매로 작용했다. 기둥과 멀리언의 치수는 창의 폭을 결정한다. 두 개의 중앙 창문(각각의 구조 베이에서)은 따라서 기둥에 인접한 것들보다 폭이 넓다. 이러한 변형은 늘어났다 줄어드는 간격의 시각적 리듬을 생산한다. 기둥-좁은 창-넓은 창, 다음에는 반대로 넓은 창-좁은 창-기둥, 그리고 계속해서 똑같이 특이하게 미묘한 풍부함을 주면서. 덧붙여 멀리언의 일제히 명멸하는 성질 때문에 강철의 불투명함과 유리의 반사하는 성질이 번갈아가며 나타난다.[3]

간단히 말해 레이크쇼어 드라이브 아파트에서 벽은 미스의 다른 어느 작업보다도 젬퍼의 가르침을 따라 하나의 잘 짜인 섬유조직으로 표현되었다. 창문과 구조의 절묘한 통합은 공간의 확장을 제한하는 데 있어서 내력벽 석조와 똑같은 역량을 보여준다.

콜린 로가 시사한 것처럼 이 제한은 물론 어떤 장애물도 없는 안목 스팬, 단일층, 단일한 볼륨의 창조에 관한 미스의 집념에 기여했다. 미스의 또 다른 일반유형인 이것은 일리노이 공과대학교 도서관에서부터 그를 사로잡았다. 하나의 원형적인 형태인 이것은 본래 공공적이었지만 언제나 공공 프로그램을 수용하는 것은 아니었다. 주택 쪽에서 보면 그 유형은 1946년 이디스 판스워스 박사를 위해 설계되어 4년 후에 일리노이 플라노에서 실현된 주택에서 구현되었다[238]. 23×9미터의 단일한 볼륨은 바닥과 지붕 슬래브 사이에 끼어 있으며, 지면에서 1.5미터 들어 올려져 있는데 6.7미터 간격의 I형 바깥 기둥으로 지탱된다. 이렇게 탄생한 상자는 판유리 외피로 둘러져 있으며, 이는 곧 미스의 경구 '거의 아무것도 없음'에 대한 예찬이다.

절대주의에서 부분적으로 유래된 눈에 띄는 비대칭성은 여기에서 싱켈 학파 전통의 대칭성과 아름다운 조화를 이루었다. 따라서 주택 기단부와 떨어진 입구 플랫폼은 여섯 개의 기둥이 지탱하는 평활한 면이다. 이는 기둥 여덟 개가 있는 프리즘 같은 볼륨과는 대조적이다. 비대칭성은 두 가지 대칭적 요소를 겹침으로써 두드러진다. 한정된 크기에도 불구하고 이것은 주택을 기념비의 위상으로 격상시킨 것이다. 기단, 계단, 테라스와 바닥은 모두 트래버틴을 썼다. 형강 구조체의 노출된 부분은 용접 부분이 안 보이도록 갈아낸 다음 흰색으로 칠했다. 창문에는 자연스러운 미색의 중국 산둥성 실크 커튼이 달렸다. 과도한 경비는 미스와 판스워스 박사 사이의 불화로 이어졌는데 그리 놀랄 일도 아니다. 이제 쌀쌀맞은 백만장자의 주말 거처가 된 이곳은 적절한 가구 설비를 갖추었음에도 그다지 사용되지 않는다. 마치 잘 관리되고 있지만 잊힌 성지(聖地)처럼 말이다.

미스의 단일 스팬 볼륨은 공공건물 중에서는 1952~56년 건설된 일리노이 공과대학교 크라운홀[239]에서 가장 고전적인 실현을 찾았고 1953년 계획됐던 시카고의 컨벤션홀에서 가장 기념비적으로 표현되었다. 크라운홀이 미스를 미국 초기작(1939~50년의 디자인들)의 절대주의로부터 벗어나게 했다면, 컨벤션홀은 그의 마지막 절대주의적 선언으로 간주되어야 한다. 실제 건설되지 않은 이 계획안 속 건물은 18미터 높이에, 대리석 패널을 대고 격자 가새를 받친(lattice-braced) 철골 구조이며, 지면에서 6미터 들어 올려진 채 220미

[238] 미스 반 데어 로에, 판스워스 주택, 폭스리버, 플라노, 1946~50.
[239] 미스 반 데어 로에, 크라운홀, 일리노이 공과대학교, 시카고, 1952~56.

터에 달하는 초대형 안목 스팬으로 스페이스 프레임(space frame)을 짠 지붕을 잇은 강당을 둘러싸고 있었다.

만하임 극장과 거의 같은 시기에 디자인된 크라운홀은 싱켈 전통, 특히 미스가 항상 경탄했던 싱켈의 베를린 알테스 무제움[240]으로의 결정적인 복귀였다. 싱켈 학파의 유형은 대체로 멕시코시티의 바카르디 빌딩(1963)에서 시카고 대학교의 사회복지행정 학부(1965)까지 1960년대 말 미스의 작업 전체에서 하나의 체계화된 패러다임으로 분명하게 나타났다. 말할 필요도 없이 프로그램은 그렇게 단순한 패러다임에 항상 적절하게 수용될 수 없었다. 따라서 뒤쪽에 중앙집중적인 도서관을 지니고 있는 사회복지행정 학부는 알테스 무제움의 열주랑이 있는 포르티코와 로툰다의 직접적인 치환을 얼마간 허용했지만, 크라운홀에는 이 구성 요소들을 거의 반영할 수 없었고 반영하더라도 프로그램의 희생이라는 대가를 치러야만 가능했다.

콜린 로는 국제양식의 발전이 구심적 공간과 원심적 공간 사이의 개념적 분열에 깊은 영향을 받았다고 주장했다. 하나는 팔라디아니즘에서, 다른 하나는 궁극적으로 영국 자유 양식의 평면의 연장선상에 있는 라이트의 반기념비성에서 비롯되었다고 했다. 로의 주장에 따르면, 이러한 분열은 67×37미터 구조의 유리 상자로 인해 중앙집중식 구성을 명확하게 읽어낼 수 없는 크라운홀(의미심장하게도 일리노이

공과대학교 건축학부 건물이다)에서 입증되었다. 콜린 로의 글에 따르면,

> 특징적인 팔라디오식 구성과 같이 크라운홀은 대칭적이며 그리고
> 필경 수학적으로 규칙화된 볼륨이다. 그러나 특징적인 팔라디오식
> 구성과 달리 그것은 중앙집중형의 주제를 피라미드 형태의 지붕이나
> 돔으로 수직적으로 투영해 위계적으로 질서를 부과한 구성이 아니다.
> 빌라 로톤다와 달리 크라운홀의 내부는―1920년대에 흔했던
> 구성인―관찰자가 서서 전체를 이해할 수 있는 실질적인 중심 영역을
> 제공하지 않는다. … 일단 안으로 들어오면, 건물은 어떤 공간의
> 클라이맥스라기보다 솔리드한 중심을 제공한다. 강하게 표현되지는
> 않았지만 틀림없다. 하지만 여전히 고립된 중심이어서 공간은 사방을
> 에워싼 창문과 함께 좌우로 퍼져나간다. 또한 지붕의 평판 슬래브는
> 밖으로 향하는 힘을 유도한다. 현관 입구가 집중화하는 역할을 하지만
> 진정한 팔라디오식 또는 고전적 평면에서 지배적인 중앙집중 구성은
> 아니다. 비록 매우 단순화한 형식이지만 1920년대의 선회하며 주변에
> 조직된 구성으로 남는다.[4]

프로그램에서 기념비적인 것과 조화되지 않는 모든 것을 억제하는 미스의 전형적인 수법은 크라운홀에서 가장 두드러진다. 산업 디자인과는 문자 그대로 그리고 상징적으로 건축학과의 위엄 아래 놓이도록 지하로 추방되었다. 하지만 선험적 관념주의의 부담에도 불구하고 미스는 전혀 과장하지 않았으며 그의 건물들은 비교적 저렴했다. 특히 사무 공간이나 고층 주거시설에서 발견되는 것처럼 반복되는 셀 요소로 이루어진 경우에 그러했다.

미스의 접근법은 명성과 평판을 의식하는 고객에게 권력과 영예의 완벽한 이미지를 제공했다. 1951년 개발업자 허버트 그린월드를 위해 지은 860 레이크쇼어 드라이브 아파트를 완성한 후 그는 점점

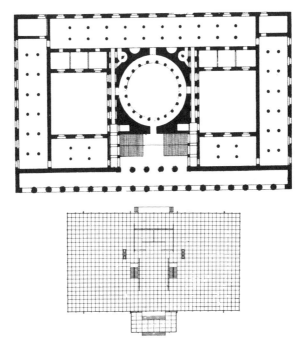

[240] 싱켈, 알테스 무제움, 베를린, 1823~30;
미스 반 데어 로에, 크라운홀, 시카고, 1952~56.

더 부동산과 공공기관의 시설을 위해 일하기 시작했다. 마지막 비약적인 발전은 필리스 랑베르의 대리인을 통해 뉴욕에 39층짜리 시그램 빌딩 설계를 의뢰받은 1958년에 찾아왔다[241]. 청동과 갈색 유리를 쓴 이 오피스 타워에서 미스는 다시 한 번 창문과 구조를 젬퍼식으로 섞어 짜 넣는 것에 성공했다. 그러나 이번에는 레이크쇼어 드라이브 아파트와 달리 화강석 광장에 면해 정면을 바라보고 있는 축에 따른 구성을 창조했다. 그리고 슬래브 자체는 파크 애비뉴 반대편에 있는 매킴, 미드 앤드 화이트의 1917년 라켓 클럽에 대한 경의의 표시로 빌딩 선에서 약 27미터 뒤로 물러나 있다. 건축주 입장에서는 양보나 다름없는 결정이었다. 이로써 미스는 맨해튼에 그의 유일한 기념비적 건물을 지을 수 있었고, 또한 그가 오래도록 그 장대함을 경탄해온 뉴

[241] 미스 반 데어 로에와 존슨, 시그램 빌딩, 뉴욕, 1958.

욕의 조지 워싱턴 다리와 필적할 만한 장관을 만들어낼 수 있었다.

1939~59년 일리노이 공과대학교 건축학과 학장으로 재임한 미스는 가능한 한 가장 광범한 의미의 건축 '학파'를 발전시킬, 또 세련해나갈 여지가 있는 단순하고 논리적인 건축 문화(건축예술)를 생산할, 마지막으로 산업 기술을 최적으로 실용화하는 원칙을 열어젖힐 충분한 기회가 있었다. 하지만 불행히도 미스는 그에게 제2의 천성이나 다름없던 싱켈 학파의 감수성을 똑같은 힘으로 전파할 수 없었다. 학파의 위대한 힘은 명료한 원칙에서 나오는데, 미스의 추종자들은 최근 사건들이 암시하듯 그의 섬세함, 형태를 넘어선 대가의 탁월함을 보장했던 그의 정밀한 비례 감각을 대부분 파악하지 못했다.

뉴딜의 소멸: 버크민스터 풀러, 필립 존슨, 루이스 칸 1934~1964

팀워크가 널리 수용되기 시작한 세상에서 독특한 개성을 보여준, 그리고 소비경제 세상에서 영원을 위해 짓기를 목표로 삼은 칸과 같은 이들은 어떤 의미에서 시대의 우연성을 넘어서 있는 자신을 발견한다. 그리고 그들의 개성이 강화되는 것은 이러한 입장에서이다. 칸의 개성은 대립하면서 공존하는 요소를 대담하게 녹여낸 한 점의 그림을 환기한다. 칸의 형태의 안정감과 대칭성은 실로 고전적이지만, 중세를 향한 그의 노스탤지어에 한해서 그는 낭만적이다. 그는 진지하게 가장 진보적인 기술 수단을 적용하지만, 그렇다고 해서 애들러 주택에 석재 받침기둥을 사용하는 것을 주저하지도 않는다. 그의 배치는 기능주의 체계를 넘어서 있지만 많은 경우에 그는 기능주의 미학을 활용한다. 그는 합리적 축조를 신봉하나 그의 블록들의 얇은 외피와 완전한 투명성은 그것을 거부하는 경향이 있다. 그는 유기적인 것에 반드시 필요한 개념을 통달했지만 그것의 불온한 형태학은 공유하지 않는다.
— 엔초 프라텔리, 『조디악』 제8호 (1960).[1]

1930년대 유럽의 경제적·정치적 위기와 루즈벨트가 시행한 뉴딜의 사회적 공급은 미국에 지식인 망명과 사회복지와 개혁을 위한 폭넓은 프로그램을 불러왔다. MoMA와 하버드 대학교가 이민자의 문화적 동화에서 중요한 역할을 했다면 연방정부는 수많은 복지 프로그램의 기초적인 인프라를 구축했다. 이 작업들은 루즈벨트의 주택법이 공표된 1934년과 제2차 세계대전 종전 사이에 실행되었다. 테네시 강 유

[242] 테네시 강 유역 개발 공사, 노리스 댐, 1933~37.

역 개발 공사와 클래런스 스타인의 그린벨트 뉴타운은 뉴딜의 가장 유명한 계획이자 정착지 프로젝트였다. 스타인의 뉴타운은 연방 재정 착국의 후원 아래 1936년 이후 실현되었다. 테네시 강 유역에 건설된 댐[242]과 갠트리(gantry), 조선대(slipway)의 뛰어남과 달리 스타인의 그린벨트 정착지에는 건축적으로 눈에 띄는 작업이 없었다. 좀 더 나은 결과는 같은 시기 농업안전국에서 자금을 조달받아 조성된 노동자 마을이며, 전형적인 예로 베르농 드마스의 설계로 1937년에 애리조나 주 챈들러에 흙벽돌(adobe)로 지은 농장 공동체가 있다. 똑같이 효율적이고 우아한 주택 기준이 유사한 정부 부처의 자금으로 지어진 다른 정착지들에서 달성되었고, 여기에 발터 그로피우스와 마르셀 브로이어의 설계로 1940년에 건설된 펜실베이니아 주 뉴켄싱턴 빌리지와 1943년에 리하르트 노이트라가 디자인한 로스앤젤레스 샌피드로에 있는 채널 하이츠가 포함된다. 비슷한 지원 아래 조지 하우, 오스카 스토노로프와 루이스 칸이 1944년에 수행한 펜실베이니아 코

477

츠빌에 있는 카버 코트 단지는 불가해하게도 볼품없는 작업이 되었
다. 칸이 1935~37년 뉴저지 주 하이츠타운에 위치한 저지 홈스테드
에서 앨프리드 케스트너를 위해 일하면서 이미 그의 능력을 입증했다
는 것을 감안하면 더 놀라운 결과다.

건축적 가치와 상관없이 이 모든 작업은 미국에 신즉물주의의 존
재를 드러냈다. 이 운동이 유럽에서와 같이 자의식적이거나 논쟁적이
지 않았던 것은 그와 유사한 이념적 토대가 없었기 때문이다. 여하간
운동은 대중에게 받아들여지느냐 하는 문제에 민감했다. 운동의 반기
념비성은 토착적인 재료를 사용하고 예측할 수 없는 지형 및 기후 변
화에 대응하면서 발현되었다.

뉴딜 시기에 미국 건축계의 아방가르드 그룹에는 독특하고 논쟁
하기 좋아하는 인물, 리처드 버크민스터 풀러가 있었다. 그는 효율성
을 더한 역동성(dynamism plus efficiency)을 의미하는 신조어 '다
이맥시온'(Dymaxion)이란 이름의 자립형 주택 초안을 1927년에 선
보이며 구축주의는 아닐지라도 눈에 띄게 즉물주의적인 사고방식을
보였다. 풀러는 좀 더 극단적인 스위스
ABC 그룹의 회원처럼 주어진 맥락의
어떤 특정한 성격에도 전혀 관심을 보
이지 않았고 주택을 마치 대량생산의
원형인 것처럼 계획했다. 육각형 평면
에 두 개의 움푹한 데크 사이에 끼워
진 다이맥시온 주택은 돛대 모양의 중
심 기둥으로부터 매달려(회전식 와이
어 휠 원리에 기초해) 있다. 이러한 형
태에서 이보다 더 기발했던 다이맥시
온 자동차(1933) 같이 유일하고 필연
적인 해법이 제시되었다. 달변인 풀러
는 1932년 잡지 『셸터』(*Shelter*)에서

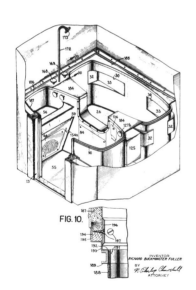

FIG. 10.

[243] 풀러, 조립식 욕실, 1938~40.

이 경량 금속 주택을 미국의 마천루와 동양의 탑을 종합한 것으로 묘사했다. 필요한 모든 서비스 요소가 들어 있는 속 빈 육각형 돛대를 갖춘 다이맥시온은 풀러의 훨씬 더 단순한 지오데식(geodesic; 축지선) 돔에서 절정에 이른 일련의 중앙집중적 구조 중 첫 번째였다. 주택으로는 1959년에 일리노이 주 카번데일에서 풀러 자신이 비용을 대 작업한 것이 최초다. 선구적인 개인주의자의 단호한 환원주의 윤리는 풀러가 1950년대 중반 예일 대학교에 객원교수로 재직했을 당시 작곡한「목장 위의 집」의 곡조에 맞춰 불렀던 우스꽝스러운 코러스에서 분명해진다.

집 주위를 어슬렁거리다 돔으로 가라
한때 조지 왕조 양식과 고딕 건물이 서 있었던 곳
지금은 접착제 하나로 금발 머리 여자들을 지킨다네
심지어 배관마저 좋아 보이네

실용적이면서 자족적인 태도는 풀러가 비어 있는 고층 사무실을 긴급 주거시설로 전환하기 위해서 1932년 진지하게 제안한 것과는 한참 거리가 멀어 보인다. 그해 말 풀러는 당시 도시 거주민의 90퍼센트가 세금을 내거나 식량을 구입할 수 없을 것이라고 주장했다. 이는 1932년 그가 잠시『셸터』의 편집장으로 있는 동안 어울렸던 구조연구연합─사이먼 브레인스, 헨리 처칠, 시어도어 라슨, 크누트 뢴베르크-홀름─과 유럽 신즉물주의의 관심 사이에 우연히 존재했던 친연성을 확인해준다.

1945년은 사회적으로 헌신했던 뉴딜의 정신과 이제 막 시작된 기념비성을 향한 충동 사이의 분수령이었다. 후자는 세계 강국으로서의 위상에 대한 요구와 제2차 세계대전 말 피어오른 문화적 열정에서 부상했던 것 같다. 그해 출판된 두 개의 텍스트는 제법 정확하게 당시의 분위기를 보여준다. 하나는 엘리자베스 모크가 편집한『미국의 건설』로, 도판의 절반 이상이 뉴딜 작업에 할애된 MoMA 전시에 맞춰 출간되었으며, 다른 하나는 폴 주커가 편집한 『신건축과 도시계획』으로 같은 해 열린 심포지엄을 기록한 것이었다. 심포지엄은 기념비적 표현에 대한 점증하는 요구를 주제로 삼았고, 이 주제는 기디온의 1944년 논문 「새로운 기념비성의 필요」에서 가장 정교하게 공식화되었다. 칸도 같은 기회에 다음과 같이 주장했다.

> 기념비성은 수수께끼와 같다. 그것은 의도적으로 창조될 수 없다. 최고급 잉크가 대헌장(Magna Carta)을 작성하는 데 필요치 않은 것과 같은 이치로 가장 훌륭한 재료도 첨단 기술도 기념비적 성격의 작업에 들어올 필요가 없다.[2]

이 쟁점은 1950년 조지 하우가 창간한 예일 대학교의 건축 저널 『퍼스펙타』(*Perspecta*) 첫 호에서 다시 부상했다. 헨리 호프 리드는 뉴딜이 부유층의 문화에 가혹한 타격을 가했고 대공황 때문에 등장한 규정들이 기념비성을 수용할 어떤 능력도 실질적으로 금했다고 주장했다.

> 뉴딜은 당대 예술의 가장 큰 후원처였지만 결코 화려함과 의례를 토대로 하지 않았으며 국가의 위신이나 민주주의의 위대함의 근거를 위하지도 않았다. 정부는 배고픈 예술가들에게 격조 높고 '낭비적인' 후원자가 아닌 박애주의적인 자선가로서 손을 내밀었다.
> 건축가와 도시계획가는 '낭비'를 축출시킨 새로운 양식에 관한 바다 건너 온 메시지에 익숙해져 있었다. 기능적인 것만을 용인하고 기술 만능주의 시대에 걸맞게 '주택은 거주 기계다'라고 선언한 사실은 래서 놀랍지 않다.[3]

리드는 기념비를 창조할 도구가 사라졌다고 결론 내렸지만 곧이어 그가 틀렸음이 증명되었다. 미국이 전례 없는 수의 기념비 건설에 착수했기 때문이다. 1944년 주커 심포지엄에서 시사된 이런 사항은 몇 년 후인 1949년 필립 존슨이 코네티컷 주 뉴캐넌에 작지만 기념비적인 글라스 하우스를 지었을 때 입증되었다[244, 245]. 미스 반 데어로에의 판스워스 주택을 위한 1945년의 스케치에서 영감을 받았지만, 이 주택은 구조적인 논리를 표현하는 데 집착했던 미스의 선입견에서 의도적으로 벗어나 있다. 글라스 하우스가 이미 미스의 체계를 장식적인 목적으로 적용한 존슨의 후기 작업을 예견하고 있었다는 것은 이에 관한 존슨의 1950년의 묘사에서 암시되고 있다.

> 주택의 많은 디테일들, 특히 모서리 처리와 창들과 기둥의 관계는
> 미스의 작업에서 따왔다. 파사드를 강하면서 동시에 장식적으로
> 마감하기 위해서 표준 형강을 사용하는 것은 미스의 시카고 작업의
> 전형이었다. 우리 건축에서 '장식'이 존재해야만 한다면 그것은 이들과
> 같은 표준 구조적 요소의 조작에서 비롯되어야 할 것이다(매너리즘이
> 다음에 오지 않을까?).[4]

표면의 조작을 통해서 구조를 가리려는 존슨의 결정은 다음 10년 동안 그의 작업을 특징지었다. 1954년 뉴욕의 포트체스터 유대교 회당에서 기념비적 언어로는 최초로 발의된 이 접근법은 뉴욕 링컨 센터 안에 위치한 뉴욕 주립 극장과 뉴헤이븐에 건설된 예일 대학교의 클라인 실험연구소 타워에서 완전한 발전을 이루었다. 이 둘은 1963년에 준공되었다.

1937년 이후 그로피우스 지도의 아래 있던 하버드 디자인 대학원은 뉴딜의 반역사주의적이고 '객관적인' 기능주의적 접근을 강화하려 했던 반면, 1950년 이후 조지 하우의 지휘 아래 있던 예일의 건축학부는 미국의 전후 기념비성 발전에 중요한 역할을 했다. 하우의 건축가로서의 경력은 필라델피아 시골 주택의 극단적인 보수주의부터

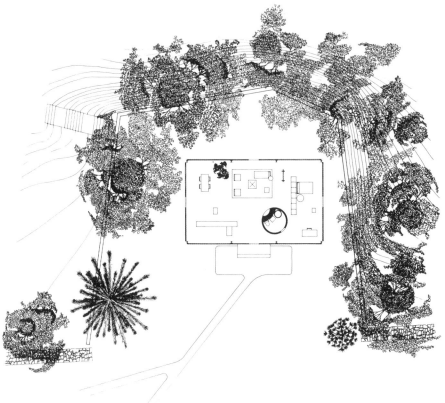

[244, 245] 존슨, 글라스 하우스, 뉴캐넌, 코네티컷 주, 1949.

1929년 윌리엄 레스카즈와 잠시 파트너십을 맺은 후 보여준 아방가르드적 기능주의에 이르기까지 그로피우스와 마찬가지로 정말 다양했다. 하우는 『퍼스펙타』의 창간을 비롯해 1950년대 초 시작된 예일대학교의 증축 프로그램을 위한 건축가 선별 과정에 영향력을 행사하며 기념비성의 대의를 옹호했다. 실제로 1950년 『퍼스펙타』에 리드의 글이 실렸을 때 루이스 칸은 이미 예일 아트갤러리 설계자로 선정돼 있었다.

1954년 예일 아트갤러리의 완성으로 칸은 그 자체로 미국의 전후 기념비성을 하나의 문화적 힘으로 만들었다. 그는 건물 하나로 그렇게 했으며, 이 건물은 1950년대에 줄곧 미국의 공식적인 건축이 대체로 보여순 천박한 수사와는 비교할 수도 없고 그래시도 안 되는 것이다. 당시의 전형적인 '제국주의적' 건물은 의심할 바 없이 1957년 뉴델리에 건설된 에드워드 더렐 스톤의 미국 대사관이었다. 부자연스러울 정도는 아니지만 장식적인 이 건물의 기념비성은 권위주의의 함축이라는 점에서 1960년에 완성된 에로 사리넨의 훨씬 더 우수한 런던 주재 미국 대사관 정도만이 능가할 수 있었다.

존슨의 글라스 하우스와 같이 예일 아트갤러리는 미스의 후기 미학의 절묘한 전치에 기초한다[246,247]. 하지만 미스는 언제나 구조 프레임의 직접적인 표현을 가장 중시했던 반면, 칸과 존슨은 적어도 바깥에서는 그 틀을 가렸고 벽, 바닥, 천장 등 부차적 요소로 간주되는 부분의 기념비화를 특히 강조했다. 비슷하게 미스는 항상 구성의 축을 강조했던 반면, 칸과 존슨은 프레임을 억압함으로써 그들 작업에 내재하는 대칭적 질서를 가렸다. 이를 위해 칸이 벽돌에서 뚜렷한 불투명성을 사용했다면, 존슨은 유리의 반사성에 의존했다. 존슨은 유리 본래의 성질을 활용하여 표면과 평평하게 설치했을 때 하나의 연속적인 막으로 보이도록 했다. 즉, 지지하고 있는 금속 프레임과 똑같은 금속 재질로, 똑같은 형식적 질서로 보이게 한 것이다. 독창적인 두 작업의 공통점은 표면에서 드러난 '긴밀함' 외에도 많았다. 두 경우

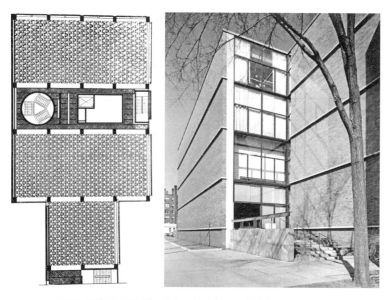

[246, 247] 칸, 예일 아트갤러리, 뉴헤이븐, 코네티컷 주, 1950~54.
천장의 다이아그리드를 반영한 평면과 외관.

모두에서 주요 직각 볼륨은 기본 서비스 요소―갤러리에서는 주 진
입 계단, 주택에서는 벽난로와 욕실―를 수용하는 원통 모양 덕분에
활기를 띠었다. 글라스 하우스의 도식, 일명 '직사각형 안에 원'은 또
한 예일 아트 갤러리의 근본 개념의 역할을 했다. '봉사하는'(servant)
쪽인 원통과 '봉사받는'(served) 쪽인 직사각형 파르티를 일반 건축
이론의 변증법으로 다듬은 사람은 존슨이 아니라 칸이었다.

존슨과 칸의 초기 작업은 일종의 탈미스적인 공간이었다. '거의
아무것도 없음'의 비대칭적 건축은 더 이상 틀로서의 구조를 표현하
는 것에 의존하지 않고, 오히려 빛과 공간과 지지부를 드러내는 궁극
적인 매개자인 표면을 조작하는 것에 의존하게 되었다. 칸의 예일 아
트갤러리 공간은, 네 개의 기본 단면으로 내부 볼륨을 분할하는 사각
기둥의 규칙적인 격자형만큼이나, 바닥을 구성하는 콘크리트로 된 사
면체 스페이스 프레임에 의해 결정되었다.

1950년대 초 존슨에 이어서 칸은 과거의 형식 체계를 재가동시키는 데 관심을 기울였다. 글라스 하우스의 신고전주의적 성격에서 명백해진 존슨 자신의 '역사주의'는 후기 미스에 대한 이해에서, 그리고 또다시 미스를 좇아 싱켈의 낭만적 고전주의에 대한 모종의 이해에서 비롯되었다. 언제부터 칸이 과거에 관심을 두었는지 가늠하기는 어렵다. 필라델피아의 폴 크레 밑에서 보자르식 훈련을 받았으나 1930년대 말과 1940년대 버크민스터 풀러와 프레더릭 키슬러 같은 이들의 급진주의와 가까웠던 칸은 뉴딜 이후에 중후한 구조적 형태로부터 위계적인 질서를 창조하는 데 열중하면서 먼 역사적 전통으로 되돌아갔다. 확실히 칸의 전체적 접근은 로마 미국 아카데미에서 보낸 안식년에서 돌아와 약 2년 후에 했던 1954년의 드랜딘 유대인 기뮤니티센터 프로젝트와 함께 변했다.

1950년대 중반에 이르렀을 때 참조점은 한층 더 복합적이 되어 갔다. 존슨은 싱켈에서 존 손으로 관심을 돌렸고, 동시에 그는 오스카 니마이어가 브라질리아에서 만들고 있던 전적으로 독립적인 바로크적 시도에 관심을 기울였다. 반면, 칸은 역사적 참조점이 궁극적으로 서구보다는 이슬람에 있었던 것으로 드러난 건축적 총체성(totality)의 개념에 사로잡혔다.

칸의 경력에서 보면 중대한 바로 이 시점에, 우리는 버크민스터 풀러의 작업과 영향력이라는 중요한 역설 가운데 하나와 마주치게 된다. 풀러는 유일하고 진정한 기능주의 접근 방식을 제시해 당대에 기여했다. 이는 풀러 자신과 추종자 모두가 인정하는 바이다. 하지만 보편 기하학을 이용한 그의 지오데식 구조 체계가 형태와 삶 모두에 근본적으로 신비주의적인 태도를 연상시킨다는 사실이 고려되어야 한다. 칸의 이후 경력에서 풀러의 이 같은 사유가 그의 발전에 강력한 영향을 미쳤고, 풀러 계통의 열정 넘치는 추종자 앤 팅과 공동 작업했던 시기에 그 영향은 절정에 달했다. 1952~57년 팅과 공동 작업한 삼각형의 고층 건물인 필라델피아 시청사의 여러 버전은 풀러의 영향을

[248] 칸과 팅, 필라델피아 시청 프로젝트, 1952~57. 모형.

가장 직접적으로 보여준다[248]. 사면체의 콘크리트 바닥으로 고정시
킨 지오데식 마천루—바람에 저항하는 수직 트러스—의 기본 개념
은 비올레르뒤크가 높이 평가했음직한 건축적 의도로의 복귀를 가능
케 했다. 이는 그의 가장 명확한 진술 중 하나에서 분명히 드러난다.

고딕 시대 건축가들은 단단한 석재로 지었다. 이제 우리는 속이 빈
돌로 지을 수 있다. 구조재로 정의된 공간은 그 구조재만큼이나
중요하다. 이 공간은 단열 패널의 보이드, 공기와 빛과 열이 순환하기
위한 보이드부터 가로질러 걷고 안에서 살기에 충분히 큰 공간까지
스케일이 다양하다. 구조 설계에서 적극적으로 보이드를 표현하려는
욕구는 스페이스 프레임의 발전에 대한 점차 커지는 관심과 작업으로
입증되고 있다. 실험되고 있는 형태들은 자연에 대한 좀 더 철저한
지식과 질서에 대한 지속적인 추구의 파생물이다. 구조를 숨기는
디자인 습관은 이렇게 함축된 질서에서는 설 자리가 없다. 그런
습관은 예술의 발전을 지연시킨다. 모든 예술에서와 같이 건축에서도
예술가는 하나의 사물이 어떻게 만들어지는가를 드러내는 흔적을

486

본능적으로 유지한다고 나는 믿는다. 오늘날 우리의 건축이 미화를 필요로 한다고 느끼는 것은 안 보이는 곳에서 이음매를 평평히 하고, 부분들이 어떻게 함께 모아졌는가를 숨기려는 우리의 성향에서 일부 비롯된다. … 우리가 짓는 것처럼 바닥에서 위로 도면을 그려나가는 것을 훈련하고, 타설하거나 가설하는 지점에 표시하기 위해 잠시 펜을 멈출 때, 장식은 표현 방법에 대한 사랑에서 자라날 것이다. 조명과 음향 자재의 구성을 덮어버리고, 억지로 구부린 반갑지 않은 덕트, 배관, 파이프라인을 묻어버리는 것을 참을 수 없게 될 것이다. 어떻게 그것이 되었는가를 표현하려는 욕구는 건설업계 전체를 통해 건축가, 엔지니어, 건축업자와 제도사에게 스며들 것이다. [5]

칸의 이후 경력의 근본적인 주제들은, (속이 빈 돌에 대한 인용에서 알 수 있듯이) 솔리드와 보이드를 개념적으로 바꾸어놓는 생각에서 설비 시스템을 구조와 명쾌하게 통합하려 했던 아이디어까지 그리고 보편적인 배치 원칙(즉, '건물이 되고 싶어 하는 것')은 구축 과정을 드러냄으로써만 명시될 수 있다는 중요한 결론까지, 모두가 이 짧은 문단에서 기본적인 윤곽이 그려지고 있다.

이러한 원칙들의 통합된 발전—1957~64년 예일 아트갤러리에서 펜실베이니아 대학교를 위해 지은 리처즈 의학연구소까지—은 칸을 늦게 찾아온 성숙기의 첫 단계로 이끌었다. 두 작업에서 칸은 프로그램의 경험적인 디테일이 전체 형태에 조금 또는 아무런 영향을 주지 않는 방법과 표현 양식을 사용했다. 과거에 그랬듯이 개별 기술이 형태에 맞춰야 하는 경우였지만, 형태 자체가 총체적인 과업을 깊이 이해한 데서 도출되었을 때에 한해서만 가능한 이야기이다. 리처즈 의학연구소의 경우에 칸의 방법에서 문제가 되는 측면은 정확히 이 쟁점, 즉 포괄적인 형태가 유형학적으로 정당화될 수 있는지 여부에 대한 것이다. 이후에 건물을 사용하는 데에서 맞닥뜨린 난점은 그럴 수 없다는 것을 보여준다. 우리는 여기에서 업무 장소를 이상화하려는, 즉 과정의 공간을 기념화하려는 전통적인 미국적 충동에 직면하고 있는 것 같아 보이는데, 이러한 의도는 존슨의 클라인 실험연구소 타워에서와 같이 리처즈 의학연구소에서도 명백하다. 이 모든 것에 대한 선례는 놀라울 것도 없이 라이트일 것이다. 처음은 1904년 버펄로에 있는 라킨 빌딩, 그다음은 1936~39년에 위스콘신 주 라신에 건설된 존슨 왁스 복합체이다. 칸과 존슨 두 사람이 『퍼스펙타』 2호(1953)에서 라이트의 라신 복합 건물의 마지막 증축, 즉 1946년 건설된 연구소 타워의 당위성을 두고 논쟁했다는 사실은 모순이 아닐 수 없다. 사회적 프로그램에 의해 결정된 듯한 타워의 위상에 대해서 칸은 현저히 냉담한 태도로 다음과 같이 언급했다.

> 건축은 심리적인 의미에서 작동해야 하는 모든 복합성과 관계가 있다.
> 그것은 그렇게 동기가 주어졌기 때문에 작동한다. 그것은 욕구와
> 요구를 채운다. 그리고 그렇기 때문에 타워는 작동되어야 한다.
> 심리적인 만족으로서.[6]

좀 더 미학적인 계통을 따라 그리고 훨씬 더 대담하게 존슨은 기능의 문제에 대한 무관심을 선언했다.

> 아름다운 빌딩을 원하는 사람이 그가 지어야만 하는 유일한 것이
> 실험실이라는 사실은 지독한 문제다. 라이트는 그것을 타워 속에
> 집어넣었다. 그것은 어울리지 않는다. 그것은 어울릴 필요가 없다.
> 라이트는 무엇이 그 속에 들어갈 것인가를 알기 오래전부터 그
> 모양을 생각해두었다. 나는 거기가 바로 건축이 시작하는 지점이라고
> 주장한다, 바로 개념과 함께.[7]

비록 칸이 시초의 '형태'—'유형'을 말하는 칸의 용어—가 프로그램의 요구에 따라 수정되는 것을 허용할 정도로 충분히 융통성이

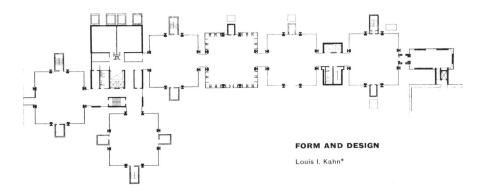

FORM AND DESIGN

Louis I. Kahn*

[249] 칸, 리처즈 의학연구소, 펜실베이니아 대학교, 필라델피아, 1957~61. 3층 평면.

있다 했을지라도, 그에게 '개념'은 언제나 정확하게 건축이 시작되는 지점이었고 이는 오늘날까지 지속되는 칸의 영향과 업적을 평가하는 기준이다. 그에게 건축은 하나의 정신적인 행위이며, 그래서 그의 가장 훌륭한 작업이 종교적이거나 완전히 명예로운 건물이라는 점은 결코 우연이 아니다. 이후의 수많은 계약에서 그는 고도의 정신적인 함축성이 프로그램에 있다고 생각했다. 그가 1959~65년 캘리포니아 주 라호야에 조너스 소크 박사를 위해 설계한 연구센터보다 적합한 예는 없을 것이다. 이 작업에서, 전체 시설을 작업, 회의, 주거 구역으로 분리한 것은 실험실 공간을 이상적인 형태로 축소하려는 충동적인 요구로부터 칸을 해방시킨 듯 보였다. 소크 실험 연구소의 최종 안에서 그는 미스 반 데어 로에가 오피스 빌딩에서 서비스 공간을 억압하거나 감춘 해법을 수용했다. 각 실험실 밑에 온전히 한 층 높이의 서비스 공간을 제공하려 했던 (오늘날 충분히 활용되고 있는) 칸의 의도는 필라델피아에서 완성했던 것보다 일반적으로 훨씬 더 융통성 있는 공간을 만들었다. 지어지지는 않았지만 소크의 회의실용 복합 건물은 또한 칸이 앙골라 루안다에 미국 영사관을 위한 1959년의 스케치에서 처음 개념적인 수준으로 끄집어냈던 '건물 안의 건물' 배치로 눈부심을 방지하는 구상을 최초로 발전시킬 기회를 가졌던 사례였다.

심지어 라호야에서도 지어지지 않은 채 남아 있어야 했던 이 개념은 1965~74년 동파키스탄(지금의 방글라데시)의 다카에 건설 중이던 그의 장대한 국회의사당 건물의 주요 주제가 되었다.

　실용성을 초월할 수 있는 건축을 선호한 칸은 사회적으로 헌신했으나 너무 단순했던 기능주의는 거부했다. 그는 도시 형태에 대해서도 유사하게 접근했다. 이러한 전환은 필라델피아 중심에 '빛나는 도시', 이른바 1939~48년 '합리주의적 도시' 습작부터 그의 성숙기에 '고가 도로'로서의 건축과 휴먼 스케일의 건물 사이를 뚜렷이 구분해야 한다는 주장까지 그의 발전에 재차 반영되었다. 이는 그가 1762년 피라네시의 로마 계획을 '현대 도시'에 적용하려고 시도한 1956년 필라델피아 미드타운 계획에서 가장 극적으로 표현된다. 하지만 이 제안의 이성적인 시학 그리고 세심하게 재배치한 통행 패턴(가령 고속도로를 강으로 그리고 정지-출발의 교통 신호로 통제하는 도로를 운하로 구분)은 독창적이었지만 보행자와 자동차 간에 통용되어야 하는 정확한 관계를 고안하는 부분에서는 역설적으로 비구체적이었다.

　자동차와 도시 간의 깊은 반감과 교외 쇼핑센터의 소비주의와 도심의 몰락 사이의 치명적인 연결고리(전후 연방의 고속도로 건설 지

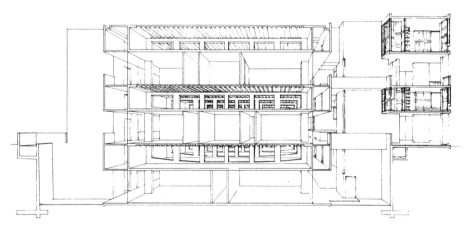

[250] 칸, 소크 실험 연구소, 라호야, 캘리포니아 주, 1959~65. 실험실 동 단면도.

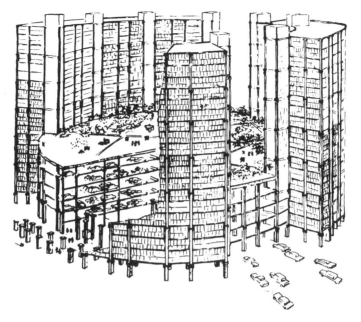

[251] 칸, 필라델피아 '선창' 복합 단지 프로젝트, 1956.
아파트와 오피스 빌딩이 다층 주차장을 둘러싸고 있다.

원과 제대군인원호법의 주택융자 법령이 결합한 결과 부수적으로 생긴 연결)를 알고 있었던 칸은 휴먼 스케일과 자동차 스케일 사이에 만족할 만한 상호 교류를 고민하던 건축가보다 유능할 수 없었다. 그는 1956년 자동차 1,500대가 들어가는 6층짜리 원통형 사일로로 구성되고 가장자리는 18층짜리 블록으로 둘러싼 피라네시풍의 '선창'(dock)을 제안했다. 이 제안은 휴먼 스케일을 토대로 한 당시의 여타 메가스트럭처만큼이나 빈곤하기 짝이 없었다. 칸의 심오한 역사주의의 한계는 필라델피아 미드타운 계획안을 프랑스의 요새 도시 카르카손에 비유하는 것에 비하면 덜 비참한 것이었다. 도시 내 움직임에 질서를 부여함으로써 자동차에 의한 파괴로부터 도시를 보호할 것이라는 그의 주장은 확실히 유토피아적 망상이었다.

주

서문

1   G. Debord, 'XIII', in *Comments on the Society of the Spectacle*, trans. M. Imrie (1998), 38.

1부
문화적 발전과 기술 경향 1750~1939

1장
문화적 변형: 신고전주의 건축 1750~1900

1   J. Starobinski, *The Invention of Liberty, 1700–1789*, trans. B.C. Swift (1964), 205.

2장
영토적 변형: 도시 개발 1800~1909

1   F. Choay, *The Modern City: Planning in the 19th Century*, trans. M. Hugo and G.R. Collins (1969), 9.

2   C. Sitte, *Der Städtebau nach seinen künsterlerischen Grundsätzen* [*City Planning According to Artistic Principles*] (1988), 16.

3장
기술적 변형: 구조공학 1775~1939

1   W. Benjamin, 'Paris: Capital of the 19th Century', *Perspecta*, vol. 12, 1969, 165.

2   L. Reynaud, *Traité d'architecture. Deuxième partie. Composition des edifices* (1878), 428.

2부
비판적 역사 1836~1967

1장
미지의 곳에서 온 뉴스: 영국 1836~1924

1   W. Morris, 'The Revival of Architecture', *The Eclectic Magazine of Foreign Literature, Science and Art*, vol. 48, no. 2, August 1888, 277.

2   A. Carruthers, *Ashbee to Wilson: Aesthetic Movement, Arts and Crafts, and Twentieth Century* (1986).

2장
아들러와 설리번: 오디토리엄과 고층 건물
1886~1895

1 L.H. Sullivan, *The Public Papers* (1988), 80.
2 L. Sullivan, 'The Autobiography of an Idea', *Journal of the American Institute of Architects*, vol. XI, no. 9, 1923, 337.
3 D. Adler, 'Great Modern Edifices: The Chicago Auditorium', *Architectural Record*, vol. 1, no. 4, April–June 1892, 429.
4 Ibid., 417.

3장
프랭크 로이드 라이트와 프레리 신화
1890~1916

1 F.L. Wright, 'In The Cause of Architecture. III. The Meaning of Materials. Stone', *Architectural Record*, vol. 63, no. 4, April 1928, 350.
2 G.C. Manson, *Frank Lloyd Wright to 1910: The First Golden Age* (1958), 39.

4장
구조 합리주의와 비올레르뒤크의 영향:
가우디, 오르타, 기마르, 베를라헤 1880~1910

1 E. Viollet-le-Duc, *Entretiens sur l'architecture* (1863-72).
2 H. Guimard, 'An Architect's Opinion of "L'Art Nouveau"', *The Architectural Record*, vol. XII, no. 2, June 1902, 58.
3 H. Guimard, 'An "Art Nouveau" Edifice in Paris. The Humbert De Romans Building', *The Architectural Record*, vol. XII, no. 1, May 1902, 58.
4 G. Grassi, 'An Architect and a City: Berlage in Amsterdam', *Casabella Continuità*, no. 249, March 1961, 42 [Italian], VII [English].

5장
찰스 레니 매킨토시와 글래스고 학파
1896~1916

1 T. Howarth, *Charles Rennie Mackintosh and the Modern Movement* (1952), 46.

6장
신성한 봄: 바그너, 올브리히, 호프만
1886~1912

1 C.E. Schorske, 'The Transformation of the Garden: Ideal and Society in Austrian Literature', *The American Historical Review*, vol. 72, no. 4, July 1967, 1298.
2 E.F. Sekler, 'Eduard F. Sekler: The Stoclet House by Josef Hoffmann', in *Essays in the History of Architecture Presented to Rudolph Wittkower*, vol. 1 (1967), 230.
3 S. Anderson, *Peter Behrens and a New Architecture for the Twentieth Century* (2000), 22.

7장
안토니오 산텔리아와 미래주의 건축
1909~1914

1 F.T. Marinetti, Marinetti, *Selected Writings*, trans. R.W. Flint and A.A. Coppotelli (1972), 39.
2 Ibid., 40.
3 R. Banham, 'Futurism: The Foundation Manifesto', in *Theory and Design in the First Machine Age*, 2nd edn (1967), 104.

4   U. Apollonio, 'Umberto Boccioni: Plastic
Dynamism 1913', in *Futurist Manifestos*,
trans. R. Brain, R.W. Flint, J.C. Higgitt and C.
Tisdal (2001), 93.

5   R. Banham, 'Sant' Elia and Futurist
Architecture', in *Theory and Design in the
First Machine Age*, 2nd edn (1967), 128.

6   R. Banham, 'Futurism: Theory and
Development', in *Theory and Design in the
First Machine Age*, 2nd edn (1967), 124.

7   R. Banham, 'Sant' Elia and Futurist
Architecture', in *Theory and Design in the
First Machine Age*, 2nd edn (1967), 129.

8장
아돌프 로스와 문화의 위기 1896~1931

1   T.J. Benton, 'Arts and Crafts Values: Adolf
Loos, Architecture, 1910', in *Form and
Function* (1975), 41.

2   L. Münz and G. Künstler, *Adolf Loos, Pioneer
of Modern Architecture* (1966), 225.

3   T.J. Benton, 'Arts and Crafts Values: Adolf
Loos, Potemkin's Town, 1898', in *Form and
Function* (1975), 26.

9장
**앙리 반 데 벨데와 감정이입의 추상
1895~1914**

1   L. Münz and G. Künstler, *Adolf Loos, Pioneer
of Modern Architecture* (1966), 17.

2   H. van de Velde, *Formules de la beauté
architectonique moderne* (1917), 88.

10장
토니 가르니에와 산업 도시 1899~1918

1   D. Wiebenson, 'Appendix I: Tony Garnier's
Preface to Une Cité Industrielle', in *Tony
Garnier: The Cité Industrielle* (1969), 107.

2   E. Zola, *Travail* (1901), 485.

11장
**오귀스트 페레: 고전적 합리주의의 진화
1899~1925**

1   A. Perret, *Contribution à une théorie de
l'architecture* (1952), unpaginated [first pub.
in *Das Werk*, 34-35, February 1947].

12장
독일공작연맹 1898~1927

1   C.M. Chipkin, 'Lutyens and Imperialism', *RIBA
Journal*, July 1969, 263.

2   G. Semper, 'Science, Industry and Art.
Proposals for the Development of a National
Taste in Art at the Closing of the London
Industrial Exhibition', in *The Four Elements
of Architecture and Other Writings*, trans. H.F.
Mallgrave and W. Herrmann (1989), 133.

3   Ibid., 134.

4   Ibid., 138.

13장
**유리사슬: 유럽의 건축적 표현주의
1910~1925**

1   P. Scheerbart, *Glass Architecture*, by Paul
Scheerbart; and *Alpine Architecture*, by
Bruno Taut, ed. with an introduction by D.

Sharp, trans. J. Palmes and S. Palmer (1972), 41.

2   U. Conrads and H.G. Sperlich, 'Adolf Behne', in *The Architecture of Fantasy. Utopian Building and Planning in Modern Times*, trans., ed. and expanded by C.C. Collins and G.R. Collins (1962), 133.

3   U. Conrads, '1919 Gropius/Taut/Behne: New Ideas on Architecture', in *Programs and Manifestoes on 20th-Century Architecture*, trans. M. Bullock (1971), 46.

4   U. Conrads and H.G. Sperlich, 'Arbeitsrat für Kunst: YES! Opinions of the Arbeitsrat für Kunst in Berlin, Adolf Behne (page 16)', in *The Architecture of Fantasy. Utopian Building and Planning in Modern Times*, trans., ed. and expanded by C.C. Collins and G.R. Collins (1962), 140.

5   U. Conrads and H.G. Sperlich, 'Selections from the Utopian Correspondence: Hans Scharoun (Hannes), Circular Letter of the Year 1919', in *The Architecture of Fantasy. Utopian Building and Planning in Modern Times*, trans., ed. and expanded by C.C. Collins and G.R. Collins (1962), 142.

6   U. Conrads and H.G. Sperlich, 'Selections from the Utopian Correspondence: Hans Luckhardt (Angkor), Circular Letter of July 15, 1920', in *The Architecture of Fantasy. Utopian Building and Planning in Modern Times*, trans., ed. and expanded by C.C. Collins and G.R. Collins (1962), 146.

7   U. Conrads and H.G. Sperlich, 'Selections from the Utopian Correspondence: Wassili Luckhardt (Zacken), Undated Circular Letter', in *The Architecture of Fantasy. Utopian Building and Planning in Modern Times*, trans., ed. and expanded by C.C. Collins and G.R. Collins (1962), 144.

8   A. Whittick, 'Early Years of Practice: Germany 1919-1923', in *Erich Mendelsohn*, 2nd edn (1956), 65.

9   P. Blundell Jones, 'Häring's Functionalist Theory, 1924-1934. "Wege zur Form", 1925', in *Hugo Häring: the Organic versus the Geometric* (1999), 77.

14장
바우하우스: 이상의 발전 1919~1932

1   U. Conrads, '1919 Walter Gropius: Programme of the Staatliches Bauhaus in Weimar', in *Programs and Manifestoes on 20th-Century Architecture*, trans. M. Bullock (1971), 49.

2   H.M. Wingler, 'Oskar Schlemmer: On the Situation of the Workshops for Wood and Stone Sculpture', in *The Bauhaus: Weimar, Dessau, Berlin, Chicago*, trans. W. Jabs and B. Gilbert (1979), 60.

3   H.M. Wingler, 'Johannes Itten and Lyonel Feininger: On the Problem of State Care for Intellectuals in the Professions', in *The Bauhaus: Weimar, Dessau, Berlin, Chicago*, trans. W. Jabs and B. Gilbert (1979), 35.

4   R. Banham, 'The Bauhaus', in *Theory and Design in the First Machine Age*, 2nd edn (1967), 281.

5   R. Banham, 'Germany: the Encyclopaedics', in *Theory and Design in the First Machine Age*, 2nd edn (1967), 313.

6   C. Schnaidt, 'My Dismissal from the Bauhaus', in *Hannes Meyer: Buildings, Projects and Writings* (1965), 105.

15장
신즉물주의: 독일, 네덜란드, 스위스
1923~1933

1 G.F. Hartlaub, 'Letter to Alfred H. Barr', *The Art Bulletin*, XXII, no. 3, September 1940, 164.
2 Ibid., 163.
3 S. Lissitzky-Küppers, 'Proun Room, Great Berlin Art Exhibition 1923', in *El Lissitzky. Life, Letters, Texts* (1968), 365.
4 C. Schnaidt, 'Project for the Peter's School, Basle, 1926', in *Hannes Meyer: Buildings, Projects and Writings* (1965), 17.
5 C. Schnaidt, 'Project for the Palace of the League of Nations, Geneva, 1926-27', in *Hannes Meyer: Buildings, Projects and Writings* (1965), 25.
6 M. Stam, 'Kollektive Gestaltung', ABC (1924), 1.
7 C. Schnaidt, 'The New World, 1926', in *Hannes Myer: Buildings, Projects and Writings* (1965), 91.
8 Le Corbusier, 'The Spectacle of Modern Life', in *The Radiant City* (1967), 177.
9 S. Giedion, 'The Modern Theatre: Interplay between Actors and Spectators', in *Walter Gropius, Work and Teamwork* (1954), 64.
10 W. Gropius, 'Sociological Premises for the Minimum Dwelling of Urban Industrial Populations', in *Scope of Total Architecture* (1978), 101.

16장
체코슬로바키아의 근대 건축 1918~38

1 J. Anděl, *Introduction to the Art of the Avant-Garde in Czechoslovakia 1918–1938* (1993).

17장
데 스테일: 신조형주의의 발전과 소멸
1917~1931

1 De Stijl, *Catalogue 81* (Amsterdam, Stedelijk Museum, 1951), 10.
2 J. Baljeu, 'Towards Plastic Architecture', in *Theo van Doesburg* (1974), 144.
3 J. Baljeu, 'Towards Collective Construction', in *Theo van Doesburg* (1974), 147.
4 J. Baljeu, '−□+=R4', in *Theo van Doesburg* (1974), 149.

18장
르 코르뷔지에와 새로운 정신 1907~1931

1 Le Corbusier, 'The Lesson of Rome', in *Towards a New Architecture*, trans. F. Etchells (1946), 141.
2 'Une Villa de Le Corbusier, 1916', in *L'Esprit Nouveau*, nos 4-6, 1968, 692.
3 Le Corbusier, 'Argument', in *Towards a New Architecture*, trans. F. Etchells (1946), 12.
4 Le Corbusier, *Oeuvre complète* (1910-1929), vol. 1 (1956), 86 [6th edn].
5 C. Rowe, 'The Mathematics of the Ideal Villa', in *The Mathematics of the Ideal Villa and Other Essays* (1976), 3.
6 Ibid., 12.
7 Le Corbusier, *Precisions* (1988), 139.
8 C. Schnaidt, 'Building, 1928', in *Hannes Meyer: Buildings, Projects and Writings* (1965), 95.
9 Le Corbusier, 'In Defense of Architecture', trans. N. Bray, A. Lessard, A. Levitt and G. Baird, *Oppositions*, no. 4, October 1974, 93.
10 Le Corbusier, *Precisions* (1988), 219.

19장
아르데코부터 인민전선까지: 양차 세계대전
사이의 프랑스 건축 1925~45

1   Le Corbusier, *L'Art décoratif d'aujourd'hui* (1925).
2   L. Benevolo, *Storia dell'architettura moderna* (1960), 327-31.

20장
미스 반 데어 로에와 사실의 의미 1921~1933

1   P. Carter, 'Biographical Notes', in *Mies van der Rohe at Work*, 3rd edn (1999), 174.
2   P. Johnson, '1922: Two Glass Skyscrapers', in *Mies van der Rohe*, 3rd edn (1978), 187.
3   P. Johnson, '1927: The Design of Apartment Houses', in *Mies van der Rohe*, 3rd edn (1978), 194.
4   P. Johnson, '1930: The New Era', in *Mies van der Rohe*, 3rd edn (1978), 195.

21장
새로운 집합체: 소련의 미술과 건축
1918~1932

1   B. Lubetkin, 'Soviet Architecture: Notes on Development from 1917 to 1932', *Architectural Association Journal*, May 1956, 262.
2   J. Billington, *The Icon and the Axe: an Interpretive History of Russian Culture* (1967), 489.
3   R. Fullop, *The Mind and Face of Bolshevism* (1988), 102.
4   A. Kopp, '1925-1932: New Social Condensers. The Stroikom Units', in *Town and Revolution; Soviet Architecture and City Planning, 1917–1935*, trans. T.E. Burton (1970), 141.
5   A. Kopp, '1925-1932: New Social Condensers. The Workers' Club', in *Town and Revolution; Soviet Architecture and City Planning, 1917–1935*, trans. T.E. Burton (1970), 123.
6   A. Kopp, 'Editorial Favoring Deurbanization (1930)', in *Town and Revolution; Soviet Architecture and City Planning, 1917–1935*, trans. T.E. Burton (1970), 248.
7   N.A. Miliutin, 'Sotsgorod. The Principles of Planning', in *Sotsgorod. The Problem of Building Socialist Cities*, trans. A. Sprague (1974), 66.

22장
르 코르뷔지에와 빛나는 도시 1928~1946

1   Le Corbusier, 'Argument', in *Towards a New Architecture*, trans. F. Etchells (1946), 14.
2   R. Fishman, *Urban Utopias in the Twentieth Century. Ebenezer Howard, Frank Lloyd Wright and Le Corbusier* (1977), 14.

23장
프랭크 로이드 라이트와 사라지는 도시
1929~1963

1   *Die Heimstätte*, no. 10, 1931.
2   F.L. Wright, 'Style in Industry', in *Modern Architecture: Being the Kahn Lectures for 1930* (1987), 38.
3   F.L. Wright, *An Autobiography* (1945), 472.
4   M. Schapiro, 'Architect's Utopia', *Partisan Review*, vol. 4, no. 4, March 1938, 43.

24장
알바 알토와 북유럽의 전통: 민족적 낭만주의와 도리스적 감수성 1895~1957

1 A. Aalto, 'Architecture in Karelia', in *Sketches*, trans. S. Wrede (1978), 82.

2 A. Aalto, 'Finnish Pavilion at the Paris World's Fair 1937', in *Alvar Aalto*, ed. K. Fleig (1963), 81.

3 A. Aalto, 'Furniture and Lamps', in *Alvar Aalto*, ed. K. Fleig (1975), 199.

4 'The Rationalist Utopia: The Humanizing of Architecture', in *Alvar Aalto in his Own Words*, ed. and annotated by G. Schildt (1997), 103.

5 'The Rationalist Utopia: The Trout and the Stream', in *Alvar Aalto in his Own Words*, ed. and annotated by G. Schildt (1997), 108.

6 L. Benevolo, 'Progress in European Architecture between 1930 and 1940', in *History of Modern Architecture. The Modern Movement*, vol. 2 (1971), 616.

25장
주세페 테라니와 이탈리아 합리주의 건축 1926~1943

1 R. Banham, 'Sant' Elia and Futurist Architecture', in *Theory and Design in the First Machine Age*, 2nd edn (1967), 129.

2 Il Gruppo 7, 'Architecture', trans. E.R. Shapiro, *Oppositions*, no. 6, Fall 1976, 90.

3 Ibid.

4 L. Benevolo, 'Political Compromise and the Struggle with the Authoritarian Régimes', in *History of Modern Architecture. The Modern Movement*, vol. 2 (1971), 574.

5 C. Cattaneo, 'The Como Group: Neoplatonism and Rational Architecture', *Lotus International*, no. 16, September 1977, 90.

26장
건축과 국가: 이데올로기와 재현 1914~1943

1 R. Byron, 'New Delhi', *The Architectural Review*, January 1931.

2 B. Lubetkin, 'Soviet Architecture, Notes on Development from 1932-1955', *Architectural Association Journal*, September-October 1956, 89.

3 B. Miller, 'The Debate over the New Architecture', in *Architecture and Politics in Germany 1918–1945* (1968), 139.

4 F.F. Lisle, Jr, 'Chicago's "Century of Progress" Exposition: The Moderne as Democratic, Popular Culture'. *Journal of the Society of Architectural Historians*, vol. 31, no. 3, October 1972, 230.

5 S. Giedion, *Architecture You and Me* (1958), 48.

27장
르 코르뷔지에와 토속성의 기념비화 1930~1960

1 Le Corbusier and P. Jeanneret, 'Villa de Mme. H. de Mandrot', in *Oeuvre complète* (1929-34), vol. 2 (1935), 59.

2 Le Corbusier and P. Jeanneret, 'Petites Maisons: 1935. Maison aux Mathes (Océan)', in *Oeuvre complète* (1934-38), vol. 3 (1939), 135.

3 Le Corbusier and P. Jeanneret, 'Petites Maisons: 1935. Une maison de week-end en banlieue de Paris', *Oeuvre complète* (1934-38), vol. 3 (1939), 125.

4 C. Rowe, 'Neo-"Classicism" and Modern Architecture II', in *The Mathematics of the Ideal Villa and Other Essays* (1976), 94.

28장
미스 반 데어 로에와 기술의 기념비화
1933~1967

1   P. Johnson, 'Architecture in the Third Reich', *Horn and Hound*, 1933.

2   P. Johnson, '1950: Address to Illinois Institute of Technology', in *Mies van der Rohe*, 3rd edn (1978), 203.

3   P. Carter, 'Mies van der Rohe: An Appreciation on the Occasion, This Month, of His 75th Birthday', *Architectural Design*, 31, no. 3, March 1961, 108.

4   C. Rowe, 'Neo-"Classicism" and Modern Architecture II', in *The Mathematics of the Ideal Villa and Other Essays* (1976), 149.

29장
뉴딜의 소멸: 버크민스터 풀러, 필립 존슨,
루이스 칸 1934~1964

1   E. Fratelli, 'Louis Kahn', *Zodiac America*, no. 8, April-June 1892, 17.

2   'The Problem of a New Monumentality. Monumentality, by Louis I. Kahn', in *New Architecture and City Planning*, ed. P. Zucker (1944), 578.

3   H.H. Reed, Jr, 'Monumental Architecture or the Art of Pleasing in Civic Design', *Perspecta*, The Yale Architectural Journal, no. 1, 1952, 51.

4   P. Johnson, 'House at New Canaan, Connecticut', *The Architectural Review*, vol. CVIII, no. 645, September 1950, 155.

5   L.I. Kahn, 'Toward a Plan for Midtown Philadelphia', *Perspecta*, The Yale Architectural Journal, no. 2, 1953, 23.

6   'On the Responsibility of the Architect', *Perspecta*, The Yale Architectural Journal, no. 2, 1953, 47.

7   Ibid.

참고문헌

연구에 기반이 된 문헌뿐 아니라
더 읽을거리를 추가한 목록이다.

약어

AA: Architectural Association, London
AAJ: Architectural Association Journal
AAQ: Architectural Association Quarterly
AB: Art Bulletin
AD: Architectural Design
AIAJ: American Institute of Architects Journal
AMC: Architecture, mouvement et continuité
AR: Architectural Review
A+U: Architecture and Urbanism
JAE: Journal of Architectural Education
JSAH: Journal of the Society of Architectural
    Historians
JW&CI: Journal of the Warburg and Courtauld
    Institutes
RIBAJ: RIBA Journal

개괄

L. Benevolo, *Origins of Modern Town Planning*
    (1967)
– *History of Modern Architecture* (1971)
F.D.K. Ching, M. Jarzombek and V. Prakash, *A*
Global History of Architecture (2017)
F. Dal Co and M. Tafuri, *Architettura*
    contemporanea (1976)
K. Frampton and A. Simone, *A Genealogy of*
    Modern Architecture: Comparative Critical
    Analysis of Built Form (2016)
S. Giedion, *Space, Time and Architecture* (1941)
– *Mechanization Takes Command* (1948)
H.-R. Hitchcock, *Architecture: Nineteenth and*
    Twentieth Centuries (1958)
H.F. Mallgrave, *Modern Architectural Theory: A*
    Historical Survey, 1673–1968 (2009)
M. Tafuri, *Architecture and Utopia: Design and*
    Capitalist Development (1976)
– *Theories and History of Architecture* (1980)
– *The Sphere and the Labyrinth: Avant-Gardes*
    and Architecture from Piranesi to the 1970s
    (1987)
– and F. Dal Co, *Modern Architecture* (1979)

1부
문화적 발전과 기술 경향 1750~1939

1장
문화적 변형: 신고전주의 건축 1750~1900

R. Banham, *Theory and Design in the First*

Machine Age (1960), esp. chs 1-3

L. Benevolo, History of Modern Architecture, I (1971), esp. preface and ch. 1

R. Bentmann and M. Muller, 'The Villa as Domination', 9H, no. 5, 1983, 104-14, and no. 7, 1985, 83-104

B. Bergdoll, European Architecture, 1750–1890 (2000)

D. Brownlee, Friedrich Weinbrenner, Architect of Karlsruhe (1986)

T. Buddensieg, '"To build as one will … " Schinkel's Notions on the Freedom of Building', Daidalos, 7, 1983, 93-102

A. Choisy, Histoire de l'architecture (1899)

L. Dehio, Friedrich Wilhelm IV von Preussen: Ein Baukünstler der Romantik (1961)

P. de la Ruffinière du Prey, John Soane (1982)

B. de Montgolfier, ed., Alexandre-Théodore Brongniart (1986)

M. Dennis, Court and Garden: From French Hôtel to the City of Modern Architecture (1986)

A. Dickens, 'The Architect and the Workhouse', AR, December 1976, 345-52

A. Drexler, ed., The Architecture of the Ecole des Beaux-Arts (1977) [with essays by R. Chafee, N. Levine and D. van Zanten]

P. Duboy, Lequeu: Architectural Enigma (1986) [definitive study with foreword by Robin Middleton]

R.A. Etlin, The Architecture of Death (1984)

R. Evans, 'Bentham's Panopticon: An Incident in the Social History of Architecture', AAQ, III, no. 2, April-July 1971, 21-37

– 'Regulation and Production', Lotus, 12, September 1976, 6-14

B. Fortier, 'Logiques de l'équipement', AMC, 45, May 1978, 80-85

K.W. Forster, 'Monument/Memory and the Mortality of Architecture', Oppositions, Fall 1982, 2-19

M. Gallet, Charles de Wailly 1730–1798 (1979)

F. Gilly, Friedrich Gilly: Essays on Architecture, 1796–1799 (1994)

E. Gilmore-Holt, From the Classicists to the Impressionists (1966)

J. Guadet, Eléments et théorie de l'architecture (1902)

A. Hernandez, 'J.N.L. Durand's Architectural Theory', Perspecta, 12, 1969

W. Herrmann, Laugier and Eighteenth: Century French Theory (1962)

Q. Hughes, 'Neo-Classical Ideas and Practice: St George's Hall, Liverpool', AAQ, V, no. 2, 1973, 37-44

E. Kaufmann, Three Revolutionary Architects, Boullée, Ledoux and Lequeu (1953)

– Architecture in the Age of Reason (1968)

M. Lammert, David Gilly: Ein Baumeister der deutschen Klassizismus (1981)

K. Lankheit, Der Tempel der Vernunft (1968)

N. Leib and F. Hufnagl, Leo von Klenze, Gemälde und Zeichnungen (1979)

D.M. Lowe, History of Bourgeois Perception (1982)

T.J. McCormick, Charles Louis Clérisseau and the Genesis of Neoclassicism (1990)

H.F. Mallgrave, Gottfried Semper: Architect of the 19th Century (1996)

G. Mezzanotte, 'Edilizia e politica. Appunti sull'edilizia dell'ultimo neoclassicismo', Casabella, 338, July 1968, 42-53

R. Middleton, 'The Abbé de Cordemoy: The Graeco-Gothic Ideal', JW&CI, 1962, 1963

– 'Architects as Engineers: The Iron Reinforcement of Entablatures in 18thcentury France', AA Files, no. 9, Summer 1985, 54-64

– ed., The Beaux-Arts and Nineteenth Century French Architecture (1984)

– and D. Watkin, Neoclassical and Nineteenth

Century Architecture, 2 vols (1987)

W. Oechslin, 'Monotonie von Blondel bis Durand', Werk-Archithese, January 1977, 29-33

A. Oncken, Friedrich Gilly 1772-1800 (repr. 1981)

A. Pérez-Gómez, Architecture and the Crisis of Science (1983)

J.M. Pérouse de Montclos, Etienne-Louis Boullée 1728-1799 (1969)

N. Pevsner, Academies of Art, Past and Present (1940) [unique study of the evolution of architectural and design education]

– Studies in Art, Architecture and Design, I (1968)

A. Picon, French Architects and Engineers in the Age of Enlightenment (1992)

J. Posener, 'Schinkel's Eclecticism and the Architectural', AD, November-December 1983 (special issue on Berlin), 33-39

H.G. Pundt, Schinkel's Berlin (1972)

G. Riemann, ed., Karl Friedrich Schinkel: Reisen nach Italien (1979)

– Karl Friedrich Schinkel: Reise nach England, Schottland und Paris (1986)

A. Rietdorf, Gilly: Wiedergeburt der Architektur (1943)

R. Rosenblum, Transformations in Late Eighteenth Century Art (1967)

A. Rowan, 'Japelli and Cicogarno', AR, March 1968, 225-28 [on 19th-century Neo-Classical architecture in Padua, etc.]

J. Rykwert, The First Moderns (1983)

P. Saddy, 'Henri Labrouste: architecteconstructeur', Les Monuments Historiques de la France, no. 6, 1975, 10-17

G. Semper, H.F. Mallgrave and W. Hermann, The Four Elements of Architecture and Other Writings (1989)

J. Starobinski, The Invention of Liberty (1964)

– The Emblems of Reason (1990)

D. Stroud, The Architecture of Sir John Soane (1961)

– George Dance, Architect 1741-1825 (1971)

W. Szambien, J.N.L. Durand (1984)

M. Tafuri, Architecture and Utopia: Design and Capitalist Development (1976)

J. Taylor, 'Charles Fowler: Master of Markets', AR, March 1964, 176-82

D. Ternois, et al., Soufflot et l'architecture des lumières (CNRS/ Paris 1980) [proceedings of a conference on Soufflot held at the University of Lyons in June 1980]

G. Teyssot, Città e utopia nell'illuminismo inglese: George Dance il giovane (1974)

– 'John Soane and the Birth of Style', Oppositions, 14, 1978, 61-83

A. Valdenaire, Friedrich Weinbrenner (1919)

A. Vidler, 'The Idea of Type: The Transformation of the Academic Ideal 1750-1830', Oppositions, 8, Spring 1977 [the same issue contains Quatremère de Quincy's extremely important article on type that appeared in the Encyclopédie Méthodique, III, pt 2, 1825]

– The Writing of the Walls: Architectural Theory in the Late Enlightenment (1987)

– Claude Nicolas Ledoux (1990)

S. Villari, J.N.L. Durand (1760-1834) Art and Science of Architecture (1990)

D. Watkin, Thomas Hope and the Neo-classical Idea (1968)

– C.R. Cockerell (1984)

– and T. Mellinghoff, German Architecture and the Classical Ideal (1987)

2장
영토적 변형: 도시 개발 1800~1909

H. Ballon, The Paris of Henri IV (1991)

H.P. Bartschi, Industrialisierung Eisenbahnschlacten und Städtebau (ETH/ GTA 25, Stuttgart, 1983)

L. Benevolo, *The Origins of Modern Town Planning* (1967)

– *History of Modern Architecture, I* (1971), chs 2-5

– *The History of the City* (1980) [encyclopaedic treatment of the history of Western urbanism]

F. Borsi and E. Godoli, *Vienna 1900* (1986)

– *Paris 1900* (1989)

C. Boyer, *Dreaming of the Rational City: the Myth of American City Planning* (1983)

A. Brauman, *Le Familistère de Guise ou les équivalents de la richesse* (1976) [Eng. text]

S. Buder, *Pullman: An Experiment in Industrial Order and Community Planning 1880–1930* (1967)

D. Burnham and E.H. Bennett, *Plan of Chicago* (1909)

Z. Celik, *Remaking of Istanbul: Portrait of an Ottoman City in the 19th Century* (1986)

I. Cerdá, 'A Parliamentary Speech', *AAO*, IX, no. 7, 1977, 23-26

F. Choay, *L'Urbanisme, utopies et réalités* (1965)

– *The Modern City: Planning in the 19th Century*, trans. M. Hugo and G.R. Collins (1969) [essential introductory text]

G. Ciucci, F. Dal Co, M. Manieri-Elia and M. Tafuri, *The American City from the Civil War to the New Deal* (1980)

C.C. and G.R. Collins, *Camillo Sitte and the Birth of Modern City Planning* (1965)

G. Collins, 'Linear Planning throughout the World', *JSAH*, XVIII, October 1959, 74-93

M.H. Contal, 'Vittel 1854-1936. Création d'une ville thermale', *Vittel 1854–1936* (1982)

W.L. Creese, *The Legacy of Raymond Unwin* (1967)

W. Cronon, *Nature's Metropolis: Chicago and the Great West* (1991)

G. Darley, *Villages of Vision* (1976)

M. de Solà-Morales, 'Towards a Definition: Analysis of Urban Growth in the Nineteenth Century', *Lotus*, 19, June 1978, 28-36

J. Fabos, G.T. Milde and V.M. Weinmayr, *Frederick Law Olmsted, Sr.* (1968)

R.M. Fogelson, *The Fragmented Metropolis: Los Angeles 1850–1930* (1967)

A. Fried and P. Sanders, *Socialist Thought* (1964) [useful for trans. of French utopian socialist texts, Fourier, Saint-Simon, etc.]

J.F. Geist and K. Kurvens, *Das Berliner Miethaus 1740–1862* (1982)

A. Grumbach, 'The Promenades of Paris', *Oppositions*, 8, Spring 1977

L. Hilberseimer, R. Anderson and P.V. Aureli, *Metropolisarchitecture and Selected Essays* (2012)

A.J. Jeffery, 'A Future for New Lanark', *AR*, January 1975, 19-28

S. Kern, *The Culture of Time and Space, 1880–1918* (1983)

J.H. Kunstler, *The Rise and Decline of America's Man-made Landscape* (1993)

D. Leatherbarrow, 'Friedrichstadt: A Symbol of Toleration', *AD*, November-December 1983, 23-31

A. López de Aberasturi, *Ildefonso Cerdá: la théorie générale de l'urbanisation* (1979)

F. Loyer, *Paris XIXe. siècle* (1981)

– *Architecture of the Industrial Age* (1982)

H. Meyer and R. Wade, *Chicago: Growth of a Metropolis* (1969)

B. Miller, 'Ildefonso Cerdá', *AAQ*, IX, no. 7, 1977, 12-22

N. Pevsner, 'Early Working Class Housing', repr. in *Studies in Art, Architecture and Design*, II (1968)

G. Pirrone, *Palermo, una capitale* (1989)

F. Rella, *Il Dispositivo Foucault* (1977) [with essays by M. Cacciari, M. Tafuri and G. Teyssot]

J.P. Reynolds, 'Thomas Coglan Horsfall and the Town Planning Movement in England', *Town Planning Review*, XXIII, April 1952, 52-60

W. Schivelbush, *The Railway Journey: The Industrialization of Time and Space in the 19th Century* (1977)

A. Service, *London 1900* (1979)

C. Sitte, *City Planning According to Artistic Principles* (1965) [trans. of Sitte's text of 1889]

− G.R. Collins and C.C. Collins, *Camillo Sitte: The Birth of Modern City Planning: with a Translation of the 1889 Austrian Edition of his City Planning According to Artistic Principles* (1986)

R. Stern, *New York 1900* (1984)

A. Sutcliffe, *Towards the Planned City: Germany, Britain, the United States and France 1780–1914* (1981)

− *Metropolis 1890–1940* (1984)

J.N. Tarn, 'Some Pioneer Suburban Housing Estates', *AR*, May 1968, 367-70

− *Working-Class Housing in 19th-Century Britain* (AA Paper no. 7, 1971)

G. Teyssot, 'The Disease of the Domicile', *Assemblage*, 6, June 1988, 73-97

P. Wolf, 'City Structuring and Social Sense in 19th and 20th Century Urbanism', *Perspecta*, 13/14, 1971, 220-33

3장
기술적 변형: 구조공학 1775~1939

T.C. Bannister, 'The First Iron-Framed Buildings', *AR*, CVII, April 1950

− 'The Roussillon Vault: The Apotheosis of "Folk" Construction', *JSAH*, XXVII, no. 3, October 1968, 163-75

P. Beaver, *The Crystal Palace 1851–1936* (1970)

W. Benjamin, 'Paris: Capital of the 19th Century', *New Left Review*, no. 48, March-April 1968, 77-88

− H. Arendt and H. Zohn, *Illuminations* (1968)

B. Bergdoll, C. Belier and M. Le Cœur, *Henri Labrouste: Structure Brought to Light* (2013)

M. Bill, *Robert Malllart: Bridges and Constructions* (1969)

D. Billington, *Robert Maillart's Bridges* (1979)

− *Robert Maillart* (1989)

G. Boaga, *Riccardo Morandi* (1984)

B. Bradford, 'The Brick Palace of 1862', *AR*, July 1962, 15-21 [documentation of the British successor to the Crystal Palace]

P. Chemetov, *Architectures, Paris 1848–1914* (1972) [exh. cat. and research carried out with M.-C. Gagneux, B. Paurd and E. Girard]

P. Collins, *Concrete: The Vision of a New Architecture* (1959)

C.W. Condit, *American Building Art: The Nineteenth Century* (1960)

A. Corboz, 'Un pont de Robert Maillart à Leningrad?', *Archithese*, 2, 1971, 42-44

E. de Maré, 'Telford and the Gotha Canal', *AR*, August 1956, 93-99

E. Diestelkamp, *The Iron and Glass Architecture of Richard Turner* (PhD thesis, Univ. of London, 1982)

A. Forty, *Concrete and Culture: A Material History* (2012)

E. Fratelli, *Architektur und Konfort* (1967)

E. Freyssinet, *L'Architecture Vivante, Spring/ Summer 1931* [survey of Freyssinet's work up to that date, ed. by J. Badovici]

R. Gargiani, *L'architrave, le plancher, la plate-forme: Nouvelle histoire de la construction* (2012)

M. Gayle and E.V. Gillon, *Cast-Iron Architecture in New York* (1974)

J.F. Geist, *Arcades: The History of a Building Type*

(1983)

S. Giedion, *Space, Time and Architecture* (3rd edn, 1954)

– *Building in France, Building in Iron, Building in Ferroconcrete* (1995)

J. Gloag and D. Bridgwater, *History of Cast Iron Architecture* (1948)

– *Mr Loudon's England* (1970)

R. Graefe, M. Gappoer and O. Pertshchi, *V.G. Suchov 1953–1939: Kunst der Konstruktion* (1990)

A. Grumbach, 'The Promenades of Paris', *Oppositions*, 8, Spring 1977, 51–67

G. Günschel, *Grosse Konstrukteure 1: Freyssinet, Maillart, Dischinger, Finsterwalder* (1966)

R. Günter, 'Der Fabrikbau in Zwei Jahrhunderten', *Archithese*, 3/4, 1971, 34–51

H.-R. Hitchcock, 'Brunel and Paddington', *AR*, CIX, 1951, 240–46

J. Hix, 'Richard Turner: Glass Master', *AR*, November 1972, 287-93

– *The Glass House* (1974)

D. Hoffmann, 'Clear Span Rivalry: The World's Fairs of 1889-1893', *JSAH*, XXIX, 1, March 1970, 48

H.J. Hopkins, *A Span of Bridges* (1970)

V. Hütsch, *Der Münchner Glaspalast 1854–1931* (1980)

A.L. Huxtable, 'Reinforced Concrete Construction. The Work of Ernest L. Ransome', *Progressive Architecture*, XXXVIII, September 1957, 139-42

R.A. Jewett, 'Structural Antecedents of the I-beam 1800-1850', *Technology and Culture*, VIII, 1967, 346-62

G. Kohlmaier, *Eisen Architektur, The Role of Iron in the Historic Architecture in the Second Half of the 19th Century* (1982)

– and B. von Sartory, *Houses of Glass: A Nineteenth Century Building Type* (1986)

S. Koppelkamm, *Glasshouses and Winter Gardens of the 19th Century* (1981)

F. Leonardt, *Brücken/Bridges* (1985) [bilingual survey of 20th-century bridges by a distinguished engineer]

J.C. Loudon, *Remarks on Hot Houses* (1817)

F. Loyer, *Architecture of the Industrial Age, 1789–1914* (1982)

H. Maier, *Berlin Anhalter Bahnhof* (1984)

C. Meeks, *The Railroad Station* (1956)

T.F. Peters, *Time is Money: Die Entwicklung des Modernen Bauwesens* (1981)

L. Reynaud, *Traité d'architecture. Deuxième partie. Composition des edifices* (1878)

J.M. Richards, *The Functional Tradition* (1958)

G. Roisecco, *L'architettura del ferro: l'Inghilterra 1688–1914* (1972)

– R. Jodice and V. Vannelli, *L'architettura del ferro: la Francia 1715–1914* (1973)

T.C. Rolt, *Isambard Kingdom Brunel* (1957)

– *Thomas Telford* (1958)

C. Rowe, 'Chicago Frame. Chicago's Place in the Modern Movement', *AR*, 120, November 1956, 285-89

A. Saint, *Architect and Engineer: A Study in Sibling Rivalry* (2008)

H. Schaefer, *Nineteenth Century Modern* (1970)

A. Scharf, *Art and Industry* (1971)

E. Schild, *Zwischen Glaspalast und Palais des Illusions: Form und Konstruktion im 19. Jahrhunderts* (1967)

P.M. Shand, 'Architecture and Engineering', 'Iron and Steel', 'Concrete', *AR*, November 1932 [pioneering articles, repr. in *AAJ*, no. 827, January 1959, ed. B. Housden]

A.W. Skempton, 'Evolution of the Steel Frame Building', *Guild Engineer*, X, 1959, 37-51

– 'The Boatstore at Sheerness (1858-60) and its Place in Structural History', *Transactions of the Newcomen Society*, XXXII, 1960, 57-78

– and H.R. Johnson, 'William Strutt's Cotton Mills 1793-1812', *Transactions of the Newcomen Society*, XXX, 1955-57, 179-203

T. Turak, 'The Ecole Centrale and Modern Architecture: The Education of William Le Baron Jenney', *JSAH*, XXIX, 1970, 40-47

K. Wachsmann, *The Turning Point in Building* (1961)

2부
비판적 역사 1836~1967

1장
미지의 곳에서 온 뉴스: 영국 1836~1924

C. Amery, M. Lutyens, et al., *Lutyens* (1981)

C.R. Ashbee, *Where the Great City Stands: A Study in the New Civics* (1917) [a comprehensive ideological statement by a late Arts and Crafts designer]

E. Aslin, *The Aesthetic Movement* (1969)

A. Bøe, *From Gothic Revival To Functional Form* (1957)

I. Bradley, *William Morris and his World* (1978)

J. Brandon-Jones, 'The Work of Philip Webb and Norman Shaw', *AAJ*, LXXI, 1955, 9-21

– 'C.F.A. Voysey', *AAJ*, LXXII, 1957, 238-62

– et al., C.F.A. *Voysey: Architect and Designer* (1978)

K. Clark, *Ruskin Today* (1967) [certainly the most convenient introduction to Ruskin's writings]

J.M. Crook, *William Burges and the High Victorian Dream* (1981)

D.J. DeWitt, 'Neo-Vernacular/Eine Moderne Tradition', *Archithese*, 9, 1974, 15-20

S. Durant, *The Decorative Designs of C.F.A. Voysey* (1991)

T. Garnham, 'William Lethaby and the Two Ways of Building', *AA Files*, no. 10, Autumn 1985, 27-43

M. Girouard, *Sweetness and Light: The Queen Anne Movement 1860–1900* (1977)

C. Grillet, 'Edward Prior', *AR*, November 1952, 303-08

N. Halbritter, 'Norman Shaw's London Houses', *AAQ*, VII, no. 1, 1975, 3-19

L. Hollanby, *The Red House by Philip Webb* (1990)

E. Howard, *Tomorrow: a Peaceful Path to Real Reform* (1898)

C. Hussey, *The Life of Sir Edwin Lutyens* (1950, repr. 1989)

P. Inskip, *Edwin Lutyens* (1980)

A. Johnson, 'C.F.A. Voysey', *AAQ*, IX, no. 4, 1977, 26-35

W.R. Lethaby, *Architecture, Mysticism and Myth* (1892, repr. 1975)

– *Form and Civilization* (1922)

– *Architecture, Nature and Magic* (1935)

– *Philip Webb and His Work* (1935)

R. Macleod, *Style and Society: Architectural Ideology in Britain 1835–1914* (1971) [essential for this period]

William Morris, 'The Revival of Architecture', *The Eclectic Magazine of Foreign Literature, Science and Art*, vol. 48, no. 2, August 1888

A.L. Morton, ed., *Political Writings of William Morris* (1973)

H. Muthesius, *The English House* (1979) [trans. of 1904 German text]

– and S. Anderson, *Style-Architecture and Building-Art* (1994)

G. Naylor, *The Arts and Crafts Movement* (1990)

N. Pevsner, 'Arthur H. Mackmurdo' (*AR* 1938) and 'C.F.A. Voysey 1858-1941' (*AR* 1941), in *Studies in Art, Architecture and Design*, II (1968, repr. 1982)

– *Pioneers of Modern Design* (1949 and later

edns)

– 'William Morris and Architecture', *RIBAJ*, 3rd ser., LXIV, 1957

– *Some Architectural Writers of the Nineteenth Century* (1962) [esp. for the repr. of Morris's 'The Revival of Architecture']

– *The Sources of Modern Architecture and Design* (1968)

G. Ruben, *William Richard Lethaby: His Life and Work 1857–1931* (1986)

A. Saint, *Richard Norman Shaw* (1978)

A. Service, *Edwardian Architecture* (1977)

– *London 1900* (1979)

G. Stamp and M. Richardson, 'Lutyens and Spain', *AA Files*, no. 3, January 1983, 51–59 P. Stanton, *Pugin* (1971)

M. Tasapor, 'John Lockwood Kipling and the Arts and Crafts Movement in India', *AA Files*, no. 3, Spring 1983

R. Watkinson, *William Morris as Designer* (1967)

2장
아들러와 설리번: 오디토리엄과 고층 건물 1886~1895

D. Adler, 'Great Modern Edifices: The Chicago Auditorium', *Architectural Record*, vol. 1, no. 4, April-June 1892, 429

A. Bush-Brown, *Louis Sullivan* (1960)

D. Crook, 'Louis Sullivan and the Golden Doorway', *JSAH*, XXVI, December 1967, 250

H. Dalziel Duncan, *Culture and Democracy* (1965)

W. de Wit, ed., *Louis Sullivan: The Function of Ornament* (1986)

D.D. Egbert and P.E. Sprague, 'In Search of John Edelman, Architect and Anarchist', *AIAJ*, February 1966, 35-41

R. Geraniotis, 'The University of Illinois and German Architecture Education', *JAE*, vol. 38, no. 34, Summer 1985, 15-21

C. Gregersen and J. Saltzstein, *Dankmar Adler: His Theaters* (1990)

H.-R. Hitchcock, *The Architecture of H.H. Richardson* (1936, rev. edn 1961)

D. Hoffmann, 'The Setback Skyscraper of 1891: An Unknown Essay by Louis Sullivan', *JSAH*, XXIX, no. 2, May 1970, 181

G.C. Manson, 'Sullivan and Wright, an Uneasy Union of Celts', *AR*, November 1955, 297-300

H. Morrison, *Louis Sullivan, Prophet of Modern Architecture* (1935, repr. 1952)

J.K. Ochsner, *H.H. Richardson, Complete Architectural Works* (1982)

J.F. O'Gorman, *The Architecture of Frank Furness* (1973)

– *Henry Hobson Richardson and his Office: Selected Drawings* (1974)

J. Siry, *Carson Pirie Scott: Louis Sullivan and the Chicago Department Store* (1988)

L. Sullivan, *A System of Architectural Ornament According with a Philosophy of Man's Powers* (1924)

– 'Reflections on the Tokyo Disaster', *Architectural Record*, February 1924 [a late text praising Wright's Imperial Hotel]

– *The Autobiography of an Idea* (1926, 1956) [originally pub. as a series in the *AIAJ*, 1922-23]

– *Kindergarten Chats and Other Writings* (1947)

– *The Public Papers* (1988)

D. Tselos, 'The Chicago Fair and the Myth of the Lost Cause', *JSAH*, XXVI, no. 4, December 1967, 259

R. Twombly, *Louis Sullivan: Life and Work* (1986)

– ed., *Louis Sullivan: The Public Papers* (1988)

L.S. Weingarten, *Louis H. Sullivan: The Banks* (1987)

F.L. Wright, *Genius and the Mobocracy* (1949)

[Wright's appreciation of Sullivan's ornamental genius]

3장
프랭크 로이드 라이트와 프레리 신화
1890~1916

H. Allen Brooks, *The Prairie School* (1972)

– ed., *Writings on Wright* (1983)

J. Connors, *The Robie House of Frank Lloyd Wright* (1984)

H. de Fries, *Frank Lloyd Wright* (1926)

A.M. Fern, 'The Midway Gardens of Frank Lloyd Wright', *AR*, August 1963, 113-16

K. Frampton and J. Cava, *Studies in Tectonic Culture: The Poetics of Construction in Nineteenth and Twentieth Century Architecture* (1995)

Y. Futagawa, ed., *Frank Lloyd Wright* (1986-87) [drawings from the Taliesin Fellowship archive with text by Bruce Pfeiffer, publ. in 12 vols as follows: 1 (1887-1901), 2 (1902-06), 3 (1907-13), 4 (1914-23), 5 (1924-36), 6 (1937- 41), 7 (1942-50), 8 (1951-59), 9 (Preliminary Studies 1889-1916), 10 (Preliminary Studies 1917-32), 11 (Preliminary Studies 1933-59), 12 (Renderings 1887-1959)]

J. Griggs, 'The Prairie Spirit in Sculpture', *The Prairie School Review*, II, no. 4, Winter 1965, 5-23

F. Gutheim, *In the Cause of Architecture: Essays by Frank Lloyd Wright for Architectural Record 1908–1952* (1975)

S.P. Handlin, *The American Home: Architecture and Society 1815–1915* (1979)

D.A. Hanks, *The Decorative Designs of Frank Lloyd Wright* (1979)

H.-R. Hitchcock, *In the Nature of Materials 1887–1941. The Buildings of Frank Lloyd Wright* (1942)

– 'Frank Lloyd Wright and the Academic Tradition', *JW&CI*, no. 7, 1944, 51

D. Hoffmann, 'Frank Lloyd Wright and Viollet-le-Duc', *JSAH*, XXVIII, no. 3, October 1969, 173

A. Izzo and C. Gubitosi, *Frank Lloyd Wright Dessins 1887–1959* (1977)

C. James, *The Imperial Hotel* (1968) [a complete documentation of the hotel prior to its demolition]

D.L. Johnson, *On Frank Lloyd Wright's Concrete Adobe, Irving Gill, Rudolph Schindler and the American Southwest* (2013)

E. Kaufmann, *Nine Commentaries on Frank Lloyd Wright* (1989)

– and B. Raeburn, *Frank Lloyd Wright: Writings and Buildings* (1960) [an important collection of Wright's writings, including his seminal The Art and Craft of the Machine]

N. Kelly-Smith, *Frank Lloyd Wright: A Study in Architectural Content* (1966)

R. Kosta, 'Frank Lloyd Wright in Japan', *The Prairie School Review*, III, no. 3, Autumn 1966, 5-23

R. McCarter, ed., *Frank Lloyd Wright: A Primer on Architectural Principles* (1991) [an anthology of interpretative essays]

G.C. Manson, 'Wright in the Nursery: The Influence of Froebel Education on the Work of Frank Lloyd Wright', *AR*, June 1953, 349-51

– 'Sullivan and Wright, an Uneasy Union of Celts', *AR*, November 1955

– *Frank Lloyd Wright to 1910: The First Golden Age* (1958)

K. Nute, *Frank Lloyd Wright and Japan* (1993)

L.M. Peisch, *The Chicago School of Architecture* (1964)

B.B. Pfeiffer, ed., *The Wright Letters*, 3 vols (1984)

J. Quinnan, *Frank Lloyd Wright's Larkin* Building.

Myth and Fact (1987)

V. Scully, The Shingle Style (1955)

– Frank Lloyd Wright (1960)

D. Tselos, 'Frank Lloyd Wright and World
Architecture', JSAH, XXVIII, no. 1, March
1969, 58ff.

F.L. Wright, Ausgeführte Bauten und Entwürfe von
Frank Lloyd Wright (1910, reissued 1965)

– 'In The Cause of Architecture. III. The Meaning
of Materials. Stone', Architectural Record, vol.
63, no. 4, April 1928, 350

– An Autobiography (1932, reissued 1946)

– On Architecture, ed. F. Gutheim (1941)
[selection of writings, 1894–1940]

G. Wright, Moralism and the Modern Home:
1870–1913 (1980)

4장
구조 합리주의와 비올레르뒤크의 영향:
가우디, 오르타, 기마르, 베를라헤 1880~1910

J.F. Aillagon and G. Viollet-le-Duc, Le Voyage
d'Italie d'Eugène Viollet-le-Duc 1836–1837
(1980)

T.G. Beddall, 'Gaudi and the Catalan Gothic',
JSAH, XXXIV, no. 1, March 1975, 48

B. Bergdoll, E.E. Viollet-le-Duc: The Foundations
of Architecture. Selections from the
Dictionnaire Raisonné (1990)

M. Bock, Anfänge einer Neuen Architektur:
Berlages Beitrag zur Architektonischen Kultur
in der Niederlände im ausgehenden 19.
Jahrhundert (1983)

O. Bohigas, 'Luis Domenech y Montaner 1850-
1923', AR, December 1967, 426–36

F. Borsi and E. Godoli, Paris 1900 (1978)

– and P. Portoghesi, Victor Horta (1977)

– and H. Weiser, Bruxelles Capitale de l'Art
Nouveau (1971)

Y. Brunhammer and G. Naylor, Hector Guimard
(1978)

E. Casanelles, Antonio Gaudí, A Reappraisal
(1967)

J. Castex and P. Panerai, 'L'Ecole d'Amsterdam:
architecture urbaine et urbanisme
socialdémocrate', AMC, 40, September 1976,
39-54

G. Collins, Antonio Gaudí (1960)

M. Culot and L. Grenier, 'Henri Sauvage, 1873–
1932', AAQ, X, no. 2, 1972, 16-27

– et al., Henri Sauvage 1893–1932 (1976)
[collected works with essays by L. Grenier, F.
Loyer and L. Miotto-Muret]

R. Dalisi, Gaudí Furniture (1979)

R. Delevoy, Victor Horta (1958)

– et al., Henri Sauvage 1873–1932 (1977)

R. Descharnes and C. Prévost, Gaudí, The
Visionary (1971) [contains much remarkable
material not available elsewhere]

I. de Solá-Morales, Jujol (1990)

B. Foucart, et al., Viollet-le-Duc (1980)

D. Gifford, The Literature of Architecture (1966)
[contains trans. of Berlage's article, 'Neuere
amerikanische Architektur']

L.F. Graham, Hector Guimard (1970)

G. Grassi, 'Un architetto e una città: Berlage ad
Amsterdam', Casabella-Continuità, 1961,
39-44

J. Gratama, Dr H.P. Berlage Bouwmeester (1925)

H. Guimard, 'An "Art Nouveau" Edifice in
Paris. The Humbert De Romans Building',
Architectural Record, vol. XII, no. 1, May 1902,
58

– 'An Architect's Opinion of "L'Art Nouveau"',
Architectural Record, vol. XII, no. 2, June
1902, 130-33

M.F. Hearn, ed., The Architectural Theory of
Viollet-le-Duc. Readings and Commentary
(1989)

M.-A. Leblond, 'Gaudí et l'architecture méditerranéenne', *L'Art et les artistes*, II, 1910

D. Mackay, 'Berenguer', *AR*, December 1964, 410-16

— *Modern Architecture in Barcelona 1854–1939* (1987)

S.T. Madsen, 'Horta: Works and Style of Victor Horta Before 1900', *AR*, December 1955, 388-92

C. Martinell, *Gaudí: His Life, His Themes, His Work* (1975)

F. Mazade, 'An "Art Nouveau" Edifice in Paris', *Architectural Record*, May 1902 [a contemporary account of the Humbert de Romans theatre]

J.-P. Midant, *Viollet-Le-Duc: The French Gothic Revival* (2002)

M.A. Miserachs, *J. Puig i Cadafalch* (1989)

J. Molema, et al., *Antonio Gaudí een weg tot oorspron-kelijkheid* (1987)

— *Gaudí: Rationalist met perfekte Materiaalbeheersing* (1979) [research into structural form and process in Gaudí's architecture]

N. Pevsner and J.M. Richards, eds, *The Anti-Rationalists* (1973)

S. Polano and G. Fanelli, *Hendrik Petrus Berlage: Complete Works* (1987) [with Singelenberg, the best account in Eng. to date]

J. Rovira, 'Architecture and Ideology in Catalonia 1901-1951', *AA Files*, no. 14, 1987, 62-68

F. Russell, ed., *Art Nouveau Architecture* (1979)

R. Schmutzler, 'The English Origins of the Art Nouveau', *AR*, February 1955, 109-16

— 'Blake and the Art Nouveau', *AR*, August 1955, 91-97

— *Art Nouveau* (1962, paperback 1979) [still the most comprehensive Eng. study of the whole development]

H. Searing, 'Betondorp: Amsterdam's Concrete Suburb', *Assemblage*, 3, 1987, 109-43

J.L. Sert and J.J. Sweeny, *Antonio Gaudí* (1960)

P. Singelenberg, *H.P. Berlage: Idea and Style* (1972)

J. Summerson, 'Viollet-le-Duc and the Rational Point of View', in *Heavenly Mansions* (1948)

— N. Pevsner, H. Damish and S. Durant, *Viollet-le-Duc* (AD Profile, 1980)

F. Vamos, 'Lechner Ödön', *AR*, July 1967, 59-62

E.E. Viollet-le-Duc, *The Foundations of Architecture: Selections from the Dictionnaire Raisonné* (1990) [1858-68]

5장
찰스 레니 매킨토시와 글래스고 학파
1896~1916

F. Alison, *Le sedie di Charles Rennie Mackintosh* (1973) [a catalogue raisonné with drawings of Mackintosh's furniture]

R. Billcliffe, *Architectural Sketches and Flower Drawings by Charles Rennie Mackintosh* (1977)

— *Mackintosh. Water Colours* (1978)

— *Mackintosh. Textile Designs* (1982)

T. Howarth, *Charles Rennie Mackintosh and the Modern Movement* (1952, rev. edn 1977) [still the seminal Eng. text]

E.B. Kalas, 'L'art de Glasgow', in *De la Tamise à la Sprée* (1905) [an Eng. version was publ. for the Mackintosh Memorial Exhibition, 1933]

R. Macleod, *Charles Rennie Mackintosh* (1968)

P. Robertson, ed., *Charles Rennie Mackintosh: The Architectural Papers* (1990)

A. Service, 'James Maclaren and the Godwin Legacy', *AR*, August 1973, 111-18

D. Walker, 'Charles Rennie Mackintosh', *AR*, November 1968, 355-63

G. White, 'Some Glasgow Designers and their Work', *Studio*, XI, 1897, 86ff.

6장
신성한 봄: 바그너, 올브리히, 호프만
1886~1912

S. Anderson, *Peter Behrens and a New Architecture for the Twentieth Century* (2000)

P. Behrens, 'The Work of Josef Hoffmann', *Architecture* (Journal of the Society of Architects, London), II, 1923, 589-99

I. Boyd-Whyte, *Emil Hoppe, Marcel Kammerer, Otto Schönthal: Three Architects from the Master Class of Otto Wagner* (1989)

F. Burkhardt, C. Eveno and B. Podrecca, *Jože Plečnik, Architect (1872–1957)* (1990)

F. Cellini, 'La villa Asti di Josef Hoffmann', *Contraspazio*, IX, no. 1, June 1977, 48-51

J.R. Clark, 'J.M. Olbrich 1867-1908', *AD*, XXXVII, December 1967

H. Czech, 'Otto Wagner's Vienna Metropolitan Railway', *A+U*, 76.07, July 1976, 11-20

Darmstadt: Ein Dokument deutscher Kunst 1901–1976 (1976) [5-vol. exh. cat.; vol. V records the 3 main phases of the building of the colony, 1901-14]

H. Geretsegger, M. Peintner and W. Pichler, *Otto Wagner 1841–1918* (1970)

O.A. Graf, *Die Vergessene Wagnerschule* (1969)

– *Otto Wagner: Das Werk der Architekten*, I & II (1985)

G. Gresleri, *Josef Hoffmann* (1984)

F.L. Kroll, 'Ornamental Theory and Practice in the Jugendstil', *Rassegna*, March 1990, 58-65

I. Latham, *Josef Maria Olbrich* (1980)

A.J. Lux, *Otto Wagner* (1914)

H.F. Mallgrave, *Otto Wagner: Reflections on the Raiment of Modernity* (1993)

– ed., *Otto Wagner: Modern Architecture* (1988) [trans. of 1902 edn]

W. Mrazek, *Die Wiener Werkstätte* (1967)

C.M. Nebehay, *Ver Sacrum 1898–1903* (1978)

O. Niedermoser, *Oskar Strnad 1879–1935* (1965) [a short account of this versatile but relatively unknown architect]

N. Pevsner, 'Secession', *AR*, January 1971, 73-74

V.H. Pintarić, *Vienna 1900: The Architecture of Otto Wagner* (1989)

N. Powell, *The Sacred Spring: The Arts in Vienna 1898–1918* (1974)

M. Pozzetto, *Max Fabiani, Nuove frontiere dell' architettura* (1988) [an important late Secessionist architect]

D. Prelovšek, *Josef Plečnik: Wiener Arbeiten von 1896 bis 1914* (1979)

C. Schorske, 'The Transformation of the Garden: Ideal and Society in Austrian Literature', *The American Historical Review*, vol. 72, no. 4, July 1967, 1298

– *Fin de Siècle Vienna* (1979)

K.H. Schreyl and D. Neumeister, *Josef Maria Olbrich: Die Zeichnungen in der Kunstbibliothek Berlin* (1972)

W.J. Schweiger, *Wiener Werkstätte: Kunst und Handwerke 1903–1932* (1982) [Eng. trans. *Wiener Werkstätte: Design in Vienna 1903–1932* (1984)]

E. Sekler, 'Eduard F.Sekler: The Stoclet House by Josef Hoffmann', in *Essays in the History of Architecture Presented to Rudolph Wittkowe*, vol. 1 (1967), 230

– 'Art Nouveau Bergerhöhe', *AR*, January 1971, 75-76

– *Josef Hoffmann: the Architectural Work, Monograph and Catalogue of Works* (1985)

M. Tafuri, 'Am Steinhof, Centrality and Surface in Otto Wagner's Architecture', *Lotus*, 29, 1981,

73-91

P. Vergo, *Art in Vienna 1898–1918* (1975)

O. Wagner, *Moderne Architektur* (I, 1896, II & III, 1898-1902) [for abridged trans. see 'Modern Architecture', in *Brick Builder*, June-August 1901]

— *Die Baukunst unserer Zeit* (1914)

— Einige Skizzen, *Projekte und Ausgeführte Bauwerke von Otto Wagner* (1987) [repr. of the 4 vols of Wagner's complete works, with introduction by P. Haiko]

— *Modern Architecture: A Guidebook for his Students to this Field of Art* (1988) [1902]

R. Waissenberger, *Vienna 1890–1920* (1984)

7장
안토니오 산텔리아와 미래주의 건축 1909~1914

U. Apollonio, *Futurist Manifestos* (1973) [contains all the basic manifestos]

R. Banham, *Theory and Design in the First Machine Age* (1960), esp. chs 8-10

G. Brizzi and C. Guenzi, 'Liberty occulto e G.B. Bossi', *Casabella*, 338, July 1968, 22-23

L. Caramel and A. Longatti, *Antonia Sant'Elia: The Complete Works* (1989)

R. Clough, *Futurism* (1961)

P.G. Gerosa, *Mario Chiattone* (1985)

E. Godoli, *Il Futurismo* (1983)

P. Hultén, *Futurismo e Futurismi* (exh. cat., Palazzo Grassi, Venice, 1986)

J. Joll, *Three Intellectuals in Politics* (1960) [studies of Blum, Rathenau and Marinetti]

G. Kahn, *L'Esthétique de la rue* (1901)

M. Kirby, *Futurist Performance* (1971)

F.T. Marinetti, *Marinetti: Selected Writings* (1971)

C. Meeks, *Italian Architecture 1750–1914* (1966) [the last chapter is esp. relevant on the Stile Floreale]

J.-A. Moilin, *Paris en l'an 2000* (1869)

J.P. Schmidt-Thomsen, 'Sant'Elia futurista or the Achilles Heel of Futurism', *Daidalos*, 2, 1981, 36-44

J. Taylor, *Futurism* (1961)

P. Thea, *Nuove Tendenze a Milano e l'altro Futurismo* (1980)

C. Tisdall and A. Bozzolla, *Futurism* (1977)

8장
아돌프 로스와 문화의 위기 1896~1931

F. Amendolagine, 'The House of Wittgenstein', *9H*, no. 4, 1982, 23-38

— and M. Cacciari, *Oikos: da Loos a Wittgenstein* (1975)

S. Anderson, 'Critical Conventionalism in Architecture', *Assemblage*, 1, 1986, 7-23 [a comparison of Alois Riegl and Adolf Loos]

C.A. and T.J. Benton, *Form and Function, ed. with D. Sharp* (1975) [anthology containing trans. of *Architektur* (1910) and *Potemkinstadt* (1898)]

B. Colomina, 'Intimacy and Spectacle: The Interiors of Adolf Loos', *AA Files*, no. 20, Autumn 1990, 5-15

H. Czech, 'The Loos Idea', *A+U*, 78.05, 1978, 47-54

— and W. Mistelbauer, *Das Looshaus* (1976) [study of the Goldman & Salatsch building]

P. Engelmann, *Letters from Ludwig Wittgenstein* (1967), esp. ch. 7

J.P. Fotrin and M. Pietu, 'Adolf Loos. Maison Pour Tristan Tzara', *AMC*, 38, March 1976, 43-50

B. Gravagnuolo, *Adolf Loos: Theory and Works* (1982)

J. Gubler, 'Loos, Ehrlich und die Villa Karma', *Archithese*, 1, 1971, 46-49

— and G. Barbey, 'Loos's Villa Karma', *AR*, March 1969, 215-16

A. Janik and S. Toulmin, *Wittgenstein's Vienna* (1974)

H. Kulka, Adolf Loos, *Das Werk des Architekten* (1931)

A. Loos, *Das Andere* (1903)

— *Ins Leere gesprochen* (1921) [articles written 1897-1900]

— *Trotzdem* (1931) [articles written 1903-30]

— *Sämtliche Schriften* (1962)

— *Spoken into the Void: Collected Essays, 1897–1900* (1982)

— and B. Colomina, *Das Andere (The Other)* (2015)

— and A. Opel, *Ornament and Crime: Selected Essays* (1998)

— et al., *On Architecture* (2014)

E.A. Loos, *Adolf Loos, der Mensch* (1968)

L. Münz and G. Künstler, *Adolf Loos: Pioneer of Modern Architecture* (1966) [a study, plus trans. of *The Plumbers, The Story of the Poor Rich Man and Ornament and Crime*]

M. Risselada and B. Colomina, *Raumplan Versus Plan Libre: Adolf Loos and Le Corbusier 1919–1930* (1988)

B. Rukschcio and R. Schachel, *Adolf Loos* (1982) [definitive study in German]

Y. Safran, 'The Curvature of the Spine: Kraus, Loos and Wittgenstein', *9H*, no. 5, 1982, 17-22

R. Schachel and V. Slapeta, *Adolf Loos* (1989) [cat. of centennial exh. in Vienna]

W. Wang, ed., 'Britain and Vienna 1900-1938', *9H*, no. 6, 1983

— Y. Safran, K. Frampton and D. Steiner, *The Architecture of Adolf Loos* (1985)

D. Worbs, et al., *Adolf Loos 1870–1933* (1984) [cat. of an exh. at the Akademie der Künste, Berlin]

9장
앙리 반 데 벨데와 감정이입의 추상
1895~1914

M. Culot, *Henry van de Velde Theatres 1904–14* (1974)

— 'Réflexion sur la "voie sacrée", un texte de Henry van de Velde', *AMC*, 45, May 1978, 20 21

R. Delevoy, et al., *Henry van de Velde 1863–1957* (1963)

— M. Culot and A. Van Loo, *La Cambre 1928–1978* (1979)

D.D. Egbert, *Social Radicalism in the Arts* (1970)

A.M. Hammacher, *Le Monde de Henry van de Velde* (1967)

H. Hesse-Frielinghaus, A. Hoff and W. Erben, *Karl Ernst Osthaus: Leben und Werk* (1971)

K.-H. Hüter, *Henry van de Velde* (1967)

Kroller-Müller Museum, Otterlo, *Henry van de Velde 1863–1957: Paintings and Drawings* (1988)

L. Münz and G. Künstler, *Adolf Loos, Pioneer of Modern Architecture* (1966)

L. Ploegaerts and P. Puttermans, *L'Oeuvre architecturale de Henry van de Velde* (1987)

C.L. Ressequier, 'The Function of Ornament as seen by Henry van de Velde', *The Royal Architectural Institute of Canada*, no. 31, February 1954, 33-37

K.L. Sembach, *Henry van de Velde* (1989)

L. Tannenbaum, 'Henry van de Velde: A Re-evaluation', *Art News Annual*, XXXIV (1968)

H. van de Velde, 'Déblaiement d'art', in *La Société nouvelle* (1894)

— *Les Formules de la beauté architectonique* (1916-17)

— 'Vernunftsgemässer Stil. Vernunft und Schönheit', *Frankfurter Zeitung*, LXXIII, no. 21, January 1929

– *Geschichte meines Lebens* (1962) [for Eng. extracts see P.M. Shand, 'Van de Velde, Extracts from Memoirs 1891-1901', *AR*, September 1952, 143-45]

– T. Föhl and A. Neumann, *Henry van de Velde: Raumkunst und Kunsthandwerk: ein Werkverzeichnis in sechs Bänden* [Interior Design and Decorative Arts: A Catalogue Raisonné in Six Volumes] (2012)

W. Worringer, *Abstraction and Empathy* (1963) [trans. of 1908 text]

10장
도니 가르니에의 산업 도시 1899~1918

J. Badovici, 'L'Oeuvre de Tony Garnier', *L'Architecture Vivante*, Autumn/Winter 1924

– and A. Morancé, *L'Oeuvre de Tony Gamier* (1938)

F. Burkhardt, et al., *Tony Garnier: L'Oeuvre complète* (exh. cat., Centre Pompidou, Paris, 1990)

R. de Souza, *L' Avenir de nos villes, études pratiques d'esthétique urbaine, Nice: capitale d'hiver* (1913)

T. Garnier, *Une Cité industrielle. Etude pour la construction des villes* (1917; 2nd edn 1932)

– *Les Grands Travaux de la ville de Lyons* (1920)

C. Pawlowski, *Tony Garnier et les débuts de l'urbanisme fonctionnel en France* (1967)

D. Wiebenson, *Tony Garnier: The Cité Industrielle* (1969) [best available Eng. text on Garnier]

P.M. Wolf, *Eugène Hénard and the Beginning of Urbanism in Paris 1900–1914* (1968)

11장
오귀스트 페레: 고전적 합리주의의 진화
1899~1925

J. Badovici, articles in *L'Architecture Vivante*, Autumn/Winter 1923, Spring/Summer 1924, Spring/Summer 1925 and Autumn/Winter 1926

A. Bloc, *L'Architecture d'Aujourd-hui*, VII, October 1932 (Perret issue)

K. Britton and A. Perret, *Auguste Perret* (2001)

B. Champigneulle, *Auguste Perret* (1959)

P. Collins, *Concrete: The Vision of a New Architecture* (1959)

R Gargiani, *Auguste Perret, 1874–1954* (1993)

V. Gregotti, 'Classicisme et rationalisme d'A. Perret', *AMC*, 37, November 1975, 19-20

B. Jamot, *Auguste Perret et l'architecture du béton armé* (1927)

P. Panerai, 'Maison Cassandre', *9H*, no. 4, 1982, 33-36

A. Perret, 'Architecture: Science et poésie', *La Construction moderne*, 48, October 1932, 2-3

– 'L'Architecture', *Revue d'art et d'esthétique*, June 1935

– *Contribution à une théorie de l'architecture* (1952)

– C. Laurent, G. Lambert and J. Abram, *Auguste Perret: Anthologie des écrits, conférences et entretiens* (2006)

G.E. Pettengill, 'Auguste Perret: A Partial Bibliography' (unpub. MS, AIA Library, Washington, 1952)

P. Saddy, 'Perret et les idées reçues', *AMC*, 37, 1977, 21-30

P. Vago, 'Auguste Perret', *L'Architecture d'Aujourd'hui*, October 1932

P. Valéry, *Eupalinos ou l'architecte* (1923; trans. 1932) [a key to the French classical attitude to architecture after the First World War]

12장
독일공작연맹 1898~1927

S. Anderson, 'Peter Behrens's Changing Concept of Life as Art', *AD*, XXXIX, February 1969, 72-78

– 'Modern Architecture and Industry: Peter Behrens and the Cultural Policy of Historical Determinism', *Oppositions*, 11, Winter 1977

– 'Modern Architecture and Industry: Peter Behrens and the AEG Factories', *Oppositions*, 23, 1981, 53-83

– *Peter Behrens and a New Architecture for the 20th Century* (2000)

P. Behrens, 'The Turbine Hall of the AEG 1910', *Documents* (1975), 56-57

T. Benton, S. Muthesius and B. Wilkins, *Europe 1900–14* (1975)

K. Bernhardt, 'The New Turbine Hall for AEG 1910', *Documents* (1975), 54-56

R. Bletter, 'On Martin Fröhlich's Gottfried Semper', *Oppositions*, 4, October 1974, 146-53

T. Buddensieg, *Industriekultur. Peter Behrens and the AEG, 1907–1914* (1984)

J. Campbell, *The German Werkbund: The Politics of Reform in the Applied Arts* (1978)

C. Chassé, 'Didier Lenz and the Beuron School of Religious Art', *Oppositions*, 21, 1980, 100-103

C.M. Chipkin, 'Lutyens and Imperialism', *RIBAJ*, July 1969, 263

U. Conrads, *Programs and Manifestoes on 20th-Century Architecture* (1970) [an important anthology of manifestos 1903-63, notably *Aims of the Werkbund* (1911) and *Werkbund Theses and Anti-Theses* (1914)]

S. Custoza, M. Vogliazzo and J. Posener, *Muthesius* (1981)

F. Dal Co, *Figures of Architecture and Thought: German Architectural Culture 1880–1920* (1990)

H. Eckstein, ed., *50 Jahre Deutscher Werkbund* (1958)

L.D. Ettlinger, 'On Science, Industry and Art, Some Theories of Gottfried Semper', *AR*, July 1964, 57 60

J. Frank, et al., *Josef Frank: Schriften* (*Josef Frank: Writings*) (2012)

A.C. Funk-Jones, J.R. Molen and G. Storck, eds, *J.L.M. Lauweriks* (1987)

G. Grassi, 'Architecture as Craft', *9H*, no. 8, 1989, 34-53 [an essay on Tessenow]

W. Gropius, 'Die Entwicklung Moderner Industriebaukunst', *Jahrbuch des Deutschen Werkbundes*, 1913

– 'Der Stilbildende Wert Industrieller Bauformen', *Jahrbuch des Deutschen Werkbundes*, 1914

W. Herrmann, *Gottfried Semper und die Mitte der 19. Jahrhunderts* (ETH/GTA 18, Stuttgart, 1976) [proceedings of an important international Semper symposium]

– *Gottfried Semper. Theoretischer Nachlass an der ETH Zürich* (ETH/GTA 15, Stuttgart, 1981)

– *Gottfried Semper: In Search of Architecture* (1984)

F. Hoeber, *Peter Behrens* (1913)

W. Hoepfner and F. Neumeyer, *Das Haus Weigand von Peter Behrens in Berlin Dahlem* (1979)

M. Hvattum, *Gottfried Semper and the Problem of Historicism* (2004)

W. Jessen, 'Introduction to Heinrich Tessenow's House Building and Such Things', *9H*, no. 8, 1989, 6-33

H.J. Kadatz, *Peter Behrens: Architekt, Maler, Grafiker* (1977) [important for showing the scope of Behrens's work 1914-29]

J. Kreitmaier, *Beuroner Kunst* (1923) [study of the school of symbolic proportion developed by the Beuronic order]

H.F. Mallgrave and W. Herrmann, *The Four Elements of Architecture and Other Writings* (1989) [an anthology of Semper's writings]

F. Meinecke, *The German Catastrophe* (1950, republ. 1963)

S. Müller, *Kunst und Industrie: Ideologie und Organisation des Funktionalismus in der Architektur* (1974)

H. Muthesius, 'The Task of the Werkbund in the Future', *Documents* (1978), 7-8 [followed by extracts from the Werkbund debate in Cologne, 1914]

– *The English House* (1979) [trans. of German original]

– F. Naumann and others, *Der Werkbund-Gedanke in den germanischen Ländern* (1914) [proceedings of the Werkbund debate in Cologne, 1914]

F. Naumann, 'Werkbund und Handel', *Jahrbuch des Deutschen Werkbundes*, 1913

– 'Culture is, however, a General Term, Paris 1900: a Letter', *Daidalos*, 2, 1981, 25, 33

W. Nerdinger, *Hans Dollgast 1891–1974* (1987)

– *Theodor Fischer: Architetto e urbanista, 1862–1938* (1988)

N. Pevsner, 'Gropius at Twenty-Six', *AR*, July 1961, 49-51

J. Posener, 'Muthesius as Architect', *Lotus*, 9, February 1975, 104-15 [trans. 221-25]

F. Schumacher, *Der Geist der Baukunst* (1983) [republ. of a thesis first issued in 1938]

G. Semper, 'Science, Industry and Art. Proposals for the Development of a National Taste in Art at the Closing of the London Industrial Exhibition', in *The Four Elements of Architecture and Other Writings*, trans. H.F. Mallgrave and W. Herrmann (1989)

– H.F. Mallgrave and M. Robinson, *Style in the Technical and Tectonic Arts, or, Practical Aesthetics* (2004)

F. Very, 'J.M.L. Lauweriks: architecte et théosophe', *AMC*, 40, September 1976, 55-58

G. Wangerin and G. Weiss, *Heinrich Tessenow 1876–1950* (1976)

H. Weber, *Walter Gropius und das Faguswerk* (1961)

A. Windsor, *Peter Behrens Architect 1868–1940* (1981)

13장
유리사슬: 유럽의 건축적 표현주의 1910~1925

J. Badovici, 'Erich Mendelsohn', *L'Architecture Vivante*, Autumn/Winter 1932 (special issue)

R. Banham, 'Mendelsohn', *AR*, 1954, 85-93

O. Beyer, ed., *Erich Mendelsohn: Letters of an Architect* (1967)

R. Bletter, 'Bruno Taut and Paul Scheerbart' (unpub. PhD thesis, Avery Library, Columbia, New York, 1973)

I. Boyd-Whyte, *The Crystal Chain Letters. Architectural Fantasies by Bruno Taut and his Circle* (1985)

N. Bullock, 'First the Kitchen, Then the Façade', *AA Files*, no. 6, May 1984, 59-67

U. Conrads, '1919 Gropius/Taut/Behne: New Ideas on Architecture', in *Programs and Manifestoes on 20th-century Architecture*, trans. M. Bullock (1971)

– and H.G. Sperlich, *Fantastic Architecture* (1963)

K. Frampton, 'Genesis of the Philharmonie', *AD*, March 1965, 111-12

Hugo Häring, *Fragmente* (Akademie der Künste, Berlin, 1968)

H. Häring, 'Approaches to Form' (1925), *AAQ*, X,

no. 7, 1978 [trans. of Häring text]

– *Das andere Bauen*, ed. J. Joedicke (1982) [an anthology of theoretical writings]

– 'Problems of Art and Structure in Building' (with intro. by P. Blundell Jones), *9H*, no. 7, 1985, 75-82

T. Huess, *Hans Poelzig, das Lebensbild eines deutschen Baumeister* (1985) [repr. of 1939 classic]

J. Joedicke, 'Häring at Garkau', *AR*, May 1960, 313-18

– *Hugo Häring, Schriften, Entwürfe, Bauten* (1965)

P. Blundell Jones, 'Late Works of Scharoun', *AR*, March 1975, 141-54

– 'Organic versus Classic', *AAQ*, X, 1978, 10-20

– *Hans Scharoun* (1978)

– 'Hugo Häring and the Search for a Responsive Architecture', *AA Files*, no. 13, Autumn 1986, 30-43

– 'Häring's Functionalist Theory, 1924-1934. "Wege zur Form", 1925', in *Hugo Häring: the Organic Versus the Geometric* (1999), 77

K. Junghans, 'Bruno Taut', *Lotus*, 9, February 1975, 94-103 [trans. 219-21]

– *Bruno Taut* (Akademie der Künste, Berlin, 1980)

– *Bruno Taut 1880–1938* (2nd edn, 1983)

H. Lauterbach, *Hans Scharoun* (Akademie der Künste, Berlin, 1969)

Erich Mendelsohn 1887–1953: Ideen, Bauten, Projekte (Staatliche Museen Preussischer Kulturbesitz, Berlin, 1987)

W. Pehnt, *Expressionist Architecture* (1973)

J. Posener, 'Poelzig', *AR*, June 1963, 401-05

– ed., *Hans Poelzig: Gesammelte Schriften und Werke* (1970)

G. Rumé, 'Rudolf Steiner', *AMC*, 39, June 1976, 23-29

P. Scheerbart and B. Taut, *Glass Architecture and Alpine Architecture*, ed D. Sharp (1972) [trans. of 2 seminal texts]

M. Schirren, *Hans Poelzig: Die Pläne und Zeichnungen aus dem ehemaligen Verkehrs und Baumuseum in Berlin* (1989)

W. Segal, 'About Taut', *AR*, January 1972, 25-26

D. Sharp, *Modern Architecture and Expressionism* (1966)

– 'Park Meerwijk - an Expressionist Experiment in Holland', *Perspecta*, 13/14, 1971

M. Speidel, *Bruno Taut* (2007)

M. Staber, 'Hans Scharoun, Ein Beitrag zum organischen Bauen', *Zodiac*, 10, 1952, 52-93 [Scharoun's contribution to organic building, with trans.]

B. Taut, 'The Nature and the Aims of Architecture', *Studio*, March 1929, 170-74

– and M. Schirren, *Bruno Taut: Alpine Architecture: A Utopia* (2004)

– and M. Speidel, *Ex Oriente Lux: die Wirklichkeit einer Idee: eine Sammlung von Schriften 1904–1938* (2007)

– et al., *The City Crown by Bruno Taut* (2015)

M. Taut and O.M. Lingers, *Die Gläserne Kette. Visionäre Architektur aus dem Kreis um Bruno Taut 1919–1920* (1963)

A. Tischhauser, 'Creative Forces and Crystalline Architecture: In Remembrance of Wenzel Hablik', *Daidalos*, 2, 1981, 45-52

A. Whittick, *Erich Mendelsohn* (1970)

B. Zevi, *Erich Mendelsohn Opera Completa* (1970)

– *Erich Mendelsohn* (1984)

14장
바우하우스: 이상의 발전 1919~1932

G. Adams, 'Memories of a Bauhaus Student', *AR*, September 1968, 192-94

R. Banham, 'The Bauhaus', in *Theory and Design in the First Machine Age* (2nd edn, 1967)

H. Bayer, W. Gropius and I. Gropius, *Bauhaus 1919–1928* (1952)

A. Cohen, *Herbert Bayer* (1984)

U. Conrads, '1919 Walter Gropius: Programme of the Staatliches Bauhaus in Weimar', in *Programs and Manifestoes on 20th-century Architecture*, trans. M. Bullock (1971), 49

J. Fisher, *Photography and the Bauhaus* (1990)

M. Franciscono, *Walter Gropius and the Creation of the Bauhaus in Weimar* (1971)

S. Giedion, *Walter Gropius: Work and Teamwork* (1954)

P. Green, 'August Endell, *AAQ*, IX, no. 4, 1977, 36-44

W. Gropius, *The New Architecture and the Bauhaus* (1935)

— *The Scope of Total Architecture* (1956)

P. Hahn, *Experiment Bauhaus* (1988)

R. Isaacs, *Walter Gropius* (1991)

J. Itten, *Design and Form* (1963)

R. Kostelanetz, *Moholy-Nagy* (1970) [trans. of his basic texts]

L. Lang, *Das Bauhaus 1919–1923. Idee und Wirklichkeit* (1965)

S.A. Mansbach, *Visions of Totality: László Moholy-Nagy, Theo van Doesburg and El Lissitzky* (1980)

L. Moholy-Nagy, *The New Vision* (4th edn, 1947) [trans. of *Von Material zu Architektur* (1928)]

— *Vision in Motion* (1947)

S. Moholy-Nagy, *Moholy-Nagy. An Experiment in Totality* (1950)

G. Naylor, *Bauhaus* (1980) [an extremely penetrating analysis of the Bauhaus in Eng.]

E. Neumann, *Bauhaus and Bauhaus People* (1970)

W. Nerdinger, *Walter Gropius* (1985/86)

K. Passuth, *Moholy-Nagy* (1991)

W. Schedig, *Crafts of the Weimar Bauhaus 1919–1924* (1967)

O. Schlemmer, L. Moholy-Nagy and F. Molnar, *The Theater of the Bauhaus* (1961) [trans. of *Bauhaus-bücher* 4]

C. Schnaidt, 'My Dismissal from the Bauhaus', in *Hannes Meyer: Buildings, Projects and Writings* (1965), 105

J. Willett, *The New Sobriety 1917–1933: Art and Politics in the Weimar Period* (1978)

H. Wingler, *The Bauhaus: Weimar, Dessau, Berlin and Chicago* (1969) [the basic documentary text on the Bauhaus to date]

15장
신즉물주의: 독일, 네덜란드, 스위스 1923~1933

S. Bann, *The Tradition of Constructivism* (1974)

Bauhaus Archiv, *Architekt, Urbanist, Lehrer, Hannes Meyer 1889–1954* (1989)

A. Behne, *The Modern Functional Building* (1996) [1923]

E. Bertonati, *Aspetti della 'Nuova Oggettività'* (1968) [cat. of exh. of the New Objective painters, Rome and Munich, 1968]

O. Birkner, J. Herzog and P. de Meuron, 'Die Petersschule in Basel (1926-1929)', *Werk-Archithese*, 13/14, January–February 1978, 6-8

J. Buckschmitt, *Ernst May: Bauten und Planungen*, vol. 1 (1963)

M. Casciato, F. Panzini and S. Polano, *Olanda 1870–1940: Città, Casa, Architettura* (1980)

G. Fanelli, *Architettura moderna in Olanda* (1968)

V. Fischer, et al., *Ernst May und das Neue Frankfurt 1925–1930* (1986)

S. Giedion, 'The Modern Theatre: Interplay between Actors and Spectators', in *Walter Gropius, Work and Teamwork* (1954), 64

G. Grassi, ed., *Das Neue Frankfurt 1926–1931 e l'architettura della nuova Francoforte* (1975)

W. Gropius, 'Sociological Premises for the Minimum Dwelling of Urban Industrial Populations', in *Scope of Total Architecture* (1978), 101

J. Gubler, *Nationalisme et internationalisme dans l'architecture moderne de la Suisse* (1975)

G.F. Hartlaub, 'Letter to Alfred II. Barr', *AB*, XXII, no. 3, September 1940, 164

O. Haesler, *Mein Lebenswerk als Architekt* (1957) H. Hirolina, ed., *Neues Bauen Neue Gesellschaft: Das neue Frankfurt die neue Stadt. Eine Zeitschrift Zwischen 1926–1933* (1984)

K. Homann and L. Scarpa, 'Martin Wagner, The Trades Union Movement and Housing Construction in Berlin in the First Half of the 1920s', *AD*, November-December 1983, 58-61

B. Housden, 'Arthur Korn', *AAJ* (special issue), LXXIII, no. 817, December 1957, 114-35

– 'M. Brinckman, J.A. Brinckman, L.C. van der Vlugt, J.H. van der Broek, J.B. Bakema', *AAJ*, December 1960 [a documentation of the evolution of this important firm over 4 generations]

E.J. Jelles and C.A. Alberts, 'Duiker 1890-1935', *Forum voor architectuur en daarmee verbonden kunsten*, nos 5 & 6, 1972

B. Miller Lane, *Architecture and Politics in Germany 1918–1945* (1968)

Le Corbusier, 'The Spectacle of Modern Life', in *The Radiant City* (1967)

S. Lissitzky-Küppers, *El Lissitzky* (1968)

D. Mackintosh, *The Modern Courtyard*, AA Paper no. 9 (1973)

J. Molema, et al., *J. Duiker Bouwkundig Ingenieur* (1982) [structural form in the work of Duiker]

L. Murad and P. Zylberman, 'Esthétique du taylorisme', in *Paris/Berlin rapports et contrastes/France-Allemagne* (1978), 384-90

G. Oorthuys, *Mart Stam: Documentation of his Work 1920–1965* (1970)

R. Pommer and C.F. Otto, *Weissenhof 1927 and the Modern Movement in Architecture* (1991)

M.B. Rivolta and A. Rossari, *Alexander Klein* (1975)

F. Schmalenbach, 'The Term Neue Sachlichkeit', *AB*, XXII, September 1940

H. Schmidt, 'The Swiss Modern Movement 1920-1930', *AAQ*, Spring 1972, 32-41

C. Schnaidt, *Hannes Meyer: Buildings, Projects and Writings* (1965)

M. Stam, 'Kollektive Gestaltung', *ABC* (1924), 1

G. Uhlig, 'Town Planning in the Weimar Republic', *AAQ*, XI, no. 1, 1979, 24-38

J.B. van Loghem, *Bouwen, Bauen, Bâtir, Building* (1932) [standard contemporary survey of the achievement of the Nieuwe Zakelijkheid in Holland]

K.-J. Winkler, *Der Architekt Hannes Meyer: Anschauungen und Werk* (1982)

K.P. Zygas. '"Veshch/Gegendstand/Objet": Commentary, Bibliography, Translations', *Oppositions*, 5, Summer 1976, 113-28

16장
체코슬로바키아의 현대 건축 1918~1938

J. Anděl, *Introduction to the Art of the Avant-Garde in Czechoslovakia 1918–1938* (1993)

– *The Art of the Avant-Garde in Czechoslovakia 1918–1938* (1993)

E. Dluhosch and R. Švácha, *Karel Teige, 1900–1951* (1999)

V. Slapeta and G. Peichl, *Czech Functionalism*

1918–1938 (1987)

R. Švácha, *The Architecture of New Prague 1895–1945* (1995)

K. Teige, *Moderní architektura v Československu* (1930)

17장
데 스테일: 신조형주의의 발전과 소멸
1917~1931

J. Baljeu, *Theo van Doesburg* (1974)

D. Baroni, *Rietveld Furniture* (1978)

A.H. Barr and P.C. Johnson, *De Stijl, 1917–1928* (1961)

Y.A. Blois, 'Mondrian and the Theory of Architecture', *Assemblage*, 4, October 1987, 103-30

– and B. Reichlin, *De Stijl et l'architecture en France* (1985)

C. Blotkamp, et al., *De Stijl: The Formative Years* (1982)

T.M. Brown, *The Work of G. Rietveld, Architect* (1958)

U. Conrads, 'Van Doesburg and van Eesteren: Towards Collective Building', in *Programs and Manifestoes on 20th-century Architecture*, trans. M. Bullock (1971)

De Stijl, *Catalogue 81* (exh. cat. Amsterdam, Stedelijk Museum, 1951)

A. Doig, *Theo Van Doesburg: Painting into Architecture, Theory into Practice* (1986)

M. Friedman, ed., *De Stijl: 1917–1931. Visions of Utopia* (1982)

H.L.C. Jaffé, *De Stijl 1917–1931. The Dutch Contribution to Modern Art* (1956)

– *De Stijl* (1970) [trans. of seminal texts]

J. Leering, L.J.F. Wijsenbeck and P.F. Althaus, *Theo van Doesburg 1883–1931* (1969)

P. Mondrian, 'Plastic Art and Pure Plastic Art', *Circle*, ed. J.L. Martin, B. Nicholson and N. Gabo (1937)

P. Overy, L. Buller, F. Den Oudsten and B. Mulder, *The Rietveld Schröder House* (1988) [an important analytical study]

S. Polano, 'Notes on Oud', *Lotus*, 16, September 1977, 42-49

M. Seuphor, *Piet Mondrian* (1958)

G. Stamm, *J.J.P. Oud Bauten und Projekte 1906–1963* (1984)

N.J. Troy, *The De Stijl Environment* (1983)

J.H. van der Broek, C. van Eesteren, et al., *De Stijl* (1951) [this initiated the post-war interest in the movement and carries trans. of a number of the manifestos]

T. van Doesburg, 'L'Evolution de l'architecture moderne en Hollande', *L'Architecture Vivante*, Autumn/Winter 1925 (special issue on De Stijl)

E. van Staaten, *Theo van Doesburg: Painter and Architect* (1988)

C.-P. Warncke, *De Stijl 1917–1931* (1991) [a survey carrying a great deal of new material]

B. Zevi, *Poetica dell'architettura neoplastica* (1953)

18장
르 코르뷔지에와 새로운 정신 1907~1931

G. Baird, 'A Critical Introduction to Karel Teige's "Mundaneum" and Le Corbusier's "In the Defence of Architecture"', *Oppositions*, 4, October 1974, 80-81

R. Banham, *Theory and Design in the First Machine Age* (1960), esp. section 4

T. Benton, *The Villas of Le Corbusier 1920–1930* (1990)

M. Besset, *Who Was Le Corbusier?* (1968) [trans.]

P. Boudon, *Pessac de Le Corbusier* (1969)

H.A. Brooks, ed., *The Le Corbusier Archive, 25 vols* (1983) [a compilation of the complete archive in the Fondation Le Corbusier, Paris]

J. Caron, 'Une Villa de Le Corbusier, 1916', in *L'Esprit Nouveau*, nos 4-6 (1968)

B. Colomina, 'Le Corbusier and Photography', *Assemblage*, 4, October 1987, 7-23

P.A. Croset, et al., 'I clienti di Le Corbusier', *Rassegna*, 3, July 1980 [a special number devoted to the clients of Le Corbusier, from the industrialist Bata to the Soviet State]

W. Curtis, *Le Corbusier: Ideas and Forms* (1988)

P. Dermée, ed. (with A. Ozenfant and Le Corbusier), *L'Esprit Nouveau*, 1, 1920-25 (facsimile repr. 1969)

C. de Smet, *Le Corbusier, Architect of Books* (2005)

J.P. Duport and S. Nemec-Piguet, *Le Corbusier & Pierre Jeanneret: Restoration of the Clarté Building, Geneva* (2016)

G. Fabre, ed., *Léger and the Modern Spirit, 1918–1931* (1982)

K. Frampton, 'The Humanist vs. Utilitarian Ideal', *AD*, XXXVIII, 1968, 134-36

– *Le Corbusier* (2001)

– R. Schezen and Le Corbusier, *Le Corbusier: Architect of the Twentieth Century* (2002)

R. Gabetti and C. Olmo, *Le Corbusier et l'Esprit nouveau* (1977)

P. Goulet and C. Parent, 'Le Corbusier', *Aujourd'hui*, 51 (special issue), November 1965 [for early correspondence, documentation, etc.]

C. Green, 'Léger and l'esprit nouveau 1912-1928', *Léger and Purist Paris* (exh. cat. ed. with J. Golding, London, 1970), 25-82

E. Gregh, 'Le Corbusier and the Dom-Ino System', *Oppositions*, 15/16, January 1980

G. Gresleri, *80 Disegni di Le Corbusier* (1977)

– G. Gresleri, *L'Esprit Nouveau. Le Corbusier: costruzione e ricostruzione di un prototipo dell'architettura moderna* (1979)

– ed., *Le Corbusier Voyage d'OrientG. Gresleri*, 6 vols (1988) [facsimile of 1912 travel sketchbooks]

J. Guiton, *The Ideas of Le Corbusier* (1981)

D. Honisch, et al., *Tendenzen der Zwanziger Jahre* (1977)

A. Izzo and C. Gubitosi, *Le Corbusier* (Rome 1978) [cat. of hitherto unpubl. Le Corbusier drawings]

Le Corbusier, *Etude sur le mouvement d'art décoratif en Allemagne* (1912)

– 'Purism' (1920), in *Modern Artists on Art*, ed. R.C. Herbert (1964), 58-73 [timely trans. of the essay from the 4th issue of *L'Esprit Nouveau*]

– *L'Art décoratif d'aujourd'hui* (1925; Eng. trans. by J. Dunnet, *The Decorative Art of Today*, 1987)

– *La Peinture moderne* (1925)

– *Une Maison – un palais* (1928)

– 'In the Defence of Architecture', *Oppositions*, 4, October 1974, 93-108 [1st publ. in Czech in *Stavba*, 7 (1929), and in French in *L'Architecture d'Aujourd'hui*, 1933]

– *Précisions sur un état présent de l'architecture et de l'urbanisme* (1930; Eng. trans. by E. Schrieber Aujame, *Precisions on the Present State of Architecture and City Planning*, 1991)

– *Le Corbusier et Pierre Jeanneret: Oeuvre complète, I, 1918–1929* (1935, repr. 1966)

– *Towards a New Architecture*, trans. F. Etchells (1946)

– *Le Voyage d'Orient* (1966; Eng. trans. by I. Zaknic and N. Pertuiset, *Journey to the East*, 1987) [record of a journey to Bohemia, Serbia, Bulgaria, *Greece and Turkey* (1st prepared for

publ. 1914)]
- *Le Corbusier Sketchbooks*, vol. 7 (1982)
- *Le Corbusier et le livre: les livres de Le Corbusier dans leurs éditions originales* (2005)
- and J.-L. Cohen, *Toward an Architecture* (2009)
- and A. Ozenfant, *Après le Cubisme* (1918)
J. Lowman, 'Corb as Structural Rationalist: The Formative Influence of the Engineer Max du Bois', *AR*, October 1976, 229-33
J. Lucan, ed., Le Corbusier, *Une Encyclopédie* (cat. of centennial Centre Pompidou exh., Paris, 1987)
M. McLeod, 'Charlotte Perriand: Her First Decade as a Designer', *AA Files*, no. 15, Summer 1987, 4-13
W. Oechslin, ed., *Le Corbusier und Pierre Jeanneret. Das Wettbewerbsprojekt für den Völkerbundspalast in Genf 1927* (1988)
C. Perriand, *A Life of Creation: An Autobiography* (2003)
J. Petit, *Le Corbusier lui-même* (1969) [important cat. of Le Corbusier's painting, 1918-54]
N. Pevsner, 'Time and Le Corbusier', *AR*, March 1951 [an early appraisal of Le Corbusier's work in La Chaux-de-Fonds]
J.F. Pinchon, *Rob Mallet Stevens, Architecture, Furniture, Interior Design* (1990)
H. Plummer, *The Sacred Architecture of Le Corbusier* (2013)
B. Reichlin, 'Le Pavilion de la Villa Church Le Corbusier', *AMC*, May 1983, 100-111
M. Risselada, ed., *Raumplan versus Plan Libre* (1987) [a typological comparison between Loos and Le Corbusier]
J. Ritter, 'World Parliament: The League of Nations Competition', *AR*, CXXXVI, 1964, 17-23
C. Rowe, *The Mathematics of the Ideal Villa and Other Essays* (1977)
- and R. Slutzky, 'Transparency: Literal and Phenomenal', *Perspecta*, 8, 1963, 45-54
A. Rüegg and K. Spechtenhauser, *Le Corbusier: Furniture and Interiors 1905–1965* (2012)
C. Schnaidt, 'Building, 1928', in *Hannes Meyer: Buildings, Projects and Writings* (1965)
M.P. Sekler, 'The Early Drawings of Charles-Edouard Jeanneret (Le Corbusier) 1902-1908' (PhD thesis, Harvard, 1973 [1977])
P. Serenyi, 'Le Corbusier, Fourier and the Monastery of Ema', *AB*, XLIX, 1967, 227-86
- *Le Corbusier in Perspective* (1975) [critical commentary by various writers spanning over half a century, starting with Piacentini's essay on mass production houses of 1922]
K. Silver, 'Purism, Straightening Up After the Great War', *Artform*, 15, March 1977
C. Sumi, *Immeuble Clarté Genf 1932* (1989)
B.B. Taylor, *Le Corbusier et Pessac, I & II* (1972)
K. Teige, 'Mundaneum', *Oppositions*, 4, October 1974, 83-91 [1st publ. in *Stavba*, 7 (1929)]
P. Turner, 'The Beginnings of Le Corbusier's Education 1902-1907', *AB*, LIII, June 1971, 214-24
- *The Education of Le Corbusier* (1977)
S. von Moos, T. Hughes and B. Colomina, *L'Esprit Nouveau: Le Corbusier und die Industrie 1920–1925* (1987)
R. Walden, ed., *The Open Hand: Essays on Le Corbusier* (1977) [seminal essays by M.P. Sekler, M. Favre, R. Fishman, S. von Moos and P. Turner]
I. Žaknić, *Le Corbusier, Pavillon Suisse* (2004)

19장
아르데코부터 인민전선까지: 양차 세계대전 사이의 프랑스 건축 1925~1945

L. Benevolo, *Storia dell'architettura moderna*

(1960)

R.L. Delevoy, M. Culot and L. Grenier, *Henri Sauvage, 1873–1932* (1978)

C. Devillers, 'Une Maison de Verre ... pour automobiles', *AMC*, March 1984, 42-49

L. Fernández-Galiano, ed., *AV Monografías 149: Jean Prouvé 1901–1984* (2011)

R. Herbst, *Un Inventeur ... l'architecte Pierre Chareau* (1954)

B. Lemoine, et al., *Paris 1937: Cinquantenaire de l'Exposition Internationale des Arts et des Techniques dans la Vie Moderne* (1987)

M. Vellay and K. Frampton, *Pierre Chareau: Architect and Craftsman, 1883–1950* (1984)

20장
미스 반 데어 로에와 사실의 의미 1921~1933

J. Bier, 'Mies van der Rohe's Reichspavillon in Barcelona', *Die Form*, August 1929, 23-30

J.P. Bonta, *An Anatomy of Architectural Interpretation* (1975) [a semiotic review of the criticisms of Mies van der Rohe's Barcelona Pavilion]

H.T. Cadbury-Brown, 'Ludwig Mies der Rohe', *AAJ*, July-August 1959 [this interview affords a useful insight into Mies's relation to his clients for both the Tugendhat House and the Weissenhofsiedlung]

P. Carter, *Mies Van Der Rohe at Work* (1972, 3rd edn, 1999)

C. Constant, 'The Barcelona Pavilion as Landscape Garden: Modernity and the Picturesque', *AA Files*, no. 20, Autumn 1990, 47-54

A. Drexler, ed., *Mies van der Rohe Archive*, 6 vols (1982) [a compilation of the complete archive in the Museum of Modern Art, New York]

S. Ebeling and S. Papapetros, *Space As Membrane* (2010) [1926]

R. Evans, 'Mies van der Rohe's Paradoxical Symmetries', *AA Files*, no. 19, Spring 1990, 56-68

L. Glaeser, *Ludwig Mies van der Rohe: Drawings in the Collection of the Museum of Modern Art, New York* (1969)

— *The Furniture of Mies van der Rohe* (1977)

G. Hartoonian, 'Mies van der Rohe: The Genealogy of the Wall', *JAE*, 42, no. 2, Winter 1989, 43-50

L. Hilberseimer, *Mies van der Rohe* (1956)

H.-R. Hitchcock, 'Berlin Architectural Show 1931', *Horn and Hound*, V, no. 1, October-December 1931, 94-97

P. Johnson, 'The Berlin Building Exposition of 1931', *T square*, 1932 (repr. in *Oppositions*, 2, 1974, 87-91)

— 'Architecture in the Third Reich', *Horn and Hound*, 1933 (repr. in *Oppositions*, 2, 1974, 92-93)

— *Mies van der Rohe* (1947, 3rd edn, 1978) [still the best monograph on Mies, with comprehensive bibliography and trans. of Mies's basic writings, 1922-43]

D. Mertins, *Mies* (2014)

— et al., *G: an Avant-Garde Journal of Art, Architecture, Design, and Film, 1923–1926* (2010)

L. Mies van der Rohe, 'Two Glass Skyscrapers 1922', in P. Johnson, *Mies van der Rohe* (1947, 3rd edn, 1978), 182 [1st publ. as 'Hochhausprojekt für Bahnhof Friedrichsstrasse im Berlin', in *Frühlicht*, 1922]

— 'Working Theses 1923', *Programs and Manifestos on 20th Century Architecture*, ed. U. Conrads (1970), 74 [publ. in *G*, 1st issue, 1923, in conjunction with his concrete office building]

— 'Industrialized Building 1924', *Programs and*

Manifestos on 20th Century Architecture, ed. U. Conrads (1970), 81 [from *G*, 3rd issue, 1924]

— 'On Form in Architecture 1927', *Programs and Manifestos on 20th Century Architecture,* ed. U. Conrads (1970), 102 [1st pub. in *Die Form*, 1927, as 'Zum Neuer Jahrgang'; another trans. appears in P. Johnson, *Mies van der Rohe* (1947, 3rd edn, 1978)]

— 'A Tribute to Frank Lloyd Wright', *College Art Journal*, VI, no. 1, Autumn 1946, 41–42

R. Moneo, 'Un Mies menos conocido', *Arquitecturas Bis* 44, July 1983, 2–5

F. Neumeyer, *The Artless Word: Mies van der Rohe on the Building Art* (1991) [1986]

D. Pauly, et al., *Le Corbusier et la Méditerranée* (1987)

T. Riley and B. Bergdoll, eds, *Mies in Berlin* (2001)

N.M. Rubio Tuduri, 'Le Pavillon de l'Allemagne à l'exposition de Barcelone par Mies van der Rohe', *Cahiers d'Art*, 4, 1929, 408–12

Y. Safran, 'Mies Van Der Rohe and Truth in Architecture', in Y. Safran, et al., *Mies Van Der Rohe* (2000)

F. Schulze, *Mies van der Rohe* (1985) [critical biography]

A. and P. Smithson, *Mies van der Rohe, Veröffentlichungen zur Architektur* (1968) [a short but sensitive appraisal which introduced for the 1st time the suppressed Krefeld factory (text in German and Eng.)]

— *Without Rhetoric* (1973) [important for critical appraisal and photographs of the Krefeld factory]

W. Tegethoff, *Mies van der Rohe: Villas and Country Houses* (1986)

D. von Beulwitz, 'The Perls House by Mies van der Rohe', *AD*, November-December 1983, 63–71

W. Wang, 'The Influence of the Wiegand House on Mies van der Rohe', *9H*, no. 2, 1980, 44–46

P. Westheim, 'Mies van der Rohe: Entwicklung eines Architekten', *Das Kunstblatt*, II, February 1927, 55–62

— 'Umgestaltung des Alexanderplatzes', *Die Bauwelt*, 1929

— 'Das Wettbewerb der Reichsbank', *Deutsche Bauzeitung*, 1933

F.R.S. Yorke, *The Modern House* (1934, 4th edn 1943) [contains details of the panoramic window in the Tugendhat House]

C. Zervos, 'Mies van der Rohe', *Cahiers d'Art*, 3, 1928, 35–38

— 'Projet d'un petit musée d'art moderne par Mies van der Rohe', *Cahiers d'Art*, 20/21, 1946, 424–27

21장
새로운 집합체: 소련의 미술과 건축
1918~1932

C. Abramsky, 'El Lissitzky as Jewish Illustrator and Typographer', *Studio International*, October 1966, 182–85

P.A. Aleksandrov and S.O. Chan-Magomedov, *Ivan Leonidov* (1975) [Italian trans. of unpubl. Russian text]

T. Anderson, *Vladimir Tatlin* (1968)

— *Malevich* (1970) [cat. raisonné of the Berlin Exhibition of 1927]

R. Andrews and M. Kalinovska, *Art Into Life: Russian Constructivism 1914–1932* (1990) [important cat. of an exh. at the Henry Art Gallery, Seattle, and Walker Art Gallery, Minneapolis]

J. Billington, *The Icon and the Axe* (1968)

M. Bliznakov, 'The Rationalist Movement in Soviet Architecture of the 1920's', *20th-Century Studies*, 7/8, December 1972, 147–61

E. Borisova and G. Sternin, *Russian Art Nouveau* (1987)

C. Borngräber, 'Foreign Architects in the USSR', *AAQ*, 11, no. 1, 1979, 50-62

J. Bowlt, ed., *Russian Art of the Avant Garde: Theory and Criticism* (1976, 1988)

S.O. Chan-Magomedov, *Moisej Ginzburg* (1975) [Italian trans. of Russian text publ. 1972]

– 'Nikolaj Ladavskij: An Ideology of Rationalism', *Lotus*, 20, September 1978, 104-26

– see also Khan-Magomedov

J. Chernikov, *Arkhitekturnye Fantasii* (1933)

J.L. Cohen, M. de Michelis and M. Tafuri, *URSS 1917–1978. La ville l'architecture* (1978)

C. Cooke, 'F.O. Shektel: An Architect and his Clients in Turn-of-the-century Moscow', *AA Files*, no. 5, Spring 1984, 5-29

F. Dal Co, 'La poétique "a-historique" de l'art de l'avant-garde en Union Soviétique', *Archithese*, 7, 1973, 19-24, 48

V. de Feo, *URSS Architettura 1917–36* (1962)

E. Dluhosch, 'The Failure of the Soviet Avant Garde', *Oppositions*, 10, Autumn 1977, 30-55

C. Douglas, *Swans of Other Worlds: Kazimir Malevich and the Origins of Abstraction in Russia* (1980)

D. Elliott, ed., *Alexander Rodchenko: 1891–1956* (Museum of Modern Art, Oxford, 1979)

– *Mayakovsky: Twenty Years of Work* (Museum of Modern Art, Oxford, 1982)

K. Frampton, 'Notes on Soviet Urbanism 1917-32', *Architects' Year Book*, XII, 1968, 238-52

– 'The Work and Influence of El Lissitzky', *Architects' Year Book*, XII, 1968, 253-68

R. Fülöp-Muller, *The Mind and Face of Bolshevism* (1927, republ. 1962)

N. Gabo, *Gabo* (1957)

M. Ginzburg, *Style and Epoch* (1982) [trans. of the Russian original of 1924]

A. Gozak and A. Leonidov, *Ivan Leonidov* (1988)

C. Gray, *The Great Experiment: Russian Art 1863–1922* (1962)

G. Karginov, *Rodchenko* (1979)

S. Khan-Magomedov, *Ivan Leonidov* (IAUS Cat. no. 8, New York, 1981) [a great deal of the material in this cat. was compiled by R. Koolhaas and B. Oorthuys]

– *Alexander Vesnin and Russian Constructivism* (1986)

– *Pioneers of Soviet Architecture* (1987)

– see also Chan-Magomedov

E. Kirichenko, *Moscow Architectural Monuments of the 1830s–1910s* (1977)

A. Kopp, *Town and Revolution, Soviet Architecture and City Planning 1917–1935*, trans. T.E. Burton (1970)

– *L'Architecture de la période stalinienne* (1978)

– *Architecture et mode de vie* (1979)

J. Kroha and J. Hruza, *Sovetská architektonicá avantgarda* (1973)

El Lissitzky, *Russia: An Architecture for World Revolution* (1970; trans. by E. Dluhosch; 1st publ. in German, 1930)

C. Lodder, *Russian Constructivism* (1983)

B. Lubetkin, 'Soviet Architecture: Notes on Developments from 1917-32', *AAJ*, May 1956, 252

K. Malevich, 'Recent Developments in Town Planning', in *The Non-Objective World* (1959)

– *Essays on Art, I, 1915–28, II, 1928–33* (1968)

V. Markov, *Russian Futurism* (1969)

J. Milner, *Tatlin and the Russian Avant-Garde* (1983)

N.A. Milyutin, *Sotsgorod. The Problem of Building Socialist Cities*, trans. A. Sprague (1974)

P. Noever and K. Neray, *Kunst und Revolution 1910–1932* (1988) [Vienna exh. cat. containing unusual material]

M.F. Parkins, *City Planning in Soviet Russia* (1953)

V. Quilici, *L'architettura del costruttivismo* (1969)

— 'The Residential Commune, from a Model of the Communitary Myth to Productive Module', *Lotus*, 8, September 1974, 64-91, 193-96

— *Città russa e città sovietica* (1976)

B. Schwan, *Städtebau und Wohnungswesen der Welt* (1935)

F. Starr, *Konstantin Melnikov. Solo Architect in a Mass Society* (1978)

M. Tafuri, ed., *Socialismo città architettura URSS 1917–1937* (1972) [collected essays]

— 'Les premières hypothèses de planification urbaine dans la Russie soviétique 1918-1925', *Archithese*, 7, 1973, 34-91

— 'Towards the "Socialist City": Research and Realization in the Soviet Union between NEP and the First Five-Year Plan', *Lotus*, 9, February 1975, 76-93, 216-19

L.A. Zhadova, ed., *Tatlin* (1988) [definitive study of this important avant-garde artist]

K.P. Zygas, 'Tatlin's Tower Reconsidered', *AAQ*, VIII, no. 2, 1976, 15-27

— *Form Follows Form: Source Imagery of Constructivist Architecture 1917–1925* (1980)

22장
르 코르뷔지에와 빛나는 도시 1928~1946

M. Bacon, *Le Corbusier in America: Travels in the Land of the Timid* (2001)

P.M. Bardi, *A Critical Review of Le Corbusier* (1950)

F. Choay, *Le Corbusier* (1960)

J.L. Cohen, 'Le Corbusier and the Mystique of the USSR', *Oppositions*, 23, 1981, 85-121

— *Le Corbusier et la mystique de l'URSS: théories et projets pour Moscou 1928–1936* (1987)

— Le Corbusier and R. Pare, *Le Corbusier: An Atlas of Modern Landscapes* (2013)

R. de Fusco, *Le Corbusier designer immobili del 1929* (1976)

M. di Puolo, *Le Corbusier/Charlotte Perriand/ Pierre Jeanneret. 'La machine à s'asseoir'* (1976)

A. Eardley, *Le Corbusier and the Athens Charter* (1973) [trans. of *La Charte d'Athènes* (1943)]

N. Evenson, *Le Corbusier: The Machine and the Grand Design* (1969)

R. Fishman, *Urban Utopias in the Twentieth Century* (1977)

K. Frampton, 'The City of Dialectic', *AD*, XXXIX, October 1969, 515-43, 545-46

E. Girard, 'Projeter', *AMC*, 41, March 1977, 82-87

G. Gresleri and D. Matteoni, *La Città Mondiale: Anderson, Hebrard, Otlet and Le Corbusier* (1982)

Le Corbusier, *The City of Tomorrow* (1929) [1st Eng. trans. of *Urbanisme* (1925)]

— *The Radiant City* (1967) [1st Eng. trans. of *La Ville radieuse* (1933)]

— *When the Cathedrals Were White* (1947) [trans. of *Quand les cathédrales étaient blanches* (1937)]

— *Des canons, des munitions? Merci! Des logis … S.V.P.* (1938)

— *The Four Routes* (1947) [trans. of *Sur les 4 Routes* (1941)]

— (with F. de Pierrefeu) *The Home of Man* (1948) [trans. of *La Maison des hommes* (1942)]

— *Les Trois Etablissements humains* (1944)

— *Towards a New Architecture*, trans. F. Etchells (1946)

M. McLeod, 'Le Corbusier's Plans for Algiers 1930-1936', *Oppositions*, 16/17, 1980

— 'Le Corbusier and Algiers' and 'Plans: Bibliography', *Oppositions*, 19/20, 1980,

54-85 and 184-261

- 'Urbanism and Utopia: Le Corbusier from Regional Syndicalism to Vichy' (unpub. PhD dissertation, 1985)

C.S. Maier, 'Between Taylorism and Technocracy: European Ideologies and the Vision of Industrial Productivity in the 1920s', *Journal of Contemporary History*, 5, 1970, 27-61

J. Pokorny and E. Hud, 'City Plan for Zlín', *Architectural Record*, CII, August 1947, 70-71

C. Sumi, *Immeuble Clarté Genf 1932 von Le Corbusier und Pierre Jeanneret* (GTA, Zürich, 1989)

A. Vidler, 'The Idea of Unity and Le Corbusier's Urban Form', *Architects' Year Book*, XII, 1968, 225-37

S. von Moos, 'Von den Femmes d'Alger zum Plan Obus', *Archithese*, 1, 1971, 25-37

- *Le Corbusier: Elements of a Synthesis* (1979) [trans. of Le Corbusier, *Elemente einer Synthese* (1968)]

23장
프랭크 로이드 라이트와 사라지는 도시
1929~1963

B. Bergdoll, F.L. Wright and J. Gray, *Frank Lloyd Wright: Unpacking the Archive* (2017)

B. Brownell and F.L. Wright, *Architecture and Modern Life* (1937) [a revealing ideological discussion of the period]

W. Chaitkin, 'Frank Lloyd Wright in Russia', *AAQ*, V, no. 2, 1973, 45-55

C.W. Condit, *American Building Art: the 20th Century* (1961) [for Wright's structural innovations see 172-76, 185-87]

R. Cranshawe, 'Frank Lloyd Wright's Progressive Utopia', *AAQ*, X, no. 1, 1978, 3-9

A. Drexler, *The Drawings of Frank Lloyd Wright* (1962)

K. Frampton, *Wright's Writings: Reflections on Culture and Politics 1894–1959* (2017)

F. Gutheim, ed., *In the Cause of Architecture: Wright's Historic Essays for Architectural Record 1908–1952* (1975)

H.-R. Hitchcock, *In the Nature of Materials 1887–1941. The Buildings of Frank Lloyd Wright* (1942)

D. Hoffmann, *Frank Lloyd Wright's Falling Water* (1978)

A. Izzo and C. Gubitosi, *Frank Lloyd Wright Dessins 1887–1959* (1977)

H. Jacobs, *Building with Frank Lloyd Wright. An Illustrated Memoir* (1978)

E. Kaufmann, 'Twenty-Five Years of the House on the Waterfall', *L'Architettura*, 82, VIII, no. 4, August 1962, 222-58

- ed., *An American Architecture: Frank Lloyd Wright* (1955)

J. Lipman, *Frank Lloyd Wright and the Johnson Wax Buildings* (1986)

B.B. Pfeiffer, ed., *Letters to Apprentices. Frank Lloyd Wright* (1982)

- *Frank Lloyd Wright. Letters to Architects* (1984)

- *Master Drawings from the Frank Lloyd Wright Archives* (1990)

M. Schapiro, 'Architects' Utopia', *Partisan Review*, 4, no. 4, March 1938, 42-47

J. Sergeant, *Frank Lloyd Wright's Usonian Houses* (1976)

N.K. Smith, *Frank Lloyd Wright. A Study in Architectural Contrast* (1966)

S. Stillman, 'Comparing Wright and Le Corbusier', *AIAJ*, IX, April-May 1948, 171-78, 226-33 [Broadacre City compared with Le Corbusier's urban ideas]

W.A. Storrer, *The Architecture of Frank Lloyd Wright: A Complete Catalogue* (1978, 2nd edn, 1989)

E. Tafel, *Apprenticed to Genius* (1979)

F.L. Wright, *Modern Architecture* (1931) [the
Kahn lectures for 1930]

— *The Disappearing City* (1932)

— *An Autobiography* (1945)

— *When Democracy Builds* (1945)

— *The Future of Architecture* (1953)

— *The Natural House* (1954)

— *The Story of the Tower. The Tree that Escaped
the Crowded Forest* (1956)

— *A Testament* (1957)

— *The Living City* (1958)

— *The Solomon R. Guggenheim Museum* (1960)

— *The Industrial Revolution Runs Away* (1969)
[facsimile of Wright's copy of the original
1932 edn of *The Disappearing City*]

B. Zevi, 'Alois Riegl's Prophecy and Frank Lloyd
Wright's Falling Water', *L'Architettura*, 82, VIII,
no. 4, August 1962, 220-21

24장
알바 알토와 북유럽의 전통: 민족적
낭만주의와 도리스적 감수성 1895~1957

A. Aalto, *Postwar Reconstruction: Rehousing
Research in Finland* (1940)

— *Synopsis* (1970)

— *Sketches*, ed. G. Schildt and trans. S. Wrede
(1978)

— *Alvar Aalto in his Own Words*, ed. and
annotated G. Schildt (1997)

H. Ahlberg, *Swedish Architecture in the Twentieth
Century* (1925)

J. Ahlin, *Sigurd Lewerentz* (1985)

F. Alison, ed., *Erik Gunnar Asplund, mobili e
oggetti* (1985)

G. Baird, *Alvar Aalto* (1970)

R. Banham, 'The One and the Few', *AR*, April 1957,
243-59

L. Benevolo, 'Progress in European Architecture
between 1930 and 1940', in *History
of Modern Architecture. The Modern
Movement*, vol. 2 (1971)

W.R. Bunning, 'Paimio Sanatorium, an Analysis',
Architecture, XXIX, 1940, 20 25

C. Caldenby and O. Hultin, *Asplund* (1985)

A. Chris-Janer, *Eliel Saarinen* (1948)

*Classical Tradition and the Modern Movement:
the 2nd International Alvar Aalto Symposium,
Helsinki* (1985)

E. Cornell, *Ragnar Östberg-Svensk Arkitekt*
(1965) [a definitive study of this seminal
Swedish architect]

D. Cruickshank, ed., *Erik Gunnar Asplund* (1990)

L.K. Eaton, *American Architecture Comes of Age:
European Reaction to H.H. Richardson and
Louis Sullivan* (1972)

P.O. Fjeld, *Sverre Fehn: The Thought of
Construction* (1983)

K. Fleig, *Alvar Aalto 1963–1970* (1971) [contains
Aalto's article, 'The Architect's Conscience']

S. Giedion, 'Alvar Aalto', *AR*, CVII, no. 38, February
1950, 77-84

H. Girsberger, *Alvar Aalto* (1963)

R. Glanville, 'Finnish Vernacular Farm Houses',
AAQ, IX, no. 1, 36-52 [a remarkable article
recording the form of the Karelian farmhouse
and suggesting the structural significance of
the building pattern]

K. Gullichsen and U. Kinnunen, *Inside the Villa
Mairea* (2010)

F. Gutheim, *Alvar Aalto* (1960)

M. Hausen, 'Gesellius-Lindgren-Saarinen vid
sekels-kiftet', *Arkkitehti-Arkitehten*, 9, 1967,
6-12 [with trans.]

— and K. Mikkola, *Eliel Saarinen Projects 1896–
1923* (1990)

Y. Hirn, *The Origins of Art* (1962)

H.-R. Hitchcock, 'Aalto versus Aalto: The Other Finland', *Perspecta*, 9/10, 1965, 132-66

P. Hodgkinson, 'Finlandia Hall, Helsinki', *AR*, June 1972, 341-43

Hvitträsk: The Home as a Work of Art (Helsinki, 1987)

J. Jetsonen and S.T. Isohauta, *Alvar Aalto Libraries* (2018)

M. Kries, et al., *Alvar Aalto: Second Nature* (2014)

G. Labò, *Alvar Aalto* (1948)

L.O. Larson, *Peter Celsing: Ein bok om en arkitekt och hans werk* (Arkitekturmuseet, Stockholm, 1988)

K. Mikkola, ed., *Alvar Aalto vs. the Modern Movement* (1981)

J. Moorhouse, M. Carapetian and L. Ahtola-Moorhouse, *Helsinki Jugendstil Architecture 1895–1915* (1987)

L. Mosso, *L'Opera di Alvar Aalto* (Milan, 1965) [important exh. cat.]

– *Alvar Aalto* (1967)

– ed., 'Alvar Aalto', *L'Architecture d'Aujourd'hui* (special issue), June 1977 [articles from the Centre of Alvar Aalto Studies, Turin]

E. Neuenschwander, *Finnish Buildings* (1954)

R. Nikula, *Armas Lindgren 1874–1929* (1988)

G. Pagano, 'Due ville de Aalto', *Casabella*, 12, 1940, 26-29

J. Pallasmaa, ed., *Alvar Aalto Furniture* (1985)

– H.O. Andersson, et al., *Nordic Classicism 1910–1930* (1982)

P.D. Pearson, *Alvar Aalto and the International Style* (1978)

E.L. Pelkonen, *Alvar Aalto: Architecture, Modernity, and Geopolitics* (2009)

D. Porphyrios, 'Reversible Faces: Danish and Swedish Architecture 1905-1930', *Lotus*, 16, 1977, 35-41

– *Sources of Modern Eclecticism: Studies on Alvar Aalto* (1982)

M. Quantrill, *Alvar Aalto* (1983)

– *Reima Pietilä Architecture, Context, Modernism* (1985)

E. Rudberg, *Sven Markelius, Arkitekt* (1989)

A. Salokörpi, *Modern Architecture in Finland* (1970)

G. Schildt, *Alvar Aalto: The Early Years* (1984); *The Decisive Years* (1991); *The Mature Years* (1991)[definitive 3-vol. biography]

P. Morton Shand, 'Tuberculosis Sanatorium, Paimio, Finland', *AR*, September 1933, 85-90

– 'Viipuri Library, Finland', *AR*, LXXIX, 1936, 107-14

J.B. Smith, *The Golden Age of Finnish Art* (1975)

A.P. Smithson, C. St. John Wilson, et al., *Sigurd Lewerentz 1885–1976: The Dilemma of Classicism* (AA Mega publication, 1989)

M. Trieb, 'Lars Sonck', *JSAH*, XXX, no. 3, October 1971, 228-37

– 'Gallén-Kallela: A Portrait of the Artist as an Architect', *AAQ*, VII, no. 3, September 1975, 3-13

O. Warner, *Marshall Mannerheim and the Finns* (1967)

R. Weston and A. Aalto, *Alvar Aalto* (1997)

K. Wickman, L.O. Larson and J. Henrikson, *Sveriges Riksbank 1668–1976* (1976)

C. St John Wilson, *The Other Tradition of Modern Architecture: The Uncompleted Project* (1995)

– et al., *Gunnar Asplund 1885–1940: The Dilemma of Classicism* (AA Mega publication, 1988)

J. Wood, ed., 'Alvar Aalto 1957', *Architects' Year Book*, VIII, 1957, 137-88

S. Wrede, *The Architecture of Erik Gunnar Asplund* (1979)

25장
주세페 테라니와 이탈리와 합리주의 건축
1926~1943

G. Accasto, V. Fraticelli and R. Nicolini,
L'architettura di Roma Capitale 1870–1970
(1971)

D. Alfieri and L. Freddi, Mostra delta rivoluzione
fascista (1933)

R. Banham, 'Sant' Elia and Futurist Architecture', in
Theory and Design in the First Machine Age
(2nd edn, 1967)

L. Belgiojoso and D. Pandakovic, Marco Albini/
Franca Helg/Antonio Piva, Architettura e
design 1970–1986 (1986)

L. Benevolo, History of Modern Architecture, II
(1971), 540-85

M. Carrà, E. Rathke, C. Tisdall and P. Waldberg,
Metaphysical Art (1971)

C. Cattaneo, 'The Como Group: Neoplatonism
and Rational Architecture', Lotus
International, no. 16, September 1977, 90

G. Cavella and V. Gregotti, Il Novecento e
l'Architettura Edilizia Moderna, 81 (special
issue dedicated to the Novecento), 1962

A. Coppa, A. Terragni and P. Rosselli, Giuseppe
Terragni (2013)

S. Danesi, 'Cesare Cattaneo', Lotus, 16, 1977,
89-121

– and L. Patetta, Rationalisme et architecture en
Italie 1919–1943 (1976)

S. de Martino and A. Wall, Cities of Childhood.
Italian Colonies in the 1930's (1988)

D. Dordan, Building in Modern Italy, Italian
Architecture 1914–1936 (1988)

P. Eisenman, 'From Object to Relationship:
Giuseppe Terragni/Casa Giuliani Frigerio',
Perspecta, 13/14, 1971, 36-65

– G. Terragni and M. Tafuri, Giuseppe Terragni:
Transformations, Decompositions, Critiques

(2003)

R. Etlin, Modernism in Italian Architecture
1890–1940 (1991)

L. Finelli, La promessa e il debito: architettura
1926–1973 (1989)

R. Gabetti, et al., Carlo Mollino 1905–1973 (1989)

V. Gregotti, New Directions in Italian Architecture
(1968)

Il Gruppo 7, 'Architecture', trans. E.R. Shapiro,
Oppositions, no. 6, Fall 1976, 90

B. Huet and G. Teyssot, 'Politique industrielle et
architecture: le cas Olivetti', L'Architecture
d'Aujourd'hui, no. 188, December 1976
(special issue) [documents the Olivetti
patronage and carries articles on the Olivetti
family and the history of the company by A.
Restucci and G. Ciucci]

S. Kostof, The Third Rome (1977)

P. Koulermos, 'The work of Terragni, Lingeri and
Italian Rationalism', AD, March 1963 (special
issue)

N. Labò, Giuseppe Terragni (1947)

T.G. Longo, 'The Italian Contribution to the
Residential Neighbourhood Design
Concept', Lotus, 9, 1975, 213-15

E. Mantero, Giuseppe Terragni e la città del
razionalismo italiano (1969)

– 'For the "Archives" of What City?', Lotus, 20,
September 1978, 36-43

A.F. Marciano, Giuseppe Terragni Opera
Completa 1925–1943 (1987)

C. Melograni, Giuseppe Pagano (1955)

L. Moretti, 'The Value of Profiles, etc.', 1951/52,
Oppositions, 4, October 1974, 109-39

R. Nelson and I. Friend, Terragni (2008)

A. Passeri, 'Fencing Hall by Luigi Moretti, Rome
1933-36', 9H, no. 5, 1983, 3-7

L. Patetta, 'The Five Milan Houses', Lotus, 20,
September 1978, 32-35

E. Persico, Tutte le opere 1923–1935, I & II, ed. G.

Veronesi (1964)

– Scritti di architettura 1927–1935, ed. G.
Veronesi (1968)

A. Pica, Nuova architettura italiana (1936)

L.L. Ponti, Gio Ponti: The Complete Works
1923–1978 (1990)

V. Quilici, 'Adalberto Libera', Lotus, 16, 1977,
55-88

B. Rudofsky, 'The Third Rome', AR, July 1951,
31-37

Y. Safran, 'On the Island of Capri', AA Files, no. 8,
Autumn 1989, 14-15

A. Sartoris, Gli elementi dell'architettura
funzionale (1941)

– Encyclopédie de l'architecture nouvelle: ordre
et climat méditerranéens (1957)

T.L. Schumacher, 'From Gruppo 7 to the Danteum:
A Critical Introduction to Terragni's Relazione
sul Danteum', Oppositions, 9, 1977, 90-93

– Danteum: A Study in the Architecture of
Literature (1985)

– Surface and Symbol: Giuseppe Terragni and the
Architecture of Italian Rationalism (1991)

G.R. Shapiro, 'Il Gruppo 7', Oppositions, 6 and 12,
Autumn 1976 and Spring 1978

M. Tafuri, 'The Subject and the Mask: An
Introduction to Terragni', Lotus, 20,
September 1978, 5-29

– History of Italian Architecture 1944–1985
(1989)

M. Talamona, 'Adalberto Libera and the Villa
Malaparte', AA Files, no. 18, Autumn 1989,
4-14

E.G. Tedeschi, Figini e Pollini (1959)

G. Terragni, 'Relazione sul Danteum 1938',
Oppositions, 9, 1977, 94-105

– and B. Zevi, Giuseppe Terragni (1989)

L. Thermes, 'La casa di Luigi Figini al Villaggio
dei giornalisti', Contraspazio, IX, no. 1, June
1977, 35-39

G. Veronesi, Difficoltà politiche dell'architettura in
Italia 1920–1940 (1953)

D. Vitale, 'An Analytic Excavation: Ancient and
Modern, Abstraction and Formalism in the
Architecture of Giuseppe Terragni', 9H, no. 7,
1985, 5-24

B. Zevi, ed., Omaggio a Terragni (1968) [special
issue of L'Architettura]

26장
건축과 국가: 이데올로기와 재현 1914~1943

A. Balfour, Berlin: The Politics of Order 1937–1989
(1990)

R.H. Bletter, 'King-Kong en Arcadie', Archithese,
20, 1977, 25-34

– and C. Robinson, Skyscraper Style: Art Deco
New York (1975)

F. Borsi, The Monumental Era: European
Architecture and Design 1929–1939 (1986)

D. Brownlee, 'Wolkenkratzer: Architektur für
das amerikanische Maschinenzeitalter',
Archithese, 20, 1977, 35-41

G. Ciucci, 'The Classicism of the E42: Between
Modernity and Tradition', Assemblage, 8,
1989, 79-87

E. Clute, 'The Chrysler Building, New York',
Architectural Forum, 53, October 1930

J.-L. Cohen, Architecture in Uniform: Designing
and Building for the Second World War
(2011)

C.W. Condit, American Building Art: The 20th
Century (1961) [see ch. 1 for the Woolworth
Tower and the Empire State Building]

F. Dal Co and S. Polano, 'Interview with Albert
Speer', Oppositions, 12, Spring 1978

R. Delevoy and M. Culot, Antoine Pompe (1974)

Finlands Arkitekförbund, Architecture in Finland
(1932) [this survey by the Finnish Architects'

Association affords an extensive record of the New Tradition]

S. Fitzpatrick, *The Commissariat of Enlightenment* (1970)

P.T. Frankl, *New Dimensions: The Decorative Arts of Today in Words and Pictures* (1928)

V. Fraticelli, *Roma 1914–1929* (1982)

D. Gebhard, 'The Moderne in the U.S. 1910-1914', *AAQ*, II, no. 3, July 1970, 4-20

— *The Richfield Building 1926–1928* (1970)

S. Giedion, *Architecture You and Me* (1958) [esp. 25-61]

R. Grumberger, *The 12-Year Reich* (1971)

K.M. Hays, 'Tessenow's Architecture as Nation Allegory: Critique of Capitalism or Protofascism?', *Assemblage*, 8, 1989, 105-23

H.-R. Hitchcock, 'Some American Interiors in the Modern Style', *Architectural Record*, 64, September 1928, 235

— *Modern Architecture: Romanticism and Reintegration* (1929)

R. Hood, 'Exterior Architecture of Office Buildings', *Architectural Forum*, 41, September 1924

— 'The American Radiator Company Building, New York', *American Architect*, 126, November 1924

C. Hussey and A.S.G. Butler, *Lutyens Memorial Volumes* (1951)

W.H. Kilham, *Raymond Hood, Architect* (1973)

R. Koolhaas, *Delirious New York* (1978)

A. Kopp, *L'Architecture de la période Stalinienne* (1978)

S. Kostof, *The Third Rome 1870–1950: Traffic and Glory* (1973)

L. Krier, et al., *Albert Speer: Architecture 1932–1942* (2013)

C. Krinsky, *The International Competition for a New Administration Building for the Chicago Tribune MCMXXII* (1923)

— *Rockefeller Center* (1978)

B. Miller Lane, *Architecture and Politics in Germany 1918–1945* (1968)

L.O. Larsson, *Die Neugestaltung der Reichshauptstadt/Albert Speer's Generalbebauungsplan für Berlin* (1978)

— and L. Krier, eds, *Albert Speer* (1985)

F.F. Lisle, 'Chicago's Century of Progress Exposition: The Moderne or Democratic, Popular Culture', *JSAH*, October 1972

J.C. Loeffler, *The Architecture of Diplomacy: Building America's Embassies* (1998)

B. Lubetkin, 'Soviet Architecture, Notes on Development from 1932-1955', *AAJ*, September-October 1956, 89

A. Lunacharsky, *On Literature and Art* (1973)

W. March, *Bauwerk Reichssportfeld* (1936)

T. Metcalf, *An Imperial Vision: Indian Architecture and Britain's Raj* (1989)

D. Neumann and K. Swiler Champa, *Architecture of the Night: The Illuminated Building* (2002)

W. Oechslin, 'Mythos zwischen Europa und Amerika', *Archithese*, 20, 1977, 4-11

E.A. Park, *New Background for a New Age* (1927)

A.G. Rabinach, 'The Aesthetics of Production in the Third Reich', *Journal of Contemporary History*, 11, 1976, 43-74

H. Hope Reed, 'The Need for Monumentality?', *Perspecta*, 1, 1950

H. Rimpl, *Ein deutsches Flugzeugwerk. Die Heinkel-Werke Oranienburg*, text by H. Mackler (1939)

D. Rivera, *Portrait of America* (1963) [ills. of Rivera's RCA mural, 40-47]

C. Sambricio, 'Spanish Architecture 1930-1940', *9H*, no. 4, 1982, 39-43

W. Schäche, 'Nazi Architecture and its Approach to Antiquity', *AD*, November-December 1983, 81-88

P. Schultze-Naumburg, *Kunst und Rasse* (1928)

A. Speer, *Inside the Third Reich, Memoirs* (1970)

– *Spandau: The Secret Diaries* (1976)

– *Architektur 1933–1942* (1978) [documentation of Speer's work, with essays by K. Arndt, G.F. Koch and L.O. Larsson]

– and R. Wolters, *Neue deutsche Baukunst* (1941)

R. Stern, *Raymond M. Hood* (IAUS Cat. no. 15, New York, 1982)

M. Tafuri, 'La dialectique de l'absurde Europe-USA: les avatars de l'idéologie du gratte-ciel 1918-1974'. *L'Architecture d'Aujourd'hui*, no. 178, March/April 1975, 1-16

– 'Neu Babylon', *Archithese*, 20, 1977, 12-24

R.R. Taylor, *The Word in Stone. The Role of Architecture in National Socialist Ideology* (1974)

A. Teut, ed., *Architektur im Dritten Reich 1933–1945* (1967) [the largest documentation assembled to date]

G. Troost, *Das Bauen im neuen Reich* (1943)

J. Tyrwhitt, J.L. Sert and E.N. Rogers, *The Heart of the City* (1952)

G. Veronesi, *Style and Design 1909–29* (1968)

A. von Senger, *Krisis der Architektur* (1928)

– *Die Brandfackel Moskaus* (1931)

– *Mord an Apollo* (1935)

A. Voyce, *Russian Architecture* (1948)

G. Wangerin and G. Weiss, Heinrich Tessenow, *Leben, Lehre, Werk 1876–1950* (1976)

B. Warner, 'Berlin: The Nordic Homeland and Corruption of Urban Spectacle', *AD*, November–December 1983, 73-80

W. Weisman, 'A New View of Skyscraper History', *The Rise of an American Architecture*, ed. E. Kaufmann Jr (1970)

B. Wolfe, *The Fabulous Life of Diego Rivera* (1963) [details of Rivera's work on the RCA Building, 317-34]

27장
르 코르뷔지에와 토속성의 기념비화
1930~1960

S. Adshead, 'Camillio Sitte and Le Corbusier', *Town Planning Review*, XIV, November 1930, 35-94

E. Billeter, *Le Corbusier: Secret* (Musée Cantonal des Beaux Arts, Lausanne, 1987)

C. Correa, 'The Assembly, Chandigarh', *AR*, June 1964, 404-12

M.A. Couturier, letter to Le Corbusier, 28 July 1953, repro. in J. Petit, *Un couvent de Le Corbusier* (1961), 23 [trans. in separate booklet obtainable from La Tourette]

A. Eardley and J. Ouberie, *Le Corbusier's Firminy Church* (IAUS Cat. no. 14, New York, 1981)

N. Evenson, *Chandigarh* (1966)

– *Le Corbusier: The Machine and the Grand Design* (1969)

R. Gargiani, Le Corbusier, A. Rosellini and S. Piccolo, *Le Corbusier: Béton Brut and Ineffable Space, 1940–1965* (2011)

M. Ghyka, 'Le Corbusier's Modulor and the Conception of the Golden Mean', *AR*, CIII, February 1948, 39-42

A. Gorlin, 'Analysis of the Governor's Palace at Chandigarh', *Oppositions*, 16/17, 1980

A. Greenberg, 'Lutyens' Architecture Restudied', *Perspecta*, 12, 1969, 148

S.K. Gupta, 'Chandigarh. A Study of Sociological Issues and Urban Development in India', *Occasional Papers*, no. 9, Univ. of Waterloo, Canada, 1973

F.G. Hutchins, *The Illusion of Permanence. British Imperialism in India* (1967)

R. Furneaux Jordan, *Le Corbusier* (1972) [esp. 146-47, 'Building for Christ']

Le Corbusier, *Des canons, des munitions? Merci! Des logis … S.V.P.* (1938)

– *L'Unité d'habitation de Marseilles* (1950) [trans. as *The Marseilles Block* (1953)]

– *Le Corbusier Sketchbooks*, vol. 2, 1950-54, vol. 3, 1954-57, vol. 4, 1957-64 (1982)

– and P. Jeanneret, 'Villa de Mme. H. de Mandrot', in *Oeuvre complète* (1929-34), vol. 2 (1935), 59

– and P. Jeanneret, 'Petites Maisons: 1935. Maison aux Mathes (Océan)', in *Oeuvre complète* (1934-38), vol. 3 (1939), 135

– and P. Jeanneret, 'Petites Maisons: 1935. Une maison de week-end en banlieue de Paris', *Oeuvre complète* (1934-38), vol. 3 (1939), 125

N. Matossian, *Xenakis* (1986) [an account of the life of the Greek composer-architect who worked with Le Corbusier]

R. Moore, *Le Corbusier: Myth and Meta-Architecture* (1977)

S. Nilsson, *The New Capitals of India, Pakistan and Bangladesh* (1973)

C. Palazzolo and R. Via, *In the Footsteps of Le Corbusier* (1991)

A. Roth, *La Nouvelle Architecture* (1940)

C. Rowe, 'Dominican Monastery of La Tourette, Eveux-sur-Arbresle, Lyons', *AR*, June 1961, 400-10

– 'Neo-"Classicism" and Modern Architecture II', in *The Mathematics of the Ideal Villa and Other Essays* (1976), 94

J. Stirling, 'From Garches to Jaoul. Le Corbusier as Domestic Architect in 1927 and in 1953', *AR*, September 1955

– 'Le Corbusier's Chapel and the Crisis of Rationalism', *AR*, March 1956, 161

A.M. Vogt, Le Corbusier, *The Noble Savage: Toward an Archaeology of Modernism* (2000)

R. Walden, ed., *The Open Hand: Essays on Le Corbusier* (1977)

I. Žaknić, *Le Corbusier: Pavillon Suisse: The Biography of a Building* (2004)

28장
미스 반 데어 로에와 기술의 기념비화 1933~1967

R. Banham, 'Almost Nothing is Too Much', *AR*, August 1962, 125-28

J.F.F. Blackwell, 'Mies van der Rohe: Bibliography' (Univ. of London Librarianship Diploma thesis, 1964, deposited in British Architectural Library, London)

P. Blake, *Mies van der Rohe: Architecture and Structure* (1960)

W. Blaser, *Mies van der Rohe: The Art of Structure* (1965)

P. Carter, 'Mies van der Rohe: An Appreciation on the Occasion, This Month, of His 75th Birthday', *AD*, 31, no. 3, March 1961, 108

– *Mies van der Rohe at Work* (1974)

A. Drexler, *Ludwig Mies van der Rohe* (1960)

L.W. Elliot, 'Structural News: USA, The Influence of New Techniques on Design', *AR*, April 1953, 251-60

D. Erdman and P.C. Papademetriou, 'The Museum of Fine Arts, Houston, 1922-1972', *Architecture at Rice, 28* (1976)

L. Hilberseimer, *Contemporary Architecture. Its Roots and Trends* (1964)

S. Honey, 'Mies at the Bauhaus', *AAQ*, X, no. 1, 1978, 51-69

P. Johnson, *'1950: Address to Illinois Institute of Technology'*, in *Mies van der Rohe* (3rd edn, 1978), 203

P. Lambert, *Mies in America* (2001)

– and B. Bergdoll, *Building Seagram* (2013)

D. Lohan, 'Mies van der Rohe: Farnsworth House, Plano, Illinois 1945-50', *Global Architecture Detail*, no. 1, 1976 [critical essay and complete working details of the house]

D. Mertins, *Mies* (2014)

L. Mies van der Rohe, 'Mies Speaks', *AR*, December 1968, 451–52

– 'Technology and Architecture', *Programs and Manifestoes on 20th-century Architecture*, ed. U. Conrads (1970), 154 [extract from an address given at the IIT, 1950]

R. Miller, ed., *Four Great Makers of Modern Architecture: Gropius, Le Corbusier, Mies van der Rohe, Wright* (1963) [mimeographed record of a seminar at Columbia Univ., important for reference to Mies's idea of his debt to the Russian avant garde]

C. Norberg-Schulz, 'Interview with Mies van der Rohe', *L'Architecture d'Aujourd'hui*, September 1958

M. Pawley, *Mies van der Rohe* (1970)

C. Rowe, 'Neoclassicism and Modern Architecture', *Oppositions*, 1, 1973, 1–26

– 'Neo-"Classicism" and Modern Architecture II', in *The Mathematics of the Ideal Villa and Other Essays* (1976), 149

J. Winter, 'The Measure of Mies', *AR*, February 1972, 95–105

29장
뉴딜의 소멸: 버크민스터 풀러, 필립 존슨, 루이스 칸 1934~1964

R. Banham, 'On Trial 2, Louis Kahn, the Buttery Hatch Aesthetic', *AR*, March 1962, 203–06

C. Bonnefoi, 'Louis Kahn and Minimalism', *Oppositions*, 24, 1981, 3–25

J. Burton, 'Notes from Volume Zero: Louis Kahn and the Language of God', *Perspecta*, 20, 1983, 69–90

I. de Solà-Morales, 'Louis Kahn: An Assessment', *9H*, no. 5, 1983, 8–12

M. Emery, ed., 'Louis I. Kahn', *L'Architecture d'Aujourd'hui*, no. 142, February–March 1969 (special issue)

E. Fratelli, 'Louis Kahn', *Zodiac America*, no. 8, April–June 1982, 17

R.B. Fuller, 'Dymaxion House', *Architectural Forum*, March 1932, 285–86

R. Gargiani and S. Piccolo, *Louis I. Kahn: Exposed Concrete and Hollow Stones, 1949–1959* (2014)

R. Giurgola and J. Mehta, *Louis I. Kahn* (1975)

H.-R. Hitchcock, 'Current Work of Philip Johnson', *Zodiac*, 8, 1961, 64–81

J. Hochstim, *The Paintings and Sketches of Louis I. Kahn* (1991)

W. Huff, 'Louis Kahn: Assorted Recollections and Lapses into Familiarities', *Little Journal* (Buffalo), September 1981

J. Huxley, *TVA, Adventure in Planning* (1943)

J. Jacobus, *Philip Johnson* (1962)

P. Johnson, *Machine Art* (1934)

– 'House at New Canaan, Connecticut', *AR*, September 1950, 152–59

R. Furneaux Jordan, 'US Embassy, Dublin', *AR*, December 1964, 420–25

W.H. Jordy, 'The Formal Image: USA', *AR*, March 1960, 157–64

– 'Medical Research Building for Pennsylvania University', *AR*, February 1961, 99–106

– 'Kimbell Art Museum, Fort Worth, Texas/ Library, Philips Exeter Academy, Andover, New Hampshire', *AR*, June 1974, 318–42

– 'Art Centre, Yale University', *AR*, July 1977, 37–44

L. Kahn, 'On the Responsibility of the Architect', *Perspecta*, The Yale Architectural Journal, no. 2, 1953, 47

– 'Toward a Plan for Midtown Philadelphia', *Perspecta*, The Yale Architectural Journal, no. 2, 1953, 23

- 'Form and Design', *AD*, no. 4, 1961, 145-54
- S. Von Moos, M. Kries and J. Eisenbrand, *Louis Kahn: The Power of Architecture* (2012)
A. Komendant, *18 Years with Architect Louis Kahn* (1975)
A. Latour, ed., *Louis I. Kahn Writings, Lectures, Interviews* (1991) [a further compilation of Kahn's written legacy]
J. Lobell, *Between Silence and Light: Spirit in the Architecture of Louis I. Kahn* (1985)
G.H. Marcus and W. Whitaker, *The Houses of Louis Kahn* (2013)
R.W. Marks, *The Dymaxion World of Buckminster Fuller* (1960) [still the most comprehensive documentation of Fuller's work]
R. McCarter, *Louis I. Kahn* (2005)
J. McHale, ed., *'Richard Buckminster Fuller', AD, July 1967* (special issue)
J. Mellor, ed., *The Buckminster Fuller Reader* (1970)
E. Mock, *Built in USA: 1932–1944* (1945)
D. Myhra, 'Rexford Guy Tugwell: Initiator of America's Greenbelt New Towns 1935-1936', *Journal of the American Institute of Planners*, XL, no. 3, May 1974, 176-88
T. Nakamura, ed., *Louis I. Kahn 'Silence & Light'* (1977) [a complete documentation of Kahn's work with articles by Kahn, Scully, Doshi, Maki, etc.]
H. Hope Reed, 'The Need for Monumentality?', *Perspecta*, 1, 1950
- 'Monumental Architecture or the Art of Pleasing in Civic Design', *Perspecta*, The Yale Architectural Journal, no. 1, 1952, 51
H. Ronner, S. Jhaveri and A. Vasella, *Louis I. Kahn, Complete Works 1935–74* (1977) [awkward format, but the most comprehensive documentation of Kahn's work to date]
A. Rosellini and S. Piccolo, *Louis I. Kahn: Towards the Zero Degree of Concrete, 1960–1974* (2014)
P. Santostefano, *Le Mackley Houses di Kastner e Stonorov a Philadelphia* (1982)
V. Scully, ed., *Louis Kahn Archive,* 7 vols (1987/88) [a compilation of the complete archive held in Pennsylvania Univ.]
A. Tyng, Beginnings, *Louis I. Kahn's Philosophy of Architecture* (1983)
R.S. Wurman, *What Will Be Has Always Been: The Wonder of Louis I. Kahn* (1986) [collection of Kahn's writings, lectures, etc.]
P. Zucker, ed., *New Architecture and City Planning* (1945), esp. 577-88

도판 출처

[1] Chronicle/Alamy Stock Photo

[2] Photo A. F. Kersting

[3] Bibliothèque Nationale, Paris

[6] Plate 43 of 'Altes Museum' from Karl Friedrich Schinkel, Sammlung Architektonischer Entwürfe, Ernst & Korn (Gropius'sche Buch- und Kunsthandlung), 1858

[7] Bibliothèque Sainte-Geneviève, by Henri Labrouste. Paris, France, 1843

[9] Bibliothèque Nationale, Paris

[11] Photo Mas

[15] Museum of the City of New York

[21] Courtesy Fiat

[25] Photo A. F. Kersting

[27, 29] Royal Institute of British Architects, London

[30] Country Life

[34] Chicago Architectural Photographing Company

[35] Historic American Buildings Survey, photo Jack E. Boucher, 1965

[36, 38] © The Frank Lloyd Wright Foundation

[39] Henry Fuermann

[40, 41] © The Frank Lloyd Wright Foundation

[43] Chicago Historical Society

[46] FISA Industrias Gráficas

[47] Kunstgewerbemuseum, Zürich

[56] © Hamlyn Group, photo Keith Gibson

[57] Glasgow School of Art

[58] Heins L. Handsur, Vienna

[59] Photo ullstein bild/ullstein bild via Getty Images

[60] Hessisches Landesmuseum, Darmstadt

[64] Bildarchiv der Österreichisch Nationalbank, Vienna

[65] Courtesy Atelier

[67] Museo Civico, Como

[70, 71, 72, 74] Albertina, Vienna

[75] Museum Bellerive, Zürich

[76] Archives Henry van de Velde, Bibliothèque Royal, Brussels

[77] Kunstgewerbemuseum, Zürich

[78] Bildarchiv Foto Marburg

[84] Roger Sherwood, Modern Housing Prototypes, Harvard University Press, Cambridge, Mass. and London, 1978

[87] Kaiser Wilhelm Museum, Krefeld

[89] Firmenarchiv AEG-Telefunken

[90] Reproduced by permission of The Architects Collaborative Inc.

[100, 105, 106, 108] Bauhaus-Archiv

[111] Courtesy Royal Netherlands Embassy

[113] KLM Aerocarto

[114] Burkhard-Verlag Ernst Heyer, Essen

[117] Bauhaus-Archiv

[120] Stadt-und Universitätsbibliothek, Frankfurt

[121] Design by Karel Teige. Art Institute of Chicago. Wentworth Greene Field Memorial

찾아보기

547

지은이 케네스 프램튼(Kenneth Frampton)
1930년 생으로 런던 AA스쿨에서 수학했다. 건축가, 건축역사학자, 비평가로 활동하고 있으며,
현재 컬럼비아 대학교 건축대학원(GSAPP) 교수로 재직 중이다.
　　런던 왕립예술학교, 취리히 연방공대, 암스테르담 베를라헤 인스티튜트, 로잔 연방공대 등
세계 유수의 기관에서 강연했다. 대표 저서로 *Studies in Tectonic Culture*(1995), *Le
Corbusier*(2001), *Labour, Work and Architecture*(2005) 등이 있다.

옮긴이 송미숙
한국외국어대학교 프랑스어과를 졸업하고 미국 오리건 대학교에서 미술사 석사, 펜실베이니아
주립대학교에서 미술사 박사를 받았다. 1982~2009년 성신여자대학교 미술사학과 교수로
재직했고, 현재 동 대학 명예교수이다. 1999년 제48회 베네치아 비엔날레 한국관 커미셔너,
2000년 초대 미디어시티 비엔날레 총감독을 역임했으며, 저서로는 『미술사와 근현대』(2003),
역서로는 『The American Century: 현대미술과 문화, 1950~2000』(2008)이 있다.

옮긴이 조순익
연세대학교에서 건축을 전공하고 번역가로 활동해왔다. 『도무스 코리아』, 『건축문화』, 『플러스』
등의 간행물을 번역했고, 『건축의 이론과 실천 1993~2009』(공역), 『건축이 중요하냐』,
『건축가의 집』, 『정의로운 도시』, 『공유도시: 임박한 미래의 도시 질문』 등 현대 건축과 도시,
디자인에 관한 다수의 책을 번역했다.

현대 건축: 비판적 역사 I

케네스 프램튼 지음
송미숙·조순익 옮김

초판 1쇄 인쇄   2023년 11월 10일
초판 1쇄 발행   2023년 11월 20일

ISBN   979-11-90853-47-7 (93540)
          979-11-90853-49-1(set)

발행처   도서출판 마티
출판등록   2005년 4월 13일
등록번호   제2005-22호
발행인   정희경
편집   서성진, 박정현
디자인   조정은

주소   서울시 마포구 잔다리로 101, 2층 (04003)
전화   02. 333. 3110
팩스   02. 333. 3169
이메일   matibook@naver.com
홈페이지   matibooks.com
인스타그램   matibooks
트위터   twitter.com/matibook
페이스북   facebook.com/matibooks